高等学校环境类教材

环境规划与管理

Environmental Planning and Management

曲向荣 主　编

徐　丽
张国徽
王丽涛
张　勇
曹春艳
牛明芬 副主编

清华大学出版社
北京

内容简介

本教材主要介绍环境规划与管理的基本概念、基础理论、主要内容和基本方法。考虑到环境规划与环境管理既紧密联系又自成体系的特点，在结构安排上将两者相通的基础理论和方法汇总形成第1篇环境规划与管理基础，并将环境规划和环境管理分别列为第2篇和第3篇。全书共3篇12章。在内容安排上，以反映20世纪90年代以来国内外环境管理思想、理论、方法和应用的发展动态为主线，系统地阐述了环境规划与管理的相关理论、政策法规和管理体系、综合分析方法，并系统地介绍了流域水环境规划、大气环境污染防治规划、固体废弃物污染防治规划、噪声污染防治规划、生态环境规划等主要环境规划类型的内容、程序与方法，区域环境管理、产业环境管理、自然资源环境管理等主要环境管理领域的管理内容、基本途径和方法。

本书可作为高等院校环境工程、环境科学专业以及相关专业的本科教材，还可供环境规划与管理人员、工程技术人员及研究生参考。

图书在版编目(CIP)数据

环境规划与管理/曲向荣主编.-北京：清华大学出版社，2013（2025.2重印）
（高等学校环境类教材）
ISBN 978-7-302-34016-4

Ⅰ.①环… Ⅱ.①曲… Ⅲ.①环境规划－高等学校－教材 ②环境管理－高等学校－教材 Ⅳ.①X32

中国版本图书馆CIP数据核字(2013)第234323号

责任编辑：柳　萍　赵从棉
封面设计：常雪影
责任校对：赵丽敏
责任印制：丛怀宇

出版发行：清华大学出版社
网　址：https://www.tup.com.cn，https://www.wqxuetang.com
地　址：北京清华大学学研大厦A座　　邮　编：100084
社 总 机：010-83470000　　邮　购：010-62786544
投稿与读者服务：010-62776969，c-service@tup.tsinghua.edu.cn
质 量 反 馈：010-62772015，zhiliang@tup.tsinghua.edu.cn
印 装 者：三河市铭诚印务有限公司
经　销：全国新华书店
开　本：185mm×260mm　　**印　张**：22　　**字　数**：534千字
版　次：2013年10月第1版　　**印　次**：2025年2月第11次印刷
定　价：65.00元

产品编号：042924-05

前 言

环境问题是当今世界上人类面临的最重要的问题之一，已得到世界各国的高度重视。1972 年 6 月 5 日至 16 日，联合国在瑞典斯德哥尔摩召开的第一次人类环境会议上通过了《联合国人类环境宣言》，宣言指出，可供人类生存的地球只有一个，如果这个地球遭到了破坏，不但当代人类要自食其果，而且还将殃及子孙后代。1992 年 6 月，在巴西里约热内卢召开的联合国环境与发展会议上又进一步提出了"可持续发展战略"，并已达成世界各国的共识。

我国政府历来重视环境保护工作。1983 年正式把环境保护定为我国的一项基本国策。1992 年 8 月，按照联合国环境发展大会精神，我国提出了适合中国国情的环境与发展十大对策，坚定不移地实行可持续发展战略。1996 年我国政府对实施可持续发展战略进行了具体部署。在我国"十一五"、"十二五"规划中都强调要促进人口、资源、环境的协调发展，实施可持续发展战略，增强可持续发展能力。

2012 年 11 月中国共产党第十八次全国代表大会，从新的历史起点出发，作出了"大力推进生态文明建设"的战略决策，并将生态文明建设与经济建设、政治建设、文化建设、社会建设相并列形成五大建设，把生态文明建设放在前所未有的突出地位，努力建设美丽中国，实现中华民族永续发展。

可持续发展的基础是环境保护，而环境规划与管理是环境保护工作的核心。强化环境规划与管理，走可持续发展之路，是中国未来发展的必然选择。中国是在人口基数大、人均资源少、生态破坏和环境污染较严重的条件下实现经济快速发展的，使本来已经短缺的资源和脆弱的生态环境面临更大的压力。在这样的形势下，努力增强我国高等学校环境类专业学生的环境规划与管理能力显得非常必要。目前"环境规划与管理"已被国家教育部高等学校环境科学与工程教学指导委员会环境工程分委员会列为环境工程专业主干课程。

本教材考虑到环境规划与环境管理既紧密联系又自成体系的特点，在结构安排上将两者相通的基础理论和方法汇总形成第 1 篇环境规划与管理基础，并将环境规划和环境管理分别列为第 2 篇和第 3 篇。在内容安排上，本教材在充分吸取现行教材成熟经验的基础上，注重追踪国内外环境规划与管理思想、理论、方法和应用的最新动态和发展趋势，加强理论教学和案例分析的结合，加强最新科研成果的应用，反映学科发展的趋势和经济社会发展的需要，有利于改革单向传授的教学方式，适应边学习、边研究、边实践的创新型人才的培养。

全书共 3 篇 12 章。第 1 篇（1～4 章）包括环境规划与管理概述、环境规划与管理的理论基础、环境规划与管理的政策、法规、制度和管理体系、环境规划与管理中的综合分析方法。第 2 篇（5～9 章）包括流域水环境规划、大气环境污染防治规划、固体废物污染防治规划、噪声污染防治规划、生态环境规划。第 3 篇（10～12 章）包括区域环境管理、产业环境管理、自然资源环境管理。本书编写分工如下：第 1～3 章、10 章、12 章由曲向荣编写，第 4 章由王丽涛、曹春艳编写，第 5 章由徐丽编写，第 6、7 章由张勇、张林楠编写，第 8 章由曲向荣、李艳平编写，第 9 章由牛明芬、曲向荣编写，第 11 章由张国徽、曲向荣编写，全书由曲向荣统稿。

本教材在编写过程中，参阅并引用了大量的国内外有关文献和资料，在此向所引用的参考文献的作者致以谢意。

本书内容广泛，因编者学术水平和经验所限，书中缺点和错误在所难免，敬请读者批评指正。

编　者

2013 年 8 月 21 日

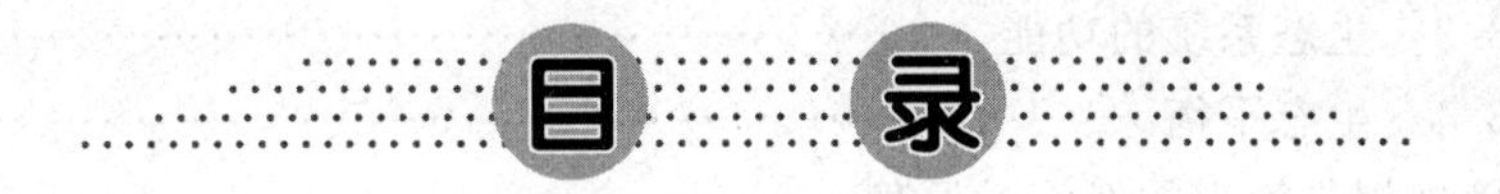

第1篇　环境规划与管理基础

第1篇

环境规划与管理基础

环境规划与管理概述

1.1 人类社会发展及其环境问题

环境规划与管理所要解决的环境问题主要是人为因素所引起的环境问题(次生或第二环境问题)。这种人为环境问题一般可分为两类：一是不合理开发利用自然资源,超出环境承载力,使生态环境质量恶化或自然资源枯竭的现象；二是人口激增、城市化和工农业高速发展引起的环境污染和破坏。总之,是人类经济社会发展与环境的关系不协调所引起的问题。

1.1.1 人类社会发展与环境问题的演变

从古至今,随着人类社会的发展,环境问题的性质、内容和规模有很大的不同,大体上经历了四个阶段。

1. 环境问题萌芽阶段(工业革命以前)

人类在进化初期很长的岁月里,只是靠采集野果和捕猎动物为生,那时人类对自然环境的依赖性非常大,人类主要是以生活活动和生理代谢过程与环境进行物质和能量转换,主要是利用环境,而很少有意识地改造环境。如果说那时也发生"环境问题"的话,则主要是由于人口的自然增长和盲目的滥采滥捕、滥用资源而造成的生活资料缺乏问题。为了解除这种环境威胁,人类被迫学会了吃一切可以吃的东西,以扩大和丰富自己的食谱,或者被迫扩大自己的生活领域,学会适应在新的环境中生活的本领。

随后,人类学会了培育、驯化植物和动物,开始发展农业和畜牧业,这在生产发展史上是一次伟大的革命——农业革命。而随着农业和畜牧业的发展,人类改造环境的作用也越来越明显地显示出来,但与此同时也发生了相应的环境问题,如大量砍伐森林、破坏草原、刀耕火种、盲目开荒,往往引起严重的水土流失、水旱灾害频繁和沙漠化；又如兴修水利,不合理灌溉,往往引起土壤的盐渍化、沼泽化,以及引起某些传染病的流行。在工业革命以前,虽然已出现了城市化和手工业作坊(或工场),但工业生产并不发达,由此引起的环境污染问题并不突出。

2. 环境问题的发展恶化阶段(工业革命至20世纪50年代前)

随着生产力的发展,在18世纪60年代至19世纪中叶,生产发展史上又出现了一次伟大的革命——工业革命。它使建立在个人才能、技术和经验之上的小生产被建立在科学技术成果之上的大生产所代替,大幅度地提高了劳动生产效率,增强了人类利用和改造环境的能力,但与此同时也带来了新的环境问题。一些工业发达的城市和工矿区的工业企业,排出了大量的废弃物污染了环境,使污染事件不断发生。如1873—1892年期间,英国伦敦多次发生可怕的有毒烟雾事件；19世纪后期，日本足尾铜矿区排出的废水污染了大片农田；1930年12月，比利时马斯河谷工业区由于工厂排出的含有SO_2的有害气体，在逆风条件下造成了几千人发病、60人死亡的严重大气污染事件；1943年5月，美国洛杉矶市由于汽车排放的碳氢化合物和NO_x，在太阳光的作用下，产生了光化学烟雾，造成大多数居民患病、400多人死亡的严重大气污染事件。如果说农业生产主要是生活资料的生产，它在生产和消费中所排放的"三废"是可以纳入物质的生物循环，而能迅速净化、重复利用的，那么工业生产除生产生活资料外，它大规模地进行生产资料的生产，把大量深埋在地下的矿物资源开采出来，加工利用投入环境之中，许多工业产品在生产和消费过程中排放的"三废"，都是生物和人类所不熟悉，难以降解、同化和忍受的。总之，蒸汽机发明和广泛使用以后，大工业日益发展，生产力有了很大的提高，环境问题也随之产生且逐步恶化。

3. 环境问题的第一次高潮(20世纪50年代至80年代以前)

环境问题的第一次高潮出现在20世纪五六十年代。20世纪50年代以后，环境问题更加突出，震惊世界的公害事件接连不断，如1952年12月的伦敦烟雾事件(由居民燃煤取暖排放的SO_2和烟尘遇逆风天气，造成5天内死亡人数达4000人的严重的大气污染事件)；1953—1956年日本的水俣病事件(由水俣湾镇氮肥厂排出的含甲基汞的废水进入了水俣湾，人食用了含甲基汞污染的鱼、贝类，造成神经系统中毒，病人口齿不清、步态不稳、面部痴呆、耳聋眼瞎、全身麻木，最后精神失常，患者达180人，死亡达50多人)；1955—1972年日本的骨痛病事件(由日本富山县炼锌厂排放的含Cd废水进入了河流，人喝了含Cd的水，吃了含Cd的米，造成关节痛、神经痛和全身骨痛，最后骨脆、骨折、骨骼软化，饮食不进，在衰弱疼痛中死去，可以说是惨不忍睹。患者超过280人，死亡人数达34人)；1961年日本的四日市哮喘病事件(由四日市石油化工联合企业排放的SO_2、碳氢化合物、NO_x和飘尘等污染物造成的大气污染事件，患有支气管哮喘、肺气肿的患者超过500多人，死亡人数达36人)等；这些震惊世界的公害事件，形成了第一次环境问题高潮。第一次环境问题高潮产生的原因主要有2个：

其一是人口迅猛增加，都市化的速度加快。刚进入20世纪时世界人口为16亿，至1950年增至25亿(经过50年人口约增加了9亿)；50年代之后，1950—1968年仅18年间就由25亿增加到35亿(增加了10亿)；而后，人口由35亿增至45亿只用了12年(1968—1980年)。1900年拥有70万以上人口的城市，全世界有299座，到1951年迅速增到879座，其中百万人口以上的大城市约有69座。在许多发达国家中，有半数人口居住在城市。

其二是工业不断集中和扩大，能源的消耗大增。1900年世界能源消费量还不到10亿t煤当量，至1950年就猛增至25亿t煤当量；到1956年石油的消费量也猛增至6亿t，在能源中所占的比例加大，又增加了新污染。大工业的迅速发展逐渐形成大的工业地带，而当时人们的环境意识还很薄弱，第一次环境问题高潮出现是必然的。

当时，在工业发达国家因环境污染已达到严重程度，直接威胁到人们的生命和安全，成为重大的社会问题，激起广大人民的不满，并且也影响了经济的顺利发展。1972年的斯德哥尔摩人类环境会议就是在这种历史背景下召开的。这次会议对人类认识环境问题来说是一个里程碑。工业发达国家把环境问题摆上了国家议事日程，包括制定法律、建立机构、加强管理、采用新技术，20世纪70年代中期环境污染得到了有效控制，城市和工业区的环境质量有明显改善。

4. 环境问题的第二次高潮(20 世纪 80 年代以后)

第二次高潮是伴随全球性环境污染和大范围生态破坏,在 20 世纪 80 年代初开始出现的一次高潮。人们共同关心的影响范围大和危害严重的环境问题有三类：一是全球性的大气污染,如“温室效应”、臭氧层破坏和酸雨；二是大面积生态破坏,如大面积森林被毁、草场退化、土壤侵蚀和荒漠化；三是突发性的严重污染事件迭起,如印度博帕尔农药泄漏事件(1984 年 12 月),苏联切尔诺贝利核电站泄漏事故(1986 年 4 月),莱茵河污染事故(1986 年 11 月)等。在 1979—1988 年间这类突发性的严重污染事故就发生了 10 多起。这些全球性大范围的环境问题严重威胁着人类的生存和发展,不论是广大公众还是政府官员,也不论是发达国家还是发展中国家,都普遍对此表示不安。1992 年里约热内卢环境与发展大会正是在这种社会背景下召开的,这次会议是人类认识环境问题的又一里程碑。

前后两次高潮有很大的不同,有明显的阶段性。

其一,影响范围不同。第一次高潮主要出现在工业发达国家,重点是局部性、小范围的环境污染问题,如城市、河流、农田污染等；第二次高潮则是大范围,乃至全球性的环境污染和大面积生态破坏。这些环境问题不仅对某个国家、某个地区造成危害,而且对人类赖以生存的整个地球环境造成危害。这不但包括了经济发达的国家,也包括了众多的发展中国家。发展中国家不仅认识到全球性环境问题与自己休戚相关,而且本国面临的诸多环境问题,特别是植被破坏、水土流失和荒漠化等生态恶性循环,比发达国家的环境污染危害更大、更难解决的环境问题。

其二,就危害后果而言,前次高潮人们关心的是环境污染对人体健康的影响,环境污染虽也对经济造成损害,但问题还不突出；第二次高潮不但明显损害人类健康,每分钟因水污染和环境污染而死亡的人数全世界平均达到 28 人,而且全球性的环境污染和生态破坏已威胁到全人类的生存与发展,阻碍经济的持续发展。

其三,就污染源而言,第一次高潮的污染来源尚不复杂,较易通过污染源调查弄清产生环境问题的来龙去脉。只要一个城市、一个工矿区或一个国家下决心,采取措施,污染就可以得到有效控制。第二次高潮出现的环境问题,污染源和破坏源众多,不但分布广,而且来源复杂,既来自人类的经济再生产活动,也来自人类的日常生活活动；既来自发达国家,也来自发展中国家,解决这些环境问题只靠一个国家的努力很难奏效,要靠众多国家,甚至全球人类的共同努力才行,这就极大地增加了解决问题的难度。

其四,第一次高潮的“公害事件”与第二次高潮的突发性严重污染事件也不相同。一是带有突发性,二是事故污染范围大、危害严重、经济损失巨大。例如,印度博帕尔农药泄漏事件,受害面积达 $40km^2$,据美国一些科学家估计,死亡人数在 0.6 万～1 万人,受害人数为 10 万～20 万人之间,其中有许多人双目失明或终生残废,直接经济损失达数十亿美元。

1.1.2　当今世界主要环境问题及其危害

当今世界所面临的主要环境问题是人口问题、资源问题、生态破坏问题和环境污染问题。它们之间相互关联、相互影响,成为当今世界环境规划与管理所关注的主要问题。

1. 人口问题

人口的急剧增加可以认为是当前环境的首要问题。近百年来,世界人口的增长速度达到了人类历史上的最高峰，目前世界人口已达 60 亿！众所周知，人既是生产者，又是消费者。从生产者的人来说，任何生产都需要大量的自然资源来支持，如农业生产要有耕地、灌溉水源，工业生产要有能源、各类矿产资源、各类生物资源等。随着人口的增加、生产规模必然扩大，一方面所需要的资源要持续增大；另一方面在任何生产中都会有废物排出，而随着生产规模的扩大，资源的消耗和废物的排放量也会逐渐增大。

从消费者的人类来说，随着人口的增加、生活水平的提高，人类对土地的占用(如居住、生产食物)会越来越大，对各类资源如矿物能源、水资源等的利用也会急剧增加，当然排出的废物量也会随之增加，从而加重资源消耗和环境污染。我们都知道，地球上一切资源都是有限的，即使可恢复的资源如水、可再生的生物资源，也是有一定的再生速度，在每年中是有一定可供量的。而其中尤其是土地资源不仅总面积有限，人类难以改变，而且还是不可迁移的和不可重叠利用的。这样，有限的全球环境及其有限的资源，限定地球上的人口也必将是有限的。如果人口急剧增加，超过了地球环境的合理承载能力，必造成资源短缺、环境污染和生态破坏。这些现象在地球上的某些地区已出现了，这也正是人类要研究和改善的问题。

2. 资源问题

资源问题是当今人类发展所面临的另一个主要问题。众所周知，自然资源是人类生存发展不可缺少的物质依托和条件，然而，随着全球人口的增长和经济的发展，对资源的需求与日俱增，人类正受到某些资源短缺或耗竭的严重挑战。全球资源匮乏和危机主要表现在：土地资源在不断减少和退化，森林资源在不断缩小，淡水资源出现严重不足，某些矿产资源濒临枯竭，等等。

1) 土地资源在不断减少和退化

土地资源损失尤其是可耕地资源损失已成为全球性的问题，发展中国家尤为严重。目前，人类开发利用的耕地和牧场，由于各种原因正在不断减少或退化，而全球可供开发利用的后备资源已很少，许多地区已经近于枯竭。随着世界人口的快速增长，人均占有的土地资源在迅速下降，这对人类的生存构成了严重威胁。

据联合国人口机构预测，到 2050 年，世界人口可能达到 94 亿，全世界人口迅猛增加，使土地的人口“负荷系数”(为某国家或地区人口平均密度与世界人口平均密度之比)每年增加 2%；若按农用面积计算，其负荷系数则每年增加 6%～7%，这意味着人口的增长将给本来就十分紧张的土地资源，特别是耕地资源造成更大的压力。

2) 森林资源在不断缩小

森林是人类最宝贵的资源之一，它不仅能为人类提供大量的林木资源，具有重要的经济价值，而且它还具有调节气候、防风固沙、涵养水源、保持水土、净化大气、保护生物多样性、吸收二氧化碳、美化环境等重要的生态学价值。森林的生态学价值要远远大于其直接的经济价值。

由于人类对森林的生态学价值认识不足，受短期利益的驱动，对森林资源的利用过度，使世界的森林资源锐减，造成了许多生态灾害。

历史上世界森林植被变化最大的是在温带地区。自从大约 8000 年前开始大规模的农业开垦以来，温带落叶林已减少 33%左右。但近几十年中，世界毁林集中发生在热带地区，热带森林正以前所未有的速率在减少。

3）淡水资源出现严重不足

目前，世界上有 43 个国家和地区缺水，占全球陆地面积的 60%。约有 20 亿人用水紧张，10 亿人得不到良好的饮用水。此外，由于严重的水污染，更加剧了水资源的紧张。水资源短缺已成为许多国家经济发展的障碍，成为全世界普遍关注的问题。当前，水资源正面临着水资源短缺和用水量持续增长的双重矛盾。正如联合国早在 1977 年所发出的警告："水不久将成为一项严重的社会危机，石油危机之后下一个危机是水。"

4）某些矿产资源濒临枯竭

（1）化石燃料濒临枯竭

化石燃料是指煤、石油和天然气等地下开采出来的能源。当代人类的社会文明主要是建立在化石能源的基础之上的。无论是工业、农业或生活，其繁荣都依附于化石能源。而由于人类高速发展的需要和无知的浪费，化石燃料逐渐走向枯竭，并反过来直接影响人类的文明生活。

（2）矿产资源匮乏

与化石能源相似，人类不仅无计划地开采地下矿藏，而且在开采过程中浪费惊人，资源利用率很低，导致矿产资源储量不断减少甚至枯竭。

3. 生态破坏问题

全球性的生态破坏主要包括：植被破坏、水土流失、沙漠化、物种消失，等等。

（1）植被是全球或某一地区内所有植物群落的泛称。植被破坏是生态破坏的最典型特征之一。植被的破坏（如森林和草原的破坏）不仅极大地影响了该地区的自然景观，而且由此带来了一系列的严重后果，如生态系统恶化、环境质量下降、水土流失、土地沙化以及自然灾害加剧，进而可能引起土壤荒漠化；土壤的荒漠化又加剧了水土流失，以致形成生态环境的恶性循环。

（2）水土流失是当今世界上一个普遍存在的生态环境问题。据最新估计，最近几年全世界每年有 700 万～900 万 hm^2 的农田因水土流失丧失生产能力，每年有大约几十亿吨流失的土壤在河流河床和水库中淤积。

（3）土地沙漠化是指非沙漠地区出现的风沙活动、以沙丘起伏为主要标志的沙漠景观的环境退化过程。目前全球土地沙漠化的趋势还在扩展，沙化、半沙化面积还在逐年增加。沙漠化的扩展使可利用土地面积缩小，土地产出减少，降低了养育人口的能力，成为影响全球生态环境的重大问题。

（4）生物物种消失是全球普遍关注的重大生态环境问题。由于森林、湿地面积锐减和草原退化，生物物种的栖息地遭到了严重的破坏，生物物种正以空前的速度灭绝。

迄今已知，在过去的 4 个世纪中，人类活动已使全球 700 多个物种绝迹，包括 100 多种哺乳动物和 160 种鸟类，其中有 1/3 是 19 世纪前消失的，还有 1/3 是 19 世纪灭绝的，另外 1/3 是近 50 年来灭绝的，明显呈加速灭绝之势。

4. 环境污染问题

环境污染作为全球性的重要环境问题，主要指的是温室气体过量排放造成的气候变化、臭氧层破坏、广泛的大气污染和酸沉降、海洋污染等。

（1）由于人类生产活动的规模空前扩大，向大气层排放了大量的微量组分（如 CO_2、

CH_4、N_2O、CFCs 等),大气中的这些微量成分能使太阳的短波辐射透过,地面吸收了太阳的短波辐射后被加热,于是不断地向外发出长波辐射,又被大气中的这些组分所吸收,并以长波辐射的形式放射回地面,使地面的辐射不至于大量损失到太空中去。因为这种作用与暖房玻璃的作用非常相似,称为温室效应。这些能使地球大气增温的微量组分,称为温室气体。温室气体的增加可导致气候变暖。研究表明,CO_2 浓度每增加 1 倍,全球平均气温将上升 3±1.5℃。气候变暖会影响陆地生态系统中动植物的生理和区域的生物多样性,使农业生产能力下降。干旱和炎热的天气会导致森林火灾的不断发生和沙漠化过程的加强。气候变暖还会使冰川融化,海平面上升,大量沿海城市、低地和海岛将被水淹没,洪水不断。气候变暖会加大疾病的发病率和死亡率。

(2) 处于大气平流层中的臭氧层是地球的一个保护层,它能阻止过量的紫外线到达地球表面,以保护地球生命免遭过量紫外线的伤害。然而,自 1958 年以来,发现高空臭氧有减少趋势,20 世纪 70 年代以来,这种趋势更为明显。1985 年英国科学家 Farmen 等人在南极上空首次观察到臭氧浓度减少超过 30%的现象,并称其为“臭氧空洞”。造成臭氧层破坏的主要原因是人类向大气中排放的氯氟烷烃化合物(氟利昂 CFCs)、溴氟烷烃化合物(哈龙 CFCB)及氧化亚氮(N_2O)、四氯化碳(CCl_4)、甲烷(CH_4)等能与臭氧(O_3)起化学反应,以致消耗臭氧层中臭氧的含量。研究表明,平流层臭氧浓度减少 1%,地球表面的紫外线强度将增加 2%,紫外线辐射量的增加会使海洋浮游生物和虾蟹、贝类大量死亡,造成某些生物绝迹;还会使农作物小麦、水稻减产;使人类皮肤癌发病率增加 3%~5%,白内障发病率将增加1.6%,这将对人类和生物产生严重危害。有学者认为平流层中 O_3 含量减至 1/5 时,将成为地球存亡的临界点。

(3) 在地球演化过程中,大气的主要化学成分 O_2、CO_2 在环境化学过程中起着支配作用,其中 CO_2 的分压在一定的大气压下与自然状态下的水的 pH 有关。由于与 10^5 Pa 下的二氧化碳分压相平衡的自然水系统 pH 为 5.6,故 pH<5.6 的沉降才能认为是酸沉降。因此,大气酸沉降是指 pH<5.6 的大气化学物质通过降水、扩散和重力作用等过程降落到地面的现象或过程。通过降水过程表现的大气酸沉降称为湿沉降,它最常见的形式是酸雨;通过气体扩散、固体物降落的大气酸沉降称为干沉降。

酸雨或酸沉降导致的环境酸化是目前全世界最大的环境污染问题之一。伴随着人口的快速增长和迅速的工业化,酸雨和环境酸化问题一直呈发展趋势,影响地域逐渐扩大,由局地问题发展成为跨国问题,由工业化国家扩大到发展中国家。目前,世界酸雨主要集中在欧洲、北美和中国西南部三个地区。形成酸雨的原因主要是由人类排入大气中的 NO_x 和 SO_x 的影响所致。

可以说,哪里有酸雨,哪里就有危害,酸雨是空中死神、空中杀手、空中化学定时炸弹。酸雨对环境和人类的危害是多方面的,如酸雨可引起江、河、湖、水库等水体酸化,影响水生动植物的生长,当湖水 pH 降到 5.0 以下时,湖泊将成为无生命的死湖;酸雨可使土壤酸化,有害金属(Al、Cd)溶出,使植物体内有害物质含量增高,对人体健康构成危害,尤其是植物叶面,受害最为严重,直接危害农业和森林草原生态系统,瑞典每年因酸雨损失的木材达 450 万 m^3;酸雨可使铁路、桥梁等建筑物的金属表面受到腐蚀,降低使用寿命;酸雨会加速建筑物的石料及金属材料的风化、腐蚀,使以 $CaCO_3$ 为主要成分的纪念碑、石刻壁雕、塑像等文物古迹受到腐蚀和破坏;酸化的饮用水对人的健康危害更大、更直接。

(4) 海洋污染是目前海洋环境面临的最重大问题。目前局部海域的石油污染、赤潮、海面漂浮垃圾等现象非常严重,并有扩展到全球海洋的趋势。据估计,输入海洋的污染物,有40%是通过河流输入的,30%是由空气输入的,海运和海上倾倒各占10%左右。人类每年向海洋倾倒600万~1000万t石油、1万t汞、100万t有机氯农药和大量的氮、磷等营养物质。

海洋石油污染不仅影响海洋生物的生长、降低海滨环境的使用价值、破坏海岸设施,还可能影响局部地区的水文气象条件和降低海洋的自净能力。油膜可使大气与水面隔绝,减少进入海水的氧的数量,从而降低海洋的自净能力。油膜覆盖海面还会阻碍海水的蒸发,影响大气和海洋的热交换,改变海面的反射率,减少进入海洋表层的日光辐射,从而对局部地区的水文气象条件产生一定的影响。海洋石油污染的最大危害是对海洋生物的影响,油膜和油块能粘住大量鱼卵和幼鱼,使鱼卵死亡、幼鱼畸形,还会使鱼虾类产生石油臭味,使水产品品质下降,造成经济损失。

由氮、磷等营养物聚集在浅海或半封闭的海域中,可促使浮游生物过量繁殖,发生赤潮现象。我国自1980年以后发生赤潮达30多起,1999年7月13日,辽东湾海域发生了有史以来最大的一次赤潮,面积达6300km^2。

赤潮的危害主要表现在:赤潮生物可分泌粘液,粘附在鱼类等海洋动物的鱼鳃上,妨碍其呼吸导致鱼类窒息死亡;赤潮生物可分泌毒素,使生物中毒或通过食物链引起人类中毒;赤潮生物死亡后,其残骸被需氧微生物分解,消耗水中溶解氧,造成缺氧环境,形成厌氧气体(NH_3、H_2S、CH_4),引起鱼、虾、贝类死亡;赤潮生物吸收阳光,遮盖海面(几十厘米),使水下生物得不到阳光而影响其生存和繁殖;引起海洋生态系统结构变化,造成食物链局部中断,破坏海洋的正常生产过程。

海水中的重金属、石油、有毒有机物不仅危害海洋生物,并能通过食物链危害人体健康,破坏海洋旅游资源。

总之,环境问题是整个地球在人类过度活动作用下发生的系统性病变的表现。环境的恶化,使人类失去了洁净的空气、水和土壤,破坏了自然环境固有的结构和状态,扰乱了生态系统中各要素之间的内在联系,削弱了自然环境系统对人类生命系统和社会经济系统的支撑能力。可以毫不夸张地说,人类正陷入前所未有的环境问题的包围和困扰之中。

1.2　环境规划与管理的含义

从20世纪70年代初,人们逐步认识到,要想解决一个地区的环境问题,首先应该从全局出发采取综合性的预防措施。环境规划就是在这种情况下逐步发展起来的,并逐步被纳入到国民经济和社会发展规划之中。

历史经验证明,人类"野蛮征服"自然的发展模式已被世人所唾弃,现在已进入必须与自然和谐相处的可持续发展时期。人类的经济和社会活动必须既遵循经济规律,又遵循生态规律,否则终将受到大自然的惩罚。环境规划就是人类为协调人与自然的关系,使人与自然达到和谐而采取的主要行动之一。

1.2.1 环境规划的含义

1972年联合国人类环境会议上世界各国共同探讨了保护全球环境战略，一致认识到各国社会经济发展规划中缺乏环境规划是导致环境问题产生的重要原因，在《人类环境宣言》中明确指出"合理的计划是协调发展的需要和保护与改善环境的需要相一致的"，"人的定居和城市化工作需加以规划"，"避免对环境的不良影响"，"取得社会、经济和环境三方面的最大利益"，"必须委托适当的国家机关对国家的环境资源进行规划、管理或监督，以期提高环境质量"。根据会议所提出的环境规划原则，各国开始编制环境规划。

我国环境保护法第四条规定："国家制定的环境保护规划必须纳入国民经济和社会发展规划，国家采取有利于环境保护的经济、技术政策和措施，使环境保护工作同经济建设和社会发展相协调。"将环境规划写入环境保护法中，为制定环境规划提供了法律依据。

环境规划是指为使环境与社会经济协调发展，把"社会—经济—环境"作为一个复合生态系统，依据社会经济规律、生态规律和地学原理，对其发展变化趋势进行研究而对人类自身活动和环境所做的时间和空间上的合理安排。

环境规划的目的在于发展经济的同时保护好环境，使经济社会与环境协调发展。环境规划实质上是一种为克服人类经济社会活动和环境保护活动的盲目和主观随意性所采取的科学决策活动。它是国民经济和社会发展的有机组成部分，是环境管理的首要职能，是环境决策在时间、空间上的具体安排，是规划管理者对一定时期内环境保护目标和措施作出的具体规定，是一种带有指令性的环境保护方案。

环境规划的内涵：

(1) 环境规划是在一定条件下的优化，它必须符合特定历史时期的技术、经济发展水平和能力；

(2) 环境规划的主要内容是合理安排人类自身活动与所处环境的协调发展，其中包括对人类经济社会活动提出符合环境保护需求的约束要求，也包括对环境保护和建设做出的安排和部署；

(3) 环境规划依据系统论原理、生态学原理、环境经济学理论和可持续发展等理论，充分体现这一学科的交叉性、边缘性等特点；

(4) 环境规划的研究对象是"社会—经济—环境"这一大的复合生态系统，它可能指整个国家，也可能指一个区域(城市、省区、流域)。

在传统的国民经济与社会发展规划中，引进环境规划的主要考虑是：

(1) 扩大发展的范畴。除经济社会发展指标外，需要增加资源环境和生态保护的指标，既要求经济效益又要求环境效益。发展不仅是为了创造丰富的物质财富，更要维护与创造一个适合于人类生存的良好环境。

(2) 这是健全可持续发展的基础，即要正确处理局部与整体、眼前与长远利益的关系，正确处理发展与环境的关系，以使环境能永续地为人类社会的可持续发展提供条件和保障。

1.2.2 环境管理的定义

现代环境管理学是20世纪70年代初产生并逐步发展的一门跨学科领域的综合性学科。经过30余年环境管理的实践，对其基本含义有了比较一致的认识。

1. 环境管理的提出

1972 年斯德哥尔摩人类环境会议以前，环境问题常常被看作只是污染问题。斯德哥尔摩会议讨论了经济发展与环境问题的相互联系和相互依赖的关系，并在《联合国人类环境会议宣言》中提出“保护和改善人类环境是关系到全世界各国人民的幸福和经济发展的重要问题，也是全世界各国人民的迫切希望和各国政府的责任”。会议提出了环境管理的原则，包括指定适当的国家机关管理环境资源；应用科学和技术控制环境恶化和解决环境问题；开展环境教育和发展环境科学研究；确保各国际组织在环境保护方面的有效和有力的协调作用等。1974 年，联合国环境规划署和联合国贸易与发展会议在墨西哥联合召开的资源利用、环境与发展战略方针专题讨论会上形成了三点共识：

(1) 全人类的一切基本需要应得到满足；

(2) 要发展以满足需要，但又不能超出生物圈的容许极限；

(3) 协调这两个目标的方法即环境管理。

2. 环境管理的含义

1974 年，美国学者休威尔(G. H. Sewell)编写的《环境管理》中对环境管理的含义作了专门论述，指出“环境管理是对损害人类自然环境质量的人的活动(特别是损害大气、水和陆地外貌的质量的人的活动)施加影响”。并说明，“施加影响”系指“多人协同活动，以求创造一种美学上令人愉快，经济上可以生存发展，身体上有益于健康的环境所做出的自觉的、系统的努力。”该定义指出了环境管理的实质是规范和限制人类的观念和行为。曾任联合国环境规划署执行主席的穆斯塔法·托尔巴指出，环境管理是指依据人类活动(主要是经济活动)对环境影响的原理，制定与执行环境与发展规划，并且通过经济、法律等各种手段，影响人的行为，达到经济与环境协调发展的目的。

1987 年，多诺尔(Dorney)在《环境管理专业实践》中认为环境管理是一个“桥梁专业”，“它致力于系统方法发展信息协调技术”，“在跨学科的基础上，根据定量和未来学的观点，处理人工环境的问题。”这一定义强调了环境管理跨学科的性质。

1987 年，刘天齐主编的《环境技术与管理工程概论》中对环境管理的含义做出了如下论述：“通过全面规划，协调发展与环境的关系；运用经济、法律、技术、行政、教育等手段，限制人类损害环境质量的活动；达到既要发展经济满足人类的基本需要，又不超出环境的容许极限。”

2000 年，叶文虎主编的《环境管理学》一书中认为，环境管理是“通过对人们自身思想观念和行为进行调整，以求达到人类社会发展与自然环境的承载能力相协调。也就是说，环境管理是人类有意识的自我约束，这种约束通过行政的、经济的、法律的、教育的、科技的等手段来进行，它是人类社会发展的根本保障和基本内容”。这是从管理的目标、任务和方法手段几方面较具体说明了环境管理的含义。

2003 年，《环境科学大辞典》中认为，环境管理有两种含义。①从广义上讲，环境管理是指在环境容量的允许下，以环境科学的理论为基础，运用技术的、经济的、法律的、教育的和行政的手段，对人类的社会经济活动进行管理；②从狭义上讲，环境管理是指管理者为了实现预期的环境目标，对经济、社会发展过程中施加给环境的污染和破坏性影响进行调节和控制，实现经济、社会和环境效益的统一。

进入 20 世纪 90 年代以来,随着全球环境问题日趋严重,国内外学者对环境管理的认识也在不断深化。根据国内外学者的研究成果,要比较全面地理解环境管理的含义,应该注意以下几个基本问题。

(1) 协调发展与环境的关系:建立可持续发展的经济体系、社会体系和保持与之相适应的可持续利用的资源和环境基础,这是环境管理的根本目标。

(2) 动用各种手段限制人类损害环境质量的行为:人在管理活动中扮演着管理者和被管理者的双重角色,具有决定性的作用。因此,环境管理实质上是要限制人类损害环境质量的行为。

(3) 环境管理是一个动态过程:环境管理要适应科学技术和经济规模的迅猛发展,及时调整管理对策和方法,使人类的经济活动不超过环境承载力和环境容量。而且,环境管理也和任何管理程序一样,通过履行管理的规划、组织、协调和控制职能开展工作。

(4) 环境管理是跨学科领域的新兴综合学科:环境管理面对的是由人类社会和自然环境组成的复合系统,承担着将自然规律和社会规律相耦合的重要责任,是二者之间的"桥梁专业"。因而它既需汲取社会科学中的经济学、管理学、社会学和伦理学等精髓,也需吸收自然科学中的生态学、生物学和环境科学等学科的成果。

(5) 环境保护是国际社会共同关注的问题,环境管理需要各国超越文化和意识形态等方面的差异,采取协调合作的行动。

1.2.3 环境管理与环境规划的关系

环境规划与管理已被国内外 30 多年的实践证明是环境保护工作行之有效的主要途径。环境管理与环境规划紧密相连,难以分割。但是,两者又存在各自独立的内容和体系。两者的相关相容性和差异性可从以下几方面说明。

(1) 环境规划与环境管理的共同核心——环境目标

环境管理是关于特定环境目标实现的管理活动,环境目标可根据环境质量保护和改善的需要,采用多种表达形式。而环境规划的核心亦是环境目标决策,涉及目标的辨识和目标实现手段的选择。为实现共同的环境目标,应使环境规划与环境管理具备共同的工作基础。

当然,从时空特征出发,环境规划被看作探索未来的科学方法,而环境管理更关心当前环境问题的解决,并通过各种管理手段为实现环境目标而努力。

(2) 环境管理的首要职能——规划职能

从现代管理的职能来看,无论是三职能说(规划、组织和控制)、五职能说(规划、组织、指挥、协调和控制),还是七职能说(规划、组织、用人、指导、协调、报告和预算),均将规划职能作为管理的首要职能。

在环境管理中,环境预测、决策和规划这三个概念,既相互联系又相互区别:环境预测是环境决策的依据;环境规划是环境决策的具体安排,它产生于环境决策之后;预测是规划的前期准备工作,是使规划建立在科学分析基础上的前提。因此,从环境管理职能来看,环境规划是环境预测与环境决策的产物,是环境管理的重要内容和主要手段,是环境管理部门的一项重要的职能。

(3) 环境规划与管理具有共同的理论基础

从学科领域来看,环境规划属于规划学的分支,环境管理属于管理学的分支,在内容和方法学体系上存在一定差异。但是,从理论基础分析,现代管理学、生态学、环境经济学、环境法学、系统工程学、环境伦理学、可持续发展理论等又是两者共同的基础,同属自然科学与社会科学交叉渗透的跨学科领域。

共同的理论基础、共同的目标、密切联系的工作程序、跨学科领域的基本特征形成了"环境规划与管理"课程。

1.2.4 环境规划与管理的目的、任务和作用

1. 环境规划与管理的目的

环境规划与管理的目的就是要解决环境问题,协调社会经济发展与保护环境的关系,实现人类社会的可持续发展。

环境问题的产生以及伴随社会经济迅速发展而变得日益严重,根源在于人类的思想和观念上的偏差,从而导致人类社会行为的失当,最终使自然环境受到干扰和破坏。因此,改变人类的思想观念,从宏观到微观对人类自身的行为进行规划与管理,逐步恢复被损害的环境,并减少或消除新的发展活动对环境的破坏,保证人类与环境能够持久地、和谐地协同发展下去,这是环境规划与管理的根本目的。具体说来,环境规划与管理的根本目的就是通过对可持续发展思想的传播,使人类社会的组织形式、运行机制以至管理部门和生产部门的决策、计划和个人的日常生活等各种活动,符合人与自然和谐相处的原则,并以制度、法律、体制和观念等形式体现出来,创建一种可持续的发展模式和生产消费模式以及新的社会行为规则。

2. 环境规划与管理的任务

环境问题的产生有思想观念和社会行为这两个层次的原因。为了实现环境规划与管理的目的,环境规划与管理的基本任务有两个,一是转变人类社会的一系列基本观念,二是调整人类社会的行为。

(1) 观念的转变是解决环境问题最根本的办法,它包括发展观、科技观、价值观、自然伦理道德观和消费观等。观念决定着人类的行为,只有转变了过去那种视环境为征服对象的观念,才能从根本上去解决环境问题。但观念的转变是一项长期任务,不是一蹴而就的事,因此,环境规划与管理的一项长期的根本任务就是环境文化的建设。即通过建设环境文化来帮助人们转变观念。所谓的环境文化是以人与自然和谐为核心和信念的文化,环境文化渗透到人们的思想意识中去,就能使人们在日常的生活和工作中自觉地调整自身的行为,以达到与自然环境和谐的境界。

(2) 调整人类社会的行为是更具体也更直接的调整。人类社会行为主要包括政府行为、市场行为和公众行为三种。政府行为是指国家的管理行为,诸如制定政策、法律、法令、发展计划并组织实施等。市场行为是指各种市场主体包括企业和生产者个人在市场规律的支配下,进行商品生产和交换的行为。公众行为则是指公众在日常生活中诸如消费、居家休闲、旅游等方面的行为。这三种行为都可能对环境产生不同程度的影响。因此,调整人类社会行为,提倡环境友好型行为方式是环境规划与管理的基本任务。

环境规划与管理的两项任务是相互补充、相辅相成的。环境文化的建设对解决环境问题能够起到根本性的作用,但是文化建设是一项长期的任务,短期内对解决环境问题效果并不明显;行为的调整可以比较快地见效,而且行为的调整可以促进环境文化的建设。所以

说，在环境规划与管理中，应同等程度的重视这两项工作，不可有所偏废。

3. 环境规划与管理的作用

(1) 促进环境与经济、社会可持续发展

环境规划与管理的重要作用就在于协调环境与经济、社会的关系，预防环境问题的发生，促进环境与经济、社会的可持续发展。

(2) 保障环境保护活动纳入国民经济和社会发展计划

环境保护是我国经济生活中的重要组成部分，它与经济、社会活动有着密切联系，因此必须将环境保护活动纳入国民经济和社会发展计划之中，进行综合决策，才能得以顺利进行。环境规划就是环境保护的行动计划，而环境管理则是实施环境规划的基本保障。

(3) 实施环境政策、法规和制度的主要途径

所谓政策、法规和制度，系指国家或地区为实现一定历史时期的路线和任务而规定的行动准则。我国已颁布的一系列环境法规"三大政策"和"八项环境管理制度"需要通过强化环境规划与管理得以实施，环境规划与管理已成为我国实施环境政策、法规和制度的主要途径。

(4) 实现以较小的投资获取较佳的环境效益

环境是人类生存的基本要素，又是经济发展的物质源泉，在有限的资源和资金条件下，如何用较少的资金，实现经济和环境的协调发展，显得十分重要。环境规划与管理正是运用科学的方法，在发展经济的同时，实现以较小的投资获取较佳环境效益、社会效益和经济效益的有效措施。

1.3 环境规划与管理的对象、手段和内容

1.3.1 环境规划与管理的对象和手段

1. 环境规划与管理的对象

环境规划与管理是从现代管理学角度研究生态经济系统的结构和运动规律的学科，是一门边缘性、综合性、实践性很强的专业管理学科。任何管理活动都是针对一定的管理对象而展开的。研究管理对象，也就是研究"管什么"的问题。可以从"现代系统管理"的"五要素论"和人类社会经济活动主体两个方面展开环境规划与管理对象的研究。

1) 现代系统管理的"五要素论"

管理学由"现代管理"发展到"系统管理"，在研究对象上，由重视物的因素发展到重视人的因素，又发展到重视资金、信息和时空等环境要素。对于环境规划和管理，其研究对象也应包括人、物、资金、信息和时空五个方面。

(1) 人是第一个主要对象：对于以限制人类损害环境质量的行为作为主要任务的环境规划和管理来说尤其重要。管理过程各个环节的主体是人，人与人的行为是管理过程的核心。

(2) 物也是重要研究对象：环境规划和管理也可认为是实现预定环境目标而组织和使用各种物质资源的过程，即资源的开发、利用和流动全过程的管理。

环境规划与管理的根本目标是协调发展与环境的关系。从宏观上说，要通过改变传统

的发展模式和消费模式去实现,保护环境就是保护生产力。从微观上讲,要管理好资源的合理开发利用,要规划和管理好物质生产、能量交换、消费方式和废物处理等各个领域。

(3) 资金是系统赖以实现其目标的重要物质基础,也是规划与管理的研究对象。从社会经济角度出发,经济发展消耗了环境资源,降低了环境质量,但又为社会创造了新增资本。如果说,物的管理侧重于研究合理开发利用资源,保护环境资源,维护环境资源的持续利用,避免造成难以恢复的严重破坏,那么,资金管理则应研究如何运用新增资本和拿出多少新增资本去补偿环境资源的损失。随着我国向社会主义市场经济体制的转变,在政府的宏观调控下,市场价格机制应该在规范对环境的态度和行为方面发挥愈来愈重要的作用。

(4) 信息是系统的"神经",信息也是规划与管理的重要对象:信息是指能够反映管理内容的,可以传递和加工处理的文字、数据或符号,常见形式有报表、资料、报告、指令和数据等。只有通过信息的不断交换和传递,把各个要素有机地结合起来,才能实现科学的规划管理。

(5) 时空条件亦是重要的研究对象:任何管理活动都是在一定的时空条件下进行的,环境规划与管理的一个突出特点是时空特性日益突出,则时空条件也应成为重要的研究对象。规划管理活动处在不同的时空区域,就会产生不同的管理效果。管理的效果在很多情况下也表现为时间的节约。各种管理要素的组合和安排,也都存在一个时序性问题。同时,空间区域的差别往往是环境容量和功能区划的基础,而这些时空条件又构成了成功管理的要旨。

2) 人类社会经济活动主体的三个方面

环境规划与管理是以环境与经济协调发展为前提,对人类的社会经济活动进行引导并加以约束,使人类社会经济活动与环境承载力相适应,因此,环境规划与管理的对象主要是人类的社会经济活动。人类社会经济活动的主体大体可以分为三个方面。

(1) 个人:个人作为社会经济活动的主体,主要是指个体的人为了满足自身生存和发展的需要,通过生产劳动或购买去获得用于消费的物品和服务。要减轻个人的消费行为对环境的不良影响,首先必须明确,个人行为是环境规划和管理的主要对象之一。为此在唤醒公众的环境意识的同时,还要采取各种技术和管理的措施。

(2) 企业:企业作为社会经济活动的主体,其主要目标通常是通过向社会提供产品或服务来获得利润。无论企业的性质有何不同,在它们的生产过程中,都必须要向自然界索取自然资源,并将其作为原材料投入生产活动中,同时排放出一定数量的污染物。企业行为是环境规划与管理的又一重要对象。

(3) 政府:政府作为社会经济活动的主体,其行为同样会对环境产生影响。其中特别值得注意的是宏观调控对环境所产生的影响具有极大的特殊性,既牵涉面广、影响深远又不易察觉。由此可见,作为社会经济行为主体的政府,其行为对环境的影响是复杂的、深刻的。既有直接的一面,又有间接的一面;既可以有重大的正面影响,又可能有巨大的难以估计的负面影响。要解决政府行为所造成和引发的环境问题,关键是促进宏观决策的科学化。

2. 环境规划与管理的手段

(1) 行政手段:行政手段主要指国家和地方各级行政管理机关,根据国家行政法规所赋予的组织和指挥权力,制定政策、方针、颁布标准、建立法规、进行监督协调,对环境资源保护工作实施规划和管理。如环境管理部门组织制定国家和地方的环境保护政策、工作计划和环境规划,并把这些计划和规划报请政府审批,使之具有行政法规效力;运用行政权力对某些区域采取特定措施,如划分自然保护区、重点污染防治区、环境保护特区等;对一些污染严重的工业、交通、企业要求限期治理，甚至勒令其关、停、并、转、迁；对易产生污染的工程设施和项目，采取行政制约的方法，如审批开发建设项目的环境影响评价书，审批新建、扩建、改建项目的“三同时”设计方案，发放与环境保护有关的各种许可证，审批有毒有害化学品的生产、进口和使用；管理珍稀动植物物种及其产品的出口、贸易事宜。

(2) 法律手段：法律手段是环境规划与管理的一种强制性手段，依法管理环境是控制并消除污染、保障自然资源合理利用并维护生态平衡的重要措施。环境规划管理一方面要靠立法，把国家对环境保护的要求、做法，全部以法律形式固定下来，强制执行；另一方面还要靠执法。环境管理部门要协助和配合司法部门与违反环境保护法律的犯罪行为进行斗争，协助仲裁；按照环境法规、环境标准来处理环境污染和环境破坏问题，对严重污染和破坏环境的行为提起公诉，甚至追究法律责任；也可依据环境法规对危害人民健康、财产，污染和破坏环境的个人或单位给予批评、警告、罚款或责令赔偿损失等。我国自20世纪80年代开始，从中央到地方颁布了一系列环境保护法律、法规。目前，已初步形成了由国家宪法、环境保护基本法、环境保护单行法规、其他部门法中关于环境保护的法律规范、环境标准、地方环境法规以及涉外环境保护的条约、协定等所组成的环境保护法体系。值得重视的是，随着环境问题的新变化和环境保护工作的新需要，要适时地加强法律的制定和修订工作。

(3) 经济手段：经济手段是指利用价值规律，运用价格、税收、信贷等经济杠杆，控制生产者在资源开发中的行为，限制损害环境的社会经济活动，奖励积极治理污染的单位，促进节约和合理利用资源，充分发挥价值规律在环境管理过程中的杠杆作用。其方法主要包括各级环境管理部门对积极防治环境污染而在经济上有困难的企业、事业单位发放环境保护补助资金；对排放污染物超过国家规定标准的单位，按照污染物的种类、数量和浓度征收排污费和实行排污权交易；对违反规定造成严重污染的单位和个人处以罚款；对排放污染物损害人群健康或造成财产损失的排污单位，责令对受害者赔偿损失；对积极开展“三废”综合利用、减少排污量的企业给予税收减免和利润留成的奖励；推行开发、利用自然资源的征税制度等。

(4) 技术手段：技术手段是指借助那些既能提高生产率，又能把对环境污染和生态破坏控制到最小限度的工艺技术以及先进的污染治理技术等来达到保护环境目标的手段，包括通过环境监测、环境统计对本地区、本部门、本行业污染状况进行调查；制定环境标准；编写环境报告书和环境公报；交流推广无污染、少污染的清洁生产工艺及先进治理技术；组织开展环境影响评价工作；组织环境科研成果和环境科技情报的交流等。许多环境政策、法律、法规的制定和实施都涉及许多科学技术问题，所以环境问题解决的好坏，在极大程度上取决于科学技术。没有先进的科学技术，就不能及时发现环境问题，而且即使发现了，也难以控制。

(5) 宣传教育手段：宣传教育是环境管理不可缺少的手段。环境宣传既普及环境科学知识，又是一种思想动员。通过报刊、杂志、电影、电视、广播、展览、专题讲座、文艺演出等各种文化形式广泛宣传，使公众了解环境保护的重要意义和内容，提高全民族的环境意识，激发公民保护环境的热情和积极性，把保护环境、热爱大自然、保护大自然变成自觉行动，形成强大的社会舆论，从而制止浪费资源、破坏环境的行为。环境教育可以通过专业的环境教育培养各种环境保护的专门人才，提高环境保护人员的业务水平；还可以通过基础的和社会的环境教育提高社会公民的环境意识，来实现科学管理环境以及提倡社会监督的环境管理措施。例如，把环境教育纳入国家教育体系，从幼儿园、中小学抓起加强基础教育，搞好成人教育以及对各高校非环境专业学生普及环境保护基本知识等。

1.3.2 环境规划与管理的内容

1. 环境规划的内容

环境规划的基本内容集中了各类专项规划共性的原则、方法、指标和程序。包括环境规划的原则和程序、环境目标和指标体系、环境评价和预测、环境功能区划、环境规划方案的设计和比较以及环境规划的实施。

1) 环境规划的原则

环境规划必须坚持以可持续发展战略为指导，围绕促进可持续发展这个根本目标。制定环境规划必须遵循以下基本原则。

(1) 促进环境与经济社会协调发展的原则

保障环境与经济社会协调、持续发展是环境规划最重要的原则。环境是一个多因素的复杂系统，包括生命物质和非生命物质，并涉及社会、经济等许多方面的问题。环境系统与经济系统和社会系统相互作用、相互制约，构成一个不可分割的整体。

环境规划必须将经济、社会和自然系统作为一个整体来考虑，研究经济和社会的发展对环境的影响(正影响和负影响)、环境质量和生态平衡对经济和社会发展的反馈要求与制约，进行综合平衡，遵循经济规律和生态规律，做到经济建设、城乡建设、环境建设同步规划、同步实施、同步发展，使环境与经济、社会发展相协调。实现经济效益、社会效益和环境效益的统一。

(2) 遵循经济规律和生态规律的原则

环境规划要正确处理环境与经济的关系，实现环境与经济协调发展，必须遵循经济规律和生态规律。在经济系统中，经济规模、增长速度、产业结构、能源结构、资源状况与配置、生产布局、技术水平、投资水平、供求关系等都有着各自及相互作用的规律。在环境系统中，污染物产生、排放、迁移转换，环境自净能力，污染物防治，生态平衡等也有自身的规律。在经济系统与环境系统之间的相互依赖、相互制约的关系中，也有着客观的规律性。要协调好环境与经济、社会发展，必须既要遵循经济规律，又要遵循生态规律，否则会造成环境恶化、危害人类健康、制约经济正常发展的恶果。

(3) 环境承载力有限的原则

环境承载力是指在一定时期内，在维持相对稳定的前提下，环境资源所能容纳的人口规模和经济规模的大小。地球的面积和空间是有限的，它的资源是有限的，显然，环境对污染和生态破坏的承载能力也是有限的。人类的活动必须保持在地球承载力的极限之内。如果超过这个限度，就会使自然环境失去平衡稳定的能力，引起质量上的衰退，并造成严重后果。因此，人类对环境资源的开发利用，必须维持自然资源的再生功能和环境质量的恢复能力，不允许超过生物圈的承载容量或容许极限。在制定环境规划时，应该根据环境承载力有限的原则，对环境质量进行慎重的分析研究，对经济社会活动的强度、发展规模等做出适当的调节和安排。

(4) 因地制宜、分类指导的原则

环境和环境问题具有明显的区域性。不同地区在其地理条件、人口密度、经济发展水平、能量资源的储量、文化技术水平等方面，也是千差万别。环境规划必须按区域环境的特征，科学制定环境功能区划，在进行环境评价的基础上，掌握自然系统的复杂关系，分清不同的机理，准确地预测其综合影响，因地制宜地采取相应的策略措施和设计方案。坚持环境保护实行分类指导，突出不同地区和不同时段的环境保护重点和领域。要把城市环境保护与城市建设紧密结合，实行城市与农村环境整治的有机结合，防治污染从城市向农村转移。按照因地制宜的原则，从实际出发，才能制定切合实际的环境保护目标，才能提出切实可行的措施和行动。

(5) 强化环境管理的原则

环境规划要成为指导环境与经济社会协调发展的基本依据，必须适应我国建立社会主义市场经济体制的趋势，必须充分运用法律、经济、行政和技术等手段，充分体现环境管理的基本要求。在环境规划中，必须坚持以防为主、防治结合、全面规划、合理布局、突出重点、兼顾一般的环境管理的主要方针。做到新建项目不欠账，老污染源加快治理。坚持工业污染与基本建设和技术改造紧密结合，实行全过程控制，建立清洁文明的工业生产体系。积极推行经济手段的运用，坚持"污染者负担"和"谁开发谁保护，谁破坏谁恢复，谁利用谁补偿，谁收益谁付费"的原则。只有把强化环境管理的原则贯穿到环境规划的编制和实施之中，才能有效避免"先污染、后治理"的旧式发展道路。

2) 环境规划的工作程序和主要内容

(1) 环境规划的基本程序

环境规划是协调环境资源的利用与经济社会发展的科学决策过程。环境规划因对象、目标、任务、内容和范围等不同，编制环境规划的侧重点各不相同，但规划编制的基本程序大致相同，主要包括：编制环境规划工作计划、现状调查和评价、环境预测分析、确定环境规划目标、制定环境规划方案、环境规划方案的申报和审批、环境规划方案的实施等步骤（见图 1-1）。

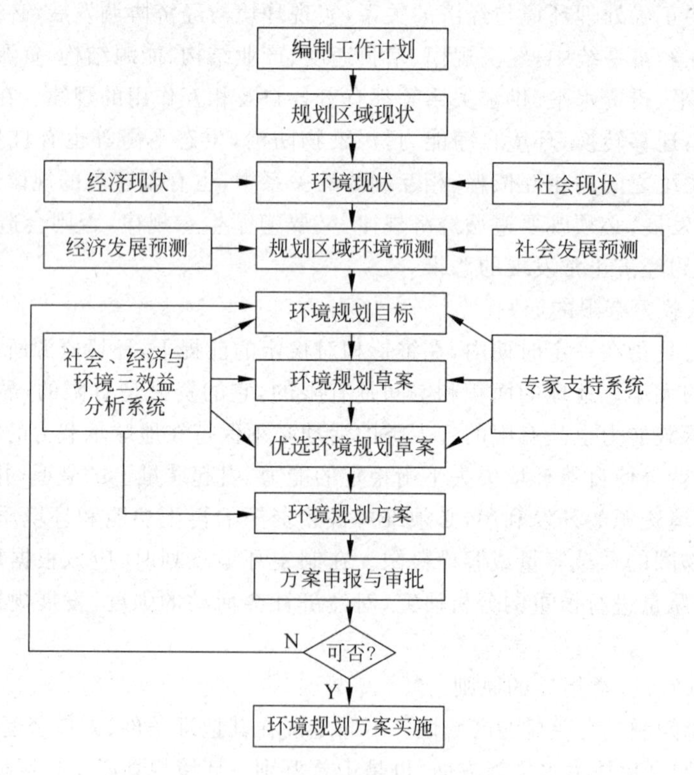

图 1-1 环境规划编制基本程序

(2) 环境规划的主要步骤和内容

① 编制环境规划的工作计划

在开展规划工作前，有关人员要根据环境规划目的和要求，对整个规划工作进行组织和安排，提出规划编写提纲，明确任务，制订翔实的工作计划。

② 环境、经济和社会现状调查与评价

环境与经济、社会相互依赖、相互制约。随着工业化进程加快，尤其是科技进步，经济和社会发展在人地系统中的主导作用越来越明显。经济和社会发展规划是制定环境规划的前提和依据；但经济和社会发展又受环境因素的制约，经济和社会发展要充分考虑环境因素，满足环境保护要求。在某些条件下，环境因素又可能变为某些方面的决定因素。因此，区域经济和社会发展规模、速度、结构、布局应在环境规划中给以概要说明(包括现状及发展趋势)，以阐述经济发展对资源需求的增大和伴生的环境问题，以及人口、技术和社会变化带来的消费需求增长及其环境影响。

环境、经济和社会现状调查与评价的内容主要包括：自然环境特征调查(如地质地貌、气象条件和水文资料、土壤类型、特征及土地利用情况、生物资源种类和生态习性、环境背景值等)；生态调查(主要有水土保持面积、自然保护区面积、土地沙化和盐渍化情况、森林覆盖率、绿地覆盖率等)；污染源调查(主要包括工业污染源、农业污染源、生活污染源、交通运输污染源、噪声污染源、放射性和电磁辐射污染源等。在分类调查时，要与另外的分类：即大气污染源、水污染源、土壤污染源、固体废弃物污染源、噪声污染源等结合起来汇总分析)；环境质量调查(主要调查区域大气、水、噪声及生态等环境质量，大多可以从环境保护部门历年的监测资料获得)；环境保护措施的效果调查(主要是对环境保护工程措施的削减效果及其综合效益进行分析评价)；环境管理现状调查(主要包括环境管理机构、环境保护工作人员业务素质、环境政策法规和标准的实施情况、环境监督的实施情况等)；社会环境特征调查(如人口数量、密度分布，产业结构和布局，产品种类和产量，经济密度，建筑密度，交通公共设施，产值，农田面积，作物品种和种植面积，灌溉设施，渔牧业等)；经济社会发展规划调查(如规划区内的短、中、长期发展目标，包括国民生产总值、国民收入、工农业生产布局以及人口发展规划、居民住宅建设规划、工农业产品产量、原材料品种及使用量、能源结构、水资源利用等)。

通过规划区域内环境、经济和社会现状调查与评价，明确区域内存在的主要环境问题，为环境预测分析提供方向和依据。

③ 环境预测分析

环境预测是根据所掌握的区域环境信息资料，结合国民经济和社会的发展状况，对区域未来的环境变化(包括环境污染和生态环境质量变化)的发展趋势做出科学的、系统的分析，预测未来可能出现的环境问题。包括预测这些环境问题出现的时间、分布范围及可能产生的危害，并有针对性地提出防治可能出现的环境问题的技术措施及对策。它是环境决策的重要依据，没有科学的环境预测就不会有科学的环境决策。当然也就不会有科学的环境规划。环境预测通常需要建立各种环境预测模型。环境预测的主要内容如下。

a. 社会和经济发展预测

社会发展预测重点是人口预测，包括人口总数、人口密度以及分布等；经济发展预测包括能源消耗预测、国民生产总值预测、工业部门产值预测以及产业结构和布局预测等内容。

社会和经济发展预测是环境预测的基本依据。

b. 资源供需预测

自然资源是区域经济持续发展的基础。随着人口的增长和国民经济的迅速发展，我国许多重要自然资源开发强度都较大，特别是水、土地和生物资源等。在资源开发利用中，应该既要做好资源的合理开发和高效利用，同时分析资源开发和利用过程中的生态环境问题，关注其产生原因并预测其发展趋势。所以，在制定环境规划时必须对资源的供需平衡进行预测分析，主要有水资源的供需平衡分析、土地资源的供需平衡分析、生物资源（森林、草原、野生动植物等）供需平衡分析、矿产资源供需平衡分析等。

c. 污染源和主要污染物排污总量预测

污染源和主要污染物排污总量预测包括大气污染源和主要污染物排污总量预测、水污染源和主要污染物排污总量预测，固体废物产生源及排放量预测、噪声源和污染强度预测等。

d. 环境质量预测

根据污染源和主要污染物排污总量预测的结果，结合区域环境质量模型（如大气质量模型、水质模型等），分别预测大气环境、水环境、土壤环境等环境质量的时间、空间变化。

e. 生态环境预测

生态环境预测包括城市生态环境预测、农村生态环境预测、森林环境预测、草原和沙漠生态环境预测、珍稀濒危物种和自然保护区发展趋势的预测、古迹和风景区的变化趋势预测等。

f. 环境污染和生态破坏造成的经济损失预测

环境污染和生态破坏会给区域经济发展和人民生活带来损失。环境污染和生态破坏造成的经济损失预测，就是根据环境经济学的理论和方法，预测因环境污染和生态破坏而带来的直接和间接经济损失。

④ 确定环境规划目标

环境目标是在一定的条件下，决策者对环境质量所想要达到的状况或标准，是特定规划期限内需要达到的环境质量水平与环境结构状态。

环境目标一般分为总目标、单项目标、环境指标三个层次。

总目标是指区域环境质量所要达到的要求或状态。

单项目标是依据规划区环境要素和环境特征以及不同环境功能所确定的环境目标。

环境指标是体现环境目标的指标体系，是目标的具体内容和环境要素特征和数量的表述。在实际规划工作中，根据规划区域对象、规划层次、目的要求、范围、内容而选择适当的指标。指标选取的基本原则是：科学性原则、规范化原则、适应性原则、针对性原则、超前性原则和可操作性原则。指标类型主要包括：主要污染物减排指标、环境质量指标、污染控制指标、环境管理与环境建设指标、环境保护投资及其他相关指标等。

需特别强调的是，环境规划目标必须科学、切实、可行。确定恰当的环境目标，即明确所要解决的问题及所达到的程度，是制定环境规划的关键。规划目标要与该区域的经济和社会发展目标进行综合平衡，针对当地的环境状况与经济实力、技术水平和管理能力，制定出切合实际的规划目标及相应的措施。目标太高，环境保护投资多，超过经济负担能力，环境目标会无法实现；目标太低，就不能满足人们对环境质量的要求，造成严重的环境问题。因此，在制定环境规划时，确定恰当的环境保护目标是十分重要的，环境规划目标是否切实可行是评价规划好坏的重要标志。

a. 确定环境目标的原则

确定环境目标，需要遵循这些原则：①要考虑规划区域的环境特征、性质和功能要求；②所确定的环境目标要有利于环境质量的改善；③要体现人们生存和发展的基本要求；④要掌握好“度”，使环境目标和经济发展目标能够同步协调，能够同时实现经济、社会和环境效益的统一。

b. 环境功能区划与环境目标的确定

功能区是指对经济和社会发展起特定作用的地域或环境单元。环境功能区划是依据社会发展需要和不同区域在环境结构、环境状态和使用功能上的差异，对区域进行合理划分。进行环境功能分区是为了合理进行经济布局，并确定具体环境目标，也便于进行环境管理与环境政策执行。环境功能区，实际上是社会、经济与环境的综合性功能区。

环境功能区划可分为综合环境功能区划和分项（专项）环境功能区划两个层次，后者包括大气环境功能区划、水环境功能区划、声环境功能区划、近海海域环境功能区划等。

环境功能区划中应考虑以下原则。

a. 环境功能与区域总体规划相匹配，保证区域或城市总体功能的发挥。

b. 根据地理、气候、生态特点或环境单元的自然条件划分功能区，如自然保护区、风景旅游区、水源区或河流及其岸线、海域及其岸线等。

c. 根据环境的开发利用潜力划分功能区，如新经济开发区、生态绿地等。

d. 根据社会经济的现状、特点和未来发展趋势划分功能区，如工业区、居民区、科技开发区、教育文化区、开放经济区等。

e. 根据行政辖区划分功能区，按一定层次的行政辖区划分功能，往往不仅反映环境的地理特点，而且也反映某些经济社会特点，有其合理性，也便于管理。

f. 根据环境保护的重点和特点划分功能区，特别是一些敏感区域，可分为重点保护区、一般保护区、污染控制区和重点整治区等。

根据规划区内各区域环境功能不同分别采取不同对策确定并控制其环境质量。确定环境保护目标时，至少应包括环境总体目标（战略目标）、污染物总量控制目标和各环境功能区的环境质量目标三项内容。

在区域环境规划的综合环境功能区划中，常划分出以下几类区域。

a. 特殊（重点）保护区：包括自然保护区、重要文物古迹保护区、风景名胜区、重要文教区、特殊保护水域或水源地、绿色食品基地等。

b. 一般保护区：主要包括生活居住区、商业区等。

c. 污染控制区：往往是现状的环境质量尚好，但需严格控制污染的工业区。

d. 重点治理区：通常是受污染较严重或受特殊污染物污染的区域。

e. 新建经济技术开发区：根据环境管理水平确定，一般应该从严要求。

f. 生态农业区：应满足生态农业的相关要求。

⑤ 提出环境规划方案

环境规划方案是指实现环境目标应采取的措施以及相应的环境保护投资。在制定环境规划时，一般要作多个不同的规划方案，通过对各方案的定性、定量比较，综合分析各自的优缺点，得出经济上合理、技术上先进、满足环境目标要求的最佳方案。

方案比较和优化是环境规划过程中的重要步骤和内容，在整个规划的各个阶段都存在方案的反复比较。环境规划方案的确定应考虑如下方面：比较的项目不易太多，方案要有鲜明的特点，要抓住起关键作用的问题做比较，注意可比性；确定的方案要结合实际，针对不同方案的关键问题，提出不同规划方案的实施措施；综合分析各方案的优缺点，取长补短，最后确定最佳方案；对比各方案的环保投资和三个效益的统一，目标是效果好、投资少、不应片面追求先进技术或过分强调投资。

⑥ 环境规划方案的申报与审批

环境规划的申报与审批，是把规划方案变成实施方案的基本途径，也是环境管理中一项重要工作制度。环境规划方案必须按照一定的程序上报有关决策机关，等待审核批准。

⑦ 环境规划方案的实施

环境规划的实用价值主要取决于它的实施程度。环境规划的实施既与编制规划的质量有关，又取决于规划实施所采取的具体步骤、方法和组织。实施环境规划要比编制环境规划复杂和困难。环境规划按照法定程序审批下达后，在环境保护部门的监督管理下，各级政府有关部门，应根据规划提出的任务要求，强化规划执行。实施环境规划的具体要求和措施，归纳起来有如下几点。

a. 切实把环境规划纳入国民经济和社会发展计划中

保护环境是发展经济的前提和条件，发展经济是保护环境的基础和保证。要切实把环境规划的指标、环境技术政策、环境保护投入以及环境污染防治和生态环境建设项目纳入国民经济与社会发展规划，这是协调环境与社会经济关系不可缺少的手段。同时，以环境规划为依据，编制环境保护年度计划，把规划中所确定的环境保护任务、目标进行分解、落实使之成为可实施的年度计划。

b. 强化环境规划实施的政策与法律的保证

政策与法律是保证规划实施的重要方面，尤其是在一些经济政策中，逐步体现环境保护的思想和具体规定，将规划结合到经济发展建设中，是推进规划实施的重要保证。

c. 多方面筹集环境保护资金

把环境保护作为全社会的共同责任。政府要积极推动落实"污染者负担"原则，工厂、企业等排污者要积极承担污染治理的责任，同时政府要加大对公共环境建设的投入，鼓励社会资金投入环境保护基础设施建设。通过多方面筹集环境保护建设资金，确保环境保护的必要资金投入。

d. 实行环境保护的目标管理

环境规划是环境管理制度的先导和依据，而管理制度又是环境规划的实施措施与手段。要把环境规划目标与政府和企业领导人的责任制紧密结合起来。

e. 强化环境规划的组织实施，进行定期检查和总结

组织管理是对规划实施过程的全面监督、检查、考核、协调与调整，环境规划管理的手段主要是行政管理、协调管理和监督管理，建立与完善组织机构，建立目标责任制，实行目标管理，实行目标的定量考核，保证规划目标的实现。

2. 环境管理的内容

环境管理的内容比较广泛，不同的分类方法有不同的结果。

1）按管理领域划分

所谓管理领域，是指环境管理行动要落实到的地方，是指在自然环境中的什么地方、人类活动中的哪个方面。

环境管理行动落实在人类社会的产业活动中，如工业、农业、服务业，即为产业环境管理，其管理内容为在这些产业活动中向环境排放污染物的行为，如管理工厂企业排放废水、废气、废渣、农田化肥农药污染、餐厅油烟气污染、歌厅噪声污染，及开展清洁生产、ISO 14000 标准认证等。

环境管理行动落实在水、土、气、声、辐射、生态等自然环境要素上，即为要素环境管理，其管理内容为环境要素的环境质量、环境承载力以及水体、土壤、大气、噪声、辐射等污染物排放的管理。

环境管理行动落实在一定的区域范围内，如城市、农村、流域、开发区等，即为区域环境管理，其管理内容为该区域范围内人类作用于该区域环境的行为，如城市建设、农田污染、流域水污染控制、开发区环境规划等。

环境管理行动落实在环境管理的主体上，可以分为政府环境管理、企业环境管理、公众环境管理。

2）按环境物质流划分

环境管理根据“环境—社会系统”中的物质流划分，可分为自然资源环境管理、产业环境管理、废弃物环境管理和区域环境管理四大领域。

（1）自然资源环境管理

自然资源的开发利用是人类社会生存发展的物质基础，也是人类社会与自然环境之间物质流动的起点。因此，自然资源的保护与管理，成为环境管理的起点和首要环节，其实质是管理自然资源开发和利用过程中的各种社会行为，不破坏人与自然的和谐。其主要内容包括土地资源、水资源、矿产资源、森林资源、草地资源、生物多样性资源、海洋资源的管理等。

（2）产业环境管理

产业活动是人类社会通过社会组织和劳动将开采出来的自然资源进行提炼、加工、转化，生产人类所需要的生活和生产资源、创造物质财富的过程，是人类经济社会发展的重要方面。同时，不恰当的产业活动也是破坏生态、污染环境的主要原因，因此，产业环境管理的目的是创建一个资源节约和环境友好的生产过程。其内容有两个层次。在宏观上，政府通过法律、行政、标准等手段从国家的层面上控制整个社会经济活动对生态和环境的破坏；在微观上，企业作为环境管理的主体搞好企业自身的环境保护工作。

（3）废弃物环境管理

废弃物，或称为环境废弃物，是指人类从自然环境中开采自然资源，并对其进行加工、转化、流通、消费后产生并排放到自然环境中去的有害的物质或因子。废弃物环境管理的目的和任务就是运用各种环境管理的政策和技术方法，尽可能地减少废弃物向自然环境中的排放，或者使排放的废弃物能与自然环境的容纳能力（环境容量和环境承载力）相协调，达到保证环境质量的目的。废弃物环境管理不仅注重废弃物本身的管理，还要从区域的角度，关注废弃物排放到环境之后产生的环境影响，并根据环境质量情况对废弃物的排放提出要求。

(4) 区域环境管理

区域是地球表层相对独立的面积单元,是个相对的地域概念。人类社会的所有活动,都必然落实到区域上,而自然环境本身也具有非常明显的区域特征。

1.4 环境规划和管理思想与理论的形成和发展

1.4.1 第一个路标——1972年联合国人类环境会议

1. 对传统观念和行为的早期反思

环境规划与管理的思想和实践有着悠久的历史。中国春秋战国时代就有保护正在怀孕或产卵期的鸟兽鱼鳖的"永续利用"规划思想和定期封山育林的管理法令;英国伦敦在13世纪70年代曾颁布了一项禁止使用烟煤的法令,到14世纪就有人因燃煤污染环境引起公愤而被吊死。西方早期的一些经济学家如托马斯·马尔萨斯(T. Malthus)、大卫·李嘉图(D. Ricardo)等,也较早认识到人口增长和人类消费的资源限制。但是,人类真正开始认识环境问题还是在20世纪60年代之后。五六十年代发生的震惊世界的"八大公害"事件,引起了西方工业国家的人民对公害的强烈不满,促使一批科学家积极参与环境问题的研究,发表了许多报告和著作,形成了有代表性的观点和学派,并对环境规划与管理思想和理论的发展产生了重要的影响。如蕾切尔·卡尔森(R. Carson)的《寂静的春天》,罗马俱乐部(Club of Rome)的《增长的极限》,巴里·康芒纳(B. Commoner)的《科学与生存》等。到70年代初期,上述学者及其著作已成为推动公众参与各种民间环境活动(如1969年建立的"地球之友")的理论依据,促进了人类对环境问题第一次认识高潮的到来。

2. 联合国人类环境会议的主要成果

联合国人类环境会议于1972年6月5～16日在瑞典斯德哥尔摩举行。这是世界各国政府共同讨论当代环境问题、探讨保护全球环境战略的第一次国际会议。共有113个国家和国际机构的1300多名代表参加了会议。会议呼吁各国政府和人民为维护和改善人类环境、造福全体人民、造福子孙后代而共同努力。会议的召开标志着人类环境意识的觉醒,是全球环境保护历史上的第一个路标。

这次会议的主要成果集中在两个文件上:

(1) 由58个国家152位成员组成的通讯顾问委员会为会议提供的一份非正式报告《只有一个地球》。这是第一份关于人类环境问题的完整报告,报告不仅论及环境污染问题,而且还将污染问题与人口问题、资源问题、工艺技术影响、发展不平衡,以及城市化等联系起来,作为一个整体来探讨和研究,并力求找出协调环境与发展的道路。

(2) 大会通过的《人类环境宣言》——该宣言向全球呼吁:"现在已经到达历史上这样一个时刻,我们在决定世界各地行动时,必须更加审慎地考虑它们对环境产生的后果。""为了这一代和将来的世世代代,保护和改善人类环境已经成为人类一个紧迫的目标。这个目标将同争取和平和全世界的经济与社会发展这两个既定的基本目标共同和协调地实现。"为了鼓舞和指导世界各国人民保持和改善人类环境,宣言将会议形成的共同看法和制定的共同原则加以总结,提出了37个共同观点和26项共同原则。初步构筑起环境规划与管理思想和理论的总体框架。

3. 中国环境保护事业进入起步阶段

1972 年 6 月 5 日，中国派代表团参加了在斯德哥尔摩召开的人类环境会议。通过这次会议，中国代表团的成员比较深刻地了解到环境问题对经济社会发展的重大影响。中国高层次的决策者们开始认识到中国也存在着严重的环境问题，需要认真对待。

在这样的历史背景下，1973 年 8 月 5 日～20 日，在北京召开了第一次全国环境保护会议。会议之后，国务院颁布了《关于保护和改善环境的若干规定(试行草案)》。从此，中国的环境保护事业进入起步阶段。

1978 年 12 月 18 日，党召开了十一届三中全会，将全党工作重点转移到以经济建设为中心的现代化建设上来，环境保护工作开始列入党和国家的重要议事日程。1978 年国家颁布了新宪法，该法规定："国家保护环境和自然资源，防治污染和其他公害。"首次将环境保护确定为政府的一项基本职能。以此为依据，1979 年国家颁布了《中华人民共和国环境保护法(试行)》，明确规定了各级环境保护机构设置的原则及其职责，从而为我国环境保护机构的建设提供了法律依据。

1983 年 12 月 31 日至 1984 年 1 月 7 日，在北京召开了第二次全国环境保护会议。这次会议标志我国的环境管理进入一个崭新的阶段，为开创环境保护工作的新局面，奠定了思想和政策基础。会议提出了环境保护是我国的一项基本国策和"三同步"、"三统一"的战略方针，确定了符合我国国情的三大环境政策。这是我国环境保护工作战略思想的大突破、大转变，是环境管理认识上的一次重大飞跃。

1989 年 4 月底至 5 月初在北京召开的第三次全国环境保护会议，会议总结确定了八项有中国特色的环境管理制度，这八项制度概括了多年来各地在环境管理实践中摸索、创造的成功经验，是我国在实践中形成的环境规划与管理战略总体构想的体现和深化，适应了强化环境管理新形势的需要，促使环境规划与管理工作由一般号召走上靠制度管理的轨道。

1.4.2　第二个路标——1992 年联合国环境与发展会议

1. 环境与发展思想的重要飞跃

1983 年，联合国教科文组织委托法国学者写了《新发展观》一书，指出新的发展观是"整体的"、"综合的"和"内生的"。其经济发展不仅包含数量上的变化，而且还包括收入结构的合理化、文化条件的改善、生活质量的提高，以及其他社会福利的增进。也就是说，经济发展体现为经济增长、社会进步与环境改善的同步进行。这种新的综合发展观在实践中逐步演变成"协调发展观"。

1984 年 10 月，联合国世界环境与发展委员会(WCED)成立后，即在委员会主席、挪威首相布伦特兰夫人的领导下，编写了《我们共同的未来》。1987 年 2 月，WCED 在日本东京召开的第八次委员会上通过了这项报告，后来又经第 42 届联合国大会辩论通过。

《我们共同的未来》是关于人类未来的纲领性文献。它以丰富的资料论述当今世界环境与发展方面存在的问题，提出了处理这些问题的具体的和现实的行动建议。报告分三个部分，共 12 章。

第一部分：共同的问题。包括受威胁的未来，关于持续发展，国际经济的作用。

第二部分：共同的挑战。包括人口与人力资源，粮食保障——维持生产潜力，物种和生态系统——发展的资源，能源——环境与发展的抉择，工业——高产低耗，城市的挑战。

第三部分：共同的努力。包括公共资源的管理，和平、安全、发展和环境，采取共同行动——机构和立法变革建议。

该报告郑重地宣告了 WCED 的总观点："从一个地球到一个世界"。地球是人类赖以生存的家园，只有一个地球。当今世界面临着共同的问题，世界各国必须迎接共同的挑战，承担共同的任务，采取共同的行动。并明确提出可持续发展战略，即"既满足当代人的需要，又不对后代人满足其需要的能力构成危害的发展"。

2. 联合国环境与发展会议的主要成果

1992 年 6 月 3～14 日，联合国环境与发展会议(UNCED)在巴西里约热内卢召开。183 个国家代表团和 70 个国际组织，102 位政府首脑或国家元首参加了会议。这次大会讨论了人类生存面临的环境与发展问题，通过了《里约环境与发展宣言》(又名《地球宪章》)和《21 世纪议程》两个纲领性文件。这次会议被认为是人类迈入 21 世纪的意义深远的一次世界性会议。

《里约环境与发展宣言》重申了 1972 年 6 月 16 日在斯德哥尔摩通过的联合国《人类环境宣言》的观点和原则，并在认识到地球的整体和相互依存性的基础上，对加强国际合作，实行可持续发展，解决全球性环境与发展问题，提出了 27 项原则。

该宣言首先明确提出可持续发展的定义原则："人类应享有以与自然相和谐的方式过健康而富有生产成果的生活的权利"，并"公平地满足今世后代在发展与环境方面的需要"。

其次，该宣言进一步明确了实现可持续发展的国际合作原则：包括所有国家和所有人都应在根除贫穷这一基本任务上进行合作的原则；发达国家在追求可持续发展的国际合作中负有主要责任的原则；优先考虑不发达国家和发展中国家利益的原则；减少和消除不能持续的生产和消费方式并推行适当人口政策的原则；在环境立法、环境标准制定中不得要求发展中国家承担与其经济发展水平不相适应的义务的原则；不得以环境为借口设置贸易壁垒的原则；和平、发展和保护环境不可分割的原则；解决国际环境争端的原则等。

再次，该宣言进一步重申了公众参与可持续发展的原则：包括公众参与各项决策进程、获得环境资料、使用司法和行政程序以及充分发挥妇女、青年参与实现可持续发展，保护土著居民及其社区等原则。

最后，该宣言还进一步强调了可持续发展进程中环境规划与管理的实施原则：包括预防为主的原则；污染者承担污染费用的原则；环境影响评价原则；防止污染转嫁的原则和公共资源管理原则等。

在联合国环境与发展大会首脑会议上一致通过的《21 世纪议程》是一个广泛的行动计划。该议程共分五个部分：第一部分，引言；第二部分，社会和经济方面；第三部分，资源的保护与管理；第四部分，加强主要团体的作用；第五部分，实施的方法。全文共 40 章 20 余万字，论述了 117 个方案领域，提供了一个 21 世纪的行动蓝图，涉及了与地球可持续发展有关的所有领域。

此外，各国政府代表还签署了联合国《气候变化框架公约》、《生物多样性公约》和《关于森林问题的原则声明》等国际文件和公约。

这次会议成为人类环境保护历史上的第二个路标，标志着人类对环境与发展的认识提高到了一个崭新阶段，可持续发展得到世界最广泛和最高级别的政治承诺。

3. 中国环境保护事业进入发展阶段

联合国环境与发展会议召开，对中国环境保护事业步入发展阶段起到了重要推动作用。1992 年 7 月，党中央、国务院批准了《中国环境与发展十大对策》，明确提出了实行可持续发展战略及主要对策措施。

1994 年 3 月，国务院发布《中国 21 世纪议程——中国 21 世纪人口、环境与发展白皮书》，确定了实施可持续发展战略的行动目标、政策框架和实施方案。

1994 年 8 月，国家计划委员会和国家环境保护局联合颁布了《环境保护计划管理办法》，规范了环境规划与管理工作。

1996 年 7 月，第四次全国环境保护会议召开。会议提出了《国家环境保护"九五"计划和 2010 年远景目标》，明确"实施污染物排放总量控制计划"和"中国跨世纪绿色工程计划"。

1998 年，国家环境保护局颁布了《全国环境保护工作(1998—2002)纲要》，提出了"一控双达标"(全国主要污染物实施总量控制；工业污染源排放污染物要达到国家或地方规定的标准；全国重点城市环境空气、地面水环境质量，按功能区分别达到国家规定的标准)和"33211"工程(即"三河"(淮河、海河和辽河)流域的水污染防治、"三湖"(太湖、滇池、巢湖)的水污染防治、"二区"(酸雨控制区和二氧化硫污染控制区)的治理、"一市"(北京市)的环境治理和"一海"(渤海)的污染治理)，加大了重点地区和重点流域的治理力度。

2002 年 1 月，第五次全国环境保护会议召开，会议提出了《国家环境保护"十五"计划》，明确了"十五"期间努力完成控制污染物排放总量，改善重点地区环境质量，节制生态恶化趋势的"三大任务"。

1.4.3　第三个路标——2002 年联合国可持续发展世界首脑会议

1. 会议背景

1992 年里约联合国环境与发展会议(里约峰会)之后，国际社会在可持续发展领域出现了许多积极变化，但是，近 10 年来，全球环境形势依然严峻。联合国环境规划署发表的 2000 年环境报告指出，尽管一些国家在控制污染方面取得了进展，环境退化速度放慢，但总体上全球环境恶化的趋势仍没有得到扭转。环境恶化已直接威胁到全球的经济和社会发展。

2000 年 9 月联合国召开千年首脑会议，在这场历来规模最大的世界领袖聚会上，与会国家元首与政府首脑通过《联合国千年宣言》，将《21 世纪议程》与 1992 年以来联合国举行的重大会议相关结论，汇总成 21 世纪人类发展的努力目标。2000 年 12 月，联合国大会通过了 55/199 号决议，决定在 2002 年召开首脑会议，对于里约峰会的实施情况进行十年审查。

2. 联合国可持续发展世界首脑会议主要成果

2002 年 8 月 26 日至 9 月 4 日，联合国可持续发展世界首脑会议在南非约翰内斯堡举行，包括 104 个国家元首和政府首脑在内的 192 个国家和地区的代表以及国际组织、非政府团体的代表 2 万余人出席了会议，中国政府代表团出席了会议。

可持续发展世界首脑会议是继 1992 年联合国环境与发展大会后的又一次盛会，是人类认识环境与发展问题的第三个路标。

可持续发展世界首脑会议产生了两项最终成果:《执行计划》和《政治宣言》(即《约翰内斯堡可持续发展承诺》)。《执行计划》首先重申了对世界可持续发展具有奠基石作用的里约峰会的原则和进一步全面贯彻实施《21世纪议程》。《执行计划》被认为是里约峰会原则的继续,强调全方位采取具体行动和措施,包括执行"共同而有区别的责任"的原则在内,实现世界的可持续发展。会议发表的《政治宣言》由69条组成。《政治宣言》强调世界各国领导人对促进和加强环境保护、社会和经济发展肩负的集体责任和作出的政治承诺;重申里约峰会的原则和全面执行《21世纪议程》的重要性;同意保护和恢复地球的生态一体化系统,强调保护生物多样化和地球上所有生命的自然延续。宣言最后呼吁联合国监督这次峰会所取得的成果的贯彻执行,承诺团结一切力量拯救地球,促进人类发展和赢得全人类的繁荣与和平,并向全世界人民宣告:相信人类可持续发展的共同愿望定能实现。

3. 我国环境保护事业的可持续发展阶段

2002年11月8~14日中国共产党第十六次全国代表大会召开。在《全面建设小康社会,开创中国特色社会主义事业新局面》的报告中,把实施可持续发展战略,实现经济发展和人口、资源、环境相协调写入了党领导人民建设中国特色社会主义必须坚持的基本经验,强调实现全面建设小康社会的宏伟目标,必须使可持续发展能力不断增强,生态环境得到改善,资源利用效率显著提高,促进人与自然的和谐,推动整个社会走上生产发展、生活富裕、生态良好的文明发展道路。

2005年10月8~11日中国共产党第十六届五中全会在北京召开,全会提出:要加快建设资源节约型、环境友好型社会,大力发展循环经济,加大环境保护力度,切实保护好自然生态,认真解决影响经济社会发展特别是严重危害人民健康的突出的环境问题,在全社会形成资源节约的增长方式和健康文明的消费模式。

2005年12月3日国务院发布了《关于落实科学发展观加强环境保护的决定》(简称《决定》)。《决定》指出,要充分认识做好环境保护工作的重要意义,用科学发展观统领环境保护工作,协调经济社会发展与环境保护,切实解决突出的环境问题,建立和完善环境保护的长效机制,加强对环境保护工作的领导。

2006年3月14日十届全国人大四次会议批准了《关于国民经济和社会发展第十一个五年规划纲要》,"纲要"要求在"十一五"时期,加快建设资源节约型、环境友好型社会,单位国内生产总值能源消耗降低20%左右,主要污染物排放总量减少10%,将污染减排指标完成情况纳入经济社会发展综合评价体系,作为政府领导干部综合考核评价和企业负责人业绩考核的重要内容。

2007年10月15日在中国共产党第十七次全国代表大会上,《高举中国特色社会主义伟大旗帜,为夺取全面建设小康社会新胜利而奋斗》报告中提出了要"建设生态文明,基本形成节约能源资源和保护生态环境的产业结构、增长方式、消费模式"的新要求,并首次把"生态文明"写入了党代会的政治报告。这更有利于着力解决中国发展新阶段面临的一些突出问题。

2002年6月,我国颁布了《中华人民共和国清洁生产促进法》,2002年10月,颁布了《中华人民共和国环境影响评价法》,2008年8月又颁布了《中华人民共和国循环经济促进法》,标志着我国国民经济战略性调整正在深化。可以说,中国环境规划和管理的发展已从传统模式开始转向了可持续发展的轨道,其核心体现在人们的文化价值观念和经济发展模式上。

2011 年 3 月 16 日第十一届全国人大第四次会议通过的《中华人民共和国国民经济和社会发展第十二个五年规划纲要》第 6 篇专篇为环境规划，其规划的指导思想是增强资源环境危机意识，树立绿色、低碳发展理念，以节能减排为重点，健全激励和约束机制，加快构建资源节约、环境友好的生产方式和消费模式，增强可持续发展能力，提高生态文明水平。

1.4.4　第四个路标——2012 年联合国可持续发展大会(里约＋20 峰会)

1. 联合国可持续发展大会(里约＋20 峰会)的主要成果

2012 年 6 月 20～22 日，联合国可持续发展大会在巴西里约热内卢举行，本次大会是自 1992 年联合国环境与发展大会和 2002 年联合国可持续发展世界首脑会议后，在国际可持续发展领域举行的又一次重要会议。国际社会高度关注，来自世界 190 多个成员国、100 余位国家元首和政府首脑、约 5 万多各界代表出席了本次大会。

2012 年联合国可持续发展大会把“可持续发展和消除贫困背景下的绿色经济”、“可持续发展的机制框架”作为两大主题，并将评估“可持续发展取得的进展、存在的差距”、“积极应对新问题、新挑战”、“作出新的政治承诺”作为此次大会的三大目标。

在 3 天的会议中，各与会国围绕着此次会议的两大主题展开讨论，并对 20 年来国际可持续发展各领域取得的进展和存在的差距进行了深入讨论，经过各方积极努力，大会最终达成了题为《我们憧憬的未来》的成果文件。大会重申了“共同但有区别的责任”原则，使国际发展合作指导原则免受侵蚀，维护了国际发展合作的基础和框架；大会决定发起可持续发展目标讨论进程，就加强可持续发展国家合作发出重要和积极信号，为制定 2015 年后国际发展议程提供重要指导；大会肯定绿色经济是可持续发展的重要手段之一，鼓励各国根据不同国情和发展阶段实施绿色经济政策；大会决定建立高级别政治论坛，取代联合国可持续发展委员会，加强联合国环境规划署职能，有助于提升可持续发展机制在联合国系统中的地位和重要性；大会敦促发达国家履行官方发展援助承诺，要求发达国家以优惠条件向发展中国家转让环境友好型技术，帮助发展中国家加强能力建设。

自大会筹备一年半以来，中方一直以积极和建设性姿态参与大会进程，全面、深入参与有关讨论和文件磋商，为大会的成功贡献了智慧和力量。特别是在大会成果文件的最后磋商中，中国代表团为努力推动各方求同存异，弥合分歧，推动谈判尽早达成共识做出了重要贡献。我国国务院总理温家宝亲自率中国政府代表团(500 余人)与会，充分体现了中国政府对推进全球可持续发展的高度重视。

2. 我国环境保护事业的发展趋势

作为全球举足轻重的政治、经济和环境大国，里约＋20 峰会的召开，使我国在可持续发展领域面临新的形势，既有挑战，又有机遇。2012 年 11 月，党的十八大从新的历史起点出发，做出了“大力推进生态文明建设”的战略决策。十八大报告强调：“把生态文明建设放在突出地位，融入经济建设、政治建设、文化建设、社会建设各方面和全过程”。由此，生态文明建设不但要做好其本身的生态建设、环境保护、资源节约等，更重要的是要放在突出地位，融入经济建设、政治建设、文化建设、社会建设各方面和全过程。因此，我们必须抓住机遇，乘势而上，在新形势下努力开创我国环境保护工作的新局面。

一是坚定不移地发展绿色经济，促进国家经济绿色转型，大力增强国际经济的国际竞争

力。在当前形势下,发展绿色经济要重点考虑解决好以下几个关键问题:

第一,在经济下行压力下,要抓住机遇,加快调整经济和产业结构。将重心和着力点放在调整优化结构和培育国家长期竞争力上,促进经济的绿色转型,避免低水平重复和盲目的大干快上。

第二,按照经济和市场规律办事。除了在发展初期一些必要的政府引导外,应主要运用市场和价格手段配置绿色经济发展所需的资源与要素,激励和吸引私人部门和民营企业发展绿色产业,避免行政强制式的推动方式。

第三,注意发展绿色经济潜在的成本与风险。如传统制造业领域的绿色化和新型绿色领域产业化所需要的巨量投资、经济部门绿色转型中可能产生的沉没成本、绿色就业技能培训以及褐色部门转型可能带来的失业等社会成本、绿色市场发展不完全的市场风险等。

二是在全球可持续发展领域发挥更为积极和建设性的作用,逐步扩大参与权,增加话语权和争取主导权。

全球可持续发展进程及相关问题的解决需要中国的积极参与,而中国要实现自身的可持续发展也需要世界的支持。中国需要从全球视角审视国际和国内的可持续发展问题,着眼国际,落脚于解决国内问题。在未来参与全球可持续发展进程中,需要一些新的思路转型。

第一,由过去侧重强调在全球可持续发展中"有区别的责任"原则,向既坚持"有区别的责任"原则,又重视"共同的责任和义务"转变。在处理全球可持续发展问题上,必须科学认识我国的历史阶段和特征,承担与我国发展水平与发展阶段相适应的国际环境履约的责任和义务。

第二,由过去被动地应对全球可持续发展进程带来的各种压力,向"共同责任,积极参与"转变。当前全球可持续发展的若干制度和秩序正处于变革、调整和重建中,应把握机会,争取可持续发展领域相关规则的主导权和制定权。

第三,巩固战略依托,加强与新兴大国合作。积极呼应和支持发展中国家特别是新兴大国的合理主张和要求。

三是以提高生态文明水平为主题,以加快建设"两型"社会为主线,积极发挥环境保护参与国家宏观决策的作用。

从全球可持续发展的进程看,环境支柱在可持续发展的三个支柱中的地位和作用日益提高,统筹协调可持续发展的三个支柱,将环境纳入经济和社会决策中是必然趋势。

就国内来说,环保工作要突破在经济发展之外从事环境管理的状况,深刻地融入经济社会发展的决策和实施过程之中,高举生态文明的大旗,争当建设生态文明的引领者、主力军和主阵地。

四是加强国际环境公约履约,增强与国内重点与中心工作的衔接和协同,促进国家环境管理战略转型。

要加强国际环境公约履约,在具体实践中,首先要健全法律政策制度,制定国家环境公约履约总体战略;完善环境履约的专门法律法规、政策标准;制定阶段性的、与环境保护五年规划纲要同步的国际环境公约履约总体规划。其次要完善体制,建立有利的履约机构;统筹协调指导涉及各部门、各行业的履约工作。另外,还要建立顺畅的资金机制,为履约工作提供充足的资金保障。

复习与思考

1. 什么是环境规划？如何理解其内涵？

2. 什么是环境管理？如何理解其内涵？

3. 简述环境规划与环境管理的关系。

4. 简述环境规划与环境管理的目的和任务。

5. 简述环境规划与环境管理的对象与手段。

6. 说明环境规划与环境管理的主要内容，并归纳本书的基本框架。

7. 简述联合国人类环境会议的主要成果及其历史功绩。

8. 简述联合国环境与发展会议的主要成果及其历史功绩。

9. 简述联合国可持续发展世界首脑会议的召开背景及其主要成果。

10. 简述联合国可持续发展大会(里约+20 峰会)的主要成果及其历史功绩。

11. 怎样理解环境支柱在可持续发展的三个支柱中的突出地位？我国环境保护事业的发展趋势是什么？

环境规划与管理的理论基础

如前所述，环境规划与管理虽属于不同的学科领域，但二者紧密相连，难以分割，有着共同的理论基础：可持续发展理论、系统论、生态学原理、环境经济学等理论。

2.1 可持续发展理论

2.1.1 可持续发展思想的由来

发展是人类社会不断进步的永恒主题。

人类在经历了对自然顶礼膜拜、唯唯诺诺的漫长历史阶段之后，通过工业革命，铸就了驾驭和征服自然的现代科学技术之剑，从而一跃成为大自然的主宰。就在人类为科学技术和经济发展的累累硕果沾沾自喜之时，却不知不觉地步入了自身挖掘的陷阱。种种始料不及的环境问题击破了单纯追求经济增长的美好神话，固有的思想观念和思维方式受到了强大的冲击，传统的发展模式面临着严峻的挑战。历史把人类推到了必须从工业文明走向现代新文明的发展阶段。可持续发展思想在环境与发展理念的不断更新中逐步形成。

1. 古代朴素的可持续性思想

可持续性(sustainability)的概念渊源已久。早在公元前3世纪，杰出的先秦思想家荀况在《王制》中说："草木荣华滋硕之时，则斧斤不入山林。不夭其生，不绝其长也；鼋鼍鱼鳖鳅鳣孕之时，罔罟毒药不入泽，不夭其生，不绝其长也；春耕、夏耘、秋收、冬藏，四者不失时，故五谷不绝，而百姓有余食也；污池渊沼川泽，谨其时禁，故鱼鳖优多，而百姓有余用也；斩伐养长不失其时，故山林不童，而百姓有余材也。"这是自然资源有续利用思想的反映，春秋时在齐国为相的管仲，从发展经济、富国强兵的目标出发，十分注意保护山林川泽及其生物资源，反对过度采伐。他说："为人君而不能谨守其山林，菹泽草来不可为天下王。"1975年在湖北云梦睡虎地11号秦墓中发掘出110多枚竹简，其中的《田律》清晰地体现了可持续性发展的思想。因此，"与天地相参"可以说是中国古代生态意识的目标和思想，也是可持续性的反映。

西方一些经济学家如马尔萨斯、李嘉图和穆勒等的著作中也比较早认识到人类消费的物质限制，即人类的经济活动范围存在的生态边界。

2. 现代可持续发展思想的产生和发展

现代可持续发展思想的提出源于人们对环境问题的逐步认识和热切关注。其产生背景是人类赖以生存和发展的环境和资源遭到越来越严重的破坏，人类已不同程度地尝到了环境破坏的苦果，因此，在探索环境与发展的过程中逐渐形成了可持续发展思想。在这一过程中有几件事的发生具有历史意义。

(1)《寂静的春天》——对传统行为和观念的早期反思

20世纪中叶,随着环境污染的日趋加重,特别是西方国家公害事件的不断发生,环境问题频频困扰着人类。20世纪50年代末,美国海洋生物学家蕾切尔·卡尔森(Rechel Karson)在潜心研究美国使用杀虫剂所产生的种种危害之后,于1962年发表了环境保护科普著作《寂静的春天》(Silent Spring)。作者通过对污染物DDT等的富集、迁移、转化的描写,阐明了人类同大气、海洋、河流、土壤、动植物之间的密切关系,初步揭示了污染对生态系统的影响。她告诫人们:"地球上生命的历史一直是生物与其周围环境相互作用的历史……,只有人类出现后,生命才具有了改造其周围大自然的异常能力。在人类对环境的所有袭击中,最令人震惊的,是空气、土地、河流以及大海受到各种致命化学物质的污染。这种污染是难以清除的,因为它们不仅进入了生命赖以生存的世界,而且进入了生物组织内。"她还向世人呼吁,我们长期以来行驶的道路,容易被人误认为是一条可以高速前进的平坦、舒适的超级公路,但实际上,这条路的终点却潜伏着灾难,而另外的道路则为我们提供了保护地球的最后唯一的机会。这"另外的道路"究竟是什么样的,卡尔森没能确切告诉我们,但作为环境保护的先行者,卡尔森的思想在世界范围内,较早地引发了人类对自身的传统行为和观念进行比较系统和深入的反思。

(2)《增长的极限》——引起世界反响的"严肃忧虑"

1968年,来自世界各国的几十位科学家、教育家和经济学家等学者聚会罗马,成立了一个非正式的国际协会——罗马俱乐部(the club of Rome)。它的工作目标是,关注、探讨与研究人类面临的共同问题,使国际社会对人类面临的社会、经济、环境等诸多问题,有更深入的理解,并在现有全部知识的基础上推动采取能扭转不利局面的新态度、新政策和新制度。

受罗马俱乐部的委托,以麻省理工学院梅多斯(D. L. Meadows)为首的研究小组,针对长期流行于西方的高增长理论进行了深刻的反思,并于1972年提交了俱乐部成立后的第一份研究报告——《增长的极限》。报告深刻阐明了环境的重要性以及资源与人口之间的基本联系。报告认为:由于世界人口增长、粮食生产、工业发展、资源消耗和环境污染这五项基本因素的运行方式是指数增长而非线性增长,全球的增长将会因为粮食短缺和环境破坏于21世纪某个阶段内达到极限。就是说,地球的支撑力将会达到极限,经济增长将发生不可控制的衰退。因此,要避免因超越地球资源极限而导致世界崩溃的最好方法是限制增长。即"零增长"。

《增长的极限》一发表,在国际社会特别是在学术界引起了强烈的反响。该报告在促使人们密切关注人口、资源和环境问题的同时,因其反增长情绪而遭受到尖锐的批评和责难。因此,引发了一场激烈的、旷日持久的学术之争。一般认为,由于种种因素的局限,《增长的极限》的结论和观点,存在十分明显的缺陷。但是,报告所表现出的对人类前途的"严肃的忧虑"以及唤起人类自身的觉醒,其积极意义却是毋庸置疑的。它所阐述的"合理、持久的均衡发展",为孕育可持续发展的思想萌芽提供了土壤。

(3) 联合国人类环境会议——人类对环境问题的正式挑战

1972年,联合国人类环境会议在斯德哥尔摩召开,来自世界113个国家和地区的代表会聚一堂,共同讨论环境对人类的影响问题。这是人类第一次将环境问题纳入世界各国政府和国际政治的事务议程。大会通过的《人类环境宣言》宣布了37个共同观点和26项共同原则。它向全球呼吁：现在已经到达历史上这样一个时刻，我们在决定世界各地的行动时，必须更加审慎地考虑它们对环境产生的后果。由于无知或不关心，我们可能给生活和幸福所依靠的地球环境造成巨大的无法挽回的损失。因此，保护和改善人类环境是关系到全世界各国人民的幸福和经济发展的重要问题，是全世界各国人民的迫切希望和各国政府的责任，也是人类的紧迫目标。各国政府和人民必须为全体人民和自身后代的利益而作出共同的努力。

作为探讨保护全球环境战略的第一次国际会议，联合国人类环境大会的意义在于唤起了各国政府对环境问题，特别是对环境污染的觉醒和关注。尽管大会对整个环境问题的认识比较粗浅，对解决环境问题的途径尚未确定，尤其是没能找出问题的根源和责任，但是，它正式吹响了人类共同向环境问题挑战的进军号。各国政府和公众的环境意识，无论是在广度上还是在深度上都向前迈进了一步。

(4)《我们共同的未来》——环境与发展思想的重要飞跃

20 世纪 80 年代伊始，联合国本着必须研究自然的、社会的、生态的、经济的以及利用自然资源过程中的基本关系，确保全球发展的宗旨，于 1983 年 3 月成立了以挪威首相布伦特兰夫人(G. H. Brundland)任主席的世界环境与发展委员会(WHED)。联合国要求其负责制定长期的环境对策，研究能使国际社会更有效地解决环境问题的途径和方法。经过 3 年多的深入研究和充分论证，该委员会于 1987 年向联合国大会提交了研究报告《我们共同的未来》。

《我们共同的未来》分为“共同的问题”、“共同的挑战”“共同的努力”三大部分。报告将注意力集中于人口、粮食、物种和遗传资源、能源、工业和人类居住等方面。在系统探讨了人类面临的一系列重大的经济、社会和环境问题之后，提出了“可持续发展”的概念。报告深刻指出，在过去，我们关心的是经济发展对生态环境带来的影响，而现在，我们正迫切地感到生态的压力对经济发展所带来的重大影响。因此，我们需要有一条新的发展道路，这条道路不是一条仅能在若干年内、在若干地方支持人类进步的道路，而是一直到遥远的未来都能支持全球人类进步的道路。这实际上就是卡逊在《寂静的春天》没能提供答案的、所谓的“另外的道路”，即“可持续发展道路”。布伦特兰鲜明、创新的观点，把人类从单纯考虑环境保护引导到把环境保护与人类发展切实结合起来，实现了人类有关环境与发展思想的飞跃。

(5)《联合国环境与发展大会》——环境与发展的里程碑

从 1972 年联合国人类环境会议召开到 1992 年的 20 年间，尤其是 20 世纪 80 年代以来，国际社会关注的热点已由单纯注重环境问题逐步转移到环境与发展二者的关系上来，而这一主题必须由国际社会广泛参与。在这一背景下，联合国环境与发展大会(UNCED)于 1992 年 6 月在巴西里约热内卢召开。共有 183 个国家的代表团和 70 个国际组织的代表出席了会议，102 位国家元首或政府首脑到会讲话。会议通过了《里约环境与发展宣言》(又名《地球宪章》)和《21 世纪议程》两个纲领性文件。前者是开展全球环境与发展领域合作的框架性文件，是为了保护地球永恒的活力和整体性，建立一种新的、公平的全球伙伴关系的“关于国家和公众行为基本准则”的宣言。它提出了实现可持续发展的 27 条基本原则；后者则是全球范围内可持续发展的行动计划，它旨在建立 21 世纪世界各国在人类活动对环境产生影响的各个方面的行动规则，为保障人类共同的未来提供一个全球性措施的战略框架。此外，各国政府代表还签署了联合国《气候变化框架公约》、《关于森林问题的原则申明》、《生物多样性公约》等国际文件及有关国际公约。可持续发展得到世界最广泛和最高级别的政治承诺。

以这次大会为标志,人类对环境与发展的认识提高到了一个崭新的阶段。大会为人类高举可持续发展旗帜,走可持续发展之路发出了总动员,使人类迈出了跨向新的文明时代的关键性的一步,为人类的环境与发展矗立了一座重要的里程碑。

2.1.2　可持续发展的内涵与基本原则

1. 可持续发展的定义

要精确给可持续发展下定义是比较困难的,不同的机构和专家对可持续发展的定义角度虽有所不同,但基本方向一致。

世界环境与发展委员会(WECD)经过长期的研究于1987年4月发表的《我们共同的未来》中将可持续发展定义为:“可持续发展是既满足当代人的需要,又不对后代人满足其需要的能力构成危害的发展。”这个定义明确地表达了两个基本观点:一是要考虑当代人,尤其是世界上贫穷人的基本要求;二是要在生态环境可以支持的前提下,满足人类当前和将来的需要。

1991年世界自然保护同盟、联合国环境规划署和世界野生生物基金会在《保护地球——可持续生存战略》一书中提出这样的定义:“在生存不超出维持生态系统承载能力的情况下,改善人类的生活质量。”

1992年,联合国环境与发展大会(UNCED)的《里约宣言》中对可持续发展进一步阐述为:“人类应享有与自然和谐的方式过健康而富有成果的生活权利,并公平地满足今世后代在发展和环境方面的需要,求取发展的权利必须实现。”

另有许多学者也纷纷提出了可持续发展的定义,如英国经济学家皮尔斯和沃福德在1993年所著的《世界无末日》一书中提出了以经济学语言表达的可持续发展定义:“当发展能够保证当代人的福利增加时,也不应使后代人的福利减少。”

我国学者叶文虎、栾胜基等给可持续发展做出的定义是:“可持续发展是不断提高人群生活质量和环境承载能力的、满足当代人需求又不损害子孙后代满足其需求的、满足一个地区或一个国家的人群需求又不损害别的地区或国家的人群满足其需求的发展。”

2. 可持续发展的内涵

在人类可持续发展的系统中,经济可持续性是基础,环境可持续性是条件,社会可持续性才是目的。人类共同追求的应当是以人的发展为中心的经济—环境—社会复合生态系统持续、稳定、健康的发展。所以,可持续发展需要从经济、环境和社会三个角度加以解释才能完整地表述其内涵。

(1) 可持续发展应当包括“经济的可持续性”:具体而言,是指要求经济体能够连续地提供产品和劳务,使内债和外债控制在可以管理的范围以内,并且要避免对工业和农业生产带来不利的极端的结构性失衡。

(2) 可持续发展应当包含“环境的可持续性”:这意味着要求保持稳定的资源基础,避免过度地对资源系统加以利用,维护环境的净化功能和健康的生态系统,并且使不可再生资源的开发程度控制在使投资能产生足够的替代作用的范围之内。

(3) 可持续发展还应当包含“社会的可持续性”:这是指通过分配和机遇的平等、建立医疗和教育保障体系、实现性别的平等、推进政治上的公开性和公众参与性这类机制来保证“社会的可持续发展”。

更根本地，可持续发展要求平衡人与自然和人与人两大关系。人与自然必须是平衡的、协调的。恩格斯指出：“我们不要过分陶醉于我们人类对自然界的胜利，对于每一次这样的胜利，自然界都对我们进行报复。”他告诫我们要遵循自然规律，否则就会受到自然规律的惩罚，并且提醒“我们每走一步都要记住：我们统治自然界，绝不像征服者统治异族人那样，绝不像站在自然界之外的人似的——相反地，我们连同我们的肉、血和头脑都是属于自然界和存在于自然界之中的；我们对自然界的全部统治力量，就在于我们比其他一切生物强，能够认识和正确运用自然规律”。

可持续发展还强调协调人与人之间的关系。马克思、恩格斯指出：劳动使人们以一定的方式结成一定的社会关系，社会是人与自然关系的中介，把人与人、人与自然联系起来。社会的发展水平和社会制度直接影响人与自然的关系。只有协调好人与人之间的关系，才能从根本上解决人与自然的矛盾，实现自然、社会和人的和谐发展。由此可见，可持续发展的内容可以归结为三条：人类对自然的索取，必须与人类向自然的回馈相平衡；当代人的发展，不能以牺牲后代人的发展机会为代价；本区域的发展，不能以牺牲其他区域或全球的发展为代价。

总之，可以认为可持续发展是一种新的发展思想和战略，目标是保证社会具有长期的持续性发展的能力，确保环境、生态的安全和稳定的资源基础，避免社会经济大起大落的波动。可持续发展涉及人类社会的各个方面，要求社会进行全方位的变革。

3. 可持续发展的基本原则

(1) 公平性原则

公平是指机会选择的平等性。可持续发展强调：人类需求和欲望的满足是发展的主要目标，因而应努力消除人类需求方面存在的诸多不公平性因素。“可持续发展”所追求的公平性原则包含两个方面的含义：

一是追求同代人之间的横向公平性，“可持续发展”要求满足全球全体人民的基本需求，并给予全体人民平等性的机会以满足他们实现较好生活的愿望，贫富悬殊、两极分化的世界难以实现真正的“可持续发展”，所以要给世界各国以公平的发展权（消除贫困是“可持续发展”进程中必须优先考虑的问题）；

二是代际间的公平，即各代人之间的纵向公平性。要认识到人类赖以生存与发展的自然资源是有限的，本代人不能因为自己的需求和发展而损害人类世世代代需求的自然资源和自然环境，要给后代人利用自然资源以满足其需求的权利。

(2) 可持续性原则

可持续性是指生态系统受到某种干扰时能保持其生产率的能力。资源的永续利用和生态系统的持续利用是人类可持续发展的首要条件，这就要求人类的社会经济发展不应损害支持地球生命的自然系统、不能超越资源与环境的承载能力。

社会对环境资源的消耗包括两方面：耗用资源及排放污染物。为保持发展的可持续性，对可再生资源的使用强度应限制在其最大持续收获量之内；对不可再生资源的使用速度不应超过寻求作为替代品的资源的速度；对环境排放的废物量不应超出环境的自净能力。

(3) 共同性原则

不同国家、地区由于地域、文化等方面的差异及现阶段发展水平的制约，执行可持续的政策与实施步骤并不统一，但实现可持续发展这个总目标及应遵循的公平性及持续性两个原则是相同的，最终目的都是为了促进人类之间及人类与自然之间的和谐发展。

因此，共同性原则有两个方面的含义：一是发展目标的共同性，这个目标就是保持地球生态系统的安全，并以最合理的利用方式为整个人类谋福利；二是行动的共同性。因为生态环境方面的许多问题实际上是没有国界的，必须开展全球合作，而全球经济发展不平衡也是全世界的事。

2.1.3　可持续发展战略的实施途径

不论是对于人类还是对于世界各国的政府，可持续发展战略都是一个全新的革命性的发展战略。为了在国际国内的各项工作中对此项战略加以实施，必须解决一系列的问题，包括：①加强教育，改变人们的哲学观和发展观，特别是帮助人们建立环境伦理观；②制定国际条约和国内法规，用法律、行政、经济等各种手段约束和规范人们的行为；③制定可持续发展的行动纲领和实施计划，将经济发展规划与环境保护规划协调起来；④在工业和一切产业部门实施清洁生产，以达到最大限度地节约资源和最大限度地减少对环境的危害；⑤在农村大力发展生态农业，使人类的生产活动与自然实现和谐一致；⑥按照生态平衡的原理建设和管理城市，使城市成为可持续发展的人类居住区；⑦实现对能源和资源的可持续利用，尽可能地提高能源和资源的利用效率，采用可再生的能源和资源代替不可再生的能源和资源；⑧加强对各类废弃物的净化处理和综合利用，采用合理措施修复已被污染破坏的生态环境。

1. 关于可持续发展的指标体系

目前，尽管可持续发展已被人们、尤其是各国政府所接受，但是，还有很多人认为可持续发展只是一个概念、理想，对于如何操作却并不明了，因此，很多学者和管理人员提出了建立可持续发展指标体系的问题，即通过一些指标测定和评价可持续发展的状态和程度。从前面的叙述我们知道，可持续发展是经济系统、社会系统以及环境系统和谐发展的象征，它所涵盖的范围包括经济发展与经济效率的实现、自然资源的有效配置和永续利用、环境质量的改善和社会公平与适宜的社会组织形式，等等。因此，可持续发展指标体系几乎涉及人类社会经济生活以及生态环境的各个方面。

自 1992 年世界环境与发展大会以来，许多国家按大会要求，纷纷研究自己的可持续发展指标体系，目的是检验和评估国家的发展趋势是否可持续，并以此进一步促进可持续发展战略的实施。作为全球实施可持续发展战略的重大举措，联合国也成立了可持续发展委员会，其任务是审议各国执行 21 世纪议程的情况，并对联合国有关环境与发展的项目计划在高层次进行协调。为了对各国在可持续发展方面的成绩与问题有一个较为客观的衡量标准，该委员会制定了联合国可持续发展指标体系。

长期以来，人们采用国内生产总值来衡量经济发展的速度，并以此作为宏观经济政策分析与决策的基础。但是，从可持续发展的观点看，它存在着明显的缺陷，如忽略收入分配状况、忽略市场活动以及不能体现环境退化等状况。为了克服其缺陷，使衡量发展的指标更具科学性，不少较权威的世界性组织和专家学者都提出了一些衡量发展的新思路。

1）衡量国家（地区）财富的新标准

1995年，世界银行颁布了一项衡量国家（地区）财富的新标准：一国的国家财富由三个主要资本组成：即人造资本、自然资本和人力资本。人造资本为通常经济统计和核算中的资本，包括机械设备、运输设备、基础设施、建筑物等人工创造的固定资产。自然资本指的是大自然为人类提供的自然财富，如土地、森林、空气、水、矿产资源等。可持续发展就是要保护这些财富，至少应保证它们在安全的或可更新的范围之内。很多人造资本是以大量消耗自然资本来换取的，所以应该从中扣除自然资本的价值。如果将自然资本的消耗计算在内，一些人造资本的生产未必是经济的。人力资本指的是人的生产能力，它包括了人的体力、受教育程度、身体状况、能力水平等各个方面，人力资本不仅与人的先天素质有关，而且与人的教育水平、健康水平、营养水平有直接关系。因此人力资本是可以通过投入人造资本来获得增长的。从这一指标中我们可以看出，财富的真正含义为：一个国家生产出来的财富，减去国民消费，再减去产品资产的折旧和消耗掉的自然资源。这就是说，一个国家可以使用和消耗本国的自然资源，但必须在使其自然生态保持稳定的前提下，能够高效地转化为人力资本和人造资本，保证人造资本和人力资本的增长能补偿自然资本的消耗。如果自然资源减少后，人力资本和人造资本并没有增加，那么，这种消耗就是一种纯浪费型的消耗。该方法更多地纳入了绿色国民经济核算的基本概念，特别是纳入了资源和环境核算的一些研究成果，通过对宏观经济指标的修正，试图从经济学的角度去阐明环境与发展的关系，并通过货币化度量一个国家或地区总资本存量（或人均资本存量）的变化，以此来判断一个国家或地区发展是否具有可持续性，能够比较真实地反映一个国家和地区的财富。

按照上述标准排列，中国在世界192个国家和地区中排在161位。人均财富6600美元，其中自然资本占8%，人造资本占15%，人力资本占77%。从人均财富相对结构来看，中国的自然资源相当贫乏；从人均财富的绝对量来看，中国拥有的各种财富的量也非常低，特别是高素质人才少，人力资本只有发达国家或地区的1/50。因此，今后如果仍一味地追求那种以自然资源高消耗、环境高污染为代价来换取经济高增长的模式，我国的人均财富不仅难以大幅度增长，而且还有可能下降。

2）人文发展指数

联合国开发计划署（UNDP）于1990年5月在第一份《人类发展报告》中，首次公布了人文发展指数（HDI），以衡量一个国家的进步程度。它由收入、寿命、教育三个衡量指标构成：收入是指人均GDP的多少；寿命反映了营养和环境质量状况；教育是指公众受教育的程度，也就是可持续发展的潜力。收入通过估算实际人均国内生产总值的购买力来测算；寿命根据人口的平均预期寿命来测算；教育通过成人识字率（2/3权数）和大、中、小学综合入学率（1/3的权数）的加权平均数来衡量。虽然“人文发展指数”并不等同“可持续发展”，但该指数的提出仍有许多有益的启示。HDI强调了国家发展应从传统的以物为中心转向以人为中心，强调了达到合理的生活水平而非追求对物质的无限占有，向传统的消费观念提出了挑战。HDI将收入与发展指标相结合，人类在健康、教育等方面的社会发展是对以收入衡量发展水平的重要补充，倡导各国更好地投资于民，关注人们生活质量的改善，这些都是与可持续发展原则相一致的。

在这个报告中，中国的HDI在世界173个国家中排名第94位，比人均GDP（第143位）名次提高了49位。但我们却比朝鲜和蒙古这些不发达的国家还要低，差距主要在于环境质量和教育水平，特别是学龄儿童入学率，“人文发展指数”进一步确认了一个经过多年争论并被世界初步认识到的道理：“经济增长不等于真正意义上的发展，而后者才是正确的目标。”

3）绿色国民账户

从环境的角度来看，当前的国民核算体系存在三个方面的问题：一是国民账户未能准确反映社会福利状况，没有考虑资源状态的变化；二是人类活动所使用自然资源的真实成本没有记入常规的国民账户；三是国民账户未计入环境损失。因此，要解决这些问题，有必要建立一种新的国民账户体系。近年来，世界银行与联合国统计局合作，试图将环境问题纳入当前正在修订的国民账户体系框架中，以建立经过环境调整的国内生产净值(NDP)和经过环境调整的净国内收入(EDI)统计体系。目前，已有一个试用性的联合国统计局(UNSO)框架问世，称为“经过环境调整的经济账户体系(SEEA)”。其目的在于：在尽可能保持现有国民账户体系的概念和原则的情况下，将环境数据结合到现存的国民账户信息体系中。环境成本、环境收益、自然资产以及环境保护支出均与以国民账户体系相一致的形式，作为附属账内容列出。简单来说，SEEA 寻求在保护现有国民账户体系完整性的基础上，通过增加附属账户内容，鼓励收集和汇入有关自然资源与环境的信息。SEEA 的一个重要特点是，它能够利用其他测度的信息，如利用区域或部门水平上的实物资源账目。因此，附属账户是实现最终计算 NDP 和 EDI 的一个重大进展。

4）国际竞争力评价体系

国际竞争力评价体系是由世界经济论坛和瑞士国际管理学院共同制定的。它清晰地描述了主要经济强国正在经历的变化，展示出未来经济发展的趋势。它不仅为各国制定经济政策提供重要参考，而且对整个社会经济的发展具有重要导向作用。

这套评价体系由 8 大竞争力要素、41 个方面、224 项指标构成。8 大要素包括：国内经济实力、国际化程度、政府作用、金融环境、基础设施、企业管理、科技开发和国民素质。其中国民素质有人口、教育结构、生活质量和就业失业等 7 个要素；生活质量中包含医疗卫生状况、营养状况和生活环境等状况。这套评价体系比较全面地评价和反映一个国家的整体水平，不仅包括现实的竞争能力，还预示潜在的竞争力，从而揭示未来的发展趋势。1996 年，在参加评价的 46 个国家和地区中，中国排名第 26 位，美国排在榜首，新加坡排名第二，中国香港排名第三，日本排名第四。在八大要素中，中国国内经济实力一项排名最好，位列第二；基础设施一项排名最差，位列第 46 位；国民素质一项排名第 35 位，其中生活质量排名第 42 位，劳动力状况与教育结构排名第 43 位，分别位居倒数第 3、4 位。由此表明，我国的教育状况和环境状况均是阻碍我国国民素质提高的主要因素。

5）几种典型的综合型指标

综合型指标是通过系统分析方法，寻求一种能够从整体上反映系统发展状况的指标，从而达到对很多单个指标进行综合分析，为决策者提供有效信息。

(1) 货币型综合指标

货币型综合指标以环境经济学和资源经济学为基础，其研究始于 20 世纪 70 年代的改良 GNP 运动。1972 年，美国经济学家 W. Nordhaus 和 Tobin 提出“经济福利尺度”概念，主张通过对 GNP 的修正得到经济福利指标。这方面研究的代表还有英国伦敦大学环境经济学家 D. W. 皮尔斯，他在其著作《世界无末日》中，将可持续发展定义为：随着时间的推移，人类福利持续不断地增长。从该定义出发，形成测量可持续发展的判断依据：总资本存量的非递减是可持续性的必要前提，即只有当全部资本的存量随时间保持一定增长的时候，这种发展才有可能是可持续的。

(2) 物质流或能量流型综合指标

以世界资源研究所的物质流指标为代表，寻求经济系统中物质流动或能量流动的平衡关系，反映可持续发展水平，也为分析经济、资源与环境长期协调发展战略提供了一种新思路。物质流或能量流的主要计量单位是能量单位“J”，所有的货币单位都通过特定的系数(能量强度)转化为能量单位。它通过分析自然资产消耗和生产资产增加之间的关系，在一定的政策、技术条件下，对一个国家的国民经济系统的潜力进行分析，这是可持续发展指标的一种定量分析方法。

2. 全球《21世纪议程》

如前所述，1992年联合国环境与发展大会不仅在《地球宪章》中明确了可持续发展战略的方向，而且还制定了贯彻实施可持续发展战略的人类行动计划《21世纪议程》。这份文件虽然不具有法律的约束力，但它反映了环境与发展领域的全球共识和最高级别的政治承诺，提供了全球推进可持续发展的行动准则。

1) 全球《21世纪议程》的基本思想

全球《21世纪议程》深刻指出：人类正处于一个历史性关键时刻，人类面对国家之间和各国内部长期存在的经济悬殊现象，贫困、饥荒、疾病和文盲有增无减，赖以维持生命的地球生态系统继续恶化。如果不想进入不可持续的绝境，就必须改变现行的政策，综合处理环境与发展问题，提高所有人特别是穷人的生活水平，在全球范围更好地保护和管理生态系统。要争取一个更为安全、更为繁荣、更为平等的未来，任何一个国家不可能仅依靠自己的力量取得成功，必须联合起来，建立促进可持续发展全球伙伴关系，只有这样才能实现可持续发展的长远目标。

《21世纪议程》的目的是为了促使全世界为新世纪的挑战作好准备。它强调圆满实施议程是各国政府必须负起的责任。为了实现议程的目标，各国的战略、计划、政策和程序至关重要。国际合作需要相互支持和各国的努力。同时，要特别注重转型经济阶段许多国家所面临的特殊情况和挑战。它还指出，议程是一个能动的方案，应该根据各国和各地区的不同情况、能力和优先次序来实施，并视需要和情况的改变不断调整。

2) 全球《21世纪议程》的主要内容

《21世纪议程》涉及人类可持续发展的所有领域，提供了21世纪如何使经济、社会与环境协调发展的行动纲领和行动蓝图。它共计40多万字。整个文件分四部分。

第一部分，经济与社会的可持续发展。包括加速发展中国家可持续发展的国际合作和有关的国内政策、消除贫困、改变消费方式、人口动态与可持续能力、保护和促进人类健康、促进人类居住区的可持续发展，将环境与发展问题纳入决策进程。

第二部分，资源保护与管理。包括保护大气层；统筹规划和管理陆地资源的方式；禁止砍伐森林、脆弱生态系统的管理——防沙治旱和山区发展；促进可持续农业和农村的发展；生物多样性保护；对生物技术的环境无害化管理；保护海洋，包括封闭和半封闭沿海区，保护、合理利用和开发其生物资源；保护淡水资源的质量和供应，对水资源的开发、管理和利用；有毒化学品的环境无害化管理，包括防止在国际上非法贩运有毒废料、危险废料的环境无害化管理，对放射性废料实行安全和环境无害化管理。

第三部分，加强主要群体的作用。包括采取全球性行动促进妇女的发展；青年和儿童参与可持续发展、确认和加强土著人民及其社区的作用；加强非政府组织作为可持续发展合作者的作用，支持《21 世纪议程》的地方当局的倡议；加强工人及工会的作用，加强工商界的作用，加强科学和技术界的作用，加强农民的作用。

第四部分，实施手段。包括财政资源及其机制；环境无害化（和安全化）技术的转让；促进教育，公众意识和培训，促进发展中国家的能力建设，国际体制安排；完善国际法律文书及其机制，等等。

3. 中国可持续发展的战略措施

中国的社会经济正在蓬勃发展，充满生机与活力，但同时也面临着沉重的人口、资源与环境压力，隐藏着严重的危机，发展与环境的矛盾日益尖锐。表 2-1 列出的新中国成立 60 年来的环境态势可以说明这一点。

表 2-1　中国各时期的环境态势

项目	1949 年以前的背景情况	60 多年来的发展历程	当前存在的主要问题	目前仍沿用的决策偏好
人口	数量极大，素质低	人口数量增长快，人口素质提高滞后	人口数量压力，低素质困扰，老龄化压力，教育落后	重人口数量控制，轻人口素质提高，未及时重视老龄化隐患
资源	人均资源较缺乏	资源开发强度大，综合利用率低	土地后备资源不足，水资源危机加剧，森林资源短缺，多种矿产资源告急	对各种资源管理；重消耗，轻管理；重材料开发，轻综合管理，重富轻贫
能源	能源总储量大，但人均储量少，煤炭质量差	一次能源开发强度大，二次能源所占比例小	一次能源以煤为主，二次能源开发不足，煤炭大多不经洗选，能源利用率低，生物质能过度消耗	重总量增长，轻能源利用率的提高；重火电厂的建设，轻清洁能源的开发利用；重工业和城镇能源的开发，轻农村能源问题的解决
社会经济发展	社会、经济严重落后	经济总体增长率高，波动大，经济技术水平低，效益低	以高资源消耗和高污染为代价换取经济的高速增长，单位产值能耗、物耗高；产业效益低，亏损严重，财政赤字大	增长期望值极高，重速度，轻效益；重外延扩展，轻内涵；重本位利益，轻全局利益
自然资源	自然环境相对脆弱	生态环境总体恶化，环境污染日益突出，生态治理和污染治理严重滞后	自然生态破坏严重，生态赤字加剧；污染累计量递增，污染范围扩大，污染程度加剧	环境意识逐渐增强，环境法则逐渐健全，但执法不力，决策被动，治理投资空位，环境监督虚位

上述态势的发展，特别是自然生态环境的恶化，已成为社会、经济发展的重大障碍，也使经济领域的隐忧不断加剧，几十年来发展的传统模式已不能适应中国的社会、经济发展，迫切需要新的发展战略，走可持续发展之路就成为中国未来发展的唯一选择，唯此才能摆脱人口、环境、贫困等多层压力，提高其发展水平，开拓更为美好的未来。

联合国环境与发展大会之后，中国政府重视自己承担的国际义务，积极参与全球可持续发展理论的建立和健全工作。中国制定的第一份环境与发展方面的纲领性文件就是1992年8月党中央国务院批准转发的《环境与发展十大对策》。1994年3月,《中国21世纪议程》公布,这是全球第一部国家级的《21世纪议程》,把可持续发展原则贯穿到各个方案领域。《中国21世纪议程》阐明了中国可持续发展的战略和对策,它将成为我国制定国民经济和社会发展中计划的一个指导性文件。

中国可持续发展战略的总体目标是:用50年的时间,全面达到世界中等发达国家的可持续发展水平,进入世界可持续发展能力的20名行列;在整个国民经济中科技进步的贡献率达到70%以上;单位能量消耗和资源消耗所创造的价值在2000年基础上提高10~12倍;人均预期寿命达到85岁;人文发展指数进入世界前50名;全国平均受教育年限在12年以上;能有效地克服人口、粮食、能源、资源、生态环境等制约可持续发展的瓶颈;确保中国的食物安全、经济安全、健康安全、环境安全和社会安全。2030年实现人口数量的"零增长";2040年实现能源资源消耗的"零增长";2050年实现生态环境退化的"零增长",全面实现进入可持续发展的良性循环。

1)环境与发展十大对策

1992年8月,我国按照联合国环发大会精神,根据我国具体情况,提出了我国环境与发展领域应采取的10条对策和措施,这是我国现阶段和今后相当长一段时期内环境政策的集中体现,现将主要内容摘录如下。

(1)实行可持续发展战略

① 人口战略

中国要严格控制人口数量,加强人力资源开发、提高人口素质,充分发挥人们的积极性和创造性,合理地利用自然资源,减轻人口对资源与环境的压力,为可持续发展创造一个宽松的环境。

② 资源战略

实行保护、合理开发利用、增值并重的政策,依靠科技进步挖掘资源潜力,动用市场机制和经济手段促进资源的合理配制,建立资源节约型的国民经济体制。

③ 环境战略

中国要实现社会主义现代化就必须把国民经济的发展放在第一位,各项工作都要以经济建设为中心来进行。但是,生态环境恶化已经严重地影响着中国经济和社会的持续发展。因此防治环境污染和公害,保障公众身体健康,促进经济社会发展,建立与发展阶段相适应的环保体制是实现可持续发展的基本政策之一。

④ 稳定战略

要提高社会生产力,增强综合国力和不断提高人民生活水平,就必须毫不动摇地把发展国民经济放在第一位,各项工作都要紧紧围绕经济建设这个中心来开展。为此,必须从国家整体的角度上来协调和组织各部门、各地方、各社会阶层和全体人民的行动,才能保证在经济稳定增长的同时,保护自然资源和改善生态环境,实现国家长期、稳定发展。

社会可持续发展的内容包括:a. 人口、消费与社会服务;b. 消除贫困;c. 卫生与健康;d. 人类居住区可持续发展;e. 防灾减灾。经济可持续发展的内容包括:a. 可持续发展的经济政策;b. 工业与交通、通信业的可持续发展;c. 可持续的能源生产和消费;d. 农业与农村的可持续发展。坚持社会和经济稳定协调发展。

从总体上说，我国可持续发展战略重在发展这一主题，否定了我国传统的人口放任、资源浪费、环境污染、效益低下、分配不公、教育滞后、闭关锁国和管理落后的发展模式，强调了合理利用自然资源、维护生态平衡以及人口、环境与经济的持续、协调、稳定发展的观念和作用。

（2）可持续发展的重点战略任务

① 采取有效措施，防治工业污染

坚持“预防为主，防治结合，综合治理”等指导原则，严格控制新污染，积极治理老污染，推行清洁生产，主要措施如下。

a. 预防为主、防治结合。严格按照法律规定，对初建、扩建、改建的工业项目要先评价、后建设，严格执行“三同时”制度，技术起点要高。对现有工业结合产业和产品结构调整，加强技术改进，提高资源利用率，最大限度地实现“三废”资源化。积极引导和依法管理，防治乡镇企业污染，严禁对资源滥挖滥采。

b. 集中控制和综合营理。这是提高污染防治的规模效益的必由之路。综合治理要做到合理利用环境自净能力与人为措施相结合；生态工程与环境工程相结合；集中控制与分散治理相结合；技术措施与管理措施相结合。

c. 转变经济增长方式，推行清洁生产。走资源节约型、科技先导型、质量效益型道路，防治工业污染。大力推行清洁生产，全过程控制工业污染。

② 加强城市环境综合整治，认真治理城市“四害”

城市环境综合整治包括加强城市基础设施建设，合理开发利用城市的水资源、土地资源及生活资源，防治工业污染、生活污染和交通污染，建立城市绿化系统，改善城市生态结构和功能，促进经济与环境协调发展，全面改善城市环境质量。当前主要任务是通过工程设施和管理措施，有重点地减轻和逐步消除废气、废水、废渣和噪声城市“四害”的污染。

③ 提高能源利用率，改善能源结构

通过电厂节煤、严格控制热效率低、浪费能源的小工业锅炉的发展、推广民用型煤、发展城市煤气化和集中供热方式、逐步改变能源价格体系等措施，提高能源利用率，大力节约能源。调整能源结构，增加清洁能源比重，降低煤炭在中国能源结构中的比重。尽快发展水电、核电，因地制宜地开发和推广太阳能等清洁能源。

④ 推广生态农业，坚持植树造林，加强生物多样性保护

推广生态农业，提高粮食产量，改善生态环境。植树造林，确保森林资源的稳定增长。通过扩大自然保护区面积，有计划地建设野生珍稀物种及优良家禽、家畜、作物和药物良种的保护及繁育中心，加强对生物多样性的保护。

（3）可持续发展的战略措施

① 大力推进科技进步，加强环境科学研究，积极发展环保产业

解决环境与发展问题的根本出路在于依靠科技进步；加强可持续发展的理论和方法的研究、总量控制及过程控制理论和方法的研究、生态设计和生态建设的研究、开发和推广清洁生产技术的研究、提高环境保护技术水平。正确引导和大力扶持环保产业的发展，尽快把科技成果转化成防治污染的能力，提高环保产品质量。

② 运用经济手段保护环境

应用经济手段保护环境，做到排污收费，资源有偿使用，资源核算和资源计价，环境成本

核算。

③ 加强环境教育,提高全民环保意识

加强环境教育,提高全民的环保意识,特别是提高决策层的环保意识和环境开发综合决策能力,是实施可持续发展的重要战略措施。

④ 健全环保法制,强化环境管理

中国的实践表明,在经济发展水平较低、环境保护投入有限的情况下,健全管理机构,依法强化管理是控制环境污染和生态破坏的有效手段。建立、健全使经济、社会与环境协调发展的法规政策体系,是强化环境管理,实现可持续发展战略的基础。

⑤ 实施循环经济

发展知识经济和循环经济,是21世纪国际社会的两大趋势。知识经济就是在经济运行过程中智力资源对物质资源的替代,实现经济活动的知识化转向。自从20世纪90年代确立可持续发展战略以来,发达国家正在把发展循环经济、建立循环型社会看作是实施可持续发展战略的重要途径和实现方式。

2) 中国的《21世纪议程》

(1) 中国的《21世纪议程》主要内容

1994年3月25日中国国务院第16次常务会议讨论通过了《中国21世纪议程——中国21世纪人口、环境与发展白皮书》(简称《议程》),制定了中国国民经济目标、环境目标和主要对策。《议程》共有20章,78个方案领域,主要内容分为四部分。

第一部分,可持续发展总体战略与政策。论述了实施中国可持续发展战略的背景和必要性,提出了中国可持续发展战略目标、战略重点和重大行动,建立中国可持续发展法律体系,制定促进可持续发展的经济技术政策,将资源和环境因素纳入经济核算体系,参与国际环境与发展合作的意义、原则立场和主要行动领域,其中特别强调了可持续发展能力建设,包括建立、健全可持续发展管理体系、费用与资金机制、加强教育、发展科学技术,建立可持续发展信息系统,促使妇女、青少年、少数民族、工人和科学界人士及团体参与可持续发展。

第二部分,社会可持续发展。包括人口、居民消费与社会服务,消除贫困,卫生与健康,人类居住区可持续发展和防灾减灾等。其中最重要的是实行计划生育、控制人口数量、提高人口素质,包括引导建立适度和健康消费的生活体系。强调尽快消除贫困,提高中国人民的卫生和健康水平。通过正确引导城市化,加强城镇用地规划和管理,合理使用土地,加快城镇基础设施建设,促进建筑业发展,向所有的人提供住房,改善住区环境,完善住区功能,建立与社会主义经济发展相适应的自然灾害防治体系。

第三部分,经济可持续发展。把促进经济快速增长作为消除贫困、提高人民生活水平、增强综合国力的必要条件,其中包括可持续发展的经济政策、农业与农村经济的可持续发展、工业与交通、通信业的可持续发展、可持续能源和生产消费等部分。着重强调利用市场机制和经济手段推动可持续发展,提供新的就业机会,在工业活动中积极推广清洁生产,尽快发展环保产业,提高能源效率与节能,开发利用新能源和可再生能源。

第四部分,资源的合理利用与环境保护。包括水、土地等自然资源保护与可持续利用,还包括生物多样性保护,防治土地荒漠化,防灾减灾,保护大气层,如控制大气污染和防治酸雨,固体废物无害化管理等。着重强调在自然资源管理决策下推行可持续发展影响评价制度、对重点区域和流域进行综合开发整治,完善生物多样性保护法规体系,建立和扩大国家自然保护区网络,建立全国土地荒漠化的监测和信息系统,开发消耗臭氧层物质的替代产品和替代技术,大面积造林,制订有害废物处置、利用的新法规和技术标准等。

(2) 中国《21世纪议程》的实施

自《议程》颁布以来,我国各级政府分别从计划、法规、政策、宣传、公众参与等方面推动实施,并取得不少成就。今后,在相当长的时期内,我国还要采取一系列举措来促进《议程》的实施。

具体的措施可归结为以下几条。

① 切实转变指导思想

长期以来,在计划经济体制下,我们讲到发展往往只注重经济增长而忽视环境问题,这是不全面的也是不能持久的。因为经济发展是通过高投入、高消耗实现较高增长的,于是不可避免地为环境带来严重污染;资源也越来越难以支撑。今后,在建设社会主义市场经济体制的过程中,我国必须真正转变传统的发展战略,由单纯追求增长速度转变为以提高效益为中心,由粗放经营转变为集约经营。

为了持续发展,必须遵循经济规律和自然规律,遵循科学原则和民主集中制原则,在决策中要正确处理经济增长速度与综合效益(经济、环境、社会效益)之间的关系,要把保护环境和资源的目标明确列入国家经济、社会发展总体战略目标中,列入工业、农业、水利、能源、交通等各项产业的发展目标中,要调整和取消一些助长环境污染和资源浪费的经济政策等手段,以综合效益、而不是仅以产值来衡量地区、部门和企业的优劣;在制定经济发展速度时,一定要量力而行,要考虑到资源的承载能力和环境容量,不能吃祖宗饭,造子孙孽。要造就人与自然和谐、经济与环境和谐的良性局面。

② 大力调整产业结构和优化工业布局

今后,我国的人口还会继续增加,工业化进程将会进一步加快,必然给环境带来更大的压力,因此,经济发展要在提高科技含量和规模效益、增强竞争能力上下功夫,才能防止环境和生态继续恶化。

a. 制定和实施正确的产业政策,及时调整产业结构。要严格限制或禁止能源消耗高、资源浪费大、环境污染重的企业发展,优先发展高新技术产业。对现有的污染危害较大的企业和行业进行限期治理;推行清洁生产,提倡生态环境技术;大力支持企业开发利用低废技术、无废技术和循环技术,使企业降低资源消耗和废物排放量。

b. 根据资源优化配量和有效利用的原则,充分考虑环境保护的要求,制定合理的工业发展地区布局规划,并按规划安排工业企业的类型和规模,同时,依据自然地理的条件和特点,合理利用自然生态系统的自净能力。

c. 要改变控制污染的模式,由末端排放控制转为生产全过程控制,由控制排放浓度转为控制排污总量;由分散治理污染向集中控制转化(使有限的资金充分发挥效益)。通过建立区域性供热中心、热电联产等方式进行集中供热,有效控制小工业锅炉的盲目发展;通过建立区域性污水处理厂,实行污水集中处理;通过建立固体废物处理场、处置厂和综合利用设施,对固体废物进行有效集中控制。

③ 加强农业综合开发,推行生态农业工程建设

农业是国民经济的基础,合理开发土地资源、切实保护农村生态环境是农业发展的根本保证。因此,在发展农村经济时要注意以下几点。

a. 加强土地管理,稳定现有耕地面积。

b. 积极开发生态农业工程建设,不断提高农产品质量,发展绿色食品生产。生态农业是一种大农业生产,注重农、林、牧、副、渔全面发展,农工商综合经营。它能充分合理地利用农业资源,具有较强的抵抗外界干扰能力、较高的自我调节能力和持续稳定的发展能力。国内外一些生态农场的试验证明:生态农业是遵循生态学原理发展起来的一种新的生产体系,是一种持续发展的农业模式,也是一条保护生态环境的有效途径。

c. 进一步扩大退耕还林和退牧还草规模,加快宜林荒山荒地造林步伐,防止土地沙漠化的扩大和水土流失的加剧;改良土壤、改造中低产田;在大力发展旅游业的同时,注意加强风景名胜和旅游景点的环境保护,以改善国土和农村生态环境。

d. 对乡镇企业和个体企业采取合理规划、正确引导、积极扶植、加强管理的方针,提高其生产和设备的科技水平,严格控制其对环境的污染。

④ 加强对环境保护的投资

同经济增长相适应,将公共投资重点向环境保护领域倾斜,并引导企业向环境保护投资。政府在清洁能源、水资源保护和水污染治理、城市公共交通、大规模生态工程建设的投资方面发挥主导作用,并利用合理收费和企业化经营的方式,引导其他方面的资金进入环境保护领域、使中国的环保投资保持在GDP的1%~1.5%之间。

⑤ 构筑可持续发展的法律体系

把可持续发展原则纳入经济立法,完善环境与资源法律,加强与国际环境公约相配套的国内立法。

⑥ 同政府体制改革相配套,建立廉洁、高效、协调的环境保护行政体系,加强其能力建设,使之能强有力地实施国家各项环境保护法律、法规。

⑦ 加强环境保护教育,不断提高国民的环保意识

要使走可持续发展道路的思想深入人心。要充分发挥妇女、工会、青少年等组织和科技界的作用,进一步扩大公众参与环境保护和可持续发展的范围和机会,加强群众监督,使环境保护深入到社会生活各个领域,成为政府和人民的自觉行动。

2.2 环境规划与管理的系统论原理

管理的系统论原理是现代管理学研究的重要理论成果之一,在管理科学学科体系中占有重要地位。“人类—环境”系统是以人类为中心的递阶层次的复杂巨系统,用系统论原理指导环境管理的实践,解决环境管理中的复杂问题,有其特殊的优越性。目前,系统论原理无论在理论研究还是在实际应用上都取得了很大的成就,越来越受到环境规划与管理工作者的重视。

2.2.1 系统论的基本概念

1. 系统论的基本知识

系统一词,来源于古希腊语,是由部分集成整体的意思。系统论把系统定义为由若干要素以一定结构形式联结构成的具有某种功能的有机整体。在这个定义中包括了系统、要素、结构、功能四个概念,表明了要素与要素、要素与系统、系统与环境三方面的关系。

系统论的出现,使人类的思维方式发生了深刻的变化。以往研究问题,传统思维着眼点在局部或要素,遵循的是单项因果决定论,以部分的性质去说明复杂事物。由于这种方法不能如实地说明事物的整体性,不能反映事物之间的联系和相互作用,它只适应认识较为简单的事物,而不适于对复杂问题的研究。然而,系统分析方法为研究现代复杂问题提供了有效的思维方式,开拓了人类思维的新路。

作为现代科学的新潮流,系统论反映了现代科学发展的趋势,反映了现代社会化大生产的复杂性特点,所以它的理论和方法能够得到广泛的应用。系统论不仅为现代科学的发展提供了理论和方法,而且也为解决现代社会中的政治、经济、军事、科学、文化、环境等方面的各种复杂问题提供了方法论的基础,系统观念正渗透到每个领域。系统论的产生实现了人们的认识从“实物中心论”向“系统中心论”的转变,使人类进入了系统时代并成为人们认识和构建“系统时代”的重要理论和思维方法,成为现代管理的理论基础。

2. 系统论的概念

系统论是运用逻辑和数学方法研究一般系统运动规律的理论。在这一概念中,数学方法是系统论研究一般系统运动规律的定量化方法,用来揭示系统内部各子系统之间相互联系和制约,系统是要素的联结总体,要素则是系统的基本组成单位。

3. 系统工程的概念

系统工程是以系统为研究对象,把所要研究和管理的事物当成系统,从系统的整体性观点出发,对系统进行最优规划、最优管理、最优控制,以达到最优系统目标的一门综合性组织管理技术,是一门多学科、多方法的边缘科学。日本工业标准JIS规定:“系统工程是为了更好地达到系统目标而对系统的构成要素、组织结构、信息流动和控制机构等进行分析与设计的技术。”我国著名学者钱学森先生指出:“把极其复杂的研制对象称为系统,即由相互作用和相互依赖的若干组成部分结合成具有特定功能的有机整体,而且这个系统本身又是它从属的一个更大系统的组成部分。……系统工程则是组织管理这类系统的规划、研究、设计、制造、试验和使用的学科方法,是一种对所有系统都具有普遍意义的科学方法。”

4. 系统论的原则

系统论的原则主要是整体性原则、结构功能原则、目的性原则、最优化原则。

(1) 整体性原则:系统论的核心思想是系统的整体观念。贝塔朗菲认为整体的性质不是要素具备的,要素的性质影响整体,要素性质之间相互影响。

(2) 结构功能原则:要素不变时,结构决定功能。结构、要素都不同则可以有相同的功能。同一结构可能有多种功能。

(3) 目的性原则:确定或把握系统目标并采取相应的手段去实现。这是控制论的研究内容。

(4) 最优化原则:为最好的实现目标而通过改变要素和结构使系统功能最佳。如材料的人工设计等。

5. 系统的结构和功能

任何系统都具有结构,也具有一定的功能,结构和功能是系统学中一对非常重要的概念。系统的结构是系统保持整体性特征以及具有一定功能的内在根据。了解系统的结构和功能及其相互关系对理解系统的基本概念,进而研究环境管理理论和探索环境保护规律是非常重要的。

(1) 系统结构

所谓系统结构是指系统内各要素之间在时间或空间方面的有机联系与相互作用的方式或顺序。在一般情况下，也可以把系统结构理解为系统要素通过联系而形成的横向和竖向排列组合方式，是系统总的联系网络和框架。任何系统所具有的整体性，都是在一定结构基础上的整体性。

(2) 系统功能

所谓系统功能是指系统与外部环境相互联系与作用过程的秩序和能力。系统功能体现了一个系统与外部环境之间的物流、能流、信息流的输入和输出的变换关系，是系统作用和改变环境行为的能力。系统功能的大小，反映了系统的优劣程度。系统论中的行为是特指系统在环境作用下产生的实实在在的反应活动。

系统的功能与行为是两个既有联系又有区别的概念。它们的联系是：都能反映系统与环境的关系，因此有时将二者等同使用。它们的区别是：行为是系统在环境作用下所产生的被动的反应活动，并由系统的状态决定着；而功能则是系统积极适应并主动作用于环境的能力，并由系统结构决定着。

(3) 系统的结构、要素与功能的关系

系统的结构、要素与功能的关系问题是系统理论中的一个重要问题。二者对系统功能的发挥都产生一定的影响。

首先，在系统要素不变的情况下，系统结构决定系统功能。这是系统理论中的一个著名定律。

其次，在结构不变的情况下，系统要素对系统功能有影响。由于要素在系统中所处的系统地位和系统层次不同，对系统功能的影响大小也不一样。要素的作用大小与要素所处的系统地位和层次成正比例关系。系统地位和层次高的要素，所发挥的作用就大；系统地位和层次低的要素，发挥的作用就小。

综上所述，系统结构对功能的影响是质的、第一位的，要素对功能的影响是量的、第二位的。这就告诉我们，对系统进行优化，完善系统功能的最佳策略是：首先要致力于系统结构的调整与改革，在优化系统结构的基础上，再做提高单一要素素质的工作，这个顺序不能倒置。只有结构合理，才能有效发挥要素的作用，实现系统的动态平衡与稳定。

2.2.2 系统论的基本观点

系统论的基本观点就是人们研究和认识事物所必须遵循的系统原则和观点。它可以概括为下述几方面内容。

1. 整体性观点

整体性是系统论的最基本观点。系统论的核心思想是系统的整体观念。贝塔朗菲强调，任何系统都是一个有机的整体，它不是各个部分的机械组合或简单相加，系统的整体功能是各要素在孤立状态下所没有的新质。

系统的整体性包含两层含义：一是要素与整体不可分割。即系统不能分解为独立要素的和。系统整体对于要素来说具有非肢解性，要素对于系统整体来说具有非加和性。若要分割，则系统的整体性质和功能就会遭到损害，要素也会失去其原有的作为系统要素的性质和功能。二是系统的整体性质和功能不等于其要素性质和功能的简单相加。在要素相同的情况下，系统整体功能的大小取决于组成系统的要素相互联结的优劣和结构有序化的程度。

整体性观点对环境管理的启示：一方面，我们不但要把环境问题看成是社会发展的整体问题来研究，而且要把环境问题的解决过程看成是一个系统整体。另一方面，我们要从系统结构优化的角度来开展环境管理。即在一定的人力、物力、财力和技术等要素基本不变的前提下，从产业结构调整和合理工业布局入手，加强宏观政策调控，加快环境管理机构和体制改革，实现环境管理的合理组织、协调和控制，以发挥出更大更好的整体效益，实现区域的可持续发展战略目标。

2. 相关性观点

系统内各要素之间以及要素与整体之间存在着相互联系、相互依赖、相互作用、相互制约的关系。因此，要处理一个系统要素，就必须充分考虑该要素对其他要素的影响和作用。把所处理的客观事物和所要解决的问题作为更大系统的要素来研究，进行横向比较，这就是系统论的相关性观点。

系统理论认为，要素的相关性主要表现为各要素之间的联结方式、链条和强度。例如，环境问题作为人类经济活动的产物是一种果，这种果反过来又影响到经济的持续增长，从而又变成因。所以，人类的经济活动与环境问题之间的联结是一种互为因果的联结，即双向因果联结。另外，资源的减少与浪费由生产技术落后、人口增长的需求和不可持续的消费方式三个主要原因所组成。因此，生态、经济、社会三者之间的联结链条可以说是系统内部诸要素相互关联作用的载体和桥梁。没有它，系统内部诸要素之间就不可能联结，就不存在相关性。

联结链条的个数、形态及强度是由系统及其内部诸要素的性质决定的。一般来说，联结链条的多少以及联结强度同系统及其内部诸要素之间的密切程度呈正相关。

相关性观点对环境管理的启示：环境问题的产生与人类社会的发展息息相关，与人类的社会活动和经济活动息息相关。同样，环境问题的解决也与人类社会的进步密不可分，与人类的经济活动密不可分。因此，开展环境管理就必须把环境问题与经济问题和社会发展问题联系起来，从相互之间既对立又竞争、既矛盾又统一的关系入手，通过改变生态、经济与社会要素之间的联结方式、联结链条数和联结强度，即通过改变人类的生产方式和消费方式来调整三者之间的相关性。减少对立和竞争，增强协同与合作，实现生态—经济—社会系统的协调与可持续发展。

3. 有序性观点

系统的有序性是指系统内部诸要素在一定空间和时间方面的排列顺序以及运动转化中的有规则和规律的属性。这个观点认为：系统的任何联系都是按等级和层次进行的。在等级序列中，下位等级的要素及其相互关系本身在细节方面并不为上位等级所影响。因此，作为上位等级的系统不能也不必支配作为下位等级组分的全部行为。这个理论实际上就是现代管理科学中所谓分级管理、指标或功能分解原则的基础。

系统的有序性观点旨在揭示系统结构与功能的关系，通过对系统要素的有序组合而实现系统整体功能的优化。

一般而言，系统有序依赖于系统内部要素的结构有序，而实现系统有序的目的则是输出有序功能。结构有序是系统有序功能得以实现的内在根据。结构正常,则功能正常;结构有序和最优,则功能有序和最优。

总之,自然系统的有序性是系统进化和适应环境的结果,而社会系统包括经济管理系统的有序性则是社会实践和人工选择的结果。环境管理就是要求提高生态—经济—社会系统在时间、空间以及功能等方面的有序性,力争在原有系统要素不变的情况下,通过提高结构的有序化程度达到经济建设与环境保护协调、持续发展的目的。

4. 动态性观点

考察系统的运动、发展、变化过程就是系统的动态性观点。对任何系统,都可以将其过程与其时间属性密切联系起来进行考察,系统每时每刻都在运动、发展和变化,因而动态系统是绝对的,真正的静态系统是没有的。

动态性观点是对系统开放特征的反映和总结。它旨在通过揭示系统状态同时间的关系,告诉人们要历史地、辩证地、发展地考察和认识对象系统,了解其历史和现状,探索其发展趋势及其变化规律,力求在变化中处理好系统与环境的动态适应关系,实现系统与环境的协调发展。

系统要同环境保持良好的动态适应关系,实现系统的相对稳定与发展,一般要从以下几个方面加以考察:一是系统与环境之间是否存在稳定的物质、能量和信息的输入和输出。稳定的物质、能量和信息的交换,是系统保持动态稳定和顺利发展的前提。二是系统与环境之间是否存在竞争关系。竞争是整个自然界,也是现代社会的一个显著特征。例如,在人类的生态—经济—社会系统中,作为系统的组成要素,生态子系统、经济子系统和社会子系统之间不仅存在着各种各样的联系和变换关系,而且与外部环境存在着激烈的竞争,从而形成了各子系统间以及整个系统对立统一的矛盾运动。三是系统与环境之间是否存在着对立关系。如果系统与环境之间存在着对立关系,就无法保持良好的动态适应性。如何变对立为统一的关系是保持系统稳定发展的重要前提。

总之,系统论是着眼于从整体水平上、从系统的横向联系上研究对象系统。在思维方式上表现为从整体到部分的"远景透视"的系统思路。在科学领域内,由重视有形的产品转向更加重视无形产品带来的效益。

在研究方法上,运用系统综合分析方法,着眼于整体的状态和过程,而不拘泥于局部的个别的部分,表现为系统获得最佳的状态,并不需要所有子系统都是最佳的特征。

在环境保护领域,系统理论与方法已成为人们认识环境问题和解决环境问题的世界观和方法论,是环境规划与管理学的重要理论基础。

2.3 环境规划与管理的生态学原理

生态学的基本原理,是环境规划与管理的重要理论基础。30 多年来环境规划与管理的对策也大多来自对生态学规律认识的进步。

2.3.1 生态学及其基本规律

生态学一词最早是由德国生物学家海克尔(H. Haeckel)于 1866 年提出的。他把生态学定义为研究有机体及其环境之间相互关系的科学。后来有的学者把生态学定义为研究生物或生物群体与其环境的关系，或生活着的生物与其环境之间相互联系的科学。生态学的定义很多，比较普遍认同的定义是：生态学是研究生物与生物、生物与其环境之间相互关系及其作用机理的科学。这定义中的生物包括动物、植物、微生物及人类等的生物系统；环境是指某一特定生物体或生物群体以外的空间以及直接或间接影响生物或生物群体生存的一切事物（如土壤、水分、温度、光照、大气等）的总和。生态学主要有四条基本规律：

（1）相互依存与相互制约规律。相互依存与相互制约反映了生物间的协调关系，是构成生物群落的基础。首先是普遍的依存与制约。有相同生理、生态特性的生物，占据着与之相适宜的小生境，构成生物群落或生态系统。系统中不仅同种生物相互依存、相互制约，不同群落或系统之间也同样存在着依存与制约关系。其次是通过食物而相互联系与制约的协调关系。具体形式就是食物链和食物网（食物链和食物网就是生态系统中各种生物以食物为联系建立起来的链锁），即每一个生物在食物链和食物网中都占据一定的位置，并且有特定的作用，不同物种之间通过食物链相互链接成为一体，形成共生与制约关系。将这种关系应用到社会产业体系中去，形成多种多个企业相互合作构成的产业生态群落，围绕区域内的资源条件开展产业活动，使物质和能源得到充分利用。

（2）物质循环与再生规律。在生态系统中，植物、动物、微生物与非生物成分，借助能量的不停流动，一方面不断地从自然界摄取物质并合成新的物质，另一方面又能将有机物分解为简单的无机物质（即所谓再生），作为养分重新被植物所吸收，进行着不停的物质循环。人类社会的生产活动也是物质的不断转化和循环过程。生产过程所需要的原料来自于自然环境，经过生产转化为产品及废料，产品经使用后又被变成废弃物而弃之于环境。生产和生活中产生的废弃物返回自然界，积累于环境，当积累超过生态系统的自净能力，就会破坏人与自然之间物质转化的生态关系，导致环境污染、生态失调。根据物质循环和再生规律，人们对废弃物进行物质循环和再生利用，使其转化为同一生产部门或另一生产部门的原料投入新的生产过程，再回到产品生产和生活消费的循环中去，不但可最大限度地提高资源的利用率，而且可将废弃物的排放量降低到最小限度，减轻对自然环境的压力。

（3）物质输入输出平衡规律。在生态系统中，生物体一方面从环境摄取物质，另一方面又向环境输出物质。对于一个稳定的生态系统，物质的输入与输出总是相互平衡的。在人类产业系统中，一个产业体系在特定时间内通过系统内部和外部的物质、能量、信息的传递和交换，使系统内部企业之间、企业与外部环境之间达到了相互适应、协调、统一的平衡状态，使社会生产乃至整个经济活动能够顺利进行。人类要根据物质平衡的规律，采取清洁生产和循环经济等有效措施，最大限度地提高原料利用率，以减少资源浪费和环境污染，实现社会生产的动态平衡和生态平衡。

（4）环境资源有效极限规律。任何生态系统中生物赖以生存的各种环境资源，在数量、质量、空间和时间等方面都有一定的限度，不可能无限地供给。因此每一个生态系统对于任何外来的干扰都具有一定的忍耐极限，超过这个极限（生态阈值），生态系统就会被破坏。所以，人类生产和生活也要符合环境资源的有效极限规律。人类生产活动是一个物质资源的形态转化过程，一端是消耗自然资源生产出产品，以满足人类的物质需要，另一端是生产工艺过程产生的废弃物和产品被消费后的废弃物排放于环境，对自然环境造成污染危害。无论是资源的承载力还是环境的承受能力，都是有极限的。过度消耗资源和破坏环境，不仅会使生产无法持续进行，而且将破坏人类生存的基本条件。环境是经济发展的空间，资源是经济发展的基础,环境质量和资源永续利用决定着经济发展的命运。清洁生产和循环经济作为长期以来人类在经济社会发展过程中的经验教训的总结,它是合理利用资源和保护生态环境以保障社会经济可持续发展的有效途径。

2.3.2 生态系统及其组成和类型

1. 生态系统及其组成

一个生物物种在一定的范围内所有个体的总和称为生物种群;在一定自然区域的环境条件下,许多不同种的生物相互依存,构成了有着密切关系的群体,称为生物群落。生态系统是指在自然界一定空间内,生物群落与周围环境的统一整体,也即生命系统与环境系统在特定时空的组合。生态系统具有一定的组成、结构和功能,是自然界的基本结构单元。在这个单元中,生物与环境之间相互作用、相互制约、不断演变,并在一定时期内处于相对稳定的动态平衡。

所有的自然生态系统(不论陆生的还是水生的),其组成都可以概括为两大部分或四种基本成分。两大部分是指非生物部分和生物部分,四种基本成分包括非生物环境和生产者、消费者与分解者三大功能类群(见图 2-1)。

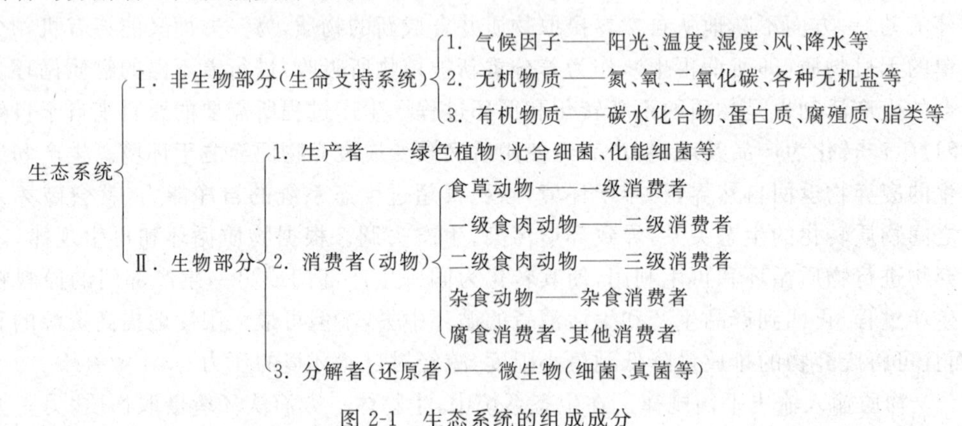

图 2-1 生态系统的组成成分

1) 非生物部分

非生物部分是指生物生活的场所,是物质和能量的源泉,也是物质和能量交换的地方。非生物部分具体包括:①气候因子,如阳光、温度、湿度、风和降水等;②无机物质,如氮、氧、二氧化碳和各种无机盐等;③有机物质,如碳水化合物、蛋白质、腐殖质及脂类等。生物成分在生态系统中的作用,一方面是为各种生物提供必要的生存环境,另一方面是为各种生物提供必要的营养元素,可统称为生命支持系统。

2) 生物部分

生物部分由生产者、消费者和分解者构成。

(1) 生产者

生产者主要是绿色植物,包括一切能进行光合作用的高等植物、藻类和地衣。这些绿色植物体内含有光合作用色素,可利用太阳能把二氧化碳和水合成有机物,同时释放出氧气。除绿色植物以外,还有利用太阳能和化学能把无机物转化为有机物的光能自养微生物和化能自养微生物。

生产者在生态系统中不仅可以生产有机物，而且也能在将无机物合成有机物的同时，把太阳能转化为化学能，储存在生成的有机物当中。生产者生产的有机物及储存的化学能，一方面供给生产者自身生长发育的需要，另一方面，也用来维持其他生物全部生命活动的需要，是其他生物类群包括人类在内的食物和能源的供应者。

(2) 消费者

消费者由动物组成，它们以其他生物为食，自己不能生产食物，只能直接或间接地依赖于生产者所制造的有机物获得能量。根据不同的取食地位，消费者可分为：一级消费者（亦称初级消费者），直接依赖生产者为生，包括所有的食草动物，如牛、马、兔、池塘中的草鱼以及许多陆生昆虫等；二级消费者（亦称次级消费者），是以食草动物为食的食肉动物，如鸟类、青蛙、蜘蛛、蛇、狐狸等。食肉动物之间又是"弱肉强食"，由此，可以进一步分为三级消费者、四级消费者，这些消费者通常是生物群落中体型较大、性情凶猛的种类。另外，消费者中最常见的是杂食消费者，是介于草食性动物和肉食性动物之间，即食植物又食动物的杂食动物，如猪、鲤鱼、大型兽类中的熊等。

消费者在生态系统中的作用之一，是实现物质和能量的传递。如草原生态系统中的青草、野兔和狼，其中，野兔就起着把青草制造的有机物和储存的能量传递给狼的作用。消费者的另一个作用是实现物质的再生产，如草食动物可以把草本植物的植物性蛋白再生产为动物性蛋白。所以，消费者又可称为次级生产者。

(3) 分解者

分解者亦称还原者，主要包括细菌、真菌、放线菌等微生物以及土壤原生动物和一些小型无脊椎动物。这些分解者的作用，就是把生产者和消费者的残体分解为简单的物质，最终以无机物的形式归还到环境中，供给生产者再利用。所以，分解者对生态系统中的物质循环，具有非常重要的作用。

2. 生态系统的类型

生态系统的类型是多种多样的，可大可小，为了方便研究，人们从不同角度将生态系统分成了若干类型。如按照生态系统的生物成分划分，可将其分为：①植物生态系统（如森林、草原等生态系统）；②动物生态系统（如鱼塘、畜牧等生态系统）；③微生物生态系统（如落叶层、活性污泥等生态系统）；④人类生态系统（如城市、乡村等生态系统）。按照环境中的水体状况划分，可将其分为陆生生态系统和水生生态系统两大类。陆生生态系统可再进一步划分为荒漠生态系统、草原生态系统、稀树干草原和森林生态系统等。水生生态系统也可再进一步划分为淡水生态系统（包括江、河、湖、库）和海洋生态系统（包括滨海、大洋）。按照人为干预的程度划分，可将其分为自然生态系统（如原始森林、未经放牧的草原、自然湖泊等）、半自然生态系统（如人工抚育过的森林、经过放牧的草原、养殖的湖泊等）和人工生态系统（如城市、工厂、乡村等）。

随着城市化的发展，人类面临的人口、资源和环境等问题都直接或间接地关系到经济发展、社会进步和人类赖以生存的自然环境三个不同性质的问题。实践要求把三者综合起来加以考虑，于是产生了社会—经济—自然复合生态系统的新概念。这种系统是最为复杂的，它把生态、社会和经济多个目标一体化，使系统复合效益最高、风险最小、活力最大。

城市是一个典型的以人为中心的自然—经济—社会复合生态系统。它不仅包括大自然生态系统所包含的所有生物要素与非生物要素，而且还包含人类最重要的社会及经济要素。

在整个城市生态系统中又可分为三个层次的亚系统，即自然亚系统、经济亚系统和社会亚系统。自然亚系统包括城市居民赖以生存的基本物质环境，它以生物与环境协同共生及环境对城市活动的支持、容纳、缓冲及净化为特征。社会亚系统是以人为核心，以满足城市居民的就业、居住、交通、供应、文娱、医疗、教育及生活环境等需求为目标，为经济亚系统提供劳力和智力，并以高密度的人口和高强度的生活消费为特征。经济亚系统以资源为核心，由工业、农业、建筑、交通、贸易、金融、信息、科教等部门组成，它以物质从分散向集中的高密度运转，能量从低质向高质的高强度聚集，信息从低序向高序的连续积累为特征(见图 2-2)。

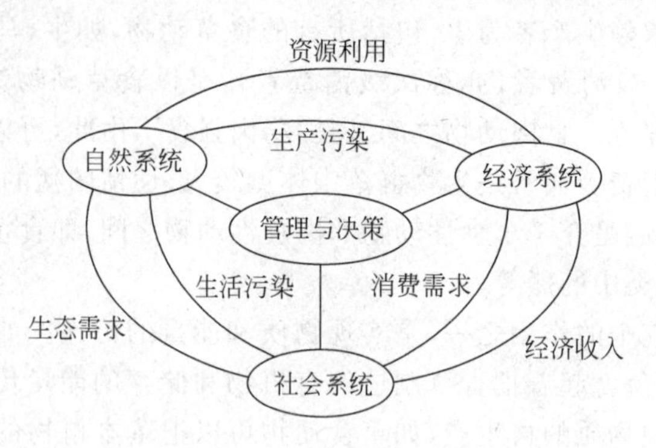

图 2-2 各子系统之间关系

上述各个亚系统除内部自身的运转外，各亚系统之间的相互作用、相互制约，构成一个不可分割的整体。各亚系统的运转或系统间的联系，如果失调，便会造成整个城市系统的紊乱和失衡，因此，就需要城市的相关部门制定政策、采取措施、发布命令，对整个城市生态系统的运行进行调控。

2.3.3 生态系统的功能

生态系统中能量流动、物质循环和信息传递构成了生态系统的三个基本功能。

1. 生态系统中能量流动

能量是生态系统的动力，是一切生命活动的基础。一切生命活动都需要能量，并且伴随着能量的转化，否则就没有生命，没有有机体，也就没有生态系统，而太阳能正是生态系统中能量的最终来源。能量有两种形式：动能和潜能。动能是生物及其环境之间以传导和对流的形式相互传递的一种能量，包括热和辐射。潜能是蕴藏在生物有机分子键内处于静态的能量，代表着一种做功的能力和做功的可能性。太阳能正是通过植物光合作用而转化为潜能并储存在有机分子键内的。

从太阳能到植物的化学能，然后通过食物链的联系，使能量在各级消费者之间流动，这样就构成了能流。能流是单向性的，每经过食物链的一个环节，能流都有不同程度的散失，食物链越长，散失的能量就必然越多。由于生态系统中的能量在流动中是层层递减的，所以需要由太阳不断地补充能流，才能维持下去。

(1) 能量流动的过程

生态系统中全部生命活动所需要的能量最初均来自太阳。太阳能被生物利用，是通过绿色植物的光合作用实现的。光合作用的化学方程式为

$$6CO_2 + 6H_2O \xrightarrow[\text{光合作用色素}]{2817.8kJ} C_6H_{12}O_6 + 6O_2$$

绿色植物的光合作用在合成有机物的同时将太阳能转变成化学能，储存在有机物中。绿色植物体内储存的能量，通过食物链，在传递营养物质的同时，依次传递给食草动物和食肉动物。动植物的残体被分解者分解时，又把能量传递给分解者。此外，生产者、消费者和分解者的呼吸作用都会消耗一部分能量，消耗的能量被释放到环境中去。这就是能量在生态系统中的流动(见图2-3)。

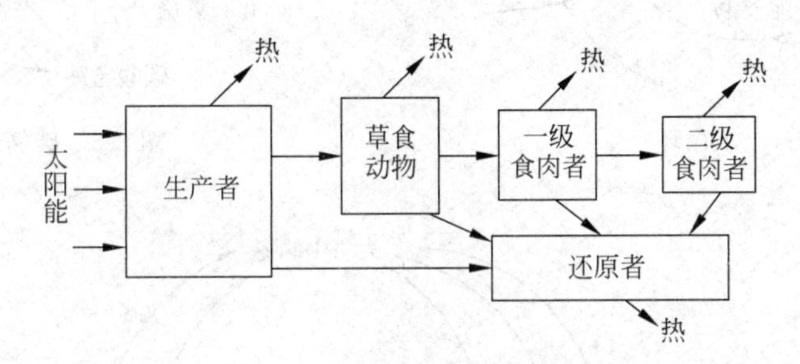

图2-3　生态系统的能量流动

(2) 能量流动的特点

能量流动的特点有：①就整个生态系统而言，生物所含能量是逐级减少的；②在自然生态系统中，太阳是唯一的能源；③生态系统中能量的转移受各类生物的驱动，它们可直接影响能量的流速和规模；④生态系统的能量一旦通过呼吸作用转化为热能，散逸到环境中去，就不能再被生物所利用。因此，系统中的能量是呈单向流动，不能循环。

2. 生态系统的物质循环

生态系统的运行不仅需要能量流动来维系，而且也依赖各种成分间的物质循环。生态系统中的一切生物(动物、植物、微生物)和非生物的环境，都是由运动着的物质构成的。能量流动和物质循环是生态系统中的两个基本过程。但能量流动是单向性的、不可逆的过程，一部分能量消耗后变成热量而耗散，而营养物质是不会消失的，可为生产者植物重新利用。生态系统从大气、水体和土壤等环境中获得营养物质，通过绿色植物吸收进入生态系统，供其他生物重复利用，最后再归还于环境中，这就是物质循环。与生态环境关系密切的主要有水、碳、氮、硫四种物质的循环。这四种物质是构成生物机体的主要物质内容。其中水循环的动力是太阳辐射；绿色植物和分解者则在碳循环中起主要作用；氮循环主要通过各种固氮方式(生物固氮、工业固氮、大气固氮、岩浆固氮)使氮(氮的化合物)作为生物的营养物(氨基酸、蛋白质)被利用；硫循环则是首先通过硫化物被植物吸收利用转为氨基酸成分，再通过食物链进入各级消费者的肌体之中，动植物尸体又被分解还原出各种形式的硫化物。水循环、碳循环、氮循环、硫循环如图2-4～图2-7所示。

从上述物质循环图示可以看到，生态系统的物质循环从物理环境开始，经过生产者、消费者、分解者吸收利用的生物化学作用，又回到物理环境，完成一个由简单无机物到各种高能有机化合物，最终又还原为简单无机物的生态循环。通过这种循环，生物得以生存和繁衍，物理环境(自然环境)得到更新并变得适合生物生存的需要。

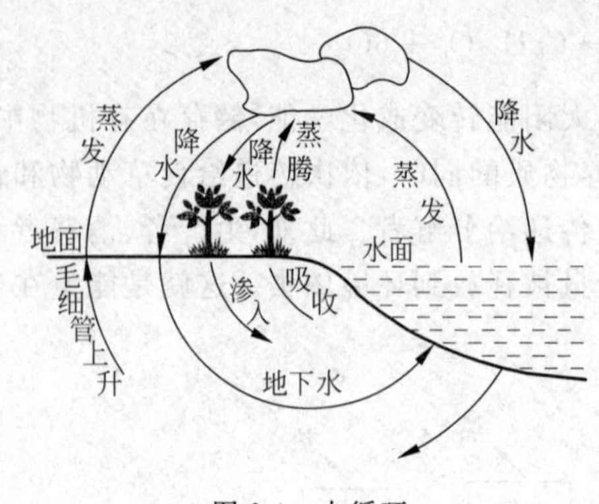

图 2-4 水循环

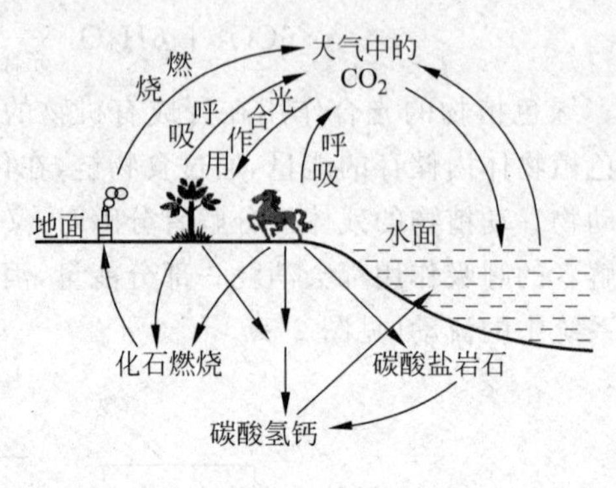

图 2-5 碳循环

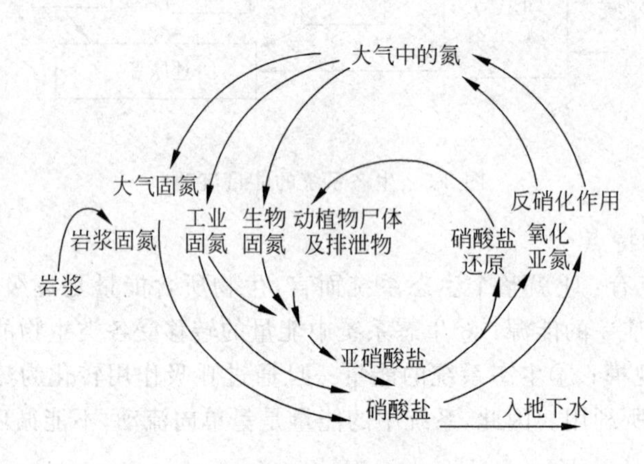

图 2-6 氮循环

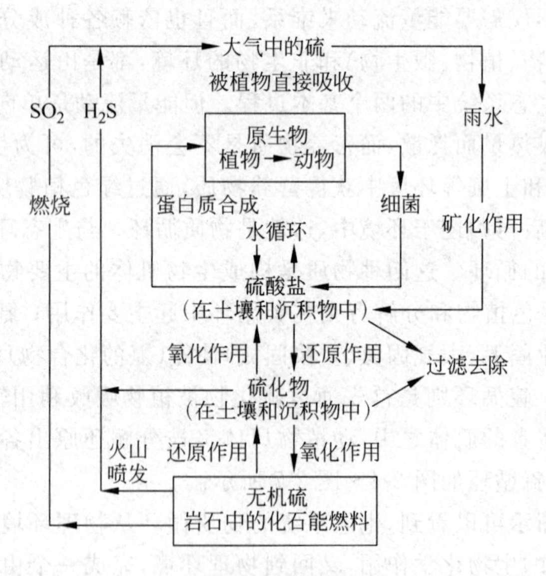

图 2-7 硫循环

3. 生态系统的信息传递

在生态系统的各组成部分之间及各组成部分内部,伴随着能量和物质的传递与流动,还同时存在着各种信息的联系，而正是这些信息把生态系统连成一个统一的整体，起着推动能量流动、物质循环的作用。信息在生态系统中表现为多种形式，主要有营养信息、化学信息、物理信息、行为信息和遗传信息。通过营养交换的形式，把信息从一个种群传到另一个种群，或从一个个体传递到另一个个体，即为营养信息。食物链就是一个营养信息。生物在某些特定条件下，或某个生长发育阶段，分泌出某些特殊的化学物质，这些分泌物对生物不是提供营养，而是在生物的个体或种群之间起到某种信息传递作用，即构成了化学信息。鸟鸣、兽吼、颜色和光，构成了生态系统的物理信息。有些动物可以通过各种方式向同伴发出识别、威吓、求偶和挑战等信息，这就是行为信息。生态系统中的一切生物都有其独特的基因构成，这种包含在生物细胞体内的基因携带着遗传信息，这就是生态系统的遗传信息，它既是生物生命的密码，又是生物个体或种群世代相传的特征。

在生态系统的上述三大功能之中，能量流和物质流的行为由信息所决定，而信息又寓于物质和能量的流动之中。生态系统中的能量流与物质流是紧密联系的，物质流是能量流的载体，而能量流推动着物质的运动，二者相伴而行。能量流动伴随着物质循环过程在系统内不间断进行，展示着生命个体的存在和生态系统的构成，维护着生态系统的运动、稳定、平衡和发展。

每个生态系统都有各自的结构和一定形式的能量流动与物质循环关系。在自然生态系统中不存在废料，而在人工生态系统中特别是产业生态系统中，企业在生产产品的同时，向企业以外的环境排放出大量的废物，导致严重的环境污染和生态破坏，同时企业自身的发展也受到影响。因此，人工生态系统特别是产业生态系统应效仿自然生态系统的能量流动和物质循环方式，建立不同产业、不同企业、不同工艺过程间的物质循环联系，使一个过程产生的废弃物（副产品）可以被另一个过程作为原料或能源，形成资源梯次利用的生态工业链，既可使资源利用最大化，又可使环境污染危害最小化。

生态系统的研究使人类认识到环境系统的内在规律，并为人类合理解决环境问题提供了科学的理论依据。从生态学观点来看，环境问题实质就是包括人类在内的生态学问题。对环境问题的解决必须运用生态学的理论、方法和手段，也就是要树立环境的生态观，就是把人类生存的环境（包括生物环境和非生物环境）视为一个有机的统一的整体，是一个完整的或若干个生态系统的组合。人类对环境的利用不能从主观愿望出发，必须在遵循客观经济规律的同时，也要遵循生态规律。

2.3.4　生态平衡

1. 生态平衡的概念

所谓“生态平衡”是指一个生态系统在特定时间内的状态，在这种状态下，其结构和功能相对稳定，物质与能量输入输出接近平衡，在外来干扰下，通过自调控能恢复到最初的稳定状态。也就是说，生态平衡应包括三个方面，即结构上的平衡、功能上的平衡，以及物质输入与输出数量上的平衡。

生态系统可以忍受一定程度的外界压力，并且通过自我调控机制而恢复其相对平衡，超出此限度，生态系统的自我调节机制就降低或消失，这种相对平衡就遭到破坏甚至使系统崩溃，这个限度就称为“生态阈值”。生态阈值的大小取决于生态系统的成熟性，系统越成熟，阈值越高；反之，系统结构越简单、功能效率不高，对外界压力的反应越敏感，抵御剧烈生态变化的能力越脆弱,阈值就越低。

2. 生态平衡的破坏

(1) 生态平衡破坏的标志

生态平衡破坏的标志主要体现在两个方面:即结构上的标志和功能上的标志。

生态平衡破坏首先表现在结构上,包括一级结构缺损和二级结构变化。一级结构指的是生态系统的各组成成分,即生产者、消费者、分解者和非生物成分组成的生态系统的结构。当组成一级结构的某一种成分或几种成分缺损时,即表明生态平衡失调。如一个森林生态系统由于毁林开荒,使森林这一生产者消失,造成各级消费者因栖息地被破坏,食物来源枯竭,必将被迫转移或者消失;分解者也会因生产者和消费者残体大量减少而减少,甚至会因水土流失加剧被冲出原有的生态系统,则该森林生态系统将随之崩溃。

生态系统的二级结构是指生产者、消费者、分解者和非生物成分各自所组成的结构,如各种植物种类组成生产者的结构,各种动物种类组成消费者的结构,等等。二级结构变化即指组成二级结构的各种成分发生变化,如一个草原生态系统经长期超载放牧,使得嗜口性的优质草类大大减少,有毒的、带刺的劣质草类增加,草原生态系统的生产者种类发生改变,并由此导致该草原生态系统载畜量下降,持续下去,该草原生态系统将会崩溃。

生态平衡破坏表现在功能上的标志,包括能量流动受阻和物质循环中断。能量流动受阻是指能量流动在某一营养级上受到阻碍。如森林被砍伐后,生产者对太阳能的利用会大大减少,即能量流动在第一个营养级受阻,森林生态系统会因此而失衡。物质循环中断是指物质循环在某一环节上中断,如草原生态系统,枯枝落叶和牲畜粪便被微生物分解后,把营养物质重新归还给土壤,供生产者利用,是保持草原生态系统物质循环的重要环节。但如果枯枝落叶和牲畜粪便被用作燃料烧掉,其营养物质不能归还土壤,造成物质循环中断,长期下去土壤肥力必然下降,草本植物的生产力也会随之降低,草原生态系统的平衡就会遭到破坏。

(2) 破坏生态平衡的因素

生态平衡遭到破坏,主要有两个因素:即自然因素和人为因素。

自然因素如火山喷发、海陆变迁、雷击火灾、海啸地震、洪水和泥石流以至地壳变迁等,这些都是自然界发生的异常现象,它们对生态系统的破坏是严重的,甚至可使其彻底毁灭,并具有突发性的特点。但这类因素常是局部的,出现的频率并不高。

在人类改造自然界能力不断提高的当今时代,人为因素才是生态平衡遭到破坏的主要因素。主要体现在以下三方面:

① 环境污染

人类的生产和生活活动向环境中输入了大量的污染物质,使生态系统结构和功能遭到破坏,生态环境质量恶化,生态平衡严重失调。如人类向大气中输入的污染物 SO_2 和 NO_x 所形成的酸雨,可使森林、草原、湖泊等生态系统严重失衡,甚至可使其彻底毁灭。

② 资源破坏

人类对自然和自然资源的不合理利用,也会破坏生态系统的结构和功能,从而使生态系统失衡,如过度砍伐森林、过度放牧和围湖造田等,都会使森林、草原、湖泊等生态系统失衡。

③ 信息系统的破坏

各种生物种群依靠彼此的信息联系,才能保持集群性,才能正常的繁殖。如果人为向环境中施放某种物质，破坏了某种信息，生物之间的联系将被切断，就有可能使生态平衡遭受破坏。如有些雌性动物在繁殖时将一种体外激素——性激素，排放于大气中，有引诱雄性动物的作用。如果人们向大气中排放的污染物与这种性激素发生化学反应，性激素将失去引诱雄性动物的作用，动物的繁殖就会受到影响，种群数量就会下降，甚至消失，从而导致生态失衡。

为了防止人类活动对生态平衡的破坏，我们必须要以生态平衡理论来规划和指导人类的生产实践和环境管理活动。

根据生态平衡的基本原理，人类利用自然生态资源应遵循以下基本原则：

(1) 需与供的平衡原则

根据生态系统内不同环境资源再生的特点，使环境资源的消耗与再生大体平衡。如果长期地背离需要与供应平衡的原则，就可能会出现生态系统结构和功能发生变化，进而引起环境质量恶化和环境资源枯竭的现象。为了避免这种现象，需要在开发利用环境资源的同时，使环境源源不断地得到物质和能量的补偿，实现整个生态系统的良性循环。

(2) 保护基本数量与群体结构

生物生长的快慢，繁殖数量的多少，除与供需关系有关外，还取决于环境条件的质量和适宜的群体结构。在基本数量中，生物的年龄和性别关系着生物的繁殖。因此，在利用生物资源时，必须保持生物的基本数量和一定年龄及性别的比例。这已成为森林采伐、渔业捕捞、草原放牧等必须遵循的基本原则。

(3) 群体的自我稀疏与生物之间的制约关系

在生物生存的空间中，生物的数量增长，一般是上升、稳定、下降，即由少到多，由多到少，再由少到多，这种波动就是生物的自我稀疏作用。如果人类听任生物自生自灭，不加利用，必将造成对生物资源的浪费。生态系统中的生物.彼此之间制约关系十分明显，比如森林和草原中的害虫数量一般保持在相对较低的水平，这是因为有捕食害鼠的鸟类和动物存在，如果对捕食害鼠的鸟类和动物加以过多的捕杀，或因施用农药使其遭到毒害而减少，鼠类则因无天敌而大量繁殖起来。因此，对自然资源既要加以利用，也要注意生物之间的相互制约关系。

(4) 利用生态学原则编制生态规划

生态规划就是指在编制国家和地区的发展规划时，不仅要考虑经济因素，而且要考虑生态因素，并把二者紧密结合在一起，使国家和地区的发展顺应自然。既要发展经济，又不使当地的生态系统遭到重大的破坏。目前，日本正在开展这方面的研究工作。日本国土只占世界土地面积的0.07%，而能源消耗占世界的5%，同时资源又依赖进口，所以日本研究生态规划的主导思想是使工业向能源、资源消耗少，污染排放低的企业转化。

2.4 环境规划与管理的经济学原理

环境规划与管理的任务是协调环境保护和经济建设的同步发展，实现经济效益、社会效益和环境效益的统一。环境问题实质上是一个经济问题。为了增强综合国力和提高人民生活水平，我国必须实现持续的经济增长，同时又不能破坏经济发展所依赖的资源和环境基础。因此，环境和经济政策必须相辅相成。随着我国向社会主义市场经济体制的转变，在政府的宏观调控下，市场经济机制在规范对环境的态度和行为方面将起到越来越重要的作用，经济杠杆作用在强化环境管理过程中，也将发挥日益重要的作用。

2.4.1 环境经济学及其主要研究内容

1. 环境经济学及其研究对象和任务

社会经济的再生产过程，包括生产、流通、分配、消费和废物处理等环节，它不是在自我封闭的体系中进行的，而是同自然环境有着紧密的联系。在以GDP增长为唯一目标的传统经济发展模式下的工业文明阶段，全然不顾及自然资源的耗竭和后代人的生存权力，就连传统经济学中定义的自由获取物品(清洁的空气、干净的水和生态景观等)，竟也成了稀缺资源。工业文明阶段的经济快速增长，几乎都是通过牺牲环境质量和消耗自然资源而换取的。人类经济活动和环境之间的物质变换，说明社会经济的再生过程只有既遵循客观经济规律又遵循自然生态规律才能顺利地进行。环境经济学就是研究合理调节人与自然之间的物质变换，使社会经济活动符合自然生态平衡和物质循环规律，不仅能取得近期的直接效果，又能取得远期的间接效果。从这一角度讲，建立可持续发展的经济体系、社会体系和保持与之相适应的可持续利用的资源和环境基础，是环境经济学研究的主要任务。

2. 主要研究内容

环境经济学的研究内容，主要包括以下四个方面：

(1) 环境经济学的基本理论。包括社会体制、经济和环境的相互作用关系以及环境价值量的理论和方法等。当人类活动排放的废弃物超过环境容量时，为保证环境质量必须投入大量的物化劳动，这部分劳动已越来越成为社会生产中的必要劳动。为了保障环境资源的持续利用，也必须改变对环境资源无偿使用的状况，对环境资源进行计量，实行有偿使用，使社会不经济性内在化，使经济活动的环境效应能以经济信息的形式反馈到国民经济核算体系中，保证经济决策既考虑直接的近期效果，又考虑间接的长远效果，促进经济发展符合自然生态规律的要求。具体包括环境经济学理论在可持续发展条件下的修正和应用，完善国民经济核算体系、环境资源价值评估等。

(2) 社会生产力的合理组织。环境污染和生态失调，很大程度上是对自然资源的并不合理的开发和利用造成的。合理开发和利用资源，合理规划和组织社会生产力，是保护环境最根本、最有效的措施。为此必须以科学发展观为指导，改变单纯以GDP衡量经济发展成就的传统方法，把环境质量的改善作为经济发展成就的重要内容，使生产和消费的决策同生态学的要求协调一致；要研究把环境保护纳入经济发展计划的方法，保证基本生产部门和消除污染部门按比例地协调发展；要研究生产布局和环境保护的关系，按照经济观点和生态观点相统一的原则，拟定各类资源开发利用方案，确定国家或地区的产业结构，以及社会生产力的合理布局。

(3) 环境保护的经济效果。包括环境污染、生态失调的经济损失估价的理论和方法，各种生产生活废弃物最优治理和利用途径的经济选择，区域环境污染综合防治优化方案的经济分析，各种污染物排放标准确定的经济准则，各类环境经济数学模型的建立等。

(4) 运用经济手段进行环境管理。经济手段在环境管理中是与行政、法律、教育手段相互配合使用的一种方法。它通过税收、财政、信贷等经济杠杆，调节经济活动与环境保护之间的关系、污染者与受污染者之间的关系，促使企业和个人的生产和消费方式符合可持续发展的需要。当前,更应加强对市场经济条件下环境经济政策的研究,建立适合中国国情的环境税费制度、资源有偿使用制度和资源定价政策,依靠价值规律和供求关系来强化环境规划与管理。

2.4.2 环境经济学的基本理论和方法

1. 基本理论

1) 环境资源观和环境资源价值观

(1) 环境资源观

"环境资源观"是指环境就是资源。环境就是资源,这是对环境本质的概括,现在所有流派的环境经济学理论都是建立在这一基础之上的。环境是资源可从四个方面加以说明:

第一,它提供人类生产活动的原材料,包括可再生和不可再生资源,如土地、水、森林、矿藏等都是经济发展的物质基础。

第二,它提供人类及其他生命体的生存场所,是人类和其他生命体赖以生存和繁衍的栖息地。

第三,它对人类活动排放的污染物具有扩散、稀释、分解等作用,即环境对污染物具有净化能力。

第四,它提供景观服务。优美的大自然是旅游胜地,为人类的精神生活和社会福利提供物质资源。

上述环境资源观,扩大了资源的范围,为环境管理提供了理论基础。

(2) 环境资源价值观

按照传统经济学的理论,说一个物品要具有价值,必须经过人们的劳动过滤。不经过劳动过滤的自然资源,如空气、河流、天然森林、矿藏等只具备使用价值,而没有商品价值。但当今世界,生产力飞速发展,人口急剧增加,城镇化速度加快和工业高度集中,人类广泛的生产活动和生活活动使用了大量的资源,同时产生了大量的废弃物,对环境系统造成了许多损害。为了防止环境风险的发生,使人类的生存少受威胁,人类社会已经投入了大量的劳动,对环境污染进行治理,采取许多措施提高环境容量如植树造林提高大气环境容量等及对自然资源进行勘探、开采、保护和增殖,从而在环境建设中凝结了人类的劳动,使环境资源具有价值。

承认环境资源有价值,对环境管理具有重大意义:

第一,为环境资源的有偿利用提供了理论依据。对环境资源实行有偿使用,可以促使人们节约和合理利用环境资源。

第二,承认环境资源有价值,才可能将环境资源纳入市场经济的轨道,用价值规律指导环境资源的开发与保护,使环境质量不断改善。

第三,为环境资源的合理计价奠定了理论基础。将环境资源纳入市场经济的轨道,首先遇到的问题是环境资源的价格如何确定。承认它有价值,我们就可以按照其价值的大小合理制定其价格,当然这其中还有许多问题需进一步研究。

2) 经济效率理论

意大利社会学家、经济学家维尔弗里多·帕累托(V. Pareto)在20世纪初从经济学理论出发探讨资源配置效率问题,提出了著名的"帕累托最适度"理论。这一理论被认为是环境经济学的经典。经济效率理论认为，经济效率应该是社会经济效率，既不是传统生产力理论中的“产出最大化”，也不是传统消费者理论中的“效用最大化”，而应寻求个人、集体和社会之间经济效率的协调与统一。

3）外部不经济性理论

（1）外部不经济性概念

外部不经济性是经济外部性的一种。经济外部性是指一物品或活动施加给社会的某些成本或效益，而这些成本和效益不能在决定该物品或活动的市场价值中得到反映。庇固在其所著的福利经济学中指出：“经济外部性的存在，是因为A对B提供劳务时，往往使其他人获得利益或受到损害，可是A并未从收益人那里取得报酬，也不必向受损者支付任何补偿。”经济外部性可分为两种情况，即外部经济性和外部不经济性。

外部经济性是指某活动对周围事物造成良好影响，并使周围的人获益，但行为人并未从周围取得额外的收益。例如，植树造林，可改善当地生态环境，使农作物等受益，再如，某饭店附近有一旅店，旅店开业后，由于旅客的增加，使得饭店生意兴隆，旅店开业对饭店就有外部经济性。

外部不经济性是指某项事物或活动对周围环境造成不良影响，而行为人并未为此而付出任何补偿费。例如，一条河流，下游有一饮料厂，饮料厂以河水为原料进行生产。后来，在河流的上游兴建了一家造纸厂，造纸厂排放的废水使河流水质受到污染。下游的饮料厂因河水污染而必须额外增加一笔水处理费用，同时，饮料的质量也可能下降，即上游建造纸厂对下游的饮料厂存在着外部不经济性。

在现实生活中，经济外部性大量存在，其中主要是外部不经济性，而外部经济性则较少。

环境污染就是一种典型的外部不经济性活动，表现在：居民生活质量下降、疾病发病率上升、农产品产量和产品质量下降、设备折旧加快，旅游收入减少、房地产价格下跌，等等。

（2）外部不经济性分析

从表面上看，外部不经济性是某一物品或活动对周围事物产生的不良影响，若从经济学角度进行深入分析，可以发现，外部不经济性的实质是私人成本社会化了。以环境污染为例，生产过程中不可避免地会产生废弃物，废弃物产生后，有两种处理办法：①对废弃物进行治理，无害后排入环境；②直接排入环境之中。受利润动机的支配，生产者进行生产，目的是获得最多的盈利，为了达到这一目的，生产者一般不会选择对废弃物进行治理这种办法，因为对废弃物进行治理需要花费大量的人力、物力和财力，从而增加支出，这一支出将成为其成本的一部分（简称私人成本）。由于成本增加，生产者的盈利必然下降，这是生产者不愿看到的，于是生产者舍弃治理，而选择把污染物直接排入环境中，这样就可以节省一部分开支（私人成本）。但是，由于污染物排入环境后造成环境污染，从而使该环境内的其他人受到损害，或者说是对社会造成了经济损失（社会成本），这样，由于生产者把污染物直接排入环境中，“节省”了治理污染的私人成本，而使受害者（或社会）为此付出了社会成本，即私人成本社会化。

需要指出的是，这种私人成本和社会成本是不等值的，事实上环境污染造成的社会成本一般要远大于私人成本。

(3) 解决环境外部不经济性的办法

① 政府干预

基于政府管制或政府行政权威的环境外部不经济性内部化的众多手段能够有效地对付来自外部性的无效率。所谓环境外部不经济性内部化，是通过向生产者和消费者征收排污费等方法使生产者和消费者承担或内部消化其在生产和消费过程中所产生废弃物对环境资源和其他生产者与消费者的危害，即环境政策领域中普遍接受的"污染者付费"原则。

② 市场干预

当外部性影响的方面相对较少并且产权很好界定时，经济效益也可以在没有政府干预的情况下实现。即在某些情况下，可以通过受影响的各方私下讨价还价，或者通过各方可以起诉以补偿他们损失的法律制度来消除无效率。

4) 物质平衡理论

在 20 世纪 60 年代中期，肯尼斯·鲍尔丁(K. E. Boulding)依据热力学定律，提出了一个最基本的环境经济学问题——环境与经济相互作用关系问题。他指出，首先，根据热力学第一定律，生产和消费过程产生的废弃物，其物质形态并没有消失，必然存在于物质系统之中，因此，在规划经济活动时，必须同时考虑环境吸纳废弃物的容量；其次，虽然回收利用可以减少对环境容量的压力，但是根据热力学第二定律，不断增加的熵意味着 100%的回收利用是不可能的。

20 世纪 70 年代初期，柯尼斯(A. V. Kneese)、罗伯特·艾瑞斯(R. U. Ayres)和德阿芝(R. C. Darge)依据热力学第一定律的物质平衡关系，对传统的经济系统进行了重新划分，并提出了著名的物质平衡模型。该模型分析了包括环境要素在内的投入产出关系，首次从环境经济学的角度指出了环境污染的实质。

物质平衡理论的一个现代经济系统由物质加工、能量转换、污染物处理和最终消费四个部门(或部分)组成。在这四个部门之间及由这四个部门组成的经济系统与自然环境之间，存在着物质流动关系。如果这个经济系统是封闭的，没有物质净积累，那么在一个时间段内，从经济系统排入自然环境的污染物的物质量必须大致等于从自然环境进入经济系统的物质量。为了使人类经济步入可持续发展的轨道，减少经济系统对自然环境的污染，最根本的办法是提高物质及其能量的利用率和循环使用率，减少自然资源的开采量和使用量，从而降低污染物的排放量。循环经济的提出和发展，正是物质平衡理论在可持续发展条件下的实践。

5) 排污交易权理论

1960 年，美国芝加哥大学的经济学家罗纳德·科斯(R. H. Coase，1991 年荣获诺贝尔经济学奖)发表了论文《社会成本问题》，提出了著名的科斯定理，即"在设计和选择社会格局时，我们应当考虑总的效果"，"关键在避免较严重的损害"。著名经济学家戴尔斯(J. H. Dales)提出的排污交易权理论就是在科斯定理的基础上发展起来的。

排污交易权理论认为，环境资源是一种商品，政府拥有所有权，政府可以在专家帮助下组织实施排污权交易，通过市场竞争机制，促使外部性内部化，达到避免较严重的损害的目的。也就是政府有效地使用其对环境资源这个特殊商品的产权，使市场机制在环境资源优化配置和外部性内部化问题上发挥最佳作用。这就是著名的排污交易权理论。

2. 主要分析方法

1）环境退化的宏观经济评估

环境退化包括自然资源耗竭和环境质量恶化两部分。环境退化的经济评估，主要研究如何确定环境资源价值核算的指标体系、核算方法，将环境退化纳入国民经济核算体系中，争取改进现行的国民经济核算体系，在经济增长中考虑环境资源的消耗。

2）环境质量的费用效益分析

这是环境经济学的核心内容，包括环境资源的价值核算理论和方法，环境污染和生态破坏的经济损失评估技术，环境质量改善的效益评估，污染控制的费用评估，环境质量影响的剂量反应关系，环境规划、政策和标准制定中费用效益分析方法的应用，环境效果分析和风险分析等。

3）环境经济系统的投入产出分析

投入产出分析可以用定量方式来描述环境与经济的协调关系，可以是宏观的定量描述，将环境保护纳入国民经济综合平衡计划；也可以是微观的定量描述，描述一个企业各生产工序间环境与经济的投入产出关系。这是建立环境管理最优化模型和循环经济发展模式的基本方法。

4）环境资源开发项目的经济评价

在考察费用和效益时要考虑到间接(外部)费用和间接效益。间接费用和效益的计算要涉及环境质量费用效益分析技术以及资源的机会成本或影子价格计算。

3. 环境管理的经济型手段

经济型手段是用来将环境问题外部性内在化的手段之一，从 20 世纪 80 年代起，经济手段成为环境管理中的重要手段之一。从世界各国特别是经济合作与发展组织(OECD)国家的经验来看，经济手段不仅是行政和法律手段的必要补充，也是能与市场经济发展相适应、行之有效的环境管理手段。在市场经济体制下采用经济手段，可以提高环境管理的效率并降低成本。目前，在 OECD 国家受到广泛重视并采用的手段见表 2-2。

表 2-2 环境管理经济手段的基本类型

经济手段	内容
明确产权	明确所有权：土地所有权、水权、矿权 明确使用权：许可证、特许证、开发证
建立市场	可交易的排污许可证 可交易的资源配额：如可交易转让的用水配额、狩猎配额、开发配额、土地许可证、环境股票等
税收手段	污染税：按照排污的数量和污染程度收税 原料税和产品税：对生产、消费和处理中有环境危害的原料和产品收税，如一次性餐盒、电子产品、电池、包装等 租金和资源税：获得或使用公共资源缴纳的租金或税收
收费手段	排污费 使用者收费 管理费 资源、环境、生态补偿费

续表

经济手段	内　容
财政手段	财政补贴 优惠贷款 环境基金
责任制度	环境、资源损害赔偿责任 保障赔偿：对特定有环境风险的活动进行强制性保险 执行保证金：预缴的执行法律的保证金
押金制度	押金退款制度：对需要回收的产品或包装实行抵押金制度
发行债券	发行政府和企业债券

在中国，有关环境管理的现行经济手段主要有以下四类。

(1) 排污收费制度：根据我国有关政策和法律的规定，排污单位或个人应根据排放的污染物种类、数量和浓度缴纳排污费。

(2) 减免税制度：国家规定，对自然资源综合利用产品实行五年免征产品税、对因污染搬迁另建的项目实行免征建筑税等。

(3) 补贴政策：财政部门掌握的排污费，可以通过环境保护部门定期划拨给缴纳排污费的企事业单位，用于补助企事业单位的污染治理。

(4) 贷款优惠政策：对于自然资源综合利用项目、节能项目等，可按规定向银行申请优惠贷款。

复习与思考

1. 什么是可持续发展？其内涵是什么？
2. 试述中国可持续发展的战略任务和战略措施。
3. 什么是系统论和系统工程？
4. 系统论有哪些主要原则？
5. 系统论有哪些基本观点？
6. 什么是生态学？它有哪些基本规律？
7. 什么是生态系统？简述其组成和类型。
8. 简述生态系统的三大功能。
9. 什么是生态平衡？环境管理中如何防止人类活动对生态平衡的破坏？
10. 什么是环境经济学？其主要研究内容有哪些？
11. 简述国内外环境管理的经济手段是以哪些环境经济学原理为依据的。

第3章 环境规划与管理的政策、法规、制度和管理体系

自1972年以来，我国环境管理工作走过了一条艰难而又漫长的道路，取得了明显进展，在实践中确立了环境管理的大政方针，建立起"预防为主、防治结合"、"污染者负担"、"强化环境管理"为核心的政策体系，形成了具有中国特色的环境保护法规体系，建立了环境管理制度体系和环境标准体系，形成了国家、省、市、县、镇(乡)五级环境管理体系。40多年来，我国环境保护工作正是依靠政策、法规、制度、标准和机构这五大体系建设强化环境规划与管理，努力促成经济建设与环境保护相协调，走出了一条具有中国特色的环境保护道路。

3.1 我国环境保护方针政策体系

3.1.1 基本方针

1. 环境保护的"32字"方针

1973年8月，国务院召开第一次全国环境保护会议，确立了我国环境保护工作的基本方针，即"全面规划、合理布局、综合利用、化害为利、依靠群众、大家动手、保护环境、造福人民"的"32字"方针。至此，我国环境保护事业开始起步。

2. 环境保护是我国的基本国策

1983年12月，国务院召开第二次全国环境保护会议，进一步制定出我国环境规划与管理的大政方针：①将环境保护提升到我国现代化建设中的一项战略任务，是一项基本国策，从而确立了环境保护在我国经济和社会发展中的重要地位；②制定出了"三同步、三统一"的环保战略方针：即经济建设、城乡建设、环境建设同步规划、同步实施、同步发展，实现经济效益、社会效益和环境效益的统一；③确定了把强化环境管理作为当前工作的中心环节；④提出了我国20世纪末的环保战略目标：即到2000年，力争全国环境污染问题基本得到解决，自然生态基本达到良性循环，城乡生产生活环境优美、安静，全国环境状况基本上同国民经济和人民物质文化生活水平的提高相适应。这次会议是我国环境保护工作的一个转折点，标志着中国环境保护工作进入了发展阶段。

3. 可持续发展战略方针

1992年联合国环境与发展大会之后，我国在世界上率先提出了《环境与发展十大对策》，第一次明确提出转变传统发展模式，走可持续发展道路。随后我国又制定了《中国21世纪议程——中国21世纪人口、环境与发展白皮书》、《中国环境保护行动计划》等纲领性文件，确定了实施可持续发展战略的政策框架、行动目标和实施方案。至此，可持续发展战略成为我国经济和社会发展的基本指导思想。环境与发展十大对策内容如下：

(1) 实行可持续发展战略。

(2) 采取有效措施,防治工业污染。

(3) 深入开展城市环境综合整治,认真治理城市"四害"(即废气、废水、废渣和噪声)。

(4) 提高能源利用效率,改善能源结构。

(5) 推广生态农业,坚持不懈地植树造林,切实加强生物多样性的保护。

(6) 大力推进科技进步,加强环境科学研究,积极发展环境保护产业。

(7) 运用经济手段保护环境。

(8) 加强环境教育,不断提高全民族的环境意识。

(9) 健全环境法规,强化环境管理。

(10) 参照联合国环境与发展大会精神,制定我国行动计划。

3.1.2 我国环境规划与管理的基本政策

我国环境管理的全部历史,也就是推行环境政策的历史。所谓政策,就是指国家或地区为实现一定历史时期的路线和任务而规定的行动准则。我国的环境管理基本政策可以归纳为三大政策：即"预防为主、防治结合"政策,"污染者付费"政策和"强化环境管理"政策。

1."预防为主,防治结合"政策

坚持科学发展观,把保护环境与转变经济增长方式紧密结合起来,积极发挥环境保护对经济建设的调控职能,对环境污染和生态破坏实行全过程控制,促进资源优化配置,提高经济增长的质量和效益。主要措施包括：一是把环境保护纳入国家的、地方的和各行各业的中长期和年度经济社会发展计划；二是对开发建设项目实行环境影响评价和"三同时"制度；三是对城市实行综合整治。

2."污染者付费"政策

按照《环境保护法》等有关法律规定,环境保护费用主要由企业和地方政府承担。企业负责解决自己造成的环境污染和生态破坏问题,不可转嫁给国家和社会；地方政府负责组织城市环境基础设施的建设并维护其运行,设施建设和运行费用应由污染排放者合理负担；对跨地区的环境问题,有关地方政府需督促各自辖区内的污染排放者切实承担责任,不得推诿。其主要措施为：一是结合技术改造防治工业污染。我国明确规定,在技术改造过程中要把污染防治作为一项重要目标,并规定防治污染的费用不得低于总费用的7%。二是对历史上遗留下来的一批工矿企业所产生的污染实行限期治理,其费用主要由企业和地方政府筹措,国家给予少量资助。三是对排放污染物的单位实行收费。

3."强化环境管理"政策

要把法律手段、经济手段和行政手段有机地结合起来,提高管理水平和效能。在建立社会主义市场经济的过程中,更要注重法律手段。坚决扭转以牺牲环境为代价,片面追求局部利益和暂时利益的倾向,严肃查处违法案件。其主要措施为：一是建立、健全环境保护法规体系,加强执法力度；二是制定有利于环境保护的金融、财税政策和产业政策,增强对环境保护的宏观调控力度；三是从中央到省、市、县、镇(乡)五级政府建立环境管理机构,加强监督管理；四是广泛开展环境保护宣传教育,不断提高全民族的环境保护意识。

3.1.3 环境规划与管理的其他相关政策

为了贯彻"三大环境政策",我国还制定了一系列的单项政策作为补充,形成了完整的环境政策体系,成为环境规划与管理的政策依据。

1. 产业政策

产业政策是国家颁布的有利于产业结构调整和行业发展的专项环境政策,包括:产业结构调整政策、行业环境管理政策、限制和禁止发展的行业政策。

(1) 产业结构调整政策

20 世纪 90 年代以来,我国颁布了一系列产业结构调整政策,如《20 世纪 90 年代国家产业政策纲要》、《关于全国第三产业发展规划的通知》、《外商投资产业指导目录》、《当前国家重点鼓励发展的产业、产品和技术目录》以及《当前部分行业制止低水平重复建设目录》等。

(2) 行业环境管理政策

我国制定的关于行业环境管理的政策,如《冶金工业环境管理若干规定》、《化学工业环境保护管理规定》、《建材工业环境保护工作条例》、《电力工业环境保护管理办法》、《关于发展热电联产的规定》、《关于加强水电建设环境保护工作的通知》、《关于加强乡镇企业环境保护工作的规定》以及《关于加强饮食娱乐服务企业环境管理的通知》等。

(3) 限制和禁止发展的行业政策

1996 年 8 月,国务院发布了《关于环境保护若干问题的决定》,提出对"15 小"企业实行取缔、关闭或停产。这些企业包括小造纸、小制革、小染料厂及土法炼焦、炼硫、炼砷、炼汞、炼铅锌、炼油、选金和农药、漂染、电镀、石棉制品、放射性制品等。随后中华人民共和国环境保护部发布了《坚决贯彻〈国务院关于环境保护若干问题的决定〉有关问题的通知》,具体规定了取缔和关闭"15 小"企业名录,提出了限制发展的 8 个行业:即造纸、电镀、印染、农药、制革、化工、酿造和有色金属冶炼。1999 年 6 月 5 日,国家经济贸易委员会、中华人民共和国环境保护部、国家机械工业部联合发布了《关于公布第一批严重污染环境(大气)的淘汰工艺与设备的通知》,规定了 15 种污染工艺和设备的淘汰期限和可替代工艺及设备。1999 年 12 月又发布了《淘汰落后生产能力、工艺和产品目录(第二批)》,涉及 8 个行业 119 项内容。2000 年 6 月,再一次发布了第三批目录,涉及 15 个行业 120 项内容。国务院办公厅于 2003 年转发了国家经济贸易委员会等五部门《关于从严控制铁合金生产能力切实制止低水平重复建设意见》和国家发展与改革委员会等部门《关于制止钢铁、电解铝、水泥行业盲目投资若干意见的通知》,国务院于 2004 年 11 月批转发了国家发展与改革委员会《关于坚决制止电站项目无序建设意见的紧急通知》。这些政策的颁布,为我国环境规划与管理提供了政策依据。

2. 技术政策

环境技术政策是以特定的行业或污染因子为对象,在产业政策允许范围内引导企业采取有利于环境保护的生产工艺和污染防治技术。技术政策注重发展高质量、低消耗、高效率的适用生产技术及污染防治技术,重点发展技术含量高、附加值高、满足环境保护要求的产品,重点发展投入成本低、去除效率高的污染控制适用技术。

1986 年 5 月,国务院颁布了《环境保护技术政策要点》。2000 年 5 月,国家建设部、中华人民共和国环境保护部、国家科技部联合发布了《城市污水处理及污染防治技术政策》和《城市生活垃圾处理及污染防治技术政策》。2001年12月，中华人民共和国环境保护部、国家经济贸易委员会、国家科技部联合发布了《危险废物污染防治技术政策》。并于2002年1月，又联合发布了《燃煤二氧化硫排放污染防治技术政策》和《机动车排放污染防治技术政策》等。

3. 环境经济政策

环境经济政策就是利用税收、补贴、信贷、收费等各种经济手段引导和促进环境保护的政策。这些政策大致可分为经济优惠政策、生态补偿政策和排污收费政策三类。如《关于结合技术改造防治工业污染的规定》、《关于开展资源综合利用若干问题的暂行规定》、《关于企业所得税若干优惠政策的通知》、《关于继续对部分综合利用产品实行增值税优惠政策的通知》、《关于确定国家环境保护局生态环境补偿费试点的通知》等。

3.2 环境规划与管理的法规体系

3.2.1 环境法的基本概念

环境法或称环境立法，是20世纪60年代以来才逐步产生和发展起来的一个新兴法律部门，其名称往往因"国"而异，例如，中国一般称为"环境保护法"，日本称为"公害法"，美国称为"环境法"等。至于其定义也并不统一，但可以将其概括为：为了协调人类与自然环境之间的关系，保护和改善环境资源并进而保护人体健康和保障经济社会的可持续发展，由国家制定或认可并由国家强制力保证实施的调整人们在开发、利用、保护改善环境资源的活动中所产生的各种社会关系的行为规范的总称。该定义主要包括以下几个方面的含义：

(1) 环境法的目的是通过防治环境污染和生态破坏，协调人类与自然环境之间的关系，保证人类按照自然客观规律特别是生态学规律开发、利用、保护改善人类赖以生存和发展的环境资源，维护生态平衡，保护人体健康和保障经济社会的可持续发展。

(2) 环境法产生的根源是人与自然环境之间的矛盾，而不是人与人之间的矛盾，其调整对象是人们在开发、利用、保护改善环境资源，防治环境污染和生态破坏的生产、生活或其他活动中所产生的环境社会关系。环境法通过直接调整人与人之间的环境社会关系，促使人类活动符合生态学规律及其他自然客观规律，从而间接调整人与自然界之间的关系。

(3) 环境法是由国家制定或认可并由国家强制力保证实施的法律规范，是建立和维护环境法律秩序的主要依据。由国家制定或认可，具有国家强制力和概括性、规范性，是法律属性的基本特征。这一特征使得环境法同社团、企业等非国家机关制定的规章制度区别开来，也同虽由国家机关制定，但不具有国家强制力或不具有规范性、概括性的非法律文件区别开来。同时，环境法以明确、普遍的形式规定了国家机关、企事业单位、个人等法律主体在环境保护方面的权利、义务和法律责任，建立和保护人们之间环境法律关系的有条不紊状态，人们只有遵守和切实执行环境法，良好的环境法律秩序才能得到维护。

环境法是环境规划与管理的法律依据，在保护环境和实施可持续发展战略中具有极其重要的地位。

3.2.2 环境法律责任

所谓环境法律责任，是指环境法主体因违反其法律义务而应当依法承担的、具有强制性的否定性法律后果，按其性质可以分为环境行政责任、环境民事责任和环境刑事责任三种。

1. 环境行政责任

所谓环境行政责任，是指违反环境法和国家行政法规中有关环境行政义务的规定者所应当承担的行政方面的法律责任。这种法律责任又可分为行政处分和行政处罚两类。

(1) 行政处分

行政处分是指国家机关、企业、事业单位依照行政隶属关系，根据有关法律法规，对在保护和改善环境，防治污染和其他公害中有违法、失职行为，但尚不够刑事惩罚的所属人员的一种制裁。

环境保护法规定的行政处分，主要是对破坏和污染环境，危害人体健康、公私财产的有关责任人员适用。如《中华人民共和国环境保护法》第三十八条规定"对违反本法规定，造成环境污染事故的企业事业单位，由环境保护行政主管部门或者其他依照法律规定行使环境监督管理权的部门根据所造成的危害后果处以罚款；情节较重的，对有关责任人员由其所在单位或者政府主管机关给予行政处分。"此外，《中华人民共和国水污染防治法》、《中华人民共和国大气污染防治法》、《中华人民共和国固体废物污染环境防治法》、《中华人民共和国噪声污染防治法》等都作了类似规定。

行政处分由国家机关或单位依据相关的法律对其下属人员实施，包括警告、记过、记大过、降级、降职、留用察看、开除七种。

(2) 行政处罚

行政处罚是行政法律责任的一个主要类型，它是指国家特定的行政管理机关依照法律规定的程序，对犯有轻微的违法行为者所实施的一种处罚，是行政强制的具体表现。行政处罚的对象是一切违反环境法律法规，应承担行政责任的公民、法人或者其他组织。行政处罚的依据是国家的法律、行政法规、行政规章、地方性法规。行政处罚的形式由各项环境保护法律、法规或者规章，根据环境违法行为的性质和情节规定。就环境法来说主要是警告、罚款、没收财物、取消某种权利、责令支付整治费用和消除污染费用、责令赔偿损失、剥夺荣誉称号等。

2. 环境民事责任

所谓环境民事责任，是指公民、法人因污染或破坏环境而侵害公共财产或他人人身权、财产权或合法环境权益所应当承担的民事方面的法律责任。

《中华人民共和国环境保护法》规定："造成环境污染危害的，有责任排除危害，并对直接受到损害的单位或者个人赔偿损失。"《中华人民共和国水污染防治法》、《中华人民共和国大气污染防治法》、《中华人民共和国固体废物污染环境防治法》、《中华人民共和国环境噪声污染防治法》等都作了类似规定，这些都是环境民事责任的法律依据。

在人们行为中只要有污染和破坏环境的行为，并造成了损害后果，损失的行为与损害后果之间存在着因果关系就要承担环境民事责任。

环境民事责任的种类主要有排除侵害、消除危险、恢复原状、返还原物、赔偿损失和收缴、没收非法所得及进行非法活动的器具、罚款等。

上述责任种类可以单独适用，也可以合并适用。其中因侵害人体健康或生命而造成财产损失的，根据《中华人民共和国民法通则》第一百一十九条的规定，其赔偿范围是："侵害公民身体造成受害的，应当赔偿医疗费、因误工减少的收入、残废者生活补助费等费用；造成死亡的，应当支付丧葬费、死者生前抚养的人必要的生活费等费用。”对侵害财产造成损失的赔偿范围，应当包括直接受到财产损失者的直接经济损失和间接经济损失两部分。直接经济损失是指受害人因环境污染或破坏而导致现有财产的减少或丧失，如所养的鱼死亡、农作物减产等。间接经济损失是指受害人在正常情况下应当得到，但因环境污染或破坏而未能得到的那部分利润收入，如渔民因鱼塘受污染、鱼苗死亡而未能得到的成鱼的收入等。

追究责任人的环境民事责任时，可以采取以下办法：由当事人之间协商解决；由第三人、律师、环境行政机关或其他有关行政机关主持协调；由当事人向人民法院提起民事诉讼；也有的通过仲裁解决，特别是对涉外的环境污染纠纷。

3. 环境刑事责任

所谓环境刑事责任是指因故意或者过失违反环境法，造成严重的环境污染和环境破坏，使人民健康受到严重损害者应当承担的以刑罚为处罚形式的法律责任。

《中华人民共和国刑法》及《中华人民共和国环境保护法》所规定的主要环境处罚有两种形式。一种是直接引用刑法和刑法特别法规，另一种形式是采用立法类推的形式。《中华人民共和国环境保护法》、《中华人民共和国水污染防治法》、《中华人民共和国大气污染防治法》、《中华人民共和国固体废物污染环境防治法》、《中华人民共和国环境噪声污染防治法》等均有依法追究刑事责任、比照或依照《中华人民共和国刑法》某种规定追究刑事责任的条款。

2011 年 2 月 25 日全国人大常委会发布了《中华人民共和国刑法》修正案。

修订后的《中华人民共和国刑法》在分则第六章中增加了第六节，专节规定了破坏环境资源保护罪。这将更有利于制裁污染、破坏环境和资源的犯罪，有利于遏制我国环境整体仍在恶化的趋势，这可以说是我国惩治环境犯罪立法的一大突破。

修订后的《中华人民共和国刑法》除了上述专门的破坏环境资源保护罪的规定外，在危害公共安全罪、走私罪、渎职罪中还有一些涉及环境和资源犯罪的规定。主要有放火烧毁森林罪、投毒污染水源罪，可依《中华人民共和国刑法》第一百一十四条追究刑事责任；违反化学危险物品管理规定罪，可依《中华人民共和国刑法》第一百三十六条追究刑事责任；走私珍贵动物及其制品罪，走私珍贵植物及其制品罪，可依《中华人民共和国刑法》第一百五十一条追究刑事责任；非法将境外固体废物运输进境罪，可依《中华人民共和国刑法》第一百五十五条追究刑事责任；而林业主管部门工作人员超限额发放林木采伐许可证、滥发林木采伐许可证罪，环境保护监督管理人员失职导致重大环境污染事故罪，国家机关工作人员非法批准征用、占用土地罪，则分别依照《中华人民共和国刑法》第四百零七条、四百零八条、四百一十条追究刑事责任。

对于污染环境罪的制裁，最低为三年以上有期徒刑或者拘役，最高为十年以上有期徒刑。对于破坏资源罪的制裁，最低为三年以上有期徒刑、拘役、管制或者罚金，最高为十年以上有期徒刑。对于走私国家禁止进出口的珍贵动物及其制品、珍稀植物及其制品罪的制裁，最低为五年以上有期徒刑，最高为无期徒刑或者死刑。单位犯破坏环境资源保护罪，对单位判处罚金并对直接负责的主管人员和其他直接责任人员进行处刑。我国修订后的刑法对破坏环境资源罪在刑罚上增加了刑种和量刑的档次，提高了法定最高刑。

3.2.3 我国环境保护法规体系

1. 环境法体系的概念

环境法体系是由一国现行的有关保护和改善环境与自然资源、防治污染和其他公害的各种规范性文件所组成的相互联系、相辅相成、协调一致的法律规范的统一体。它包括有关保护环境和自然资源、防治污染和其他公害的实体法律规范、程序法律规范和有关环境管理的法律规范,也包括环境标准、技术监测等方面的技术性的法律规范。

我国现阶段的环境立法孕育于1949年新中国成立至1973年全国第一次环境保护会议,经历了艰难的初步发展时期,虽然在我国各部门法中,环境法成为独立的法律部门和形成比较完善的法律体系,起步较晚,但是从1979年《中华人民共和国环保法(试行)》的颁布实施,环境立法得以迅速发展。迄今为止,据不完全统计,我国已制定环境法律6部,资源保护法律9部,环境行政法规28件,环境规章70余件,地方环境法规和规章900余件,同时还制定了大量的环境标准,截至2005年4月10日,中国已制定各类环境标准486项。因此我国环境法规体系已粗具规模并日趋完善。

2. 我国环境法体系的构成

我国的环境法体系是以宪法关于环境保护的法律规定为基础,以环境保护基本法为主干,由防治污染、保护资源和生态等一系列单行法规、相邻部门法中有关环境保护法律规范、环境标准、地方环境法规以及涉外环境保护的条约协定所构成。具体结构框架如图3-1所示。

1) 宪法中关于环境保护的法律规定

宪法是国家的根本大法。宪法关于保护环境资源的规定在整个环境法体系中具有最高法律地位和法律权威,是环境立法的基础和根本依据。包括我国在内的许多国家在宪法中都对环境保护作了原则性规定。如我国《宪法》第九条规定:"矿藏、水流、森林、山岭、草原、荒地、滩涂等自然资源,都属于国家所有,即全民所有;由法律规定属于集体所有的森林和山岭、草原、荒地、滩涂除外。国家保障自然资源的合理利用,保护珍贵的动物和植物。禁止任何组织或者个人用任何手段侵占或者破坏自然资源。"第十条规定:"城市的土地属于国家所有。农村和城市郊区的土地,除法律规定属于国家所有的以外,属于集体所有;宅基地和自留地、自留山,也属于集体所有。国家为了公共利益的需要,可以依照法律规定对土地实行征用。任何组织或者个人不得侵占、买卖、出租或者以其他形式非法转让土地;一切使用土地的组织和个人必须合理地利用土地。"第二十二条第二款规定:"国家保护名胜古迹、珍贵文物和其他重要历史文化遗产。"第二十六条规定:"国家保护和改善生活环境和生态环境,防治污染和其他公害。国家组织和鼓励植树造林,保护林木。"

2) 环境保护基本法

环境保护基本法是环境法体系中的主干,除宪法外占有核心地位。环境保护基本法是一种实体法与程序法结合的综合性法律。对环境保护的目的、任务、方针政策、基本原则、基本制度、组织机构、法律责任等作了主要规定。

我国的《中华人民共和国环境保护法》、美国的《国家环境政策法》、日本的《环境基本法》等都是环境保护的综合性法律。这些法律通常对环境法的基本问题,如适用范围、组织机构、法律原则与制度等做出了原则规定。因此,它们居于基本法的地位,成为制定环境保护

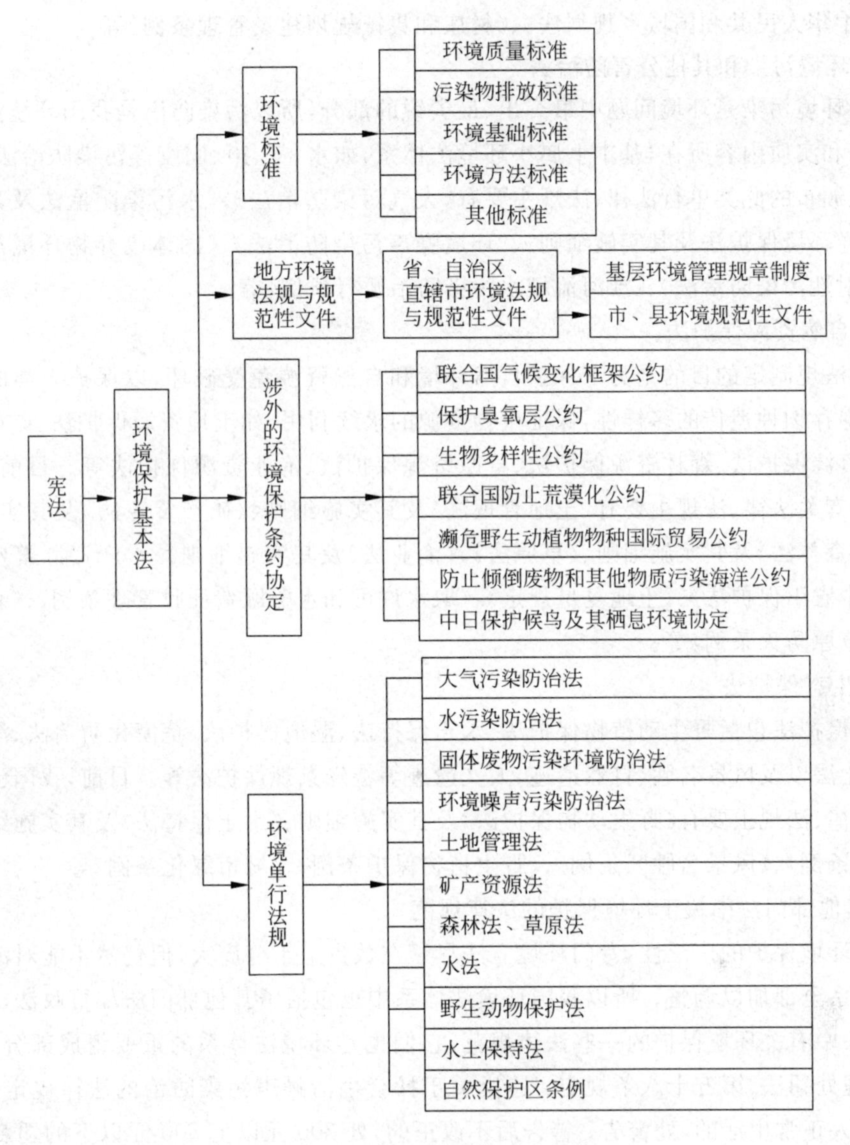

图3-1 我国环境法体系示意图

单行法的依据。

3）环境保护单行法规

环境保护单行法是针对某一特定的环境要素或特定的环境社会关系进行调整的专门性法律法规，如《水污染防治法》、《大气污染防治法》等。相对于基本法——母法来说，也可称它们为子法。这些专项的法律法规，通常以宪法和环境保护基本法为依据，是宪法和环境保护基本法的具体化。因此，环境保护单行法的有关规定一般都比较具体细致，是进行环境管理、处理环境纠纷的直接依据。在环境法体系中，环境保护单行法具有量多面广的特点，是环境法的主体部分，主要由以下几方面的立法构成。

（1）土地利用规划法

包括国土整治、城市规划、村镇规划等法律法规。目前我国已经颁布的有关法律、法规主要有《中华人民共和国城乡规划法》、《村庄和集镇规划建设管理条例》等。

(2) 环境污染和其他公害防治法

由于环境污染是环境问题中最突出、最尖锐的部分，所以污染防治是我国环境法体系的主要部分和实质内容所在，基本上属小环境法体系，如水、气、声、固废等污染防治法。目前，我国已经颁布的此类单行法律、法规主要有《大气污染防治法》、《水污染防治法及其实施细则》、《海洋环境保护法及其实施细则》、《环境噪声污染防治法》、《固体废弃物环境污染防治法》、《放射性污染防治法》、《淮河流域水污染防治暂行条例》等。

(3) 自然资源保护法

这类法规制定的目的是为了保护自然环境和自然资源免受破坏，以保护人类的生命维持系统，保存物种遗传的多样性，保证生物资源的永续利用，如土地资源保护法、矿产资源保护法、水资源保护法、森林资源保护法、草原资源保护法、渔业资源保护法等。目前，我国已经颁布的有关法律、法规主要有《土地管理法》及其实施细则、《矿产资源法》及其实施细则、《水法》、《森林法》及其实施细则、《草原法》、《渔业法》及其实施细则、《水产资源繁殖保护条例》、《基本农田保护法》、《土地复垦规定》、《取水许可和水资源费征收管理条例》、《森林防火条例》、《草原防火条例》等。

(4) 生态保护法

生态保护法包括野生动植物保护法、水土保持法、湿地保护法、荒漠化防治法、海洋带保护法、绿化法以及风景名胜、自然遗迹、人文遗迹等特殊景观保护法等。目前，我国已经颁布的有关法律、法规主要有《野生动物保护法》及其实施细则、《水土保持法》及其实施细则、《自然保护区条例》、《风景名胜区条例》、《野生植物保护条例》、《城市绿化条例》等。

4) 其他部门法中关于环境保护的法律规范

由于环境保护的广泛性，专门环境立法尽管在数量上十分庞大，但仍然不能对涉及环境的社会关系全部加以调整。所以我国环境法体系中也包括了其他部门法如行政法、民法、刑法、经济法中有关环境保护的一些法律规范，它们也是环境法体系的重要组成部分。例如，《治安管理处罚法》第五十八条规定：违反关于社会生活噪声污染防治的法律规定，制造噪声干扰他人正常生活的，处警告；警告后不改正的，处 200 元以上 500 元以下的罚款。第六十三条规定：刻画、涂污或者以其他方式故意损害国家保护的文物、名胜古迹的、处 200 元以下罚款或者警告；情节严重的，处五日以上十日以下拘留，并处 200 元以上 500 元以下的罚款。再如《民法通则》第八十三条关于不动产相邻关系的规定；《民法通则》第一百二十三条关于高度危险作业侵权的规定，第一百二十四条关于环境污染侵权的规定；《刑法》第六章第六节关于"破坏环境资源保护罪"的规定等；《对外合作开采石油资源条例》第二十四条关于作业者、承包者在实施石油作业中应当保护渔业资源和其他自然资源，防止对大气、海洋、河流、湖泊、陆地等环境的污染和损害的规定等；均属于环境法体系的重要组成部分。

5) 环境标准

环境标准是环境法体系的特殊组成部分。环境标准是国家为了维护环境质量，控制污染，保护人体健康、社会财富和生态平衡而制定的具有法律效力的各种技术指标和规范的总称。它不是通过法律条文规定人们的行为规则和法律后果，而是通过一些定量化的数据、指标、技术规范来表示行为规范的界限，来调整人们的行为。

环境标准的制定同法规一样，需经国家立法机关的授权，由相关行政机关按照法定程序制定和颁布。

环境标准的实施与监督是环境标准化工作的重要内容。环境标准发布后，各有关部门都必须严格执行，任何单位不得擅自更改或降低标准；各级环境保护行政主管部门，要为实施环境标准创造条件，制定实施计划和措施，充分运用环境监测等手段，监督、检查环境标准的执行；对因违反标准造成不良后果或重大事故者，要依法追究其法律责任。

(1) 环境标准分类

根据《环境保护标准管理办法》(1999 年 4 月 1 日)的规定，我国的环境标准由五类两级组成。五类，是指环境质量标准、污染物排放标准、环境基础标准、环境方法标准以及其他标准，两级，是指环境标准按级别分为国家级和地方级。我国的国家标准有强制性标准和推荐性标准之分。《标准化法》第七条规定："保障人体健康，人身、财产安全的标准、法律、行政法规规定强制执行的标准都是强制性标准。"因此，国家环境标准中的环境质量标准和污染物排放标准属于强制性标准。考虑到行为污染特性，环境保护主管部门委托行业制定相关的行业标准。强制性国家环境标准用"GB"表示，推荐性国家环境标准用"GB/T"表示，行业环境标准用"HJ/T"表示。

① 环境质量标准

以维护一定的环境质量，保护人群健康、社会财富和促进生态良性循环为目标，规定环境中各类有害物质(或因素)在一定时间和空间内的允许含量，叫做环境质量标准。环境质量标准反映了人群、动植物和生态系统对环境质量的综合要求，也标志着在一定时期国家为控制污染在技术上和经济上可能达到的水平。环境质量标准体现环境目标的要求，是评价环境是否受到污染和制定污染物排放标准的依据。

② 污染物排放标准

为了实现国家的环境目标和环境质量标准，对污染源排放到环境中的污染物的浓度或数量所作的限量规定就是污染物排放标准。制定排放标准的直接目的是控制污染物的排放量，达到环境质量的要求。污染物排放标准为污染源规定的最高允许排污限额(浓度或总量)，是确认排污行为是否合法的法律根据，超过排放标准要承担相应的法律责任。

③ 环境基础标准

国家对环境保护工作中需要统一的技术术语、符号、代码、图形、指南、导则及信息编码等所作的规定，叫做环境基础标准。其目的是为制定和执行各类环境标准提供一个统一的准则，避免各标准相互矛盾，它是制定其他环境标准的基础。环境基础标准只有国家标准。

④ 环境方法标准

国家为监测环境质量和污染物排放，规范环境采样、分析测试、数据处理等技术所作的规定，叫做环境监测方法标准，简称环境方法标准。它是使各种环境监测和统计数据准确、可靠并具有可比性的保证。就法律意义而言，环境基础标准和环境方法标准是辨别环境纠纷中争议双方所出示的证据是否合法的依据。只有当有争议各方所出示的证据是按照环境监测方法标准所规定的采样、分析、试验办法得出，并以环境基础标准所规定的符号、原则、公式计算出来的数据时，才具有可靠性和与环境质量标准、污染物排放标准的可比性，属于合法证据；反之，即为没有法律效力的证据。环境方法标准只有国家标准。

在环境法体系中，环境标准的重要性主要体现在，它为环境法的实施提供了数量化基础。

⑤ 其他标准

除上述四类之外的环境标准均归入其他标准，如环境标准样品标准和环境仪器设备标准。环境标准样品标准是指对于用来标定仪器、验证测量方法、进行量值传递或质量控制的材料或物质必须达到的要求所作的规定，简称环境样品标准。它是检验方法准确与否的主要手段。环境仪器设备标准是指为了保证污染治理设备的效率和环境监测数据的可靠性和可比性，对环保仪器、设备的技术要求所作的规定。

这五类环境标准相辅相成，共同起效，具有密不可分的关系。环境质量标准规定环境质量目标，是制定污染物排放标准的主要依据；污染物排放标准是实现环境质量标准的主要手段；环境基础标准是制定环境质量标准、污染物排放标准、环境方法标准的基础；环境方法标准是实现环境质量标准、污染物排放标准的重要手段；环境样品标准及环境仪器设备标准是实现上述标准的基本物质条件及技术保证。

（2）环境标准的作用和意义

环境标准同环境保护法规相配合，在国家环境管理中起着重要作用。从环境标准的发展历史来看，它是在和环境保护法规相结合的同时发展起来的。最初，是在工业密集、人口集中、污染严重的地区，在制定污染控制的单行法规中，规定主要污染物的排放标准。20 世纪 50 年代以后，发达国家的环境污染已经发展成为全国性公害，在加强环境保护立法的同时，开始制定全国性的环境标准，并且逐渐发展成为具有多层次、多形式、多用途的完整的环境标准体系，成为环境保护法体系中不可缺少的部分，具有重要作用和意义。

① 环境标准是判断环境质量和衡量环保工作优劣的准绳。

② 环境标准是制定环境规划与管理的技术基础及主要依据。环境标准既是环境保护和有关工作的目标，又是环境保护的手段。

③ 环境标准是环境保护法律、法规制定与实施的重要依据。环境标准是用具体的数值来体现环境质量和污染物排放应控制的界限。环境问题的诉讼、排污费的收取、污染治理的目标等执法依据都是环境标准。

④ 环境标准是组织现代化生产、推动环境科学技术进步的动力。实施环境标准迫使企业对污染进行治理，更新设备，采用先进的无污染、少污染工艺，进而实现资源和能源的综合利用等。

（3）我国环境标准体系

环境标准体系是指根据环境标准的性质、内容、功能，以及它们之间的内在联系，将其进行分类、分级，构成一个有机联系的统一整体。截至 2005 年 4 月 10 日，我国已经制定各类环境标准 486 项，其中，国家标准 357 项，环境保护行业标准 129 项；强制性标准 117 项，推荐性标准 369 项；环境质量标准 11 项，污染物排放标准 104 项，环境监测方法标准 315 项，环境基础标准 10 项，其他标准 46 项。另有地方环境标准 1000 余项。我国现行环境标准体系见表 3-1。

表3-1　我国现行环境标准体系

按控制因子分类	环境质量标准	污染物排放标准	环境基础标准	环境方法标准	其他	合计
水环境质量标准	5	20	4	138		167
大气环境标准	2	21	3	102	1	129
固体废物与化学品		31	1	15	3	50
声学环境标准	2	8	1	6	2	19
土壤环境标准	2		1	10		13
放射性与电磁辐射		24		44		68
生态环境					6	6
其他					34	34
合计	11	104	10	315	46	486

6）地方环境法规

地方法规是各省、自治区、直辖市根据我国环境法律或法规，结合本地区实际情况而制定并经地方人大审议通过的法规。地方法规突出了环境管理的区域性特征，有利于因地制宜地加强环境管理，是我国环境保护法规体系的组成部分。国家已制定的法律、法规，各地可以因地制宜地加以具体化。国家尚未制定的法律、法规，各地可根据环境管理的实际需要，制定地方法规予以调整。

7）涉外环境保护的条约协定

国际环境法不是国内法，不是我国环境法体系的组成部分。但是我国缔结参加的双边与多边的环境保护条约协定，是我国环境法体系的组成部分。如中日保护候鸟及其栖息环境协定；保护臭氧层公约；联合国气候变化框架公约；生物多样性公约；联合国防止荒漠化公约；濒危野生动植物物种国际贸易公约；防止倾倒废物和其他物质污染海洋公约；控制危险废物越境转移及其处置巴塞尔公约等。

我国积极开展环境外交，参与各项重大的国际环境事务，在国际环境与发展领域中发挥着越来越大的作用。1980年以来，我国政府已签署并批准了37个国际环境保护公约，这些签署并批准的国际环境公约和协定，具有法律效力，负有相应的国际义务，不仅是我国环境法规体系的重要组成部分，而且，也敦促我国进一步加快立法工作，以跟上国际标准，同国际环境保护的要求接轨。

3.3　环境规划与管理的法律制度体系

3.3.1　环境规划与管理制度概述

环境规划与管理制度是指为了实现环境立法的目的，并在环境保护基本法中作出规定的、由环境保护单行法规或规章所具体表现的、对国家环境保护具有普遍指导意义、并由环境行政主管部门来监督实施的同类法律规范的总称。环境规划与管理制度属于环境保护行为的基本法律制度。按照规划和管理的不同要求，可以分为环境规划法律制度和环境管理法律制度两类。

第三次全国环境保护会议上推出了环境保护目标责任制、城市环境综合整治定量考核制度、排放污染物许可证制度、污染集中控制制度和污染源限期治理制度共五项新的环境管理制度，与原已实行的“三同时”制度、排污收费制度、环境影响评价制度三项制度，形成了一整套强化环境管理的制度体系。这八项环境管理制度，是从探索管理整个中国环境的规律和方法出发，以实现环境战略总体目标为原则，构成了具有中国特色的环境管理制度体系，是我国改革开放中的一大创举，并已在实践中取得明显成效。

我国现行的八项环境管理制度主要沿革于20世纪70年代中期以来的有关国家环境保护政策的规定，这一时期，我国环境保护工作的重点主要放在环境污染的治理上。为了加强环境规划管理，贯彻“预防为主、防治结合”的环境政策，根据《环境保护法》和《土地管理法》的相关规定，我国又实施了两项环境规划行政法律制度，即环境保护计划制度和土地利用规划制度。这两项制度的实施，进一步完善了我国环境规划和管理的法律制度体系。

3.3.2 环境规划法律制度

1. 环境保护计划制度

环境保护计划，是指由国家或地方人民政府及其行政管理部门依照一定法定程序编制的关于环境质量控制、污染物排放控制及污染治理、自然生态保护以及其他与环境保护有关的计划。环境保护计划是各级政府和各有关部门在计划期内要实现的环境目标和所要采取的防治措施的具体体现。

环境保护计划制度主要规定在《环境保护法》第四、十二、二十二、二十三、二十四条之中。其内容主要包括四类：污染物排放控制和污染治理计划、自然生态保护计划、城市环境质量控制计划以及其他有关环境保护的计划等。

对环境保护计划实行国家、省(自治区、直辖市)、市(地)、县四级管理制，由各级计划行政主管部门负责组织编制。各级环境保护主管部门负责编制环境保护计划建议和监督、检查计划的落实和具体执行。其他有关部门则主要是根据计划和环境保护部门的要求，组织实施环境保护计划。

2. 土地利用规划制度

人类社会和经济活动，总是带来土地利用方式的改变，不同的土地利用方式又带来不同的环境影响。因此，土地利用规划管理是环境规划管理的重要内容。

土地利用规划制度是国家根据各地区的自然条件、资源状况和经济发展需要，通过制定土地利用的全面规划，对城镇设置、工农业布局、交通设施等进行总体安排，以保证社会经济的可持续发展，防止环境污染和生态破坏。

1998年我国颁布的《土地管理法》专设一章——土地利用总体规划，要求各级政府依据国家经济和社会发展规划、国土整治和资源环境保护的要求、土地供给能力及各项建设对土地的需求，编制土地利用总体规划。我国已经颁布执行的法规有城市规划、县镇规划和村镇规划等。

3.3.3 八项环境管理法律制度

1. 环境影响评价制度

环境影响评价是指对规划和建设项目实施后可能造成的环境影响进行分析、预测和评估，提出预防或者减轻不良环境影响的对策和措施，进行跟踪监测的方法与制度。

1979年《环境保护法(试行)》中,规定实行环境影响评价报告书制度;1986年颁布了《建设项目环境保护管理办法》;1998年颁布了《建设项目环境保护管理条例》;针对评价制度实行多年的情况对评价范围、内容、程序、法律责任等作了修改、补充和更具体的规定,从而确立了完整的环境影响评价制度。

2003年《环境影响评价法》正式施行。该法以法律形式,将环境影响评价的范围从建设项目扩大到有关规划,确立了对有关规划进行环境影响评价的法律制度。

在环境影响评价制度实施过程中,中华人民共和国环境保护部发布了一系列环境影响评价技术导则,包括:①《环境影响评价技术导则》总纲(HJ/T 2.1—1993);②《环境影响评价技术导则》大气环境(HJ/T 2.2—1993);③《环境影响评价技术导则》地面水环境(HJ/T 2.3—1993)、《环境影响评价技术导则》声环境(HJ/T 2.4—1993);④《环境影响评价技术导则》非污染生态影响(HJ/T 19—1997);⑤《开发区区域环境影响评价技术导则》(HJ/T 131—2003);⑥《规划环境影响评价技术导则(试行)》(HJ/T 130—2003)。这些系列标准促使我国的环境影响评价制度更趋完善。

2. "三同时"制度

"三同时"制度是指新建、改建、扩建项目和技术改造项目以及区域性开发建设项目的污染治理设施必须与主体工程同时设计、同时施工、同时投产的制度。三同时制度是我国首创的,它是在总结我国环境管理实践经验的基础上,被我国法律所确认的一项重要的控制新污染源的法律制度。它与环境影响评价制度相辅相成,是防止新污染和破坏的两大"法宝",是加强开发建设项目环境管理的重要措施,是防治我国环境质量恶化的有效的经济手段和法律手段。

1973年的《关于保护和改善环境的若干规定》最早提出三同时制度。1979年的《环境保护法(试行)》和1989年的《环境保护法》重申了三同时的规定。1986年的《建设项目环境保护管理办法》、1998年的《建设项目环境保护管理条例》对三同时制度又进一步作了具体规定。

3. 排污收费制度

排污收费制度是指一切向环境排放污染物的单位和个体生产经营者,应当依照国家的相关规定和标准,缴纳一定费用的制度。排污费可以计入生产成本,排污费专款专用,主要用于补助重点排污源的治理等。这项制度是"污染者付费"环境政策的具体体现。

我国实行排污收费制度的根本目的不是为了收费,而是防治污染、改善环境质量的一个经济手段和经济措施。排污收费制度只是利用价值规律,通过征收排污费,给排污单位施以外在的经济压力,促进其污染治理,节约和综合利用资源,减少或消除污染物的排放,实现保护和改善环境的目的。

1978年12月,中央批转的原国务院环境保护领导小组《环境保护工作汇报要点》首次提出在我国实行排放污染物收费制度。1979年的《环境保护法(试行)》作了如下规定:"超过国家规定的标准排放污染物,要按照其排放数量和浓度收取排污费。"1982年12月,国务院在总结22个省、市征收排污费试点经验的基础上,颁布了《征收排污费暂行办法》,对征收排污费的目的、范围、标准、加收和减收的条件、费用管理使用等作了具体规定。

《征收排污费暂行办法》颁布后,1984年《水污染防治法》第十五条又作了如下规定:

“企事业单位向水体排放污染物的，按照国家规定缴纳排污费；超过国家或者地方规定的污染物排放标准的，按照国家规定缴纳超标准排污费”，即凡向水体排放污染物超标或不超标都要收费。1996年《水污染防治法》第十五条作了如下规定：企业事业单位向水体排放污染物的，按照国家规定缴纳排污费；超过国家或者地方规定的污染物排放标准的，按照国家规定缴纳超标准排污费。排污费和超标准排污费必须用于污染的防治，不得挪作他用。2008年《水污染防治法》第二十四条作了如下规定：直接向水体排放污染物的企业事业单位和个体工商户，应当按照排放水污染物的种类、数量和排污费征收标准缴纳排污费。排污费应当用于污染的防治，不得挪作他用。

根据我国颁布的《标准化法》第七、十四、二十条规定可知，我国现行的污染物排放标准属强制性标准，违反排放标准即违法，对不执行者将予以行政处罚。可认为，以超标与否，作为判定是否违法的界限。2000年4月，第二次修订后颁布的《大气污染防治法》第四十八条作出了“超标者处10万元以下罚款，并限期治理”的规定。

4. 排放污染物许可证制度

许可证制度是指：对环境有不良影响的各种规划、开发、建设项目、排污设施或经营活动，其建设者或经营者需要事先提出申请，经主管部门审查、批准、颁发许可证后才能从事该项活动。这项制度包括排污申报登记制度和排污许可证制度两个方面，以及排污申报，确定污染物总量控制目标和分配排污总量削减指标，核发排污许可证，监督检查执行情况四项内容。这是一项与我国污染物排放总量控制计划相匹配的环境管理制度。

1）排污许可证制度的基本内容

排污许可证制度的基本内容分为以下两点：

(1) 排污申报登记制度：所谓排污申报登记。是指直接或间接向环境排放污染物、噪声或固体废物者，需按照法定程序就排放污染物的具体状况，向所在地环境保护行政主管部门进行申报、登记和注册的过程。

排污申报登记的目的在于使环境保护部门了解和掌握企业的排污状况，同时将污染物的排放管理纳入环境行政管理的范围，以利于环境监测以及国家或地方对污染物排放状况的统计分析。

(2) 排污许可证制度：排污许可证，是指凡是需要向环境排放各种污染物的单位或个人，都必须事先向环境保护主管部门办理排污申报登记手续，然后经过环境保护主管部门批准，获得“排放许可证”后方能从事排污行为的一系列环境行政过程的总称。

排污许可证制度的实施，是排污申报登记的延伸或结果，获准污染物的排放许可也是排污单位履行排污申报登记制度之后所要达到的最终目的。排污申报登记是实行排污许可证制度的前提，排污许可证是对排污者排污的定量化。

2）许可证的管理程序

许可证的管理程序大致可分为：

(1) 申请：申请人向主管机关提出书面申请，并附有为审查所必需的各种材料。例如，图标、说明或其他资料。

(2) 审查：一般是在新闻媒体上公布该项申请，在规定的时间内征求公众和各方面的意见，必要时则需召开公众意见听证会。主管机关在听取各方面意见后，综合考虑该申请对环境的影响，对申请进行审查。

(3) 决定：作出颁发或拒发许可证的决定。同意颁发许可证时，主管机关可依法规定特定持证人应尽的义务和各种限制条件；拒发许可证应说明拒发的理由。

(4) 监督：主管机关要对持证人执行许可证的情况随时进行监督检查，包括索取有关资料，检查现场设备，监督排污情况，发出必要的行政命令等。在情况发生变化或持证人的活动影响公众利益时，可以修改许可证中原来规定的条件。

(5) 处理：如持证人违反许可证规定的义务或限制条件，而导致环境损害或其他后果，主管机关可以中止、吊销许可证，对于违法者还要依法追究其法律责任。

3) 制度的实施和发展

1982年颁布的《征收排污费暂行办法》最早提出施行排污申报登记制度，其主要目的在于以此作为排污收费的依据。后来在1989年颁布的《中华人民共和国环境保护法》第二十七条中明确规定："排放污染物的企业事业单位，必须依照国务院环境保护行政主管部门的规定申报登记。"《大气污染防治法》第十一条规定："向大气排放污染物的单位，必须按照国务院环境保护部门的规定，向所在地的环境保护部门申报拥有的污染物排放设施、处理设施和正常作业条件下排放污染物的种类、数量、浓度，并提供防治大气污染方面的有关技术资料。"《水污染防治法》第十四条规定："直接或者间接向水体排放污染物的企业事业单位，应当按照国务院环境保护部门的规定，向所在地的环境保护部门申报登记拥有的污染物排放设施、处理设施和在正常作业条件下排放污染物的种类、数量和浓度，并提供防治水污染方面的有关技术资料。"

排污许可证制度，力求控制污染物总量，注重整个区域环境质量的改善。这项制度的实行，深化了环境管理工作，使对污染源的管理更加科学化、定量化。

5. 污染集中控制制度

污染集中控制制度是指：针对污染分散控制的问题，改变过去一家一户治理污染的做法，把有关污染源汇总在一起，经分析比较、进行合理组合，在经济效益、环境效益和社会效益优化的前提下，采取集中处理措施的污染控制方式。实践证明，推行集中控制，有利于使有限的环保投资获得最佳的总体效益。

为有效地推行污染集中控制制度，必须有一系列有效措施加以保证。

(1) 必须以规划为先导。污染集中控制与城市建设密切相关，如完善城市排水管网，建立城市污水处理厂，发展城市煤气化和集中供热，建设城市垃圾处理厂，发展城市绿化等。因此，集中控制必须与城市建设同步规划，同步实施。

(2) 必须突出重点，划定不同的功能区划，分别整治。

(3) 必须与分散控制相结合，构建区域环境污染综合防治体系。

(4) 疏通多种渠道落实资金。要实现集中控制必须落实资金。应充分利用环保基金贷款、建设项目环保资金、银行贷款及地方财政补贴等多种渠道筹措资金。疏通多种资金渠道是推行污染集中控制的保证。

(5) 地方政府协调是关键。污染集中控制不仅涉及企业，也涉及地方政府各部门，充分依靠地方政府的协调，是污染集中控制方案得以落实的基础。

实践证明，污染集中控制在环境管理上具有重要的战略意义。实行污染集中控制有利于集中人力、物力、财力解决重点污染问题；有利于采用新技术，提高污染治理效果；有利于提高资源利用率，加速有害废物资源化；有利于节省防治污染的总投入；有利于改善和提高环境质量。这种制度实行的时间虽不长，但已显示出强大的生命力。

6. 污染限期治理制度

《环境保护法》第二十九条规定："对造成环境严重污染的企业事业单位，限期治理……限期治理企事业单位必须如期完成治理任务。"所谓污染源限期治理制度，是指对超标排放的污染源，由国家和地方政府分别做出必须在一定期限内完成治理达标的决定。这是一项强制性的法律制度。

限期治理污染是以污染源调查、评价为基础，以环境保护规划为依据，突出重点，分期分批地对污染危害严重、群众反映强烈的污染物、污染源、污染区域采取的限定治理时间、治理内容及治理效果的强制性措施，是人民政府为了保护人民的利益对排污单位采取的法律手段。被限期的企事业单位必须依法完成限期治理任务。

在环境管理实践中执行限期治理污染制度，可以提高各级领导的环境保护意识，推动污染治理工作；可以迫使地方、部门、企业把污染治理列入议事日程，纳入计划，在人、财、物方面做出安排；可以促进企业积极筹集污染治理资金；可以集中有限的资金解决突出的环境污染问题，做到少投资，见效快，有较好的环境与社会效益；有助于环境保护规划目标的实现和加快环境综合整治的步伐。

继1978年国家规定的第一批限期治理项目完成后，1989年国家环境保护委员会和国家计划委员会下达了第二批污染限期治理项目140个，1996年国家又下达了第三批污染限期治理项目121个。随后各省都开展了污染源限期治理项目验收等工作。

确定限期治理项目要考虑如下条件：①根据城市总体规划和城市环境保护规划的要求对区域环境整治作出总体规划；②首先选择危害严重、群众反映强烈、位于敏感地区的污染源进行限期治理；③要选择治理资金落实和治理技术成熟的项目。

7. 环境保护目标责任制

环境保护目标责任制是一种具体落实地方各级人民政府和有污染的单位对环境质量负责的行政管理制度。这项制度规定了各级政府行政首长应对当地的环境质量负责，企业领导人应对本单位污染防治负责，并将他们在任期内环境保护的任务目标列为政绩进行考核。环境保护目标责任制被认为是八项环境管理的龙头制度。

第二次全国环境保护会议后，在我国各级政府中推行的环境保护目标责任制，通过将环保目标的逐级分解、量化和落实，突出了各级地方政府负责人的环境责任，解决了环境管理的保证条件和动力机制，促使环境管理系统内部活动有序、系统边界分明、环境责任落实，改变了环境管理孤军作战的被动局面。

1997年3月8日中央政治局常委召开座谈会，亲自听取环境保护工作汇报，表明了党中央对环境问题的高度重视，开创了地方政府"一把手亲自抓"环境管理，环境保护主管部门负责编制和检查、落实环境规划，各相关部门积极配合强化环境管理的新局面。

这一制度把贯彻执行环境保护基本国策作为各级领导的行动规范，推动了我国环境保护工作全面、深入的发展。

8. 城市环境综合整治定量考核制度

城市环境综合整治定量考核制度简称"城考"，是应城市环境综合整治的需要而制定的。该制度以城市为单位，以城市政府为主要考核对象，对城市环境综合整治的情况，按环境质量、污染控制、环境建设和环境管理4大类指标进行考核并评分。这项制度是一项由城市政府统一领导负总责，有关部门各尽其职、分工负责，环境保护部门统一监督的管理制度。

城市环境综合整治的概念最早是在1984年《中共中央关于经济体制改革的决定》中提出来的。《中共中央关于经济体制改革的决定》中明确指出："城市政府应该集中力量做好城市的规划、建设和管理，加强各种公用设施的建设，进行环境的综合整治。"为了贯彻这一精神，1985年国务院召开了第一次"全国城市环境保护工作会议"，会议通过了《关于加强城市环境综合整治的决定》，确定了我国城市环境保护工作的发展方向——综合整治。

此后，国家在认真总结吉林省的做法和经验的基础上，于1989年初制定了较为完善的考核办法、程序和标准。经过几次调整考核指标，由最初的19项最后确定为24项。包括7项环境质量指标、6项污染控制指标、6项环境建设指标和5项环境管理指标。

自1989年开始在全国重点城市实施城考制度以来，截至2005年底，全国参与"城考"的城市已达500个，占全国城市总数的76%。由中华人民共和国环境保护部直接考核的有113个国家环境保护重点城市。自2002年起，中华人民共和国环境保护部每年发布《中国城市环境管理和综合整治年度报告》，并向公众公布结果和排名。这已成为衡量城市环境保护和管理工作绩效的重要参考资料。

2003年中华人民共和国环境保护部发布了关于印发《生态县、生态市、生态省建设指标（试行）的通知》，在全国各地掀起了创建生态县、生态市和生态省的高潮，标志着我国城市综合整治进入了新的发展阶段。

3.4　环境管理机构体系

中国环境保护和管理的体制是由全国人民代表大会立法监督、各级政府负责实施、环境保护行政主管部门统一监督管理、各有关部门依照法律规定实施监督管理的体制。

3.4.1　全国人大环境与资源保护委员会

全国人民代表大会设有环境与资源保护委员会，负责组织起草和审议环境与资源保护方面的法律草案并提出报告，监督环境与资源保护方面法律的执行，提出同环境与资源保护问题有关的议案，开展与各国议会之间在环境与资源保护领域的交往。

3.4.2　中华人民共和国环境保护部

中华人民共和国环境保护部是国务院环境保护行政主管部门，对全国环境保护工作实施统一监督管理。中华人民共和国环境保护部是国务院的直属机构，是正部级单位。

中华人民共和国环境保护部的内部机构设置有：办公厅（宣传教育司）、规划与财务司、政策法规司、行政体制与人事司、科技标准司、污染控制司、自然生态保护司、核安全管理司、环境影响评价管理司、环境监察局（中华人民共和国环境保护部环境应急与事故调查中心）、国际合作司、机关党委。

中华人民共和国环境保护部直属的事业单位有：机关服务中心、环境保护对外合作中心、中国环境科学研究院、中国环境监测总站、中日友好环境保护中心、中国环境报社、中国环境科学出版社、核安全中心、南京环境科学研究所、华南环境科学研究所、环境规划院、环境工程评估中心、北京会议与培训基地、兴城环境管理研究中心、北戴河环境技术交流中心。

中华人民共和国环境保护部的派出机构有：北方核安全监督站、广东核安全监督站、上海核安全监督站、四川核安全监督站。

中华人民共和国环境保护部管理的社会团体有：中国环境科学学会、中国环境保护产业协会、中华环境保护基金会、中国环境新闻工作者协会、中国环境文化促进会。

中华人民共和国环境保护部的主要职责：

(1) 拟定国家环境保护的方针、政策和法规，制定行政规章；受国务院委托对重大经济和技术政策、发展规划以及重大经济开发计划进行环境影响评价；拟定国家环境保护规划；组织拟定和监督实施国家确定的重点区域、重点流域污染防治规划和生态保护规划；组织编制环境功能区划。

(2) 拟定并组织实施大气、水体、土壤、噪声、固体废物、有毒化学品以及机动车等的污染防治法规和规章；指导、协调和监督海洋环境保护工作。

(3) 监督对生态环境有影响的自然资源开发利用活动、重要生态环境建设和生态破坏恢复工作；监督检查各种类型自然保护区以及风景名胜区、森林公园环境保护工作；监督检查生物多样性保护、野生动植物保护、湿地环境保护、荒漠化防治工作；向国务院提出新建的各类国家级自然保护区审批建议；监督管理国家级自然保护区；牵头负责生物物种资源(含生物遗传资源)的管理工作；负责外来入侵物种有关管理工作。

(4) 指导和协调解决各地方、各部门以及跨地区、跨流域的重大环境问题；调查处理重大环境污染事故和生态破坏事件；协调省际环境污染纠纷；组织和协调国家重点流域水污染防治工作；负责环境监察和环境保护行政稽查；组织开展全国环境保护执法检查活动。

(5) 制定国家环境质量标准和污染物排放标准并按国家规定的程序发布；负责地方环境保护标准备案工作；审核城市总体规划中的环境保护内容；组织编报国家环境质量报告书；发布国家环境状况公报；定期发布重点城市和流域环境质量状况；参与编制国家可持续发展纲要。

(6) 制定和组织实施各项环境管理制度；按国家规定审定开发建设活动环境影响报告书；指导城乡环境综合整治；负责农村生态环境保护；指导全国生态示范区建设和生态农业建设。

(7) 组织环境保护科技发展、重大科学研究和技术示范工程；管理全国环境管理体系和环境标识认证；建立和组织实施环境保护资质认可制度；指导和推动环境保护产业发展。

(8) 负责环境监测、统计、信息工作；制定环境监测制度和规范；组织建设和管理国家环境监测网和全国环境信息网；组织对全国环境质量监测和污染源监督性监测；组织、指导和协调环境保护宣传教育和新闻出版工作；推动公众和非政府组织参与环境保护。

(9) 拟定国家关于全球环境问题基本原则；管理环境保护国际合作交流；参与协调重要环境保护国际活动；参加环境保护国际条约谈判；管理和组织协调环境保护国际条约国内履约活动，统一对外联系；管理环境保护系统对外经济合作；协调与履约有关的利用外资项目；受国务院委托处理涉外环境保护事务；负责与环境保护国际组织联系工作。

(10) 负责核安全、辐射环境、放射性废物、放射源管理工作，拟定有关方针、政策、法规和标准；参与核事故、辐射环境事故应急工作；对核设施安全和电磁辐射、核技术应用、伴有放射性矿产资源开发利用中的污染防治工作实行统一监督管理；对核材料的管制和核承压设备实施安全监督。

(11) 负责总局机构编制和人事管理；组织开展全国环境保护系统行政管理体制改革；负责环境保护系统领导干部双重管理工作。

(12) 承办国务院交办的其他事项。

3.4.3　国务院其他与环境保护相关的部门机构

国务院所属的综合部门、资源管理部门和工业部门中也设立环境保护机构，负责相应的环境与资源保护工作，相关的部门主要有：国家发展计划委员会(地区经济司环境处，环境和资源综合利用司)、商务部(节约综合利用司环保处)、科学技术部(农村与社会发展司资源环境处)、农业部(科教司生态环境处)、建设部(城市建设司综合处)、铁道部(环境保护办公室)、交通部(环境保护中心)、水利部(水资源司)、国务院法制局(农林城建司资源环境保护处)、全国绿化委员会办公室、审计署(农业与资源环保审计司)、国家海洋局(环境保护司)、国家林业局(保护司)等。

3.4.4　中国环境与发展国际合作委员会

1992 年，中国政府批准成立中国环境与发展国际合作委员会(简称国合会)。国合会是一个高级国际咨询机构，国合会的主席由中华人民共和国国务院的领导担任。国合会的主要职责是针对中国环发领域重大而紧迫的关键问题提出政策建议并进行政策示范和项目示范。国合会委员包括中国国务院各有关部委的部长或副部长、国内外环发领域的知名专家、教授以及其他国家的部长和国际组织的领导。

国合会以课题组的形式进行研究和提供咨询。课题组的研究方向与任务根据国合会的工作目标而定，成立或撤销课题组需经过评估与协调，由主席团做出决定；课题组设中外方共同组长各 1 名，由主席团批准。课题组有完整的研究任务、目标、计划与进度表，阶段(年度)成果应及时提交国合会的年会。在完成年度研究计划的同时，鼓励各课题组围绕当年国合会的研究主题提供咨询建议。研究工作时间原则上不超过 18 个月，加上组建与报告的出版传播时间原则上不超过 2 年，完成预定研究任务的课题组将自行结束。

国合会每年召开一次全体会议(年会)，会议由国合会主席团主持。国合会中外委员、核心专家以及课题组组长届时参会。每次国合会年会都设立一个主题。根据会议主题邀请 2～3 名国内外著名人士作主旨发言，并进行一般性辩论。邀请中国有关部门和省、自治区、直辖市的代表作特邀发言，介绍中国实施可持续发展战略的情况。邀请国合会各捐款国的代表和对国合会感兴趣的使馆、国际机构的代表作为观察员参加年会。

3.4.5　地方环境管理机构

在地方层次上，一些省、市人民代表大会也相应设立了环境与资源保护机构。省、市、县、镇(乡)人民政府也相继设立了环境保护行政主管部门，对本辖区的环境保护工作实施统一监督管理。各级地方政府的综合部门、资源管理部门和工业部门也设立了环境保护机构，负责相应地方的环境与资源保护工作。

复习与思考

1. 简述我国环境与发展十大对策，并说明各项对策包含的主要内容。

2. 试分析环境政策和环境管理制度的相关关系。

3. 通过查阅资料，收集汇总产业政策执行过程中国家有关部门已颁布的各项规定（列出汇总表）。

4. 说明我国环境保护法规体系的构成。

5. 2000年4月29日第九届全国人大常委会第15次会议审查通过的《大气污染防治法》是该法的第二次修订，请比较该法二次修订的主要内容，并分析我国大气污染防治的发展动向。

6. 试比较2008年版《水污染防治法》与1996年版《水污染防治法》内容的变化，并分析我国水污染防治的发展动向。

7. 试分析《环境影响评价法》规定开展规划的环境影响评价的原因和目的。

8. 简述八项环境管理制度的含义和相关规定。

9. 举例说明“土地利用规划制度”实施过程对污染严重城市所采取的补救措施。

10. 我国环境标准是怎样分类的？试述环境质量标准和污染物排放标准之间的关系。

11. 什么是环境方法标准？它有什么作用和法律意义？

12. 什么是环境标准样品标准和环境仪器设备标准？它们有什么作用？

13. 查阅资料，对比地方环保局和中华人民共和国环境保护部的内部机构设置及其主要职责。

环境规划与管理中的综合分析方法

4.1 环境现状调查与评价的基本内容和方法

环境规划与管理工作的制订和实施，要以环境现状调查与评价为基础。环境现状调查与评价的目的是掌握和了解某区域环境现状，发现和识别主要环境问题，确定主要污染源和主要污染物，从而为环境规划与管理指明工作重点和主要任务。

环境现状调查要从信息的收集和分析入手，针对列出的调查清单逐项调查，发现问题并逐步深入，包括必要的现场监测、勘察以及征询专家意见等。环境现状调查是做好环境评价必备的前提。环境评价包括自然环境评价、社会环境评价、环境质量评价和污染源评价等。

4.1.1 环境现状调查内容

环境现状调查的项目主要包括：环境特征调查、生态调查、污染源调查、环境质量调查、环境保护治理措施效果调查以及环境管理现状调查等。

1. 环境特征调查

环境特征调查内容包括：自然环境特征、社会环境特征、经济社会发展规划、环境污染因素等。

(1) 自然环境特征调查

自然环境特征调查包括地质、气候水文、植被、地形地貌、土壤(类型、特征)等。

(2) 社会环境特征调查

如人口数量、密度分布，产业结构和布局，产品种类和产量，经济密度，建筑密度，交通公共设施，产值，农田面积，作物品种和种植面积，灌溉设施，渔牧业等。

(3) 经济社会发展规划调查

如规划区内的短、中、长期发展目标，包括国民生产总值、国民收入、工农业生产布局以及人口发展规划、居民住宅建设规划、工农业产品产量、原材料品种及使用量、能源结构、水资源利用等。

(4) 环境污染因素调查

突出重大工业污染源调查和污染源综合调查。根据污染类型，进行单项调查，按污染物排放总量排队，由此确定评价区内的主要污染物和主要污染源。

污染调查还应酌情包括乡镇企业污染评价和生活及面源污染分析等。污染调查还应考察现存环境设施运行情况、已有环境工程的技术和效益，作为新规划工程项目的设计依据和参考。

2. 生态调查

生态调查的主要内容包括区域动、植物物种特别是珍稀、濒危物种的种类、数量、分布、生活习性，生长、繁殖和迁徙行为的规律；生态系统的类型、特点、结构及环境服务功能等；区域的主要生态环境问题(包括水土流失、沙漠化、土地退化、生物多样性锐减、绿地覆盖率、自然灾害等)和影响生态的主要因素调查；区域自然资源优势和资源利用情况调查(土地开发利用情况、水资源开发利用情况)等。

3. 污染源调查

污染源调查内容包括工业污染源、农业污染源、生活污染源、交通运输污染源、噪声污染源、放射性和电磁辐射污染源调查等。

4. 环境质量调查

环境质量调查主要调查区域大气、水、声、土壤及生态等环境质量，大多可以从环境保护部门及工厂企业历年的监测资料获得。

5. 环境保护治理措施效果调查

环境保护治理措施效果调查主要是对环保设施运行率、达标率和环保工程措施削减污染物效果以及其综合效益进行分析评价等。

6. 环境管理现状调查

环境管理现状调查包括环境管理机构、环境保护工作人员业务素质、环境政策法规和标准的实施情况和环境监督实施情况等。

4.1.2 环境现状调查的方法

环境现状调查的方法主要有三种：收集资料法、现场调查法、遥感技术法。

1. 收集资料法

应用范围广、收效大，比较节省人力、物力和时间。环境现状调查时，应首先通过此方法获得现有的各种有关资料，但此方法只能获得第二手资料，而且往往不全面，不能完全满足要求，需要其他方法补充。

2. 现场调查法

针对使用者的需要，直接获得第一手的数据和资料，以弥补收集资料法的不足。这种方法工作量大，需占用较多的人力、物力和时间，有时还可能受季节、仪器设备条件的限制。

3. 遥感技术法

可从整体上了解一个区域的环境状况，特别是可以弄清人类无法或不易到达地区的环境特征，例如大面积的森林、草原、荒漠、海洋等特征以及大面积的山区地形、地貌状况等。此方法不十分准确，通常只用于大范围的宏观环境状况的调查，不宜用于微观环境状况的调查，是一种辅助性的调查方法。使用这种方法时，一般通过解译已有的航拍照片或卫星照片来获得所需要的数据。

4.1.3　环境评价

在环境规划与管理中,环境评价的主要内容包括自然环境、社会经济、环境质量和污染源评价等。评价是对被评价对象的优劣、好坏作定量或定性的描述,一般以定量描述为主。

1. 环境评价的主要内容

(1) 自然环境评价

通过自然、社会、经济背景分析及社会、经济与环境的相关分析,确定当前主要环境问题及其产生的原因,并确定环境区划和评估环境的承载能力。

(2) 社会经济评价

评价区域的社会经济活动与环境规划有着密切的关系,其中影响最大的是人口评价、经济活动评价和城市基础设施评价三大方面,见表 4-1。

表 4-1　社会经济评价的主要内容

项　目	内　容
人口评价	人口总数、人口密度、人口分布、人口的年龄结构和人口的文化素质等
经济活动评价	产业结构、国民生产总值和人均国民收入、产品综合能耗、能源利用率等
城市基础设施评价	住房、道路、给水设施及供水管网、排水管网及污水处理设施、能源结构、供热方式、绿地及分布和电话普及率等

(3) 环境质量评价

环境质量评价是环境规划与管理的一项基础工作,其目的是正确认识规划区的环境质量现状、环境质量的地区差异和环境质量的变化趋势。环境质量评价突出超标问题和环境质量等级,以明确环境污染的时空界域为主要环节,指出主要环境问题的原因和潜在的环境隐患等。

(4) 污染源评价

污染源评价的目的是通过分析比较,确定主要污染物和主要污染源,为区域污染治理规划提供决策依据。污染源评价突出重大工业污染源评价,同时还应酌情乡镇企业污染评价和生活及面源污染分析等。

2. 环境评价的主要方法

1) 自然环境评价方法

(1) 类比分析法:是一种常用的定性和半定量的方法,一般有生态环境整体类比、生态因子类比、生态环境问题类比等。

(2) 列表清单法:将各种生态环境因子分别列在同一表格的行与列里,逐项进行分析并以正负号、数字或其他符号表示其性质、强度、相对大小等。

(3) 生态图法:所谓生态图法就是收集、综合和评价有关资料,把一定区域内与生态环境有关的因素绘制成空间分布图的方法,它能获得比较准确、综合、实用的评价结果。

绘制生态图的两个基本手段是指标法和重叠法。指标法是用定量或半定量的方法对环境主题进行评价、分级、并绘制在地图上。重叠法是把两个以上的生态环境信息叠合在一张图上,构成复合图,用以表示生态环境变化的方向和程度。

(4) 指数法与综合指数法：在生态环境评价中用得最多，必须建立表征生态环境因子特性的指标体系和确定评价标准，赋予各因子权重，然后建立评价函数曲线，得出综合评价指数值。例如用于水环境质量评价的内梅罗指数、用于大气环境质量评价的格林大气指数、上海大气质量指数等。

(5) 景观生态学方法：通过空间结构和功能分析与稳定性分析，评价生态环境质量状况。

(6) 生态系统综合评价法：常用层次分析法（AHP 法），又称多层次权重分析决策法，是一种定性和定量结合的方法。

(7) 生物生产力评价法：用三个基本生物学参数（生物生长量、生物量和物种量）来表示，可评价生态环境质量及其变化趋势。

(8) 其他评价方法：多因子数量分析法、回归分析法、聚类分析法、相关分析法、系统分析法等。

生态环境评价方法正处于蓬勃发展的时期，新的方法还在不断出现，但不管采取什么方法，其可靠性最终取决于对生态环境的全面认识和深刻理解。获取可靠的资料数据，仔细分析生态环境的特点、本质和各要素之间的内在联系，是评价成功的关键。

2) 社会经济评价方法

社会经济评价的关键是选择评价的标准和指标化的方法。由于社会经济问题比较复杂，不易形成统一的看法，目前尚无统一评价标准，一般是根据研究对象和研究者所选择的总的战略目标，结合国内外相关指标体系来确定。

3) 环境质量评价方法

环境质量评价可分为单因子环境质量评价、单要素环境质量评价和区域环境质量综合评价。评价的方法很多，这里重点介绍指数评价方法，包括单因子指数评价、多因子指数评价和综合指数评价法等。

(1) 单因子指数评价

单因子指数评价模型的表达式为

$$I = \frac{P}{S} \tag{4-1}$$

式中，I 为单因子环境质量指数；P 为污染物在环境中的浓度（监测值）；S 为污染物的评价标准值（如环境质量标准值等）。

I 值的大小反映某污染物在环境中是否超标及超标的倍数。

(2) 多因子指数评价

多因子指数评价模型的表达式见表 4-2。

表 4-2 多因子环境指数评价模型

类　型	数学表达式	符号注释
代数叠加型	$I = \sum_{i=1}^{n} \frac{P_i}{S_i} = \sum_{i=1}^{n} I_i$	P_i—第 i 种污染物在环境中的浓度 S_i—第 i 种污染物的评价标准
均值型	$I = \frac{1}{n}\sum_{i=1}^{n} \frac{P_i}{S_i} = \frac{1}{n}\sum_{i=1}^{n} I_i$	I_i—第 i 种污染物环境质量指数

续表

类　　型	数学表达式	符号注释
加权型	$I=\sum_{i=1}^{n}W_iI_i$	W_i—第 i 种污染物的权重
加权平均型	$I=\frac{1}{n}\sum_{i=1}^{n}W_iI_i$	
突出极值型 1	$I=\sqrt{\max(I_i)\times\frac{1}{n}\sum_{i=1}^{n}W_iI_i}$	取分指数中极大值与平均值的几何平均值
突出极值型 2	$I=\sqrt{\frac{[\max(I_i)]^2+\left[\frac{1}{n}\sum_{i=1}^{n}W_iI_i\right]^2}{2}}$	取分指数中极大值平方与平均值平方的平均值的平方根
向量模型	$I=\left(\sum_{i=1}^{n}I_i^2\right)^{\frac{1}{2}}$	I_i—第 i 种污染物环境质量指数
均方根型	$I=\sqrt{\frac{1}{n}\sum_{i=1}^{n}I_i^2}$	
极值型	$I=\max(I_i)$	在所有分指数中取极大值

I 值的大小反映某环境要素（如大气、水、土壤等）质量的级别（如清洁、轻污染、中污染、重污染、极重污染等）。

（3）综合指数评价

综合指数评价模型的表达式为

$$Q=\sum_{k=1}^{1}W_kI_k \tag{4-2}$$

式中，Q 为多环境要素的综合评价指数；W_k 为第 k 个环境要素的权重；n 为参加评价的环境要素的数目。

Q 值的大小反映某个区域总的环境质量状况。

4）污染源评价方法

污染源的评价一般采用等标污染负荷法。某种污染物的等标污染负荷的定义为

$$P_{ij}=\frac{C_{ij}}{C_{0i}}Q_{ij} \tag{4-3}$$

式中，P_{ij} 为第 j 个污染源中第 i 种污染物的等标污染负荷；C_{ij} 为第 j 个污染源中第 i 种污染物的排放浓度；C_{0i} 为第 i 种污染物的评价标准（如排放浓度标准等）；Q_{ij} 为第 j 个污染源中第 i 种污染物的排放流量。

如果第 j 个污染源中有 n 种污染物参与评价，则该污染源的总等标污染负荷为

$$P_j=\sum_{i=1}^{n}\frac{C_{ij}}{C_{0i}}Q_{ij} \tag{4-4}$$

如果评价区域内有 m 个污染源含有第 i 种污染物，则该种污染物在评价区内的总等标负荷为

$$P_i = \sum_{j=1}^{m} \frac{C_{ij}}{C_{0i}} Q_{ij} \tag{4-5}$$

该地区的总等标负荷为

$$P = \sum_{i=1}^{n} P_i = \sum_{j=1}^{m} P_j \tag{4-6}$$

评价区内第 i 种污染物的等标负荷比 K_i 为

$$K_i = \frac{P_i}{P} \tag{4-7}$$

评价区内第 j 个污染源的等标负荷比 K_j 为

$$K_j = \frac{P_j}{P} \tag{4-8}$$

按照评价区内污染物的等标负荷比 K_i 排序，将累计百分比大于 80% 的污染物称为评价区内的主要污染物。同样，按照评价区内污染源的等标负荷比 K_j 排序，将累计百分比大于 80% 的污染源称为评价区内的主要污染源。

值得注意的是，利用等标污染负荷法处理容易造成一些毒性大、易于在环境中积累、但流量小的污染物无法列到主要污染物中去，因此，除了计算等标污染负荷外，还应根据污染物的理化性质、污染物在环境中的迁移转化规律及其危害性等进行全面分析和考虑，最后确定区域的主要污染物和主要污染源。

4.2 环境目标与指标体系

制定恰当的环境目标是环境规划与管理的关键，环境目标是环境战略的具体体现，是进行环境规划与管理的基本出发点和归宿。环境规划与管理的目的就是实现预定的环境目标。

4.2.1 环境目标

1. 概念

环境目标是环境规划与管理的核心内容，是对规划与管理对象未来某一阶段环境质量状况的发展方向和发展水平所作的规定。环境目标既不能过高，也不能过低，要做到经济上合理、技术上可行和社会上满意。只有这样，才能发挥环境目标对人类活动的指导作用。

环境目标应具有一般发展目标的共性，与经济社会发展目标相协调，并保证目标的可实施性和先进性。

2. 类型

环境目标有很多分类方法，表 4-3 是常见的环境目标分类。

表 4-3　环境目标分类

分类	项　　目	说　　明
按管理层次分	宏观目标	对规划区在规划期内应达到的环境目标总体上的规定
	详细目标	按照环境要素、功能区划对规划区在规划期内目标的具体规定
按规划内容分	环境质量目标	包括大气、水环境质量目标、噪声控制目标以及生态环境目标等
	环境污染总量控制目标	主要由工业或行业污染控制目标和城市环境综合整治目标构成
按规划目的分	环境污染控制目标	主要包括大气、水体、固体废物和噪声污染控制目标等
	生态保护目标	主要包括保护森林资源、草原资源、野生生物资源、矿产资源、土地资源和水资源等生态资源的规划目标等
	环境管理目标	包括组织、协调、监督等项管理目标，实施环境规划，执行各项环境法规以及环境保护的宣传、教育等项管理目标
按规划时间分	短期目标	(年度)目标准确、定量、具体，体现出很强的可操作性
	中期目标	(5～10 年)包含具体的定量目标，也包含定性目标
	长期目标	(10 年以上)主要是有战略意义的宏观要求
空间范围	包括国家、省区、县市各级环境目标，对特定的森林、草原、流域、海域和山区也可规定其相应目标。从总体上看，上一级环境目标是下一级环境目标的依据，而下一级则是上一级的基础	

3. 确定环境目标的原则

确定环境目标必须以规划区环境特征、性质和功能为基础，以经济、社会发展的战略思想为依据，满足人们生存发展对环境质量的基本要求为出发点，并符合现有技术经济条件，且可以时空分解和量化。

4. 确定环境目标的常用方法

(1) 定量环境目标：环境目标在确定过程中尽量使目标量化，并有具体的数量，表示环境质量要达到的程度或标准，可明确而具体表示环境目标，以利于管理、监督和实施。

(2) 定性环境目标：环境目标用定性的方式描述，无明确数量化的要求，只是用概要的语言描述对于环境质量的要求，能在较高视角表达目标，便于指导定量目标的确定，但可操作性较差。

(3) 半定量环境目标：环境目标介于定性与定量确定之间的方式，综合定量定性目标的优点，回避二者的弱点，适于一些模糊目标的确定。

5. 环境目标的可达性分析

经过调查、分析和预测，确定出环境目标后，还要对目标进行可达性分析，并及时反馈对目标进行修改完善，以使目标准确可行。通常包括环境保护投资分析、技术力量分析、污染负荷削减能力分析和其他分析等。

4.2.2　环境规划与管理的指标和类型

环境规划与管理的指标体系是指进行环境规划与管理的定量或半定量研究时所必需的数据指标总体，是直接反映环境现象以及相关的事物，并用来描述环境规划内容的总体数量和质量的特征值。

环境规划与管理指标类型主要包括：环境质量指标、污染物总量控制指标、环境污染治理水平和效益指标、排污费征收和使用情况指标以及其他相关指标。

1. 环境质量指标

表征自然环境要素（大气、水等）和生活环境（如安静）的质量状况，一般以环境质量标准为基本衡量尺度。

2. 污染物总量控制指标

（1）单位产品排污量：它反映经济和环境管理的综合水平。

（2）区域污染负荷：它反映了区域污染负荷的平均水平、环境管理水平，在一定程度上也反映了该区域的污染程度。

（3）污染物排放削减率或递增率：它是某污染物在规划期前后值的相对变化。

（4）物料耗用指数：它反映企业生产管理水平和潜在污染能力。

3. 环境污染治理水平和效益指标

（1）处理率：已处理的废水、废气量占需要处理的废水、废气量的百分比。

（2）达标率：达到排放标准的废水、废气量占需要处理的废水、废气量的百分比。

（3）综合利用率：综合利用的废物量占排放废物的百分比，反映了污染物回收利用水平及环境保护科学技术水平的发展状况。

（4）竣工率：规划期内已竣工投产的污染治理项目数占计划安排的污染治理项目总数的百分比，反映了污染治理计划的完成情况。

（5）"三同时"执行率：这是规划期内已严格执行"三同时"规定的新建、扩建、改建基本建设项目和技术改造项目数占应执行"三同时"规定的项目总数的百分比，反映了新污染源的控制情况。

4. 排污费征收和使用情况指标

主要包括排污费交纳单位数、排污收费情况、环境保护补助资金、交费单位变化率、环保补助资金使用率、环保仪器购置费占用率、万元投资污染物削减量等。

5. 其他相关指标

主要包括经济指标、社会指标和生态指标三类。

4.3 环境统计方法

环境统计是社会经济统计中一个重要组成部分，也是环境保护事业中的一项十分重要的基础工作。在环境管理中要作出正确的决策，编制合乎实际的规划和计划，搞好科学分析预测，以进行有效的环境监督和检查，必须掌握准确、丰富、灵通的环境统计信息。

环境统计是指对环境现象的各种信息进行收集、整理、分析和预测，并用数字反映和计量人类活动引起的环境变化以及环境变化对人类的影响。

我国的环境统计工作开始于1980年，国务院环境保护领导小组与国家统计局联合建立了环境保护统计制度，当时主要是针对工业污染物排放和治理方面的统计，涉及生态环境建设和保护统计的内容较少。1995 年 6 月 15 日，国家环保局颁布了《环境统计管理暂行办法》，这是关于环境统计的第一个法规性文件。30 多年来，我国环境统计工作不断取得新的进展，在环境规划与管理中发挥了服务作用。

4.3.1 环境统计的内容

环境统计是以环境为主要研究对象，研究范围涉及人类赖以生存与发展的全部环境条件，以及对自然环境产生影响的一切人类活动及其后果。因此，涉及多个行业和学科，是一项庞大复杂的系统工作。联合国统计司 1977 年提出，环境统计的范围包括土地、自然资源、能源、人类居住区和环境污染五个方面，但对各国的环境统计没有提出统一的指导意见。

具体来说，环境统计的研究内容如下：

(1) 环境污染与治理统计。如对区域大气、水、土壤等环境质量状况的统计，对污染物排放、治理和综合利用状况的统计等。

(2) 自然资源利用与保护统计。如对土地、矿产、能源、海洋、森林、草原及自然保护区的实有数量、利用程度、保护情况的统计，对生态环境破坏与建设情况的统计等。

(3) 人类居住区环境统计，反映人类健康、营养状况、劳动条件、居住条件、娱乐条件及公共设施等情况。

(4) 环境统计的基本理论与方法。主要研究统计方法在环境科学中的应用。

(5) 环境管理统计。如对环境法规的建设、行政管理制度的实施、环境经济手段的利用、宣传教育和科技措施等管理工作进行的统计。

(6) 环境系统自身建设统计。如对环保机构、人员、设备等基本情况的统计。

4.3.2 环境统计的工作程序

环境统计工作分为环境统计设计、环境统计调查、环境统计整理和环境统计分析几个步骤(见表 4-4)。

表 4-4 环境统计的工作程序

程　序	内　容
环境统计设计 (全过程规划)	明确研究目的及方向 设计统计方案，对人力、物力、财力作出安排
环境统计调查 (收集资料)	全面调查(报表制度、普查) 非全面调查(重点调查、典型调查、抽样调查)
环境统计整理 (加工资料)	统计表(把资料综合成统计表) 统计图(把资料综合成统计图) 整理成各种统计指数(综合指标、回归分析、指数、动态数列等)
环境统计分析 (分析资料)	描述性分析(利用指标数据说明问题) 推断性分析(各种推断、预测)

4.3.3 环境统计指标体系

环境指标体系是由一系列相互关联、相互制约的环境统计指标所构成的整体。我国现行的环境统计指标体系包括七个子系统：①工业污染与防治指标体系；②生活及其他污染与防治指标体系；③农业污染与防治指标体系；④环境污染治理投资指标体系；⑤自然生态环境保护指标体系；⑥环境管理指标体系；⑦环保系统自身建设指标体系(见图 4-1)。

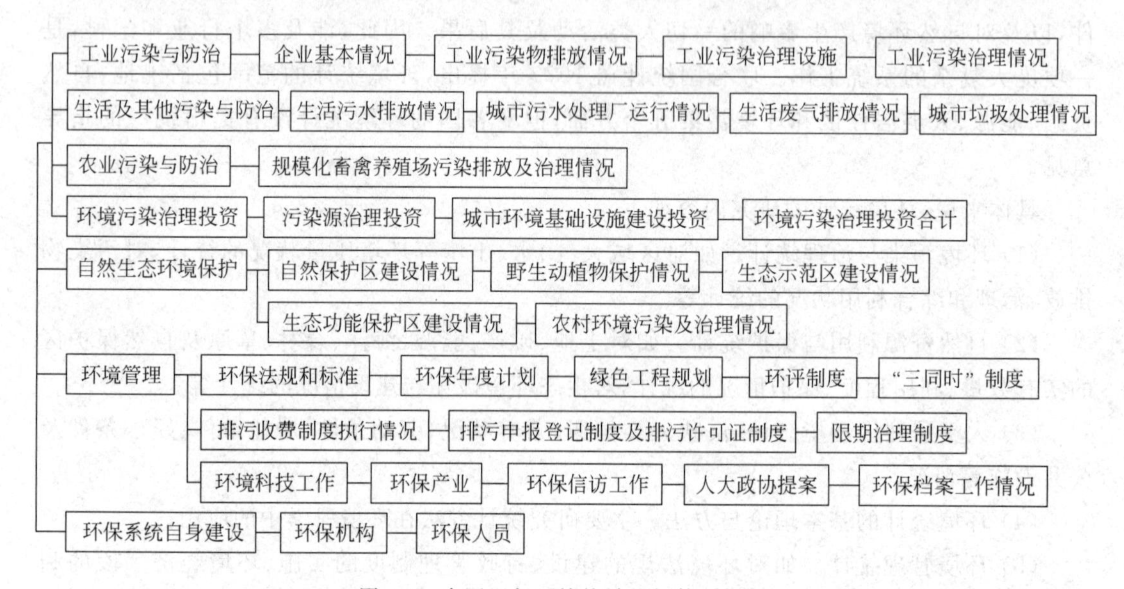

图 4-1 中国现行环境统计指标体系框架

4.3.4 环境统计的基本任务

(1) 向国家和各级政府及其环保部门提供全国和各地区的环境状况的数据资料和分析资料,为环境决策和管理提供科学依据。

(2) 依法公布国家和地方的环境状况公报和环境统计公报,提高环境保护的透明度,增加社会公众对环境状况和环境保护的了解,提高全民参与保护环境的意识。

(3) 系统地积累历年环境统计资料,并根据需要进行深度分析和开发,为环境规划和管理提供优质的信息咨询服务。

(4) 检查和监督环境保护计划的执行情况,以便于及时采取措施、加强管理。同时,依法对环境统计工作本身进行监督检查。

(5) 运用环境统计手段对各级政府及其环保部门进行环境保护工作的评价和考核,从而促进环境与经济的协调发展。

4.4 环境与社会经济预测方法

环境预测是依据调查和监测所得的历史资料,运用现代科学方法和手段估计和推测未来的环境状况和发展趋势,为提出防止环境进一步恶化和改善环境的对策提供依据。环境预测是制定环境规划目标和环境规划方案的重要依据，环境预测的科学性对于环境管理的科学性有着重要影响。环境预测主要包括：社会发展预测、经济发展预测、环境质量预测、环境治理和投资预测等。

4.4.1　社会发展预测

社会发展预测重点是人口预测，也包括一些其他社会因素的确定，如规划期内区域的人口总数、人口密度和人口分布等方面的发展变化，人们的可持续发展观念和环境意识等各种社会意识的发展变化，人们的生活水平、居住条件、消费倾向和对环境污染的承受能力等方面的变化等。

人口预测是指根据一个国家、一个地区现有人口状况及可以预测到的未来发展变化趋势，测算在未来某个时间人口的状况，是环境规划与管理的基本参数之一。进行人口预测，主要关心的是未来的人口总数。常见的预测模型见表 4-5。

表 4-5　常见的人口预测模型

项　目	公　式	备　注
算术级数法	$N_t=N_{t_0}+b(t-t_0)$	N_t—预测年的人口数量，万人 N_{t_0}—基准年的人口数量，万人 b—逐年人口增加数(即 t 变动一年 N_t 的增加数)，万人/a t,t_0—预测年和基准年，a K—人口自然增长率，是人口出生率与死亡率之差，常表示为人口每年净增的千分数
几何级数法	$N_t=N_{t_0}(1+K)^{(t-t_0)}$	
指数增长法	$N_t=N_{t_0}2.718^{K(t-t_0)}$	

4.4.2　经济发展预测

经济发展预测包括能源消耗预测、国民生产总值预测、工业总产值预测等。这里主要介绍国内生产总值(GDP)预测和能源消耗预测。

1. 国民生产总值(GDP)预测

国民生产总值(GDP)预测是经济预测的重要内容。国民生产总值是指一国所有常住单位在一定时期内所生产的最终物质产品和服务的价值总和。通过大量数据的回归分析，国内生产总值预测的常用经验模型形式是

$$GDP_t = GDP_0(1+a)^{t-t_0} \tag{4-9}$$

式中，GDP_t 为 t 年 GDP 数；GDP_0 为 t_0 年即预测起始年的 GDP 数；a 为 GDP 年增长速率，%。

规划期国民生产总值的平均年增长率是国民经济发展规划的主要指标。环境预测可直接用它来预测有关参数。

2. 能源消耗预测

能源计算主要包括原煤、原油、天然气三项。能源消耗指标和能源消耗预测方法见表 4-6 和表 4-7。

表 4-6 能源消耗指标

指标名称	说明
产品综合能耗	包括单位产值综合能耗(总耗能量和产品总产值的比值)和单位产量综合能耗(总耗能量和产品总产量的比值)
能源利用率	有效利用的能量和供给能量的比值
能源消费弹性系数	规划期内能源消耗量增长速度与年平均经济增长速度之间的比值,年平均经济增长速度,可采用工业总产值、工农业总产值、社会总产值或国民收入的增长速度等

表 4-7 能源消耗预测方法

方法名称	说明
人均能量消费法	按人民生活中衣食住行对能源的需求来估算生活用能的方法,我国平均每人每年 1.14t 标煤
能源消费弹性系数法	能源消费弹性系数 e 一般为 0.4～1.1,由国民经济增长速度,粗预测能耗的增长速度 $\beta=e\cdot\alpha$,其中 α 为工业产值增长速度,以此可进行规划期能耗预测 $E_t=E_0(1+\beta)^{(t-t_0)}$,其中 E_t 为预测年的能耗量,E_0 为基准年的能耗量,t,t_0 为预测年和基准年

目前,耗煤量的预测可分为民用耗煤量预测和工业耗煤量预测。民用耗煤预测可用下式表示:

$$E_S = A_S S \tag{4-10}$$

式中,E_S 为预测年采暖耗煤量,10^4 t/a; A_S 为采暖耗煤系数,t/m^2; S 为预测年采暖面积,m^2/a。

工业耗煤量预测方法有弹性系数法、回归分析法、灰色预测等几种常用的方法。以弹性系数法为例,设工业耗煤量平均增长率为 α,工业总产值平均增长率为 β,工业耗煤量弹性系数 C_E 可用下式表示:

$$C_E = \frac{\alpha}{\beta} = \frac{\left(\dfrac{E_t}{E_0}\right)^{\frac{1}{t-t_0}} - 1}{\left(\dfrac{M_t}{M_0}\right)^{\frac{1}{t-t_0}} - 1} \tag{4-11}$$

式中,E_t 为预测年的工业耗煤量,10^4 t/a; E_0 为基准年的工业耗煤量,10^4 t/a; M_t 为预测年的工业总产值,10^4 元/a; M_0 为基准年的工业总产值,10^4 元/a; t,t_0 为预测年和基准年,a。

4.4.3 环境质量预测

环境质量预测是预测各类污染物在大气、水体等环境要素中的总量、浓度以及分布的变化,预测可能出现的新污染物种类和数量,预测规划期内由环境污染可能造成的各种社会和经济损失。

1. 污染物排放量的估算

污染物排放量的确定是环境质量预测的基础。在生产过程中排放的污染物来源于原材料、产品的流失及副产品的排放等方面，可以通过物料衡算来推算污染物的排放量和排放浓度，也可以通过实测法、排放系数法和类推法求得污染物的排放量。

1）物料衡算法

根据物质不灭定律，某种产品生产过程中投入一种物料 i 的总量 M_i，等于经过工艺过程进入产品中的量 P_i、回收的量 R_i、转化为副产品的量 B_i 以及进入废水、废气、废渣中成为污染物的量 W_i 之和。即

$$M_i = P_i + R_i + B_i + W_i \tag{4-12}$$

通过对工艺过程中物料衡算或对生产过程进行实测，可以确定每一项的量。如果该产品的产量为 G，则可以求出单位产量的投料量 m_i 和单位产品的排污量 w_i：

$$m_i = \frac{M_i}{G} \tag{4-13}$$

$$w_i = \frac{W_i}{G} \tag{4-14}$$

单位产品的总排污量是进入废水（w_{iw}）、废气（w_{ia}）和废渣（w_{is}）中的该物料的总和，即

$$w_i = w_{iw} + w_{ia} + w_{is} \tag{4-15}$$

如果废水、废气、废渣经过一定的处理后排放，其处理过程的去除率分别为 η_w、η_a 和 η_s，则生产单位产品排入环境中的该污染物量为

$$d_{iw} = (1-\eta_w)w_{iw} + (1-\eta_a)w_{ia} + (1-\eta_s)w_{is} \tag{4-16}$$

许多产品生产的工艺规程中规定了原料-成品的转化率、原料副产品的转化率以及单位产品的排污量等指标，可以依据这些定额推算污染物的排放量。

2）排放系数法

排放系数法有三类：单位产品基、单位产值基和单位原料基。已知某行业的某种产品的产量、产值或原材料消耗量，将其乘以相应的排污系数便可求得污染物的排放量，即

$$D_i = M_{ip}G_i \tag{4-17}$$

$$D_i = M_{im}Y_i \tag{4-18}$$

$$D_i = M_{ir}R_i \tag{4-19}$$

式中，D_i 为 i 污染物的排放量(kg/a)；M_{ip}、M_{im}、M_{ir} 分别为单位产品的排污系数(kg/t)、万元产值的排污系数(kg/万元)和单位原料消耗的排污系数(kg/t)。G_i、Y_i、R_i 分别为产品年产量(t/a)、年总产值(万元/a)和原材料年消耗量(t/a)。

3）实测法

实测法就是按照监测规范，连续或间断采样，分析测定工厂或车间外排的废水和废气的量和浓度。污染物排放量按下述公式计算：

$$d_{iw} = c_{iw} \cdot Q_{iw} \times 10^{-6} \tag{4-20}$$

$$d_{ia} = c_{ia} \cdot Q_{ia} \times 10^{-9} \tag{4-21}$$

式中，d_{iw}，d_{ia} 分别为水污染物、大气污染物的排放量，t/a；c_{iw}，c_{ia} 分别为水污染物、大气污染物浓度，mg/L，mg/m^3；Q_{iw}，Q_{ia} 分别为废水、废气排放量，m^3/a。

4）燃烧过程主要污染物的计算

我国的能源构成中，煤占68%，而且以煤为主的能源结构在短期内不会改变，煤燃烧会产生大量烟尘、二氧化硫等污染物，是造成大气污染的重要因素，也是环境质量预测中污染物排放量计算的重要内容。

(1) 二氧化硫排放量的计算

煤中的硫有三种赋存状态：有机硫、硫铁矿和硫酸盐。煤燃烧时，只有有机硫和硫铁矿中的硫可以转化为二氧化硫，硫酸盐则以灰分的形式进入灰渣中。一般情况下，可燃硫占全硫量的80%左右。燃煤产生的二氧化硫的计算公式如下：

$$G = B \times S \times 80\% \times 2 \qquad (4\text{-}22)$$

式中，G 为二氧化硫的产生量，kg；B 为燃煤量，kg；S 为煤的含硫量，%。

(2) 燃煤烟尘排放量的计算

燃煤烟尘包括黑烟和飞灰两部分，黑烟是未完全燃烧的炭粒，飞灰是烟气中不可燃烧的矿物微粒，是煤的灰分的一部分，烟尘的排放量与炉型和燃烧状况有关，燃烧越不完全，烟气中的黑烟浓度越大，飞灰的量与煤的灰分和炉型有关。一般根据耗煤量、煤的灰分和除尘效率来计算燃煤产生的烟尘量：

$$G_{烟尘} = B \times A \times \mathrm{df} \times (1-\eta) \qquad (4\text{-}23)$$

式中，$G_{烟尘}$ 为烟尘排放量，kg；B 为燃煤量，kg；A 为煤的灰分含量，%；df 为烟气中烟尘占灰分量的百分数，%，与燃烧方式有关(见表4-8)；η 为除尘器的总效率，%。

表4-8 不同炉型的烟气中烟尘占灰分量的百分数(df值)

炉型	df值/%	炉型	df值/%
手烧炉	15～20	煤粉炉	70～80
链条炉	15～20	往复炉	15～20
抛煤炉	20～40	化铁炉	25～35
沸腾炉	40～60		

各种除尘器的效率不同，可参照有关除尘器的说明书。如安装了2级除尘器，则除尘器系统的总效率为

$$\eta = 1-(1-\eta_1)(1-\eta_2) \qquad (4\text{-}24)$$

式中，η_1 为一级除尘器的除尘效率，%；η_2 为二级除尘器的除尘效率，%。

2. 大气环境质量预测

大气环境质量预测是为了了解未来一定时期的经济、社会活动对大气环境带来的影响，以便采取改善大气环境质量的措施。其主要内容是预测大气环境中污染物的含量，常用方法有箱式模型法、高斯模型法、线源扩散模式法、面源扩散模式法和总悬浮微粒扩散模式法等。表4-9列出了常用预测模型。具体内容可参阅《环境影响评价技术导则》大气环境(HJ/T 2.2—1993)。

表 4-9　常用大气环境质量预测模型

模型名称	模型公式	说　明
箱式模型	$\rho_B=\rho_{B0}+\dfrac{Q}{\bar{u}\,lH'}$	ρ_B—预测区大气污染物浓度，mg/m^3； ρ_{B0}—预测区大气污染物浓度背景值，mg/m^3； Q—源强，t/a； l—箱体长度，m； H'—预测区混合层高度，m； $\bar{u}$—平均风速，m/s； H—有效源高，m； σ_y，σ_z—污染物在 y，z 方向的标准差，m； Q_L—线源源强，[g/(m·s)]； θ—无线长线源与风向夹角角度，(°)； x—预测点距污染源距离，m； x_0—构建虚拟点源距污染源距离，m； α—反射系数； v_g—粒子沉降速度，m/s
高斯模型法：高架连续点源高斯扩散模式	$\rho_B(x,y,z)=\dfrac{Q}{2\pi\bar{u}\sigma_y\sigma_z}\exp\left(-\dfrac{y^2}{2\sigma_y^2}\right)\times\left\{\exp\left[-\dfrac{(z-\mathrm{He})^2}{2\sigma_z^2}\right]+\exp\left[-\dfrac{(z+\mathrm{He})^2}{2\sigma_z^2}\right]\right\}$	
高斯模型法：高架连续点源地面浓度的高斯扩散模式	$\rho_B(x,y,0)=\dfrac{Q}{\pi\bar{u}\sigma_y\sigma_z}\exp\left(-\dfrac{y^2}{2\sigma_y^2}\right)\exp\left(-\dfrac{\mathrm{He}^2}{2\sigma_z^2}\right)$	
高斯模型法：高架连续点源地面轴线浓度的高斯扩散模式	$\rho_B(x,0,0)=\dfrac{Q}{\pi\bar{u}\sigma_y\sigma_z}\exp\left(-\dfrac{\mathrm{He}^2}{2\sigma_z^2}\right)$	
高斯模型法：高架连续点源地面轴线最大浓度模式	$\rho_{B,\max}=\dfrac{2Q}{\pi\bar{u}\mathrm{He}^2}\cdot\dfrac{\sigma_z}{\sigma_y},\sigma_z\mid_{x=x_{\rho_{B,\max}}}=\dfrac{\mathrm{He}}{\sqrt{2}}$	
线源扩散模式	$\rho_B=\dfrac{\sqrt{2}Q_L}{\sqrt{\pi}\bar{u}\sigma_z\sin\theta}\exp\left(-\dfrac{\mathrm{He}^2}{2\sigma_z^2}\right)$ （风向与线源不垂直，$\theta>45°$） $\rho_B=\dfrac{\sqrt{2}Q_L}{\sqrt{\pi}\bar{u}\sigma_z}\exp\left(-\dfrac{\mathrm{He}^2}{2\sigma_z^2}\right)$（风向与线源垂直）	
面源扩散模式	$\rho_B=\dfrac{\sqrt{2}Q}{\sqrt{\pi}\bar{u}\sigma_z}\cdot\dfrac{1}{\frac{\pi}{8}(x+x_0)}\exp\left(-\dfrac{\mathrm{He}^2}{2\sigma_z^2}\right)$	
总悬浮微粒扩散模式	$\rho_B=\dfrac{Q(1+\alpha)}{2\pi\bar{u}\sigma_y\sigma_z}\exp\left(-\dfrac{y^2}{2\sigma_y^2}\right)\exp\left[-\dfrac{\left(\mathrm{He}-\dfrac{v_g x}{\bar{u}}\right)^2}{2\sigma_z^2}\right]$	

3. 水环境质量预测

水环境质量预测最基本的问题就是要找出污染排放变化与水体控制点处主要污染物含量水平的相关关系，以此预测区域（或城市）由于实施经济、社会发展规划而产生的环境影响。

可选用或建立水质模型，如河流模型，河口、湖泊水库模型等均是进行水质预测最常采用的方法。表 4-10 列出了部分常用预测模型。其他预测模型可参阅《环境影响评价技术导则》地面水环境(HJ/T 2.3—1993)。

表 4-10 部分常用水环境质量预测模型

模型名称	模型公式	说明
完全混合的河流水质预测方法	$\rho_B=\frac{(1-k_1)(q_{v0}\rho_{B0}+q_v\rho_{Bi})}{q_{v0}+q_v}$	ρ_B—河流下游断面污染物浓度,mg/L; q_{v0}—河流上流断面河水流量,m^3/s; ρ_{B0}—河流上流断面污染物浓度,mg/L; ρ_{Bi}—流入废水中的污染物浓度,mg/L; q_v—废水流量,m^3/s; k_1—污染物削减综合系数,可由上、下断面水质监测资料反求,若不考虑污染物的削减量时,$k_1=0$; $\rho_{B,\max}$—河流断面污染物最大可能浓度,mg/L; x—计算断面与排污口的距离,m; α—系数; ϕ—河道弯曲系数; l—河道的实际长度,m; l_0—计算断面与排污口的直线距离,m; D—扩散系数; g—重力加速度,m/s^2; h—河水的平均深度,m; v—河流断面平均流速,m/s; S—谢才系数; m_b—布辛淀斯克系数,一般取 $22.3m/s^2$; θ—废水在湖水中的稀释扩散角度,在岸边排放时为180°,在湖心排放时为360°; H—废水扩散区在湖水中的平均深度,m; r—预测点距排放口的距离,m; k_2—污染物自净系数;
一维河流水质模型	$\rho_{B,\max}=\rho_B+(\rho_{Bi}-\rho_B)\exp(-\alpha x^{\frac{1}{3}})$ $\alpha=\phi\xi\left(\frac{D}{q_v}\right)^{\frac{1}{3}}$ $\phi=\frac{l}{l_0}$ $D=\frac{ghv}{2m_bS}$	
湖泊水质预测模型	$\rho_B=\rho_{B0}\exp\left(-\frac{k_2\theta H}{2q_v}r^2\right)$	
单一河段 S-P 模型	$\begin{cases}L=L_0\exp(-K_dt)\\O=O_s-\frac{K_dL_0}{K_a-K_d}[\exp(-K_dt)\\\quad-\exp(-K_at)]-D_0\exp(-K_at)\end{cases}$	L—河水中的 BOD_5 浓度,mg/L; L_0—河流起始点的 BOD_5 浓度;mg/L; K_d—河水中 BOD_5 衰减(耗氧)速率常数;d^{-1}; K_a—河流复氧速率常数;d^{-1}; t—时间,s; O_s 为河水中的饱和溶解氧浓度,mg/L; O 为河水中的溶解氧浓度,mg/L; $D=O_s-O$,称为"氧亏"(与饱和溶解氧相比所缺的氧); 该模型的初始条件为:$t=0,L=L_0,D=D_0$

续表

模型名称	模型公式	说　明
多河段 BOD_5 模型	$$L_{2i}=\frac{L_{2,i-1}\alpha_{i-1}(q_{v1i}-q_{v3i})}{q_{v2i}}+\frac{q_{ui}}{q_{v2i}}L_i$$ 其中： $q_{v2i}=q_{v1i}+q_{ui}-q_{v3i}$ $q_{v1i}=q_{v2,i}-1$ $L_{2i}q_{v2i}=L_{1i}(q_{v1i}-q_{v3i})+L_iq_{ui}$ $L_{1i}=\alpha_{i-1}L_{2,i-1}$ $\alpha_i=e^{-k_{1i}\cdot t_i}$	q_{ui}—第 i 断面进入河流的污水(或支流)的流量，m^3/s； q_{v1i}—由上游进入第 i 断面的流量，m^3/s； q_{v2i}—由断面 i 输出到下游的河水流量，m^3/s； q_{v3i}—在断面 i 处的河水取水量，m^3/s； L_i—在断面 i 处进入河流的污水或支流的 BOD_5 的浓度，mg/L； K_{1i}—断面 i 处空气的再氧化速率常数，l/d； L_{1i}—由上游进入断面 i 河水的 BOD_5 和 DO 的浓度，mg/L； L_{2i}—由断面 i 向下游输出的河水的 BOD_5 和 DO 的浓度，mg/L； t_i—断面 i 下游河段的流行时间，d
多河段 DO 模型	$L_2=UL+m$ $O_2=VL+n$	每输入一组污水的 BOD_5(L)值，就可以获得一组对应的河流 BOD_5 值和 DO 值(L_2 和 O_2)。由于 U 和 V 反映了这种因果变换关系，因此称 U 为河流 BOD_5 稳态响应矩阵，V 为河流 DO 稳态响应矩阵

4. 固体废物环境质量影响预测

固体废物对环境影响是多方面的，对这类预测问题，一般包括工业固体废物产生量、城市垃圾产生量及固体废物环境影响预测等内容。表 4-11 列出了部分固体废物常用预测模型。固体废物环境影响预测可采用大气、水影响预测模型，以及因果关系分析法等。

表 4-11　部分固体废物常用预测模型

模型名称		模型公式	说　明
工业固体废物产生量预测	系数预测法	$W=P\cdot S$	W—预测固体废物年排放量，10^4 t/a； P—固体废物排放系数，t/t(产品)； S—预测的产品年产量，10^4 t/a
	回归分析法	$y=bx+a$	根据固体废物产生量与产品产量或工业产值的关系，可建立一元回归模型；若固体废物产生量受多种因素影响，还可建立多元回归模型进行预测
城市生活垃圾产生量预测	系数预测法	$W_生=0.365f_生\cdot N$	$W_生$—预测城市垃圾年产生总量，10^4 t/a； $f_生$—排放系数，kg/(人·天)； N—预测年人口总数，万人

5. 土壤环境质量预测

土壤环境质量预测是以土壤环境质量现状为基础，通过对土壤污染和土壤退化机理研究,建立土壤污染和土壤退化与其影响因素之间的定量因果联系,通过演绎或归纳获得其内在规律,然后对未来的土壤环境质量进行估计。土壤环境质量预测包括土壤污染预测、土壤退化预测和土壤破坏预测。

1）土壤污染预测

土壤污染预测就是根据土壤污染现状和污染物在土壤中的迁移转化规律,选用相应的数学模型,计算未来污染物在土壤中的累积量和残留量,预测其污染状况、程度和变化趋势,提出控制和消除污染的措施。

污染物进入土壤后,在土壤性质、环境条件和自身地球化学特点的综合影响下发生着迁移和转化。不同的污染物,迁移转化特征不同。一些污染物活动性大,随着流水渗漏,进入地下水或其他水域中,如无机低价的阴、阳离子和易溶的有机酸、农药等有机成分；一些挥发性较大的污染物,如挥发性农药和汞等以气态形式迁移,不仅污染土壤系统,也会对大气、水体产生影响；一些污染物在土壤环境中不能降解或很难降解,长期保留在土壤环境中,具有积累性,对土壤系统的危害极大,如重金属和难降解的有机污染物。

(1) 重金属在土壤环境中的累积

通过各种途径进入土壤环境的重金属,由于土壤的吸附、络合、沉淀和截留作用,绝大多数残留、累积在土壤中。根据土壤重金属的输入、累积特点,污染物在土壤中的年累积量可表示为

$$W = K(B+R) \tag{4-25}$$

式中,W 为重金属污染物在土壤中的年累积量,mg/kg；B 为区域土壤背景值,mg/kg；R 为土壤重金属污染物年输入量,mg/(kg·a)；K 为土壤重金属污染物年残留率,%。

n 年后土壤重金属的累积量为

$$\begin{aligned} W_n &= K_n K_{n-1}\{\cdots K_2[K_1(B+R_1)+R_2]+\cdots+R_n\} \\ &= B\cdot K_1\cdot K_2\cdots K_n + R_1\cdot K_1\cdot K_2\cdots K_n + R_2\cdot K_2\cdot K_3\cdots K_n+\cdots+R_nK_n \end{aligned} \tag{4-26}$$

当 $K_1=K_2=\cdots=K_n=K$,$R_1=R_2=\cdots=R_n=R$ 时,

$$W_n = BK^n + \frac{RK(1-K^n)}{1-K} \tag{4-27}$$

不同地区,土壤的特性不同,K 值也不同。可根据盆栽实验和小区模拟实验求得相对准确的 K 值。

(2) 土壤中农药残留模式

农药进入土壤后,在各种因素的作用下发生降解或转化,其最终残留量可按下式计算:

$$R = C\mathrm{e}^{-kt} \tag{4-28}$$

式中,R 为农药残留量,mg/kg；C 为农药施用量,mg/kg；k 为常数；t 为农药施用年数。

从式(4-28)可以看出,连续施用农药,土壤中的农药累积量会不断增加,但是不会无限制的增加。当土壤中农药累积量达到一定数值后便趋于平衡。

设一次施用农药后土壤中农药的浓度为 C_0,一年后的残留量为 C_1,则农药残留率为

$$f = \frac{C_1}{C_0} \tag{4-29}$$

如果每年一次连续施用农药,农药在土壤中数年后的残留量为

$$R_n = (1 + f + f^2 + f^3 + \cdots + f^{n-1})C_0 \tag{4-30}$$

式中,R_n 为残留总量,mg/kg; f 为残留率,%; C_0 为一次施用农药后在土壤中的浓度,mg/kg; n 为连续施用农药的年数。

当 $n \to \infty$ 时,则

$$R_a = \frac{1}{1-f}C_0 \tag{4-31}$$

式中,R_a 为农药在土壤中达到平衡时的残留量。

(3) 土壤环境容量计算

土壤环境容量是指土壤受纳污染物而不会产生明显不良生态效应的最大数量,是土壤环境承载能力的反映。土壤环境容量的表达式为

$$Q = (C_R - B) \times 2250 \tag{4-32}$$

式中,Q 为土壤环境容量,g/hm²; C_R 为土壤临界含量,mg/kg; B 为区域土壤背景值,mg/kg; 2250 为每公顷土地耕作层土壤质量,t/hm²。

由环境容量公式可以看出,土壤环境容量与区域土壤环境背景值和土壤临界含量密切相关。当区域土壤环境背景值确定以后,判定适宜的土壤临界含量至关重要。

根据土壤环境容量、土壤环境污染物的现状含量和土壤污染物的平均年输入量,可求出土壤达到重度污染时的年限。同时,土壤环境容量可作为土壤环境污染的总量控制依据。

(4) 土壤污染预测

土壤污染物的累积和污染趋势预测步骤为:

① 计算土壤污染物的输入量:土壤污染物的输入量取决于评价区已有污染物和建设项目新增污染物。其计算应在对污染源调查的基础上,根据工程分析、大气和水专题评价资料核算污染物输入土壤的数量。

② 计算污染物的输出量:输出量的计算应考虑土壤侵蚀输出量、作物吸收输出量、降水淋溶输出量和生物降解、转化输出量。

③ 计算土壤污染物的残留率:土壤污染物输出途径的复杂性决定了土壤污染物残留率的直接计算很困难,一般通过盆栽试验或与评价区相似条件区域或地块的模拟实验求取污染物通过输出途径后的残留率。

④ 预测土壤污染趋势:通过土壤中污染物的输入量与输出量对比,或根据土壤中污染物输入量与残留率的乘积说明土壤污染的状况和污染程度。通过污染物的输入量与土壤环境容量对比,说明土壤污染物的积累和趋势。

2) 土壤退化趋势预测

土壤退化预测主要是对建设项目对土壤退化现象的发生、发展速率及其危害的预测,包括土壤沙化预测、土壤侵蚀预测、土壤酸化预测、土壤盐渍化预测。预测方法为类比法和模型估算法。

(1) 土壤侵蚀预测

目前,土壤侵蚀模型很多,其中最常用的为 Wischmeier 和 Smith 提出的通用方程,它是以土壤侵蚀理论和大量实际观测资料的统计分析为基础的经验模型:

$$A = R \cdot K \cdot L \cdot S \cdot C \cdot P \tag{4-33}$$

式中,A 为土壤侵蚀量,$t/(hm^2 \cdot a)$; R 为降雨侵蚀力指数; K 为土壤可侵蚀性系数,$t/(hm^2 \cdot a)$; L 为坡长; S 为坡度; C 为耕种管理因素; P 为土壤保持措施因素。

其中 R 等于预测期内全部降雨侵蚀指数的总和。

对于一次暴雨:

$$R = \sum \frac{2.29 + 1.15\lg x_i}{D_i} I \tag{4-34}$$

式中,i 为降雨过程中的时间历时,h; D_i 为历时 i 的降雨量,mm; I 为暴雨中强度最大的30min 的降雨强度,mm/h; x_i 为降雨强度,mm/h。

对于一年的降雨,可按 Wischmeier 的经验公式计算:

$$R = \sum_{i=1}^{12} 1.735 \times 10^{1.5\lg(0.8188P_i^2/P)} \tag{4-35}$$

式中,P 为年降雨量,mm; P_i 为各月平均降雨量,mm。

土壤侵蚀系数(K)被定义在长 22.13m、坡度 9%、经过多年连续种植的休耕地上每单位降雨系数的侵蚀率,反映了土壤对侵蚀的敏感性和降水所产生的径流量与径流速率的大小。不同性质的土壤,K 值不同。表 4-12 给出了一般土壤侵蚀系数的平均值。

表 4-12 土壤侵蚀系数的平均值

土壤类型	有机质含量		
	<0.5%	2%	4%
砂	0.05	0.03	0.02
细砂	0.16	0.14	0.10
特细砂土	0.42	0.36	0.28
壤性砂土	0.12	0.10	0.08
壤性细砂土	0.24	0.20	0.16
壤性特细砂土	0.44	0.38	0.30
砂壤土	0.27	0.24	0.19
细砂壤土	0.35	0.30	0.24
很细砂壤土	0.47	0.41	0.33
壤土	0.38	0.34	0.24
粉砂壤土	0.48	0.42	0.33
粉砂	0.60	0.52	0.42
砂性粘壤土	0.27	0.25	0.21
粘壤土	0.28	0.25	0.21
粉砂粘壤土	0.37	0.32	0.26
砂性粘土	0.14	0.13	0.12
粉砂粘土	0.25	0.23	0.19
粘土		0.13	0.29

注:根据美国农业部"Control of Water pollution from Cropland"。

耕种管理系数(C)也称植被覆盖因子或作物种植系数,反映了地表覆盖对土壤侵蚀的影响。不同的植被类型对土壤侵蚀的影响见表 4-13。

表 4-13　地面不同植被的 C 值表

植　被	地面覆盖率/%					
	0	20	40	60	80	100
草地	0.45	0.24	0.15	0.09	0.043	0.011
灌木	0.40	0.22	0.14	0.085	0.040	0.011
乔灌混合	0.39	0.20	0.11	0.06	0.027	0.007
茂密森林	0.10	0.08	0.08	0.02	0.004	0.001

实际侵蚀控制系数也称水土保持因子，用以说明不同的土地管理技术和水土保持措施对土壤侵蚀的影响(见表 4-14)。

表 4-14　实际侵蚀控制系数

实际情况	土地坡度	P
无措施	1.1～2.0	1.00
等高耕作	2.1～7	0.60
	7.1～12	0.50
	12.1～18	0.60
	18.1～24	0.80
带状间作	1.1～2.0	0.45
	2.1～7	0.40
	7.1～12	0.45
	12.1～18	0.60
	18.1～24	0.70
隔坡梯田	1.1～2.0	0.45
	2.1～7	0.40
	7.1～12	0.45
	12.1～18	0.60
	18.1～24	0.70
直接耕作		1.00

坡长与坡度用于说明地形因素对土壤侵蚀的影响，二者的乘积称为地形因子。坡长是指开始发生径流的一点到坡度下降至泥沙开始沉积或径流进入水道之间的长度。地形因子的计算公式为

$$r = \left(\frac{L}{221}\right)^M (65\sin^2 S + 4.56\sin S + 0.065) \tag{4-36}$$

式中，r 为地形因子；L 为坡长；S 为坡度；M 为与坡度有关的常数，当 $\sin S > 5\%$ 时，$M=0.5$；$\sin S = 5\%$ 时，$M=0.4$；$\sin S = 3.5\%$ 时，$M=0.3$；$\sin S < 1\%$ 时，$M=0.1$。

土壤通用侵蚀方程适用于土壤侵蚀、面蚀和细沟侵蚀量的预测。对于给定的区域或土壤，R、K、L、S 是常数，可根据土壤通用侵蚀公式预测工程前后侵蚀速率的变化：

$$A_1 = \frac{C_1 P_1}{C_0 P_0} A_0 \tag{4-37}$$

式中，A_0、A_1 分别为工程前后的侵蚀速率；C_0、C_1 分别为工程前后的耕种管理因子；P_0、P_1 分别为工程前后的土壤保持措施因子。

土壤侵蚀预测除了预测土壤侵蚀量和侵蚀速率外，还应对区域土壤环境质量退化的影响，如土层变薄、肥力下降、结构变化以及沉积区土壤形状的变化进行研究。

(2) 土壤盐碱化预测

土壤盐碱化是指人类在农业生产过程中，由于灌溉和农业措施不当引起的土壤盐化和碱化的总称，也称为次生盐碱化。

土壤盐碱化预测常用的方法是美国盐渍土实验室提出的钠吸收比(SAR)法。钠吸收比可用下式计算：

$$SAR = \frac{Na^+}{\sqrt{\dfrac{Ca^{2+} + Mg^{2+}}{2}}} \tag{4-38}$$

式中，Na^+ 为钠离子浓度，$meq \cdot L^{-1}$；Ca^{2+} 为钙离子浓度，$meq \cdot L^{-1}$；Mg^{2+} 为镁离子浓度，$meq \cdot L^{-1}$。

可以根据钠吸收比划分水质等级。当土壤溶液的导电率为 10mS/m 时，SAR 值在 0～10 之间为低钠水，可用于灌溉各种土壤而不发生盐碱化；SAR 值在 10～18 之间为中钠水，对具有高阳离子交换量的细质土壤会造成盐碱化；SAR 在 18～26 之间为高钠水，对大多数土壤都可造成盐碱化；SAR 在 26～30 之间为极高钠水，一般不适用于灌溉。

如果土壤溶液的电导率大于 5mS/m 时，SAR 在 0～6 间为低钠水；在 6～10 之间为中钠水；在 10～18 之间为高钠水；大于 18 为极高钠水。

(3) 土壤酸化预测

土壤酸化有自然酸化和人类活动影响下的酸化两种。自然酸化过程是在土壤物质转化过程中，产生各种酸性和碱性物质，使土壤溶液中含有一定数量的 H^+ 和 OH^-，二者的浓度决定了土壤溶液的酸碱性。按土壤溶液 pH 值大小可把土壤分为 9 级，见表 4-15。

表 4-15 土壤酸碱度分级

pH	酸碱度分级	pH	酸碱度分级
<4.5	极强酸性	7.0～7.5	弱碱性
4.5～5.5	强酸性	7.5～8.5	碱性
5.5～6.0	酸性	8.5～9.5	强碱性
6.0～6.5	弱酸性	>9.5	极强碱性
6.5～7.0	中性		

引自李天杰等《土壤环境化学》。

人类活动影响下的酸化主要是人类活动产生的酸性物质进入土壤引起的。如人类活动向大气中排放酸性物质，经过酸沉降回到地面，引起土壤酸化。有些工业项目在生产过程中排放大量酸性废水，通过灌溉进入土壤，引起土壤酸化。

土壤酸化有很多不良后果，如土壤酸化可使某些重金属离子的活性增强，某些毒性阳离子的毒性增加。土壤酸化使土壤对钾、铵、钙、镁等养分离子的吸附能力显著降低，导致这些养分随水流失。

土壤酸化的预测目前还处于探索阶段。预测土壤酸化需要考虑以下一些问题。

要掌握开发项目排放到大气中酸性物质的浓度、总量、酸性污染物的时空分布及其在大气中的迁移转化规律。要掌握规划区的气象条件，如降水量、降水的时空分布等。了解外区域输送到规划区的污染物浓度、总量等。要进行土壤对酸性物质缓冲能力的模拟实验，还要进行酸性水淋滤土壤的模拟实验，以便建立数学模型，进行土壤酸化趋势预测。

(4) 土壤沙化预测

土壤沙化是目前人类面临的主要环境问题之一。由于人类对自然的不合理的开发利用，已导致土壤沙化的迅速蔓延。

目前，对土地沙化的预测可采用下面的公式：

$$D = A(1+R)^n \tag{4-39}$$

式中，D 为未来土地沙化面积预测值；R 为年平均增长率；A 为目前沙漠化土地面积；n 为从目前至所预测时期的年限。

其中，年平均增长率：

$$R = \left[n\left(\frac{Q_2}{Q_1}\right)^{\frac{1}{2}} - 1\right] \times 100\% \tag{4-40}$$

式中，Q_1 为某年航空照片上沙漠化土地面积占某地区面积的百分比；Q_2 为若干年后航空照片上沙漠化土地面积占该地区面积的百分比；n 为两期照片间隔的年限。

3) 土壤破坏预测

土壤资源的破坏和损失与人类活动密切相关。开发建设项目的实施不可避免地占用、破坏、淹没一部分土地；一些生态脆弱地区的建设项目所引起的极度土壤侵蚀也会造成一些土地因土壤过度流失丧失了原有的功能而被废弃；极为严重的土壤污染也会使土壤丧失生产功能，使土壤总量减少。

土地利用现状能较全面地反映土壤环境质量。在土壤环境质量评价中，常常把土地利用类型的变化作为预测指标，通过调查耕地面积、园地面积、林地面积、草地面积、城镇用地面积、交通用地面积、水域面积以及未利用土地面积的大小及其变化，来推测土壤资源的破坏和损失情况。

土壤破坏与损失的预测内容包括占用、淹没、破坏土地资源的面积；因表层土壤过度侵蚀造成的土地废弃面积；地貌改变而损失和破坏的土地面积，如地表塌陷、沟谷堆填等；因严重污染而废弃或改为它用的耕地面积。

6. 噪声环境质量预测

噪声环境质量预测是为了了解未来一定时期的人类活动对噪声环境质量带来的影响，以便采取措施，避免不良噪声的污染。其主要内容是预测受声点(噪声敏感点)的噪声水平变化情况。各受声点的噪声预测值为背景噪声值与新增噪声值的叠加。

(1) 工矿企业噪声预测模型

$$L_{Pn} = L_{Wi} - \mathrm{TL} + 10\lg\left(\frac{Q}{4\pi r_{ni}^2}\right) - M\frac{r_{ni}}{100} \tag{4-41}$$

式中，L_{Pn} 为第 n 个受声点的声级，dB(A)；L_{Wi} 为第 i 个噪声源的声功率级，dB(A)；TL 为厂房维护结构的隔声量，dB(A)；r_{ni} 为第 i 个噪声源到第 n 个受声点的距离，m；Q 为声源指向性因数；M 为声波在大气中的衰减值，dB(A)/100m。

(2) 铁路噪声预测模型

铁路环境噪声的预测还没有成熟的模型，目前比较常用的有比例预测法和模型预测法两种。

① 比例预测法

该方法主要是针对扩建工程，以现状监测数据为基础进行预测：

$$L_{eq2} = L_{eq1} + 10\lg\frac{N_2 L_2}{N_1 L_1} + \Delta L \tag{4-42}$$

式中，L_{eq1}为扩建前某预测点的等效声级，dB(A)；L_{eq2}为扩建后某预测点的等效声级，dB(A)；N_1为扩建前列车通过次数；N_2为扩建后列车通过次数；L_1为扩建前列车平均长度，m；L_2为扩建后列车平均长度，m；ΔL为因铁路状况或线路结构变化而引起的声级变化量，dB(A)。

② 模型预测法

模型预测的基本思路是把规划项目看作是一个由多个声源组成的复合声源。

每个点声源对受声点的声级为

$$L_P = L_{P0} - 20\lg\frac{r}{r_0} - \Delta L \tag{4-43}$$

式中，L_{P0}为参考位置r_0处的声级，dB；r为受声点与点声源之间的距离，m；r_0为参考位置与点声源之间的距离，m；ΔL为附加衰减量。

每个线声源对受声点的声级为

$$L_P = L_{P0} - 10\lg\frac{r}{r_0} - \Delta L \tag{4-44}$$

多个声源共同作用的总等效声级为

$$L_{eq(铁)} = 10\lg\left(\sum_{i=1}^{n} 10^{0.1L_{eqi}}\right) \tag{4-45}$$

(3) 公路噪声预测模型

公路噪声与机动车类型、路面行驶速度等因素有关。表4-16给出了机动车的分类。

表4-16 机动车分类

车　　型	标定载重	标定座位
小型车	2t以下货车	19座以下客车
中型车	2.5～7.0t货车	20～49座客车
大型车	7.5t以上货车	50座以上客车

不同类型的机动车辆，距行驶路面中心7.5m处的平均辐射噪声级为

小型车　$L_S = 59.3 + 0.23V$

中型车　$L_M = 62.6 + 0.32V$

重型车　$L_H = 77.2 + 0.18V$

式中，V为车辆平均行驶速度，km/h。

如果设计车速为100、120km/h，则V取设计车速的65%；如果设计车速为80km/h，则V取设计车速的90%；如果设计车速为60km/h，则V取为60km/h。

各类车型在受声点处的噪声为

$$L_{eqi} = L_i + 10\lg\left(\frac{Q_i}{V_i T}\right) + K\lg\left(\frac{7.5}{r}\right)^{1+\alpha} + \Delta S - 13 \tag{4-46}$$

式中，L_{eqi}为第i类车辆在受声点r处的噪声级，dB(A)；L_i为第i类车辆距行驶路面中心

7.5m处的平均辐射噪声级，dB；Q_i 为第 i 类车辆的车流量，辆/h；V_i 为第 i 类车辆的平均行驶速度，km/h；T 为评价小时数，取 $T=1$；r 为受声点距路面中心的距离，m；K 为车流密度修正系数，按线—点声源考虑，取10～20；α 为地面吸收、衰减因子；ΔS 为附加衰减，含路面性质、坡度及屏障等影响。

各类车辆总和在受声点处的噪声预测值为

$$L_{\mathrm{eq}(公)}=10\lg\left(\sum_{i=1}^{n}10^{0.1L_{\mathrm{eq}i}}\right) \tag{4-47}$$

4.5　环境审计方法

4.5.1　环境审计的概念及其分类

环境审计是对特定项目的环境保护情况，包括组织机构、管理、生产及环保设施运转与排污等情况进行系统的、有文字记录的、定期的、客观的评定。环境审计按范围可分为地区（城市）级的环境审计及工厂、工艺、特定污染物等的环境审计；按审计的目标可分为提高环境管理效率、有效控制污染、提高环保资金使用效率、减少事故等环境审计；按审计的目的可分为审查环境执法、废物减量化、实施清洁生产等环境审计。

4.5.2　环境审计的内容

环境审计涉及很多方面，具体包括以下内容：

1. 符合性审计

主要为环境保护法规的符合性审计，对企业有关环境的现状及管理当局所作的努力进行详细的、特定区域的评价，以提高符合性，减少因不符合而造成的不良后果。

2. 环境保护管理系统审计

确定环境管理系统是否运作良好，是否能处理当前或未来的环境风险。

3. 过渡审计

评价与不动产的获取和剥离有关的风险。企业的资产与特定的环境有关，由于环境因素的影响可能导致企业资产的贬值，因此企业在购买和转让不动产时，需要对其有关的环境因素加以审计，以此来降低由此带来的风险。

4. 有害物质的处理、存放及清理的审计

评价危险原料的处理、存放及清理会产生的全部负债。有害物质如果处理、存放和清理不当，会对周边环境造成污染，甚至会威胁人类的健康，易带来诉讼、赔偿和罚款，导致环境成本上升、经济效益和社会效益下降，因此需要对其所经历的各个环节进行审计。

5. 污染预防审计

确定减少废物的机会，通过对企业可能发生污染情况的审计预测结果，采用一系列有效的措施，减少企业在生产经营过程中产生污染的机会。

6. 环境效益审计

评价由于采取了保护环境的措施而产生的成本及其估算的合理性、合法性和真实性，并

估计环境治理的效益。由于环保设备的价格普遍较高,而其带来的效益又具有潜在的、长期的特性,通过环境效益审计,能提高企业的环境保护意识并在生产经营活动中兼顾企业的长远发展。

7. **产品审计**

确定产品是否与环境政策的要求相符合。如果一个企业的产品被列为绿色产品,一般会吸引众多的消费者,企业将会在激烈的竞争中取得优势。通过产品审计,企业可以看出自己产品与环境政策要求的差距,并加以改进。

4.5.3 环境审计方法

环境审计是审计的一种类型,常规审计方法对环境审计同样适用,如在进行财务收支审计和经济效益审计中运用的审计检查法(包括资料检查法、实物检查法)、审计调查法(包括查询法、观察法、专题调查法)、审计分析法、账户分析法、账龄分析法、逻辑推理分析法、经济活动分析法、经济技术分析法、数学分析法,抽样审计法等。

目前环境审计刚刚起步,企业环境审计是最基本的,其中企业清洁生产审计应用较广泛。清洁生产审计是指对组织产品生产或提供服务全过程的重点或优先环节、工序产生的污染进行定量监测,找出高物耗、高能耗、高污染的原因,然后有的放矢地提出对策、制定方案,减少和防止污染物的产生。清洁生产审计的一个重要内容就是通过提高能源、资源利用效率,减少废物产生量,达到环境效益和经济效益的和谐统一。清洁生产审计方法见第8章。

4.6 环境信息系统

4.6.1 环境信息及其特点

1. **环境信息**

环境信息是在环境规划与管理的研究和工作中应用的经收集、处理而以特定形式存在的环境知识。它们可以是数字、图像、声音,也可以是文字、影像以及其他表达形式。环境信息是环境系统受人类活动作用后的信息反馈,是人类认知环境状况的来源。因此,环境信息是环境规划与管理系统的神经。

2. **环境信息的特点**

环境信息除具有一般信息的事实性、等级性、传输性、扩散性和共享性等基本属性外,还具有时空性、综合性、连续性和随机性等特征。

(1) 时空性。环境信息是对一定时期环境状况和环境管理的反映。针对某一国家或地区而言,其环境状况和环境管理是随时间不断变化的,因此环境信息具有鲜明的时间特征。不同地区由于自然条件和社会经济发展水平各异,其环境状况和环境管理也各不相同,因此环境信息也具有明显的空间特征。

(2) 综合性。环境信息是对整体环境状况和环境管理的反映。而环境状况是通过多种环境要素反映的,而环境管理包括政府、企业和公众多个主体的多种活动及其相互作用,这就要求环境信息必须具有综合性。

(3) 连续性。一般而言,环境状况的变化是一个由量变到质变的过程,环境管理也与社会经济整体发展的步调相一致,因此,环境信息也就会体现出一定的连续性。

(4) 随机性。环境信息的产生与生成要受到自然因素、社会因素、经济因素及特定的环境条件和人类行为的影响,因而具有明显的随机性。

4.6.2 环境信息系统

环境信息系统是从事环境信息处理工作的部门,是由工作人员、设备和环境原始信息等组成的系统,其中设备又包括计算机和网络设备、计算机和网络技术、GIS技术、各种模型库、数据库等软硬件。环境信息系统可以分为环境管理信息系统和环境决策支持系统两大类。

1. 环境管理信息系统

环境管理信息系统(Environmental Management Information System,EMIS)是一个以系统论为指导,通过人-机(计算机等)结合收集环境信息,利用模型对环境信息进行转换和加工,并据此进行环境评价、预测和控制,最后再通过计算机和网络等技术实现环境管理的计算机模拟系统。

环境管理信息系统的基本功能有:环境信息的收集和录用、环境信息的存储、环境信息的加工处理、以报表、图表、图形等形式输出信息,为政府决策者、企事业单位和公众提供数据参考。

2. 环境决策支持系统

环境决策支持系统(Environmental Decision Support System,EDSS)是将决策支持系统引入环境规划、管理、决策的产物。决策支持系统也是一种人-机交互的信息系统,是从系统观点出发,利用现代计算机和网络技术及决策理论和方法,对环境管理问题进行描述、组织进而协助人们完成管理决策的支持技术。

环境决策支持系统是环境信息系统的高级形式,是在环境管理信息系统的基础上,使决策者通过人-机对话,直接应用计算机处理环境管理工作中的决策问题。它为环境决策者和参与者提供了一个现代化的决策辅助工具,可提高环境决策的效率和科学性。

环境决策支持系统的主要功能有:收集、整理、储存并及时提供本系统与本决策有关的各种数据;灵活运用模型与方法对环境信息进行加工、处理、分析、综合、预测、评价,以便提供各种所需环境信息;友好的人-机界面和图形输出功能,不仅能提供所需的环境信息,而且能提供一定的推理判断能力;良好的环境信息传输功能;快速的信息加工速度及响应时间;具有定性分析和定量研究相结合的特定处理问题的方式。

4.6.3 环境信息系统的设计与评价

1. 环境管理信息系统的设计与评价

环境管理信息系统(EMIS)的设计与评价过程可分为四个阶段:可行性研究、系统分析、系统设计和系统实施与评价。每个阶段又分若干个步骤。

(1) 系统的可行性研究

可行性研究是环境管理信息系统设计的第一阶段。其目标是为整个工作提供一套必须遵循的衡量标准,即:①针对客观事实;②考虑具体要求;③符合开发节奏。

可行性研究阶段的任务是确定环境管理系统的设计目标和总体要求,研究其设计的需要和可能,进行费用-效益分析,制定出几套设计方案,并对各个方案在技术、经济、运行三方面进行比较分析,得出结论性建议,并编制出可行性研究报告报上级主管部门审查、批准。

(2) 系统的分析

系统分析是环境管理信息系统设计的第二阶段。这个阶段的主要目的是解决“干什么”,即明确系统的具体目标、系统的界限以及系统的基本功能。这一阶段的基本任务是设计系统的逻辑模型。所谓逻辑模型是从抽象的信息处理角度看待组织的信息系统,而不涉及实现这些功能的具体的技术手段及完成这些任务的具体方式。这一阶段的主要工作内容包括详细的系统调查,以了解用户的主观要求和客观状况;确定拟开发系统的目标、功能、性能要求及对运行环境、运行软件需求的分析;数据分析;确认测试准则;编制系统分析报告。

(3) 系统设计

系统设计是环境管理信息系统的设计过程的第三阶段。该阶段的主要任务是根据系统分析的逻辑模型提出物理模型。这个阶段是在各种技术手段和处理方法中权衡利弊,选择最适合的方案,解决如何做的问题。

系统设计阶段的主要工作内容包括:系统的分解、功能模块的确定及连接方式的确定、输入设计、输出设计、数据库设计及模块功能说明。在系统设计过程中,应该考虑该系统是否具备下述性能:①能否及时全面地为环境科研及管理提供各种环境信息;②能否提供统一格式的环境信息;③能否对不同管理层次给出不同要求、详细程度不同的图表、报告;④是否充分利用了该系统本身的人力、物力,使开发成本最低。

(4) 系统的实施与评价

系统的实施与评价是环境管理信息系统的最后阶段。系统设计完成后就应交付使用,并在运行过程中不断完善,不断升级。同时,需要对其进行评价。评价工作主要从五个方面进行:①系统运行的效率;②系统的工作质量;③系统的可靠性;④系统的可修改性;⑤系统的可操作性。

2. 环境决策支持系统的设计与评价

环境决策支持系统的设计大体可分为如下四个步骤:制定行动计划、系统分析、总体结构设计和系统的实施与评价。

(1) 制定行动计划

制定行动计划有三种基本方案:即快速实现方案、分阶段实现方案和完整的 EDSS 方案。

(2) 系统分析

该步骤是 EDSS 设计的重要步骤,因为建立 EDSS 的关键在于确定系统的组成要素,划分内在变量,分析各要素间的相互关系,从而才能确定 EDSS 的基本结构和特征。

(3) 总体结构设计

总体结构设计由用户接口、信息子系统、模型子系统和决策支持子系统构成。①用户接口,用户通过它进行系统运行,它以人们习惯方便的方式提供人-机信息交换,通常以菜单、图形、数据库、表格形式展现出来;②信息子系统,它包括基础数据文件与文件管理系统。

可以用简便的方式提供环境信息及其他与环境决策相关的各类信息；③模型子系统，它包括经济、能源、人口、评价与预测模型，水、气、固体废弃物污染物总量宏观控制模型及污染时空分布结构模型等；④决策支持子系统，它是提供系统支持决策的分析与评价的相互关联的功能子模块，包括：历年统计和监测资料分析、环境现状及影响评价、污染物削减分配决策支持、环境与经济持续发展决策支持。

(4) 系统的实施与评价

环境决策支持系统设计完成后，在使用过程中应从运行效率、工作质量、可靠性、可修改性及可操作性五个方面评价，进而完善该系统。在使用该系统时，还应切记本系统只是辅助决策，不可能完全代替人的决策思维。

4.6.4 环境信息系统的应用

环境信息系统的应用，涉及多方面的工作。这里通过介绍中国省级环境信息系统(Provincial Environmental Information System，PEIS)的总体设计和开发过程，简要地说明环境信息系统的具体应用。

(1) PEIS项目概况。从1994年开始，我国利用世界银行贷款进行了覆盖全国27个省、自治区和直辖市的中国省级环境信息系统(PEIS)建设。其目的是提高我国环境管理的现代化水平，同时为省级和国家环境管理部门提供科学的、及时的、准确的、直观的信息支持。

(2) PEIS的建设目标。建设目标可分为根本目标和具体目标。

① 根本目标是建设我国27个省级结构基础完善、功能比较齐全、传输较为简便的环境信息系统，强化省级环保机构的业务平台，提高其为各省环境管理和决策直接服务的工作能力，为最终建成国家环境信息网络打好基础。

② 具体目标是建立27个省级环境信息中心；建立27个省级局部网络；开发各省通用的软件系统；进行相关人员的培训等。

(3) PEIS的基本框架。各级环境信息系统建成数据库(包括环境背景数据、环境基础数据、环境业务管理数据、行政管理数据等)、图形库(地形图、专题图等)、模型库(预测模型、规划模型、评价模型、决策模型等)和方法库(统计分析方法、预测方法、规划方法、决策方法等)。由这四个库来支持环境管理与决策的全部功能。同时，PEIS采用客户/服务器体系结构，通过网络连接每一台计算机，完成环境管理和决策的功能。

(4) 应用软件的主要内容。由基础数据库、环境管理模块和决策支持模块三部分构成。

① 基础数据库包括环境数据库、环境质量数据库、污染源数据库、环境标准数据库、环境法规数据库。

② 环境管理模块包括环境保护目标责任制管理模块、城市综合整治与定量考核模块、环境质量管理模块、排污申报管理模块、建设项目环境管理模块、环境保护科技项目管理模块、环保产业管理模块、排污许可证管理模块、排污收费管理模块、环境统计管理模块。

③ 决策支持模块除输入空间信息数据外，原则上全部由基础数据库、应用数据库等公共数据库提供数据。包括以下六方面的内容：基础空间信息管理；历年统计和监测资料分析；环境现状评价；环境影响评价；污染物削减分配决策支持；环境与经济持续发展决策支持。

(5) PEIS的特点。具体体现在三个方面：

① 先进性上表现为采用了先进的客户/服务器网络结构体系，应用了面向对象技术、大

型关系型数据库管理技术和地理信息系统(GIS)等多项当今国际计算机领域的先进技术。

② 规范性体现在 PEIS 建设是在中华人民共和国环境保护部统一部署下，根据中国环境信息资源管理战略规划的要求进行的。在开发过程中始终注意统一规范，基本保证了数据的一致性、完整性和有效性。

③ 实用性体现在该系统基本满足了当前环境管理工作的需要。

4.6.5 中国的环境信息系统建设

1. 机构和网络建设

基本形成了由国家级、省级、城市级信息中心组成的机构体系。国家环境信息网络总体框架是以国家环境信息中心网络系统为中枢，省级环境信息中心为网络骨干，以城市环境信息中心为网络基础。

国家级环境信息网络系统以中华人民共和国环境保护部信息中心计算机网络系统为主体，系统组成还包括中华人民共和国环境保护部机关办公自动化网络系统、中国环境科学研究院信息网络系统、中国环境监测总站环境监测信息网络系统以及中华人民共和国环境保护部在京直属单位环境信息网络系统等。

目前已形成了包括中华人民共和国环境保护部信息中心、覆盖 32 个省会(包括直辖市)和 110 个重点城市的环境信息卫星通信专用专输网络。

2. 系统建设

环境信息系统建设的根本目的是提高环境信息资源的开发与利用水平，为环境管理与决策提供环境信息支持服务。中华人民共和国环境保护部以环境管理数据库开发为基础，以环境管理应用系统建设为核心，开展了一系列环境管理应用系统的开发与建设，目前已初步形成了以环境统计、污染源管理、环境监测为主要信息源的环境信息管理系统网络。

近年来，中华人民共和国环境保护部相继开发了《全国环境统计管理信息系统》、《全国环境质量监测管理系统》、《全国排放污染物申报登记信息管理系统》、《全国生态环境状况调查信息管理系统》等一系列环境管理软件，并在全国范围内推广使用。这些系统通过各类环境信息采集手段获取的污染源、环境质量和生态环境数据，采用地(市)级—省级—国家级的数据传输通道，分别传输到相应的数据管理系统中，再由系统进行处理、加工(包括汇总、统计分析等)，形成国家环境信息资源基础业务数据库，为各级环境保护部门进行环境管理决策和科学研究提供大量环境信息产品，实现了环境监督、管理等业务的现代化管理。

环境信息系统能提高环境管理工作效率和决策支持水平。国家环境保护信息管理部门广泛采用环境信息资源和信息技术，如网络技术、多媒体技术、GIS 技术、数据分析和挖掘技术等，配合中华人民共和国环境保护部的环境管理工作，进行了大量的信息和数据处理工作，发布了《全国环境统计年报》、《中国环境状况公报》、《全国重点流域水质月报》、《长江三峡工程生态与环境监测公报》等一系列环境信息公报，以促进环境信息资源的开发与利用。

复习与思考

1. 简述环境现状调查的内容和方法。
2. 简述环境评价的内容和方法。

3. 简述环境目标的概念、组成和确定环境目标的原则。

4. 简述环境规划与管理指标体系的组成内容。

5. 简述环境统计的内容、工作程序、指标体系和基本任务。

6. 简述社会发展预测、经济发展预测的主要方法。

7. 简述环境质量预测的主要方法。

8. 简述环境审计的内容和方法。

9. 简述环境信息系统的组成和设计方法。

第2篇

环境规划

流域水环境规划

水环境作为生态系统的重要组成要素之一,对人类社会的存在形式、演变进程、发展方向有着特殊的影响。随着我国城市化速度的不断加快,水环境问题不断以尖锐矛盾的形式出现在我们面前,对这些新问题的态度和解决的方法将直接关系到社会发展的未来。水环境规划就是在水资源危机的背景下产生和发展起来的,是协调人类社会经济发展与水环境保护之间关系的重要途径和手段。特别是近年来,城市化的快速发展、工业化水平不断提高以及城市数量不断增加,造就了城市人口的急剧膨胀和水资源消耗量的激增,同时由于人类的不合理开发和使用,水环境污染、水资源枯竭等问题日趋严重,有限的水资源供给和日益增长的需求之间产生了不可调和的矛盾,水环境问题越来越突出。水环境规划作为解决这一问题的有效手段,受到了普遍的重视,并在实践中得到了广泛的应用。进入21世纪后,国家把保护水环境的工作提高到极为重要的位置,2000年以后国家已正式开展流域水环境保护规划的编制工作。

5.1 流域水环境规划的内容和工作程序

流域是指地表水及地下水分水线所包围的集水区域。它是一个由生态、经济、社会组成的复合系统,系统内的各要素互为条件、相互制约,共同影响着流域的发展。流域开发活动是一种高度干预河流生态的行为,它在一定程度上改变河流和流域的生态系统、资源形式和社会结构,其造成的环境影响具有群体性、系统性和累积性等特征。

流域水环境规划是流域管理的综合性规划,它确定一个流域的性质、规模、发展方向,包括选定规划定额指标,制订远、近期目标及其实施步骤和措施等工作。从流域综合管理的角度,流域水环境保护既包括水污染防治,还应包括水生生态、景观等与水环境保护相关的其他要素的改善和保护。对于一些跨行政区的流域,需要制定合适级别的流域规划,协调中央政府与地方政府,以及地方政府之间的关系。因此,流域水环境保护需要多部门、多地区的统一管理,需要一个流域水环境保护总体规划来统揽全局。

5.1.1 流域水环境规划的内容与分类

水环境规划是对某一时期内的水环境保护目标和措施所做出的统筹安排和设计,目的是在发展经济的同时保护好水质,合理地开发和利用水资源,充分发挥水体的多功能用途,在达到水环境目标的基础上,寻求最小(或较小)的经济代价或最大(或较大)的经济效益和生态效益。

在水环境规划时，首先应对水环境系统进行综合分析，摸清水量水质的供应情况，明确城市水环境出现的问题；合理确定水体功能和水质目标；对水的开采、供给、使用、处理和排放等各个环节做出统筹安排和决策，拟定规划措施，提出供选方案。总而言之，水环境规划过程是一个反复协调决策的过程，以寻求一个最佳的统筹兼顾方案。因此，在规划中，要特别处理好近期与远期、需要与可能、经济与环境等的相互关系，以确保规划方案的科学性和实用性。

根据水环境规划研究的对象，可将其大体分为两大类型，即水污染控制系统规划（或称水质控制规划）和水资源系统规划（或称水资源利用规划）。前者以实现水体功能要求为目标，是水环境规划的基础；后者强调水资源的合理开发利用和水环境保护，它以满足国民经济和社会发展的需求为宗旨，是水环境规划的落脚点。

1. 水污染控制系统规划

水污染控制系统是由污染物的产生、排出、输送、处理到水体中迁移转化等各种过程和影响因素所组成的系统。水污染控制系统规划是以国家颁布的法规和标准为基本依据，以环境保护科学技术和地区经济发展规划为指导，以区域水污染控制系统的最佳综合效益为总目标，以最佳适用防治技术为对策措施群，统筹考虑污染发生—防治—排污体制—污水处理—水体质量及其与经济发展、技术改进和加强管理之间的关系，进行系统的调查、监测、评价、预测、模拟和优化决策，寻求整体优化的近、远期污染控制规划方案。

根据水污染控制系统的特点，一般可将其分为三个层次：流域系统、城市（或区域）系统和单个企业系统（如废水处理厂系统）。因此，亦可将水污染控制系统规划分成三个相互联系的规划层次，即流域水污染控制规划、城市（区域）水污染控制规划和水污染控制设施规划。

（1）流域水污染控制规划

流域规划研究受纳水体（流域、湖泊或水库）控制的流域范围内的水污染防治问题。其主要目的是确定应该达到或维持的水质标准；确定流域范围内应控制的主要污染物和主要污染源；依据使用功能要求和水环境质量标准，确定各段水体的环境容量并依次计算出每个污水排放口的污染物最大容许排放量；最后，通过对各种治理方案的技术、经济和效益分析，提出一两个最佳的（或满意的）水污染控制方案供决策者选择。流域水污染控制规划的主要内容包括：

① 依据国家有关法规和各种标准，提出水体可能考虑的用途目标和水质控制指标。

② 在费用—效益分析的基础上，确定不同河段的使用目标及水质指标。

③ 列出水质超标或可能超标的河段（或其他水体），并指出超标或可能超标的项目。认定有毒污染物的种类，最后确定应控制的主要污染物。

④ 确定各河段（或其他水体）主要污染物的环境容量。

⑤ 把各河段（或其他水体）的环境容量分配给每个废水排放口。同时，还必须考虑将来可能增加的排污量，上游水质对下游的影响以及非点源污染负荷等因素的影响。并给一定的安全系数。该分配结果应与区域规划和设施规划相一致。

⑥ 估计各种治理措施的总费用，包括下水道系统、各个点源治理费用、河道治理费用和运行费用等。

（2）城市（区域）水污染控制规划

城市（区域）水污染控制规划是对某个城市地区内的污染源提出控制措施，以保证该区域内水污染总量控制目标的实现。城市水污染控制规划应有环境保护、城市建设和工业部门等方面的代表参加制定,应成为地方政府解决当地水污染问题的计划依据。城市水污染控制规划的主要内容如下:

① 确定整个规划年限内拟建的城市和工业废水处理厂、市政下水道、工业企业与水污染控制有关的技术改造或厂内治理设施等的清单。

② 确定与农业、矿业、建筑业和某些工业有关的非点污染源,并提出控制措施。

③ 提出经处理后的废水和污泥的处置途径和方法。

④ 估算实现规划所需的费用,并制定实施规划的进度表。

⑤ 建立执行规划的管理系统。

(3) 水污染控制设施规划

水污染控制设施规划是对某个具体的水污染控制系统,如一个污水处理厂及与其有关的下水道系统作出建设规划。该规划应在充分考虑经济、社会和环境诸因素的基础上,寻求投资少、效益大的建设方案。设施规划一般包括以下几个方面:

① 拟建设施的可行性报告,包括要解决的环境问题及其影响,对流域和区域规划的要求等。

② 说明拟建设施与现有设施的关系,以及现有设施的基本情况。

③ 第一期工程初步设计、费用估计和执行进度表。可能的分阶段发展、扩建和其他变化及其相应的费用。

④ 对被推荐的方案和其他可选方案的费用—效益分析。

⑤ 对被推荐方案的环境影响评价,其中应包括是否符合有关的法规、标准和控制指标,设施建成后对受纳水体水质的影响等。

⑥ 当地有关部门、专家和公众代表的评议,并经地方主管机构批准。

2. 水资源系统规划

水资源系统是以水为主体构成的一种特定的系统,是一个由相互联系、相互制约及相互作用的若干水资源工程单元和管理技术单元所组成的有机体。水资源系统规划是指应用系统分析的方法和原理,在某区域内为水资源的开发利用和水患的防治所制定的总体措施、计划与安排。它的基本任务是:根据国家或地区的经济发展计划,改善生态环境要求,以及各行各业对水资源的需求,结合区域内水资源的条件和特点,选定规划目标,拟定合理开发利用方案,提出工程规模和开发程序方案。它将作为区域内各项水工程设计的基础和编制国家水利建设长远计划的依据。

根据水资源系统规划的不同范围,可分为以下三个层次:

(1) 流域水资源规划

它是以整个江河流域为对象的水资源规划。对于大的江河流域规划,涉及国民经济的发展、地区开发、自然环境、社会福利和国防等各个方面,如需要开发整治的项目繁多,包括防洪、排涝、灌溉、发电、航运、工业和城市供水、养殖、旅游、环境改善和水土保持等。因此,水资源规划的任务就在于统筹兼顾、合理安排,从整体上制定流域开发治理的战略方案、步骤和某些关键性措施,以达到协调自然和社会之间的矛盾,并满足各部门的要求。对于中小河流规划,多以服务于农业发展为主要对象,包括制定地表水与地下水的联合利用、水土资源平衡以及灌溉、排涝、水土保持和生态环境等有关的统筹规划。对属于大江大河支流的中小河流，其规划应与整个河流总体规划相一致。

(2) 地区水资源规划

它是以行政区或经济区为对象的水资源规划。依据地区范围的大小、特点、经济发展方向以及对水资源开发治理的要求，或以防洪灌溉排水为重点，或以工业和城市供水、改善地区水患、航运或环境为重点，或以水力发电为重点，或兼而有之。规划的基本内容，根据不同情况，大致与大江大河或中小河流域规划相类似。

(3) 专业水资源规划

它是以流域或地区某项专业任务为对象的水资源规划。例如，流域或地区的防洪规划、水利发电规划、灌溉规划、航运规划以及综合利用枢纽或单项工程的规划等。专业水资源规划通常是在流域或地区规划的基础上进行的，并作为相应规划的组成部分。

5.1.2 流域水环境规划的工作程序

在水环境规划时，首先应对水环境系统进行综合分析，摸清水质水量的供需情况，合理确定水体功能和水质目标，进而对水的开采、供给、使用、处理、排放等各环节作出统筹的安排和决策。具体来说，水环境规划的主要工作程序包括：

第一，找出水环境的主要问题。

一般情况下，水环境规划需要获得以下基础性资料：

① 地图。图上应标明拟做规划的流域范围和河流分段情况。②规划范围内水体的水文与水质现状数据，以及用水现状。③污染源清单。包括排入各段水体的污染源一览表(最好以重要性顺序排序)、各排污口位置、排放方式、污染物排放量、治理现状和规划，以及非点污染源的一般情况。④流域水资源规划、流域范围内的土地利用规划和经济发展规划等有关的规划资料。⑤可考虑采用的水污染控制方法及其技术经济和环境效益的资料。根据以上材料对水环境进行系统的综合分析，找出水环境主要问题及根源：水量方面经过水资源供需平衡估算了解水资源的供需是否存在矛盾；水质方面，通过水环境污染现状分析水质对生活生产的主要影响，明确规划的范围、水污染控制和水资源利用的方向及要求。

第二，确定规划目标。

根据国民经济和社会发展要求，同时考虑客观条件，从水质和水量两个方面拟定水环境规划目标。水质方面，根据水环境功能要求，确定合理的能够满足生产、生活或自然保护要求的水质目标；水量方面，对有限的水资源进行合理开发利用，满足当地需求。规划目标是经济与水环境协调发展的综合体现，是水环境规划的出发点和归宿。

第三，选定规划方法。

在水环境规划中，通常可以采用两类规划方法：数学规划法和模拟比较法。数学规划法包括线性规划、非线性规划和动态规划，适用于单目标项目规划。模拟比较法包括矩阵法、层次分析法、系统动力学法、组合方案比较法，适用于多目标规划。系统动力学法从系统的基本结构入手建立数学模型，模拟分析系统动态行为，组合方案比较法指对组合各目标拟采取的几个方案进行费用效益分析，从中选择最适宜方案。采用何种规划方法，应视具体的水环境规划类型和资料的情况来确定。

第四，拟定规划措施。

在制定水环境规划的方案中，可供考虑的措施包括：调整经济结构和工业布局，实施清洁生产工艺，提高水资源利用率，充分利用水体的自净能力和增加污水处理设施等。

第五，提出供选方案。

将各种措施综合起来，提出可供选择的实施方案。为了检验和比较各种规划方案的可行性和可操作性，可通过费用—效益分析、方案可行性分析和水环境承载力分析对规划方案进行综合评价，从而为最佳规划方案的选择与决策提供科学依据。

第六，规划实施。

水环境规划的实施也是制定规划的一个重要内容。一个规划的成功与否，就是看最终的规划方案能否被采纳、执行并取得相应的效果。规划方案的实施，体现了规划自身的价值与作用。

在进行水环境规划时，往往会涉及一些与此规划紧密相关的问题，如水环境容量的确定，水环境功能区和水污染控制单元的划分，以及水环境规划模型的选择等问题。在水环境规划中，这些问题对于确保规划目标的实现以及规划方案的有效实施，将起到极为重要的作用。

5.2 水环境功能区划的基本原则和方法

水环境功能区是指满足水体的某种使用功能所占有的水域范围。水环境区划的主要任务就是将水体按照其功能加以划分，并依据其功能的重要程度和水污染的危害程度确定相应的环境质量目标。水环境功能区划是根据保护目标、水环境的承受能力，确定重点保护功能区、强化目标管理的体现，它不同于水资源规划中的水利区划，也不同于国土防治中的水域功能区划，它是环保部门为实现分类管理，根据功能区保护的必要性和可行性，在水域功能众多的区域中，体现重点保护政策而划分的水环境功能区。通过水环境区划可以将复杂的流域水环境规划问题分解为单元问题来对待，将流域的污染控制、环境目标管理责任制、环境综合整治定量考核分解落实到各水污染控制单元、各具体的污染源。水环境区划是实现水环境综合开发、合理利用、积极保护和科学管理的科学依据，是水环境综合整治规划的必要前提。

5.2.1 水环境功能分区原则

水环境功能分区是根据地表水环境质量标准划定水域功能类型及其所占范围，并确定相应的水质保护目标，同时制定控制水体污染的各种可行措施和方案。划分的目的在于保护水质，合理利用水资源，有效地控制污染源，强化环境目标管理。因此划分的总原则是控制、减轻水体水质污染，保证满足水体主要功能对水质的要求，并合理地充分发挥水体的多功能作用。

划定水环境功能区，在遵从总原则的基础上，具体考虑如下原则：

(1) 饮用水源地和生物资源优先保护原则

饮用水是人类不可或缺的重要资源之一，其质量好坏直接影响人类的生存和健康，所以在我国的《地表水环境质量标准》中规定的五类功能区，以饮用水源地为优先保护对象。在划分水环境功能区时，如果出现功能混杂的时候，应优先考虑饮用水源地，水环境的其他功能应该首先服从饮用的功能。同时，水生生物也是人类生存发展的物质基础和能量来源之一，水环境质量的好坏直接关系到水生生物的生存条件及水生态系统的平衡。因此，在进行地表水体功能区划分时，还应考虑为水生生物提供栖息地和洄游通道，尽量提高水生生态环境质量，保护水生生物。具体来说，在水功能区划中城镇集中式饮用水源地、江河源头水、自然保护区、珍贵渔类保护区、鱼虾产卵场等为优先重点保护对象，要优先考虑其达到功能水质保护目标。

(2) 地表水环境质量宏观控制原则

水环境功能区划应该从整个流域的总体进行考虑，局部服从整体，同时在划分各功能断面时，要注意上下游功能结合的合理性，统筹兼顾左右岸、近远期社会发展对水功能的要求，不能产生矛盾。例如，上游水体为Ⅳ类水体，下游若定为Ⅲ类水体，则必须根据实际计算论述这种划分方法的科学性，否则，下游水体功能就可能定得太高而难以达到。划分功能区不得影响潜在的开发及地下饮用水源地。支流水功能的划分要考虑干流水体功能的要求；现状水功能的划分，不能影响长远功能的开发。

(3) 优质水优用、低质水低用原则

对具有多种功能的水域，按照最高功能划分水质类型，这样不但可以有效、合理地利用水资源，便于目标管理，而且可以避免水污染的重复治理、减轻治理负荷。根据用户对水量和水质的要求，统筹安排专业用水区域，分别执行专业用水标准，由相应管理部门依法管理。

(4) 现状功能原则

划分水域功能，一般不得低于现状功能；不经技术经济论证且未报上级批准，不得任意将现状使用功能降低。也就是说，凡是已经由县级以上人民政府划定的水体功能保护区和自然保护区的水体，其功能和范围应保持不变。要统筹考虑现状水质与目标水质两者的关系，对水质的要求既不能脱离实际，操之过急，又不能迁就现状。

(5) 技术经济的约束原则

任何一种划分方案，除了在技术上是可行的并能满足环境目标的要求外，必须是一种最经济或者效益最大的方案，或由该方案带来的未来使用中预期发生的费用或效益的损失应最小。另外，当有关部门之间或上下游之间存在用水矛盾时，应充分考虑技术、经济约束，研究水质保护目标的可达性，对污染负荷削减费用、加强给水处理费用、季节调控费用等作多种方案比较，通过分步到位的实施方案解决功能区目标的实现问题。

(6) 合理利用水环境容量原则

水环境容量也是一种资源。经过合理的开发和利用，可以在一定程度上降低水污染控制费用。根据污染物在水体中的迁移、转化规律，综合计算和评价水体的自净能力，在保证水体目标功能的前提下，利用水环境容量消除水污染。在评价和应用水环境容量时，要充分考虑到排放方式、混合区和功能区的位置、水文地质条件及季节特征等相关因素。但要注意：①排污不能超越容量；②要注意与区域下游地区的关系。

(7) 允许混合区和缓冲区存在原则

在排污口附近的水域往往会出现污染物相对集中的高浓度污染物混合扩散区。若允许高浓度区域的大范围存在，则会影响水域其他功能的使用；若完全不允许其存在，无论在技术上还是经济上都是不可能实现的。所以，应允许排污口附近存在一定范围的污染物混合区，该区域应根据排污特性及地表水的流域特性经过严谨的科学预测及验证来确定其大小及范围，在这个区域内可以不执行相应水质标准。

对河网水域或存在往复流的水域，由于水体流向的不确定性或流动的往复性，决定了该区域内水质的动态变化，若上下游的功能区对水质要求有明显区别，则应在不同的相邻水质功能区之间划定缓冲区以确保各功能区均达到相应的水质要求。

(8) 突出陆上合理布局、综合规划原则

从整个流域到各局部水域，再到取水口和排污口，应层次分明地划分功能区，突出污染源的合理分布，使水域功能区划分与陆上工业布局、城市建设发展规划相适应。划分工作虽然在水上，保护措施却是落实在陆地上。

(9) 便于管理、实用可行原则

水环境功能区划分方案既能满足各取水用水部门对水质的要求，又能满足经济上的合理性与技术上的可行性。另外，划分方案应具体而有弹性，措施落实能够与现行的环境管理制度和管理方法相结合，运用法律的、行政的、经济的手段保证和促进保护目标的实现，并在污染源管理和水环境管理上便于操作。

5.2.2 水环境功能区分类

水资源具有整体性的特点，它是以流域水系为单元，由水量与水质、地表水与地下水这几个相互依存的组分构成的统一体，每一组分的变化可影响其他组分。对水资源的利用存在局部与整体，除害与兴利及各行业用途间的矛盾。必须统一规划、统筹兼顾，实行综合利用，才能做到同时最合理地满足国民经济各部门的需要，并且把所有用户的利益进行最佳组合，以实现水资源的高效利用。通过水功能区划在宏观上对流域水资源的利用状况进行总体控制，合理解决有关各方的矛盾。

我国江、河、湖、库水域的地理分布、空间尺度有很大差异，其自然环境、水环境特性、开发利用程度等具有明显的地域性。对水域进行的功能划分能否准确反映水资源的自然属性、生态属性、社会属性和经济属性，很大程度上取决于功能区划体系的合理性。水功能区划体系应具有良好的科学概括、解释能力，在满足通用性、规范性要求的同时，类型划分和指标值的确定与我国水资源特点相结合，是水功能区划的一项重要的标准性工作。

目前，我国进行水环境功能区划的依据是《地表水环境功能区划技术导则》和《水功能区管理办法》两个文件。这两个文件都强调水域分区的重要性，指明了功能区的分类方法。它们对于功能区的划分基本一致，但对功能区的操作和管理方法则有所不同。

《地表水环境功能区划技术导则》中，采用直线式管理方法，将水环境功能区分为自然保护区、饮用水水源保护区、工业用水区、农业用水区、渔业用水区、景观娱乐用水区、混合区和过渡区。

《水功能区管理办法》中，水功能区划采用两级体系，一级区划和二级区划。水功能区一级区分四类，包括保护区、保留区、开发利用区、缓冲区；水功能区二级区划对一级功能区中的开发利用区进行再分类，将开发利用区细分为饮用水源区、工业用水区、农业用水区、渔业用水区、景观娱乐用水区、过渡区和排污控制区等。一级区划宏观上解决水资源开发利用与保护的问题，主要协调地区间的关系。二级区划主要协调用水部门之间的关系。

总体来说，两种管理方式对于水功能分区的方法和原则基本一致，以下我们重点论述一下《水功能区管理办法》中的水功能区划内容，如图 5-1 所示。

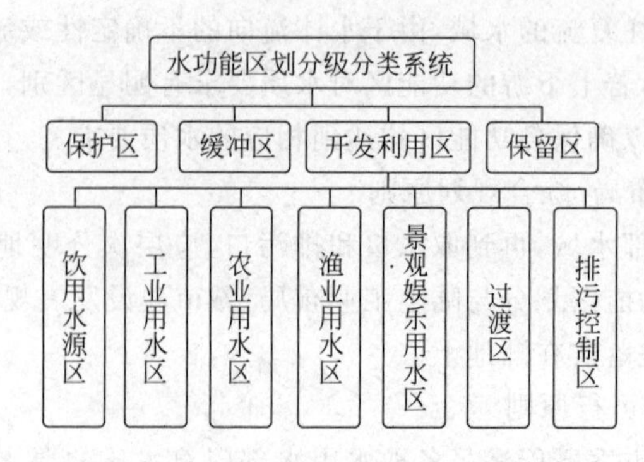

图 5-1 水功能区划分级分类系统

1. 水环境一级区分类及划分指标

(1) 保护区：指对水资源保护、饮用水保护、自然生态及珍稀濒危物种的保护有重要意义的水域，该区内严格禁止进行其他开发活动。指标包括：集水面积、保护级别、调(供)水量等。

划分条件如下：

① 源头水保护区，指以保护水资源为目的，在重要河流的源头河段划出专门涵养保护水源的区域。

② 国家级和省级自然保护区范围内的水域。

以上两种情况的功能区水质标准原则上适用《地表水环境质量标准》(GB 3838—2002) Ⅰ类标准。确有困难的适用《地表水环境质量标准》(GB 3838—2002) Ⅱ类标准(因自然、地质原因，不能满足Ⅰ、Ⅱ类标准)的，应维持水质现状。

③ 已建和规划水平年内建成的跨流域、跨省区的大型调水工程水源地及其调水线路，省内重要的饮用水源地。功能区水质标准执行《地表水环境质量标准》(GB 3838—2002) Ⅰ、Ⅱ类标准或用水区用水功能相应的水质标准。

例如，长江流域规划中有三个大型跨流域调水，即南水北调西、中、东线工程。汉江丹江口水库是南水北调中线工程的水源地，该工程在规划水平年(2020 年)内将会实施，因此将汉江口水库调水水源地划为保护区；同样，将东线工程取水口江都三江营划为长江江都三江营调水水源地保护区，而金沙江南水北调西线工程水源地因西线规划水平年内不会实施，故将其划为保留区。

④ 对典型生态、自然生境保护具有重要意义的水域。执行对此类保护区议定的水量、水质指标。

例如，位于长江干流洪湖螺山至新滩口的国家级长江洪湖新螺段白鳍豚保护区；金沙江哈巴玉龙雪山保护区是云南省省级自然保护区，区划中将其范围内的河流从丽江龙蟠至丽江达可均划为保护区。而对于省级以下的自然保护区，则根据区内水域范围的大小，及其对水质有无严格的要求决定是否将其划为保护区。

源头水保护区通常划在重要河流上游的第一个城镇或第一个水文站以上未受人类开发利用的河段，或根据流域综合利用规划中划分的源头河段或习惯规定的源头河段划定。通常，在重要河流的源头划分了源头水保护区，如岷江上划有松潘源头水保护区，清江上划有清江利川源头水保护区等，但是个别河流源头附近就有城镇，则划为保留区，如昌河源头的昌河祁门保留区，就是因为祁门县城距离昌河源头仅有 20km 的原因。

(2) 缓冲区：是为协调省(市)际间、矛盾突出的地区间用水关系；协调内河功能区划与海洋功能区划关系；以及保护区和开发利用区衔接时，为满足保护区水质要求而划分的水域。功能区划分指标包括跨界区域及相邻功能区间水质差异程度。其水质状况差别较大，情况较为复杂。水质标准按实际需要执行相关水质标准或按现状控制。

划分条件：跨省、自治区、直辖市行政区域河流、湖泊边界水域；省际边界河流、湖泊的边界附近水域；用水矛盾突出地区之间水域。

跨省水域和省际边界水域，无论上下游，还是左右岸关系，通常划为缓冲区。省区之间水质要求差异大的，缓冲区范围应划大一些，反之则可划小一些。必要时缓冲区范围可根据水体的自净能力确定。如在大渡河干流上青海省与四川省之间交界处，属于上下游关系，划分为大渡河青川缓冲区；长江赣皖缓冲区，是长江干流上江西省与安徽省界河段，属于左右岸关系。省界附近已划保护区时，省界间不需再划缓冲区，如金沙江干流上青海省与西藏自治区交界处，在青海境内已划有长江三江源自然保护区，一直到省界，故不需要再划青藏缓冲区。

用水矛盾突出的地区是指河流沿线上下游地区间或部门间用水矛盾突出，或者有争议的水域应划为缓冲区。如涟水新邵涟源缓冲区，该河段虽然处于涟水源头，但沿线用水紧张，上下游之间用水矛盾突出，因此划为缓冲区。缓冲区的长度视矛盾的突出程度而定。一般而言，主要是上游排污影响下游的水质，因此缓冲区长度的比例划分为上游占三分之一，下游占三分之二，以减轻上游排污对下游的影响。在潮汐河段，缓冲区长度的比例划分按上下游各占一半划定。在省际边界水域，根据需要参照交界的长度划分缓冲区范围。

(3) 保留区：是指目前开发利用程度不高，为今后开发利用和保护水资源而预留的水域。该区以维持现状为主，不得在区内从事大规模的开发利用活动。功能区水质标准按现状控制，或根据可能性，优于现状水质类别加以控制。功能区划分指标包括水资源开发利用程度、产值、人口、水量、水质等。

划分条件如下：受人类活动影响较少，水资源开发利用程度较低的水域；目前不具备开发条件的水域；考虑到可持续性发展的需要，为今后的发展预留的水域。

除保护区和缓冲区以外，其他开发利用程度不高的水域均可划为保留区。凡未划为保护区的地县级自然保护区涉及的水域均可划为保留区。保留区内也包括未列入开发利用区而仅具有农业用水功能的水域。

(4) 开发利用区：主要指具有满足工农业生产、城镇生活、渔业、游乐和净化水体污染等多种需水要求的水域和水污染控制、治理的重点水域。功能区水质标准按二级区划分类分别执行相应的水质标准。

开发利用程度可以采用城市河段人口数量、取水量、排污量、水质状况及城市经济的发展状况(如工业产值)等能间接反映水资源开发利用程度的指标，通过各种指标排序的方法，选择各项指标较大的城市河段，划为开发利用区。长江流域衡量开发利用的程度采用工业总产值、非农业人口和城镇生产生活用水量等三项指标排序，进行划分。对于指标排序结果虽然靠后，但目前水质污染严重，现状水质较差，排污量大，或在规划水平年内有大规模开发计划的城镇河段也应列为开发利用区。

划分条件：取(排)水口较集中，取(排)水量较大的水域(如流域内重要城市江段、具有一定灌溉用水量和渔业用水要求的水域等)。

2. 水环境二级区分类及划分指标

(1) 饮用水源区：为满足主要城镇生活用水需要而设立的水域。饮用水源区为现状和规划的集中式城镇生活用水供水水源地的水域。水质标准适用《地表水环境质量标准》(GB 3838—2002)Ⅱ～Ⅲ类标准。功能区划分指标包括人口、取水总量、取水口分布等。

划区条件：已有城镇生活用水取水口分布较集中的水域；或在规划水平年内城镇发展设置供水水源区；考虑每个用水户取水量不小于取水许可实施细则规定的取水限额。对于零星分布的一般生活取水口，不将其单独划分成饮用水区，但对特别重要的取水口则应根据需要单独划区。

(2) 工业用水区：为满足城镇工业用水需要的水域。功能区划分指标：包括工业产值、取水总量、取水口分布等。水质标准适用《地表水环境质量标准》(GB 3838—2002)Ⅳ类标准。其受纳污水控制在目标水质的可达性范围之内。

划区条件：现有的或规划水平年内需设置的工矿企业生产用水的取水点集中地；考虑每个用水户取水量不小于取水许可实施细则规定的取水限额。

(3) 农业用水区：为满足农业灌溉用水需要的水域。功能区划分指标：包括灌区面积、取水总量、取水口分布等。功能区水质标准按《地表水环境质量标准》(GB 3838—2002)中的Ⅴ类或优于Ⅴ类标准控制。《农田灌溉水质标准》(GB 5084—92)中严于《地表水环境质量标准》(GB 3838—2002)中Ⅴ类标准的指标，执行《农田灌溉水质标准》(GB 5084—1992)中相应指标值，其受纳污水控制在对农业不造成实质性影响的范围内。

划区条件：主要考虑已有的或根据规划水平年内需要设置的农业灌溉区用水集中取水点水域；考虑每个用水户取水量不小于取水许可实施细则规定的取水限额。

(4) 渔业用水区：指具有鱼、虾、蟹、贝类产卵场、索饵场、越冬场及洄游通道功能的水域，养殖鱼、虾、蟹、贝、藻类水生动植物的水域。功能区划分指标：包括渔业生产条件及生产状况。功能区水质标准按《地表水环境质量标准》(GB 3838—2002)Ⅲ类或优于Ⅲ类标准控制。《渔业水质标准》(GB 116007—1989)中严于《地表水环境质量标准》(GB 3838—2002)Ⅱ～Ⅲ类标准的指标，执行《渔业水质标准》(GB 116007—1989)中相应指标的标准，其受纳污水控制在对渔业不造成实质性影响的范围内。

划区条件：自然条件形成的鱼、虾、蟹、贝、等水生生物的产卵场、索饵场、越冬场及洄游通道；天然水域人工所营造的水生物的养殖场。

(5) 景观娱乐用水区：指以满足景观、疗养、度假和娱乐需要为目的的江河湖库等水域，主要包括度假、娱乐、运动场所涉及的水域、水上运动场、风景名胜区所涉及的水域。功能区划分指标：包括景观娱乐类型及规模。功能区水质标准按《地表水环境质量标准》(GB 3838—2002)Ⅲ～Ⅳ类标准控制，《景观娱乐用水水质标准》(GB 2941—1991)中严于《地表水环境质量标准》(GB 3838—2002)Ⅲ～Ⅳ类标准的指标，执行《景观娱乐用水水质标准》(GB 2941—1991)中相应指标的标准。

划区条件：休闲、度假、娱乐、运动场所涉及的水域；水上运动场；风景名胜区所涉及的水域。

(6) 过渡区：指为使水质要求有差异的相邻功能区顺利衔接而划定的区域。划区指标：包括水质与水量。水质标准按出流断面水质达到相邻功能区的水质要求选择相应的水质控制标准。

划区条件：有双向水流的水域，且水质要求不同的相邻功能区之间。下游用水要求高于上游水质状况。允许上下游间存在过渡区，设定过渡区时应综合考虑过渡区间来水、排污口设置等情况，使上游过渡区起始断面的水质达到下游功能区起始断面的目标水质要求。

(7) 排污控制区：指生活、生产污废水排污口比较集中的水域，所接纳的污废水应对水环境无重大不利影响的区域。划区指标包括排污量、排污口分布。水质标准按出流断面水质达到相邻功能区的水质要求选择相应的水质控制标准。

划区条件：接纳废水中污染物可稀释降解，水域的稀释自净能力较强，其水文、生态特性适宜作为排污区。

实际上，水环境功能区的区划是人们对于水质目标的一种期望，而这种期望只有通过对污染源的控制，包括对陆地和水域的污染源、包括对点源和面源的控制才能实现。水功能区范围是否合理及水功能区的水环境保护目标是否能够实现，需要通过水环境容量和水体纳污能力计算进行可行性分析加以论证。水功能区划可行性分析包括水体纳污能力与污染物排放总量控制规划及水功能区划方案调整两个方面。在污染源控制技术、经济并不占优或难以达到水功能区划对水环境保护目标的要求时，将对初步确定的水功能区划方案进行反馈调整，重新修正水功能区(如缓冲区、排污控制区、过渡区、不同开发利用区等)范围。

5.2.3 水环境功能区划的方法与步骤

水环境功能区划分的目的是提出明确的水质保护目标并最终加以实现。水环境功能区划往往是在流域的层次上进行的。流域的一部分或一个河段不可能单独进行功能区划，因为水环境功能区划不仅涉及某个功能区所在地自身的利益，还与该功能区的上下游发生利益冲突，只有在全流域协调下才能取得实质性的进展。流域的层次越高，水环境功能区划越重要。

水环境功能区划的主要内容包括：分析水环境现状功能，判断水环境现状与功能区要求及潜在功能区要求是否存在矛盾，求得统一；限制排放口所在水域形成的混合区范围，令其合理存在；根据技术、经济可行性推荐水环境保护区方案和优先保护区域。

目前，通常采用系统分析的方法对水环境进行功能区划，如图5-2所示。

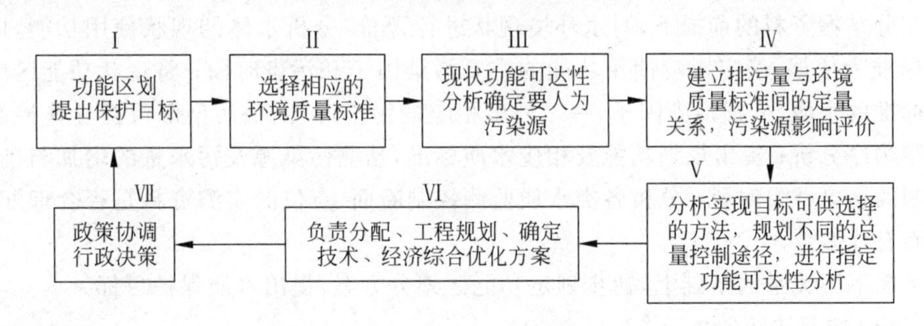

图5-2 确定环境保护目标的系统分析过程图

图5-2中概括了水环境功能区划的过程，其由7个部分组成：

(1) 对环境保护目标进行全面分析，既考虑环境保护的需要，又考虑经济、技术的可行；

(2) 将环境目标具体化为环境质量标准中的数值；

(3) 对功能可达性进行分析，确定引起污染的主要人为污染源；

(4) 建立污染源与水质目标之间的响应关系，将各种污染源排放的污染物输入各类水质模型，以评价污染源对水质目标的影响；

(5) 分析减少污染物排放的各种可能的途径和措施；

(6) 通过对多个可行方案的优化决策，确定技术、经济最优的方案组合；

(7) 通过政策协调和管理决策，最终确定环境保护目标和水环境功能区划分方案。

如果第(6)步所提出的方案不合适，则返回第(1)步，再重复后面的过程。

在功能区划分过程中，并不是机械地套搬上述各阶段，而是根据需要相互穿插，反复进行。设定的目标即使在理论上完全可行，若行政决策发生变化，也需要修改目标。当水体功能明确没有可替代方案时，由定性分析就可以确定功能区，可不经过定量计算，直接进入评价决策。总体来说，水环境功能区划的过程可以概括为"技术准备，定性分析，定量决策，综合评价"四个步骤。划分时要因地制宜，实事求是地进行定性(经验)、半定性(半理论半经验)和定量分析。

第一步：技术准备阶段：包括系统分析，综合调查，搜集基础资料。

(1) 收集和汇总现有基础资料、数据：内容包括区域自然条件调查，如水文、地质、地貌、气候、植被条件等条件，特别是影响水质变化的水文条件，如流量、流速、径流量年内年际变化等；城镇区域发展规划调查，如工业区(新经济区)与农副业区，风景游览区布局与人口分布等；污染源调查，如区域内污染源数量与排放量及排放口位置和污染物种类等；水资源利用现状与分布调查，如水厂位置，各用水部门用水量与水质要求，各用水部门之间，中下游用水是否有矛盾等；水质监测状况调查，如监测点位及断面布置，采样频率与时段等；水利设施调查，如农业排灌、工业生活取水、调水、蓄水、防洪、保持通航水位及水力发电等设施的情况；区域经济发展状况调查，如国民经济各部门的经济效益与发展规划，区域内资源的种类和分布等；水污染现状与管理措施调查，如目前水体水质情况、季节水质变化等；政策和法规调查，如正执行与拟颁布的地方标准或管理条例等。

(2) 确定工作方案：分析现有资料，确定初步划分范围与工作深度；对需要补测的项目，需要制定必要的现场监测方案。

第二步：定性分析阶段

在充分掌握资料的前提下，对水环境现状进行评价，分析水体的现状使用功能，以相应的水质标准为依据，确定影响使用功能的主要污染因子和污染时段；将现状功能区中水质不符合标准的水域，依据污染因子，一一列出相应的污染源，围绕污染源可控性作控制单元优先控制顺序分析；提出规划功能及相应水质标准，预测污染源及污水量的增加与削减，确定应控制的污染严重时段；分析各类水质监测控制断面、点位的实测资料是否合理配套，是否可靠而有代表性。

在考虑下游关系的基础上，初步划定功能区划分方案，提出水质保护目标。

第三步：定量决策阶段

主要解决定性分析中未解决的、需要定量回答的功能可达性分析，混合区范围划定、技术经济评价和方案选择问题。对于水体功能明确无可替代方案供选择，由定性分析即可确定水源保护区，可不进行定量划分。而在需要协调各部门之间关系的基础上直接由各级政府进行决策评价、并正式确定的水源保护区则需要进行定量计算。主要包括：

(1) 确定设计条件：设计条件的确定必须在定量计算前完成，包括设计流量、设计水温、设计流速、设计排污量、设计达标率与标准和设计分期目标。通常需要将随机的、偶然的、多变化特征的自然条件概化为定常的、有一定概率特征的条件，以便在同一自然条件下，对不同的控制方案进行比较，从中选择最优方案。

(2) 建立水质模型，进行功能区水质模拟和环境目标可达性分析。从各类污染物的特性与水环境的水文条件中，综合出几个重要特征(稀释、沉降、转化降解、冲刷悬浮等)建立水质模型。在建立和选用模型时，要考虑不同功能区水域的控制指标，及不同时期的规划进程，同时也要考虑水文水质资料的获得和模型参数的估算、精度等问题。通常采用的模型有：

① 单项污染物控制指标的一般污染模型，如酚、氰、COD等模型；

② BOD-DO复合模型；

③ CBOD、NBOD、DO复合模型；

④ 建立在大量水文、水质监测数据基础上的经验模型等。

应用水质模型计算出各种规划方案下的水质状态，将计算值与水质标准相对比，就可以判断哪些水域可以维持现状使用功能，哪些水域不能维持现状功能以及各种情况下的环境目标的实现程度。

(3) 计算混合区范围。混合区是为排放口排出的污染物提供初始稀释的区域，该区域是一个既不执行废水排放标准，也不执行水质标准的过渡区域。但混合区以外的水质应满足制定功能目标，其范围以不影响鱼类洄游通道和邻近功能区水质或范围为原则。对大多数天然河流而言，多属宽浅型河流，污染物进入河流后在水深方向上很快达到均匀混合，污染物浓度主要在纵向和横向上发生变化。所以要进行比较精确的混合区范围划定、水质预测及负荷量计算，通常采用二维水质模型。

在削减排污量方案费用较高、技术不可行时，为了保证功能区水质符合要求，可考虑改变排污去向至低功能水域，或改变排放方式以减少混合区范围或利用大水体稀释扩散能力。在这些情况下，应进行混合区范围计算。

(4) 优化模型：按水体功能的划分，从满足水质标准的容许排放量出发，分析负荷分配的技术、经济可行性。对功能区达到各个环境目标的技术方案及投资进行可达性分析。对拟定控制污染的比较方案进行投资效益分析，运用各种最优方法求出能够实现环境目标的最佳可行方案。

第四步：综合评价阶段

在定性分析、定量决策结论的基础上形成一个可供实施的、协调各部门意见的方案，还必须经过行政决策和更广泛的方案比较，逐一分析方案实施过程中的若干问题：如改变功能，调整功能区，利用混合区等内容是否可行，是否会有不可挽回的环境影响；提高水环境质量与加强水处理的不同途径的成本效益分析；各专业用水区的水质量是否有更加行之有效的保护方案；通过各种管理制度能否保证污染物削减方案的分步实施；环保目标与负荷分配目标是否合理等。通过对水环境功能区的综合评价，确定切实可行的区划方案，并拟定分期实施方案。

水环境功能区划是时间与空间的函数，随着时空条件的变换，功能区也需要进行相应的调整。例如，由于跨流域调水改变了水域原来的水文条件，也改变了流域的环境容量；污染物排放量对水体的影响在时间和空间上都会发生变化，水环境功能区也随之发生变化；再如，流域的经济发展增强了环境保护的实力，人民生活水平的提高对环境质量的要求也随之提高，都有必要重新修订原先的水环境功能区划。

5.2.4 水环境功能区划案例——太湖流域(浙江)水功能区划

太湖流域(浙江)位于浙江省北部,北邻太湖,与江苏接壤,西与安徽相望,南以钱塘江为界,东与上海相连,总面积 12260km²,该区地势自西向东北倾斜,区内河流纵横交错,东部为平原河网,河港密布,地势地平,西南为低山丘陵。流域内主要有苕溪水系和运河水系。

苕溪水系:苕溪流域位于浙江省西北部,流域地势自西南向东北倾斜,主要山脉有天目山,流域面积 4576.4km²(不包括长兴平原),分属杭州、湖州两市的七个县(市、区)。苕溪分东苕溪、西苕溪两大源流,东苕溪发源于天目山马尖岗南麓,主流长 151.4km。西苕溪发源于天目山脉狮子山的北麓,主流长 139.1km。东西苕溪在百雀塘桥汇合后,由长兜港、机坊港注入太湖。苕溪河长 158km。

运河水系:也称"杭嘉湖东部平原"河网水系,浙江境内流域面积 6481km²。运河水系是以纵横交错的河道形成平原河网水系,流域内地表径流北注入太湖,东注入黄浦江;"南排工程"兴建后有部分水量经由南排工程各排水闸注入钱塘江。该水系范围西以东苕溪导流港大堤——长兜港右岸为界,北以太湖——太浦河南岸为界,东以黄浦江支流斜塘、张泾塘为界,南以钱塘江为界,运河水系浙江省境内河道总长 24600km,河网密度 3.9km/km²,水面面积 633km²。

长兴水系:长兴水系与西苕溪既有联系,又是相对独立的水系,流域面积 1247km²,西北部为丘陵,东南部为濒临太湖的长兴平原,较大的河流有泗安溪、合溪等。

水功能区划方案:太湖流域浙江片区共划分水功能区 281 个,水功能区河长 2856.0km,详见表 5-1:

表 5-1 太湖流域(浙江)水功能区划成果

流域 \ 类别		保护区	保留区	缓冲区	饮用水源区	工业用水区	农业用水区	渔业用水区	景观娱乐用水区	过渡区	合计
苕溪(含长兴平原)	功能区个数	4	10	1	30	14	31	2	5	1	98
	功能区河长/km	52.0	195.5	4.5	220.1	153.2	388.4	9.0	28.1	1.5	1052.3
运河	功能区个数	0	0	14	30	34	71	9	20	5	183.0
	功能区河长/km	0	0	81.8	206.7	326.3	942.2	65.1	139.4	42.2	1803.7
合计	功能区个数	4	10	15	60	48	102	11	25	6	281
	功能区河长/km	52.0	195.5	86.3	426.8	479.5	1330.6	74.1	167.5	43.7	2856.0

(1) 保护区

太湖流域浙江片划分保护区 4 个,河长 52km,占区划河长 1.8%,其中源头水保护区 3 个,分别为:东苕溪临安源头水保护区、余英溪德清源头水保护区、西苕溪安吉源头水保护区,这三条河流上游分别为里畈、对河口、赋石三座大中型水库,不但有防洪、灌溉、发电的功能,而且分别为临安、德清、安吉的饮用水源地。西苕溪主要支流南溪上游有大型水库老石坎水库,同时也为省级龙王山自然保护区,范围 1224hm²,划为南溪安吉龙王山自然保护区。

(2) 保留区

太湖流域浙江片划分保留区 10 个,河长 195.5km,占区划河长的 6.8%,均位于苕溪水系和长兴平原西部山区。这些区域,无论在社会经济发展水平,还是水资源的开发利用程度上，都要低于东部平原区，水质也较平原河流好，这10个保留区是为今后开发利用而预留的水域，是流域水资源的重要补给地。

(3) 缓冲区

太湖流域浙江片划分缓冲区15个，总河长86.3km，占区划河长的3.0%，主要为浙苏边界河流、浙沪边界河流、浙皖边界河流。这些缓冲区是协调省(市)间的用水关系特别是水质关系而设置的。

大小雷山及东部省界一线至西南湖岸为太湖苏浙边界缓冲区，规划目标水质为Ⅱ～Ⅲ类。浙江省的入湖河道根据太湖流域管理局的要求，划了一部分缓冲区。根据区划原则，浙江省入湖河流的目标水质都不低于Ⅲ类标准。

(4) 饮用水源区

太湖流域浙江片划分饮用水源区60个，区划河长426.8km，占区总长的14.9%，主要分布在河流的源头、水库、干流及流经城镇河段。

(5) 工业、农业和渔业用水区

太湖流域浙江片共划分工业用水区48个，区划河长479.5km。农业用水区102个，区划河长1330.6km。渔业用水区11个，区划河长74.1km，分别占区划河长的16.7%、46.6%和2.6%。

(6) 景观娱乐用水区

本区共划分景观娱乐用水区25个，河长167.5km，占区划河长的5.9%，其中湖泊有嘉兴的南湖、嘉善的汾湖、海盐的南北湖、平湖的东湖和杭州的西湖等。

(7) 过渡区

太湖流域浙江片划分过渡区6个，河长43.7km，占区划河长的1.5%，过渡区一般设置在饮用水源区和其他功能区之间或保护区与其他功能区之间。

5.3 水环境容量与水环境保护目标

环境容量是指环境在满足特定功能下对污染的可承载负荷量，反映的是污染物在环境中迁移、转化和积存规律。在实际应用中，环境容量是环境目标管理的基本依据，是环境规划的主要环境约束条件，也是污染物总量控制的关键参数。本节主要介绍环境容量中水环境容量这一领域的基本概念及理论。

5.3.1 水环境容量

1. 水环境容量的定义

水环境容量是指一定水体在满足特定功能不受破坏下对污染物的可承载负荷量，反映的是污染物在水环境中的迁移、转化和积存的规律。通常将在给定水域范围和水文水力条件、给定排污地点与方式、给定水质标准等条件下，水域的允许纳污量(或排污口最大排放量)拟作水环境容量。在实际应用中，水环境容量是水环境目标管理的基本依据，是水环境规划的重要环境约束条件，也是污染物总量控制的关键参数。水环境容量是制定地方性、专业性水域排放标准的依据之一，环境管理部门利用它确定在固定水域允许排入污染物的数量。水环境容量的确定是水污染实施总量控制的依据，是水环境管理的基础。

理论上,水环境容量是水体自然特征参数和社会效益参数的多变量函数,可用函数关系表达为

$$W_c = f(C_p, S, S', Q, Q_E, t) \tag{5-1}$$

式中,W_c 为水环境容量或允许纳污量;C_p 为水体中污染物的背景浓度;S 为水质标准;S' 为距离;Q 为水体流量;Q_E 为排污流量;t 为时间。

从函数表达式中可以看出,水体的环境容量与水域特征、环境功能要求和污染物特性等有着密切的关联。

(1) 水域特征。水域特征是确定水环境容量的基础,主要包括:几何特征(形状、大小)、水文特征(流量、流速、水温等)、化学性质(pH、硬度、各种化学元素的背景值)、物理自净能力(挥发、稀释、扩散、沉降、吸附等)、化学自净能力(水解、氧化还原、中和等)、生物降解(生物氧化、水解、光合作用等)。显然,这些自然参数决定着水体对污染物的稀释扩散能力和自净能力,从而决定着水环境容量的大小。

(2) 环境功能要求。水体对污染物的纳污能力是相对于水体满足一定的使用功能而言的。我国各类水域一般都划分了水环境功能区,不同的水环境功能区提出不同的水质要求,允许存在于水体中的污染物的数量也大不相同。不同的功能区划,对水环境容量的影响很大:水质要求高的水域,水环境容量小;水质要求低的水域,水环境容量大。

(3) 污染物特性。不同污染物本身具有不同的物理化学特性和生物反应规律,水体对污染物的自净作用自然也各有不同。另外,不同类型的污染物对水生生物的毒性作用及对人体健康的影响程度不同,允许其存在于水体中的污染物数量自然也不同。所以,针对不同的污染物同一水体有不同的水环境容量。同时,各种污染物之间又可能具有一定的相互联系和影响,提高某种污染物的环境容量可能会降低另一种污染物的环境容量。

(4) 排污方式。水域的环境容量与污染物的排放位置与排放方式有关。一般来说,在其他条件相同的情况下,集中排放的环境容量比分散排放小,瞬时排放比连续排放的环境容量小,岸边排放比河心排放的环境容量小。

如此看来,水环境容量是在污水与水体理想的混合情况下所获得的污染物排放量。一般情况下,污染物的排放不可能在水体中均匀分布,也就是说,水体的环境容量不可能被完全利用,在部分水体被用于接纳污水时的污染物排放量称为水体的纳污能力。在这个意义上来看,水体的纳污能力一般小于水环境容量。

2. 水环境容量的特征

水环境容量具有以下三个基本特征。

(1) 资源性。水环境容量是一种自然资源,其价值体现在对排入污染物的缓冲作用,即容纳一定量的污染物也能满足人类生产、生活和生态系统的需要,但水域的环境容量是有限的可再生自然资源,即在一定的条件下,水环境质量能够具有自我修复的能力。利用水环境容量对污染物的缓冲作用,水体中即使具有一定的污染物也能满足人类的需要,可以部分代替人工污水处理,减轻污水处理负担,从而降低了水污染治理的费用。但是,水环境容量又是一种有限的资源,是可以被耗尽的,不能滥加开发利用。因为水环境对于污染物的稀释、迁移和净化主要靠自然力的作用,其人工可调性是很微弱的。一旦污染负荷超过水环境容量,其恢复将十分缓慢与艰难。

(2) 时空性。水环境容量具有明显的时空内涵。空间内涵体现在不同区域社会经济发

展水平、人口规模及水资源总量、生态、环境等方面的差异，使资源总量相同时不同区域的水体在相同时间段上的水环境容量并不相同。时间内涵表现在同一水体在不同时间段的水环境容量是变化的，水质环境目标、经济及技术水平等在不同时间可能存在差异，从而导致水环境容量的不同。由于各区域的水文条件、经济、人口等因素的差异，不同区域在不同时段对污染物的净化能力存在差异，这导致了水环境容量具有明显的地域和时间差异的特征。

(3) 系统性。水环境具有自然属性，河流、湖泊等水域一般处在大的流域系统中，水域与陆域、上游与下游、左岸和右岸构成不同尺度的空间生态系统，因此，在确定局部水域水环境容量时，必须从流域的角度出发，合理协调流域内水域的水环境容量。同时，水环境容量也具有社会属性，牵涉经济、社会、环境、资源多个方面，各个方面彼此关联、相互影响。水环境是一个复杂多变的复合体，水环境容量的大小除受水生态系统和人类活动的影响外还取决于社会发展需求的环境目标。因此，对其进行研究，不应仅仅限制在水环境容量本身，而应将其与经济、社会、环境等看作一个整体进行系统化研究。

3. 水环境容量分类

(1) 按水环境目标分类

按水环境目标的不同可将水环境容量分为自然水环境容量、管理水环境容量和规划水环境容量。

自然水环境容量以污染物在水体中的基准值为水质目标，以水体的允许纳污量作为自然水环境容量。基准值是环境中污染物对特定对象(人或其他生物)不产生不良或有害影响的最大剂量或浓度，即基准值由污染物和特定对象之间的剂量反应关系确定。自然水环境容量反映了水体和污染物的客观性质，反映水体以不造成对水生生物和人体健康不良影响为前提的污染物容纳能力，与人们的意愿无关，不受人为社会因素的影响，具有一定的客观性。

管理(或规划)水环境容量是以污染物在水体中的标准值为水质目标，则水体的允许纳污量成为管理环境容量；当以水污染损害费用和治理费用之和最小为约束条件，所规划的允许排向水体的排污量，称为规划环境容量。

(2) 按污染物降解机制分类

按照污染物降解机理，水环境容量可划分为稀释容量和自净容量两部分。

稀释容量。污染物进入天然水体后，在一定范围内污染物与天然水体相互混掺，污染物浓度由高变低，显然，天然水体对污染物具有一定的稀释能力。水体的这种通过物理稀释作用所能容纳污染物的量称为稀释容量。只要有稀释水量，就存在稀释容量。

自净容量。水体通过沉降、生化、吸附等物理、化学和生物作用，对水体内的污染物所具有的降解或无害化能力，即表征为自净容量。若污染物是易降解有机物，则自净容量又称为同化容量。只要污染物有衰减系数，就存在自净容量，即使在污水中也是如此。

(3) 按可再生性分类

可再生性是指水体对污染物的同化能力，而水体的稀释、迁移、扩散能力则属于非再生性能力。按照可再生性分类，水环境容量可分为可更新容量和不可更新容量。

可更新容量指水体对污染物的降解自净容量或无害化容量(如耗氧有机物水环境容量就是可更新容量)，通过污染物降解，环境容量可以不断再生，如果控制和利用得当，又是可以永续利用的水环境容量。我们通常所说的利用水体的自净能力，就是指这部分可更新容量。但是，可更新容量的超负荷开发利用，同样会造成水环境污染，因此要合理利用这一部分水环境容量。

不可更新容量指在自然条件下,水体对不可降解或长时间内只能微量降解的污染物所具有的容量。这部分环境容量的恢复只表现在污染物的迁移、吸附、沉积和相的转移,在大环境水体中的总数量不变,如重金属和许多人工合成有毒有机物的水环境容量。对部分容量应立足于保护,不宜强调开发利用。

(4) 按污染物性质分类

按污染物性质分类可将水环境容量分为耗氧有机物水环境容量、有毒有机物水环境容量及重金属水环境容量等。

耗氧有机物水环境容量又称为易降解有机物水环境容量,耗氧有机物指那些能够被水体中的氧、氧化剂或微生物氧化分解变成简单的无毒物质的有机物,即能够比较容易被水体自净同化的有机物,例如 BOD、酚等。这类有机物显然有较大的水环境容量,通常所说的水环境容量主要指这一部分容量。

有毒有机物水环境容量又称为难降解有机物水环境容量。这类有机物指人工合成的毒性大、不易降解的有机物,例如有机氯农药、多氯联苯等合成有机物,它们的化学稳定性极高,在自然界中完全分解所需的时间长达 10 年以上。有毒有机物水环境容量的特点是同化容量甚微,一般只考虑稀释容量。这类污染物主要应采取源头控制的方法,应慎重开发利用它们的水环境容量。

重金属水环境容量。重金属进入水体后可被稀释到阈值以下,从这个角度讲,重金属有水环境容量。但是,重金属属于持久性污染物质,在水体中只存在形态变化与相的转移,不能被分解。所以,重金属没有同化容量,这类污染物不论排放去向和方式如何,均应进行严格的污染源控制。

(5) 按可分配性分类

水环境容量按可分配性分为可分配容量和不可分配容量。在自然水体中,点源、面源、自然污染源等对水体中的总污染负荷都各有贡献,都要占用相应的水环境容量。但是自然源非人为所能控制,因而所占用的环境容量也就不可再分配使用。在目前的控制条件下,面源污染控制往往也需要花费很大的财力、物力及很长的时间,因而其所占用的环境容量也可看作难以分配使用的。点源实际上也不是全部都能控制改变,可控制的污染物主要是点源中的工业污染源和部分生活污染源。这种可控污染物所占用的环境容量即是可分配环境容量,反之,则为不可分配环境容量。总量控制负荷分配中实际可使用的容量只有可分配环境容量。

4. 水环境容量的计算

水环境容量的确定,要遵循以下两条基本原则:一是保持环境资源的可持续利用。要在科学论证的基础上,首先确定合理的环境资源利用率,在保持水体有不断的自我更新与水质修复能力的基础上,尽量利用水域环境容量,以降低污水治理成本。二是维持流域各段水域环境容量的相对平衡。影响水环境容量确定的因素很多,筑坝、引水,新建排污口、取水口等都可能改变整个流域内水环境容量分布。因此,水环境容量的确定应充分考虑当地的客观条件,并分析局部水环境容量的主要影响因素,以利于从流域的角度,合理调配环境容量。

通常情况下,水域的环境容量计算可以按照以下 6 个步骤进行:

(1) 水域概化。将天然水域(河流、湖泊水库)概化成计算水域,例如天然河道可概化成顺直河道，复杂的河道地形可进行简化处理，非稳态水流可简化为稳态水流等。水域概化的结果，就是能够利用简单的数学模型来描述水质变化规律。同时，支流、排污口、取水口等影响水环境的因素也要进行相应概化。若排污口距离较近，可把多个排污口简化成集中的排污口。

(2) 基础资料调查与评价。包括调查与评价水域水文资料(流速、流量、水位、体积等)和水域水质资料(多项污染因子的浓度值)，同时收集水域内的排污口资料(废水排放量与污染物浓度)、支流资料(支流水量与污染物浓度)、取水口资料(取水量，取水方式)、污染源资料等(排污量、排污去向与排放方式)，并进行数据一致性分析，形成数据库。

(3) 选择控制点(或边界)。根据水环境功能区划和水域内的水质敏感点位置分析，确定水质控制断面的位置和浓度控制标准。对于包含污染混合区的环境问题，则需根据环境管理的要求确定污染混合区的控制边界。

(4) 建立水质模型。水环境容量的计算通常通过使用各类水质模型来获得。由于环境容量受到地形地貌、气象、水文条件等的影响，这些水质模型都比较复杂。但在研究的水体固定后，其地形地貌条件的变化都不大，水文条件变化一般也具有一定的规律，因而水质模型通常被简化为一个黑箱，用输入响应关系来描述水环境容量。在多数情况下，由于可以很方便地单独求稀释容量，也可以很方便地得到水体的自净容量，从水质管理的实用要求出发，将二者相加，即可得到与水质模拟方法计算的水域容许纳污量精度相近的结果。因此，水环境容量的计算在使用水质模型与模拟技术，简化输入响应模型之后，又可以进一步简化为分别求算水域的稀释容量和自净容量。这样就大大简化了水环境容量的计算。根据实际情况选择建立零维、一维或二维水质模型，在进行各类数据资料的一致性分析的基础上，确定模型所需的各项参数。

(5) 容量计算分析。应用设计水文条件和上下游水质限制条件进行水质模型计算，利用试算法(根据经验调整污染负荷分布反复试算，直到水域环境功能区达标为止)或建立线性规划模型(建立优化的约束条件方程)等方法确定水域的水环境容量。

(6) 环境容量确定。在上述容量计算分析的基础上，扣除非点源污染影响部分，得出实际环境管理可利用的水环境容量。

5.3.2 水环境保护目标

环境保护目标是流域水环境规划的出发点与归宿，是通过一系列环境保护指标来体现的。水环境目标通常包括水资源保护目标和水污染综合防治目标，这是由于水质与水量是辩证统一的关系，水量大，水体的环境容量增大，不易造成严重污染，水质较易保证；污染物持续过量地排入水体，水遭受污染，水质下降，可用水资源量也随之减少。自然生态系统和人类社会需要的水质和水量两者之间是辩证统一的。水质好，水量不足；或水量虽大，但水质恶劣，都会引起生态破坏，无法保证人类经济和社会的可持续发展。所以，有些专家提出“开清之源与节污之流”要并举，也就是说水污染综合防治，不能只着眼于污染的防和治，还要与合理开发利用和保护水资源并重。

1. 确定水环境目标的依据

制定水环境目标的依据包括：国家的法规、标准；国家重点流域的水污染防治规划；规划区域的区位及生态特征；流域经济、社会发展的需求及经济技术发展的实际水平等。

2. 建立水环境目标指标体系

(1) 设计指标体系框架

根据水质水量辩证统一的指导思想和污染防治与生态保护并重的方针,水环境目标及其相关指标组成的指标体系应包括水环境质量指标、水资源保护及管理指标、水污染控制指标及环境建设及环境管理指标等内容。

① 水环境质量指标是指标体系的主体。水环境质量目标是依据水体功能分区,执行相应的国家环境质量标准,在此基础上,结合规划的具体要求,确定各水域的主要水质指标。除此之外,还要以功能区环境容量为基础,确定水域内可接受的某种污染物的总量。总量控制目标是制定流域污染控制规划的基础,是水体水质目标得以实现的保证。水环境质量目标主要有:COD、NH_3-N、高锰酸盐指数、氟化物、石油类等单项水质指标、饮用水水质达标率、地表水达到水质标准的类别、达标率等。

② 水资源保护及管理指标主要有:万元 GDP 用水量,万元 GDP 用水量年均递减率,万元工业产值用水量年均递减率,农田节水灌溉工程的比重(已建节水工程的农田占农田灌溉总面积的百分比)、水资源循环利用率(%)、水资源重复利用率(%)、水资源过度开发率、地下水超采率(%)等。

③ 水污染控制指标主要有:工业废水排放量,主要水污染物排放量,如 COD、NH_3-N、T-P、重金属、石油类等污染物的排放量,工业废水处理率,工业废水排放达标率等。

④ 环境建设及环境管理指标主要有:城镇供水能力(t/d)、城镇排水管网普及率(%)、城镇污水处理率、水源涵养体系完善度、水资源管理体系完善度、水资源保护投资占 GDP 的百分比(%)、水污染防治投资占 GDP 的百分比(%)、水环境保护法规标准执行率(%)、公众对环境的满意率、环境保护宣传教育普及率等。

(2) 参数筛选及分指标权值确定

参数筛选是根据指标体系框架的四个方面,参照国家提出的有关水污染防治的指标,结合本地区的实际情况,提出供筛选的多个参数(分指标);通过专家咨询或邀请有关部门负责人开专题讨论会等形式,筛选参数确定分指标。数目不宜过多,一般在 20~25 个,并符合下列原则:①各项分指标既有联系又有相对独立性,不能重叠;②每项指标都要有代表性、科学性;③各项分指标能组成一个完整的指标体系;④便于管理和实施。

权是秤锤的意思,分指标的权值表明了分指标在整个指标体系中的重要程度。对于水环境质量影响较大的指标赋予较大的权值。可以在参数筛选的同时,通过专家咨询或专题讨论,根据各项分指标的相对重要性排序,确定各项分指标的权值。

各项分指标及其权值确定后,即可按照设计的指标体系框架组成指标体系。指标体系的综合评分一般采取百分制,即各项分指标都达到满分时,分指标之和是 100 分。该综合分值可以反映出区域的水环境质量综合水平。

3. 分期控制目标的确定

建立了指标体系即确定了水环境规划的范围、组成和重点,在此基础上还要确定各项分指标的控制水平,才能表述实施规划所要达到的各规划时期的具体奋斗目标。在这项工作中,主要是按水环境功能区划确定水环境质量目标。再根据水环境质量目标,确定主要水污染物的允许排放量。虽然排污量越少对于水环境保护越有益,但快速削减排放量会加大污染控制费用，可能使经济难以承受，为了达到经济环境效益的持续发展，通常的做法是运用经验判断法或费用-效益分析法，找出允许排放量的最佳控制水平。

5.4 流域水污染控制规划

流域水环境规划和污染治理是一个需要多环节控制的长链系统过程。在水环境容量与污染物允许排放总量确定后，如何建立和选择既满足水环境功能水质目标，又兼顾经济目标和社会目标的水污染防治方案，成了水环境规划的关键。水污染治理必须从城市水污染源头负荷削减控制、污染物高效收集和输送控制、污水和污泥处理和处置、水环境整治和生态修复以及相关各环节的监测、预警、评价和管理等过程加以控制。

5.4.1 水污染控制的技术措施

水环境污染整治的途径大致为：源头控制，减少污染物排放负荷；提高或充分利用水体的自净能力；末端治理措施及水资源的保护和开发技术。

1. 源头控制，减少污染物的排放负荷

污染减排是调整经济结构、转变发展方式、改善环境质量、解决区域性环境问题的重要手段。规划期间，继续强化污染减排，加大落后产能淘汰力度，促进经济发展模式转变，是改善流域水环境的重要手段。

(1) 清洁生产

清洁生产(cleaner production)在不同的发展阶段或者不同的国家有不同的叫法，如“废物减量化”、“无废工艺”、“污染预防”等。但其基本内涵是一致的，即对产品和产品的生产过程、产品及服务采取预防污染的策略来减少污染物的产生(详细内容见第 11 章)。

实施清洁生产的途径很多，其中包括：不断改进设计；使用清洁的能源和原料；采用先进的工艺技术与设备；综合利用；从源头削减污染，提高资源利用效率；减少或者避免生产、服务和产品使用过程中污染物的产生和排放，必要的末端治理及加强管理等。在水环境规划中，拟采取的详细的清洁生产措施要根据具体的规划对象来确定，如改革生产用水工艺，降低耗水定额，提高循环用水率，对用水大户要采用节水型工艺设备，形成节水型工艺体系，利用工业废水和生活污水代替新鲜水，大力发展二次水回用技术，缓解用水矛盾。严禁规划和建设高耗水、重污染项目。加强重点企业的清洁生产审核及评估验收，把清洁生产审核作为环保审批、环保验收、核算污染物减排量的重要因素，提升清洁生产水平。化工、冶金、造纸、酿造、石油、印染等行业以及有严重污染隐患的企业应实行严格的清洁生产审核。

(2) 节水

节约用水，减少新鲜水耗量，提高水的重复利用率是源头控制的重要手段之一。

① 工业节水。城市是工业的主要集中地，在我国城市用水量中工业用水量占 60%～65%。工业用水量大、供水比较集中，节水潜力相对较大且易于采取节水措施。因此，工业用水是城市节约用水的重点。我国工业用水效率的总体水平还较低，目前，我国万元工业增加值取水量是发达国家的 3.5～7 倍。企业之间单位产品取水量相差甚殊，一般相差几倍，有的达十几倍，个别的甚至超过 40 倍。减少工业用水量不仅意味着可以减少排污量，而且还可以减少工业用新鲜水量。因此，发展节水型工业不仅可以节约水资源，缓解水资源短缺

和经济发展的矛盾,同时对于减少水污染和保护水环境也具有十分重要的意义。一般而言,工业节水可分为技术性和管理性两类。其中技术性措施包括:一是建立和完善循环用水系统,其目的是为了提高工业用水重复率。用水重复率越高,取用水量和耗水量也越少,工业污水产生量也相应降低,从而可大大减少水环境的污染,减缓水资源供需紧张的压力。二是改革生产工艺和用水工艺,其中主要技术包括:采用省水新工艺或采用无污染或少污染技术等。

陈庆久等学者提出工业节水的两个评估指标:工业取水量和工业节水指数。

工业取水量是一个地区或城市的各工业行业结构系数与参考万元产值取水量的乘积的代数和。该指标是基于某个工业行业参考万元产值取水量而定的一个万元产值取水量,该万元产值取水量的大小取决于被评价地区或城市的工业结构。

工业节水指数是用于比较一组城市相互之间工业节水水平的相对指标,定义为某城市的工业取水量与所比较城市组平均的工业取水量之比值。工业节水指数反映了评价对象的工业结构与平均工业结构对工业用水的影响程度的差距。当工业节水指数大于1时,表示该城市工业结构节水水平低于对比标准;当工业结构节水指数小于1时,表示该城市工业结构节水水平高于对比标准。

② 农业节水。农业是水资源消耗大户,农业也是面源污染的大户。农业节水不仅有利于农业生产的发展,也有利于水环境保护。农业节水的措施很多,可以归纳为两个方面:改变种植结构,改进灌溉方式和灌溉技术。据统计,$1hm^2$ 水稻田的灌溉用水量是 $10000m^3/a$ 左右,$1hm^2$ 小麦灌溉用水量大约是 $5000m^3/a$,种植玉米的灌溉用水量是水稻的1/4～1/3。很显然,在水资源紧缺地区调整农作物种植结构是节水的有效措施。

灌溉技术随着农业的现代化不断发展变化。传统的漫灌、沟灌、畦灌逐渐发展为管灌、滴灌、喷灌、微喷等。其中管灌可节水20%～30%,喷灌可节水50%,微灌可节水60%～70%,滴灌和渗灌可节水80%以上,而且有利于提高农业机械化。除去灌溉条件的改进与革新,在灌溉技术上也有许多进步,例如,推广水稻种植的"湿润灌溉"制度和"薄露灌溉"技术,可以做到节水、节能、增产。

2. 提高或充分利用水体自净能力

自然界各种水体都具有一定的自净能力,如果在减少污染物排放的同时,积极采取措施,提高水体的自净能力,将更有利于水资源的保护和利用。

(1) 人工复氧

河内人工复氧(artificial instream aeration)是改善河流水质的重要措施之一。人工复氧是通过人工控制的方法借助机械设备来提高河水中的溶解氧含量来恢复水体环境生态功能、改善水质的一种水处理技术,在溶解氧含量较低的河段采用此方法尤为见效。20世纪60年代起,人工复氧强化技术就被应用于河道治理。国内外的运行表明,在污染河道中进行人工曝气复氧能改变污染水体感官的黑臭状况,使河道上层底泥中还原性物质被氧化降解。曝气能在河底沉积物表层形成一个以兼性菌及好氧菌为主的生态环境,并使沉积物表层具备了好氧菌生长刺激的条件,从而能在较短时间内降低水体中有机污染物,提高水体溶解氧,增强水体的自净作用,使水体水质得到有效改善。欧美国家的成功经验和我国已经开展的一些试验结果表明,人工复氧是治理河流污染的一种有效的工程措施。

近年来，北京、上海等城市进行了一定规模的河道人工曝气复氧试验。研究结果表明：即使严重黑臭的水体，在有氧条件下20h后臭味基本消除，水体颜色明显改观，COD_{Cr}、BOD_5都有大幅度(30%～50%)降低。无疑，通过人工复氧，可以使天然水体逐步恢复自然的生态功能，自净能力得到较大的提升。

人工复氧技术的最大优点是见效快，在运行短期内可消除河水的黑臭，提高水体透明度，恢复水体感官的视觉和嗅觉功能。但该技术的缺点也很突出，复氧设备影响河道的景观功能；设备运行时噪声较大，单台曝气机的噪声达80dB；电耗高；河道流动性差，导致河道的自然复氧能力受到限制等问题。

(2) 污水调节

在河流同化容量低的时期(如河流枯水期)用蓄污池将污水暂时蓄存起来，待河流的纳污容量高的时候(如河流丰水期)将其有序排放，该方法更合理地利用了河流的同化容量，从而提高了河流的枯水期水质，这项措施称为污水调节。污水在存蓄的过程中，还可以利用原水中的微生物实现一部分有机物的降解。污水调节法的主要费用集中在修建蓄污池的基础费用上，若有现成的坑塘，则费用更为低廉。但该方法的缺点也很突出：污水量较大的情况下，蓄污池需要的占地面积相对较大，处置不当极易造成蓄污池周边土壤及地下水的污染，且存放有机物含量较高的污水极易产生恶臭污染。

(3) 河流流量调控

很多河流的径流量年内分配不均，枯水期与丰水期的流量差异较大，流量小的枯水期期间水质严重恶化，欲达到水质目标则需对排入河流的污水进行较深度的处理。而在流量较大的丰水期，河流的环境容量得不到充分的利用，造成了河流自净能力的浪费，与枯水期的自净能力不足形成鲜明的对比。因此，就这类河流而言，通过利用水利设施有效地控制河流的丰水期、枯水期的流量变化，可以达到改善枯水期水质的目的，这项措施称为河流流量调控。

以浑河为例，每年枯水期浑河沈阳段的天然流量仅为$5.0m^3/s$左右，而沈阳市城区废水量则达$17m^3/s$左右，很显然进入浑河的污水量大于浑河天然水量，所以河流不存在对废水的混合稀释能力。按浑河沈阳城区段水域功能分区和水质控制目标，该河段水质应达到地面水Ⅳ类水质标准。但由于枯水期浑河流量远远小于污水量，即使经过城市污水处理厂处理后的废水COD达60mg/L，也不能保证浑水河实现Ⅳ类水体控制目标，唯一办法是增加浑河沈阳段枯水期流量，通过利用上游的大伙房水库在枯水期适当放流，以保证浑河沈阳段能够达到相应的控制目标。

实行流量调控可利用现有的水利设施，也可新建水利工程。利用现有的水利工程是行之有效的方法，但必须要对水利工程项目因提高河流枯水流量而造成的损失进行预估，这部分的费用主要来自于放流水量用于其他有益用途的收益的相对减少量。而对于新建水利工程，进行经济论证时，除考虑实现控制水质的环境收益外，还应同时考虑水利设施所具备的防洪、发电、灌溉和娱乐等多方面的功能。

3. 末端治理

末端治理(end-of-pipetreatment)是指在生产过程的末端，针对产生的污染物开发并实施有效的治理技术。末端治理在环境管理发展过程中是一个重要的阶段，它有利于消除污染事件，也在一定程度上减缓了生产活动对环境的污染和破坏趋势。不过，随着时间的推移、工业化进程的加速，末端治理的局限性也日益显露。首先，处理污染的设施投资大、运行费用高，使企业生产成本上升，经济效益下降；而且，末端治理往往不是彻底治理，而是污染物的转移，如废水集中处理产生大量污泥，虽然污染物从水中得到了去除，却并没有根除污染，只是实现了从水中到泥中的转移。

1）末端治理途径

虽然末端治理有很多弊端，但依然是我国主要的污染物控制措施，操作起来主要有以下两种途径。

（1）浓度控制法

浓度控制是对人为污染源排入环境的污染物浓度作限量规定，以达到控制污染源排放量的目的。其优点是直观简单，可操作性强，易于检查和管理；最大的缺点是不能从环境质量需要出发，而是在浓度控制约束下，从排污者到环保部门关心的只是污染物排放的达标率，其结果是污染物虽然达标排放，但环境并未得到改善或控制。浓度控制是我国沿用了几十年的水污染控制手段，在水环境污染控制过程中发挥了重大作用。但实践表明，随着我国国民经济的发展和环境问题的日趋严峻，浓度控制已不能满足水污染控制的需要，在实际工作中出现几大问题：

① 单独的浓度控制只能控制单一排放源的排放浓度，并不能限制排入环境的污染物总量。当某种污染物浓度较高时，通过稀释的方法即可达到达标排放的目的，而排放到环境中的污染物总量并未减少，并浪费了大量的稀释水。

② 浓度控制并未考虑区域环境的现状，如在排放源密集的区域，即便单个污染源均浓度达标排放，整个区域总的排放量依然会使水质下降超过相应的标准。

③ 浓度控制法未考虑受纳水体的纳污能力，有些流域自净能力强有较大的纳污能力，而有些流域的环境容量很小，即便达标排放也会造成水体环境质量的恶化。

尽管如此，由于我国各地经济技术不均衡，浓度控制法依然是重要的排污控制手段之一。在环境质量较好地区，污染源达标排放可以达到环境质量要求时，可以实施浓度控制。

（2）总量控制法

总量控制是指在污染严重、污染源集中的区域（流域）或重点保护的区域（流域）范围内，在研究确定其环境容量或最大允许纳污量的基础上，通过合理的分配方式将其分配到各排污源，并采取有效措施把该区域（流域）的污染物排放总量控制在环境容量或最大允许纳污量之内，使其达到预定环境目标（水功能区要求的水质目标）的一种控制手段。总量控制方法解决了实施浓度控制时污染源虽达标排放而排污总量超过环境容量的问题。

针对"总量"的不同特点可将总量控制分为三种不同的类型：目标总量控制、容量总量控制、行业总量控制。

① 目标总量控制：目标总量控制是以排放控制为基点，把允许排放总量控制在管理目标规定的污染负荷削减率范围内，即目标总量控制的总量是基于污染源排放的污染物不能超过人为规定的管理上所能达到的允许限额。该方法的特点在于目标明确，可通过行政干预的方法，对控制区域内的污染治理水平的投入代价及产生的效益进行技术经济分析，以此来确定污染负荷的削减率，并将其分配给各污染源。目标总量控制主要适用于一些排污负荷较大，水质较差，并且受经济技术条件的制约，近期内又达不到远期水质功能目标的污染控制区域，实现区域水环境的渐近改良，以改善其水环境状况，也适用于已经达到水环境功

能目标的污染控制区域，用于继续改善水环境质量。

② 容量总量控制：容量总量控制是以环境质量标准为控制基点，从污染源可控性、环境目标可达性两个方面进行总量分配，即基于受纳水体中污染物不超过水质标准所允许的排放限额。该方法的特点是可以把水污染控制管理目标与水质目标紧密联系在一起，通过计算得到的水环境容量值来推算受纳水体的纳污量。容量总量控制可用于确定总量控制的最终目标，也可作为总量控制阶段性目标可达性分析的依据。它主要适用于水质较好、污染治理技术水平以及经济水平较强，同时管理水平又较高的污染控制区域，可直接作为现实可行的总量控制技术路线加以推行。

③ 行业总量控制：行业总量控制是以能源、资源合理利用以及“少污”“少废”工艺的发展水平为控制基点，从最佳生产工艺和实用处理技术两个方面进行总量分配。它是从生产工艺出发，规定能源资源的输入量，以及污染物产生量，使水污染物排放总量限制在管理目标所规定的限额内。该方法的特点是把污染控制与生产工艺的改革及资源能源利用紧密联系起来，并可通过行业污染物水平控制逐步将污染物限制在生产过程中。行业总量控制主要适用于一些生产工艺比较落后，资源和能源的利用率均偏低，且浪费严重，应及时加大改革生产工艺的区域，以减少经济投入和污染物的产出与水环境质量的改善。

我国的总量控制管理是以污染物目标总量控制为主、容量总量控制和行业总量控制为辅的水质管理技术体系。在“九五”和“十五”期间，污染物排放总量控制的理论及应用技术不断得到深化与拓展，确定了“九五”期间污染物排放总量控制指标，标志着我国污染控制由浓度控制进入总量控制阶段，基于该技术管理体系，我国分别制定了“三河三湖”、南水北调、三峡库区、渤海等区域的水污染防治规划。实践证明，该项措施对于我国水污染物排放控制和缓解水质急剧恶化的趋势发挥了积极有效的作用。

(3) 双轨制控制法

双轨制控制法是将浓度控制和总量控制结合在一起的管理方式，针对不同控制单元，或同一控制单元中不同的污染物和污染源，分别实行浓度控制和总量控制；也可根据水文特征，在不同水文期分别实行浓度控制和总量控制。实行双轨控制可以更加有效地控制污染源排放量，真正起到保护环境质量的作用。双轨制控制模式是目前我国水环境管理体制过渡阶段的产物，其主要内容如下：

① 就控制单元来讲，易降解超容量排放的污染物实行总量控制，其他仍实行浓度控制；

② 控制单元内主要可控污染源(通常是污染负荷占可控污染源总负荷85%以上)实施总量控制，其他规模小、分布散及不容易控制的污染源实施浓度控制；

③ 实施总量控制的排污单位，对纳入总量控制的污染物实施总量控制，其他污染物及应控制在车间或处理装置出口的综合污水排放标准规定的第一类污染物实施浓度控制。

2) 末端治理的技术措施

水污染防治技术是实施水污染控制规划的重要保障。由于水污染的形式和污染物的类型多种多样，水污染防治技术也必然多种多样。任何一种处理方法都难以达到完成净化的目的，一般需要一种或几种处理方法的组合处理系统，才能达到处理的要求。水污染治理技术包括：污水的物化处理技术、生物处理技术、自然处理技术和各种各样的工业废水处理技术。在水污染控制中，要因地制宜地选择和运用各种适宜手段，达到综合治理的目的。

废水处理流程的组合，一般遵循先易后难、先简后繁的原则，先去除大块垃圾和漂浮物质，然后再依次去除悬浮固体、胶体物质及溶解性物质。即首先使用物理法、然后再使用化学法或物化和生物处理法。废水的处理按程度不同，常分为一级、二级和三级处理，一级处理主要是用物理或化学的方法去除污水中呈悬浮状的固体性污染物和调节废水的pH值，是二级的预处理。二级处理主要是用生物法或化学混凝法去除污水中呈胶体和溶解状态的有机污染物质，出水一般能达到国家废水排放标准。三级处理亦称深度处理，即用物理化学方法、生物法或化学法去除难以生物降解的有机物和无机磷、氮等可溶性污染物。

自然处理技术是利用自然生态系统的净化能力来净化污水的方法。湿地能净化污水，是自然环境中自净能力很强的区域之一。它利用自然生态系统中的物理、化学和生物的三重协同作用，通过过滤、吸附、共沉、离子交换、植物吸收和微生物分解来实现对污水的高效净化。

人工湿地中利用土地进行污水净化的系统称为土地处理系统；利用人工水体净化污水的系统称为氧化塘(稳定塘)。植物是人工湿地中净化污水的主力军，根据主要植物形式可分为浮生植物系统、挺水植物系统、沉水植物系统。浮水植物主要用于氧化塘中有机物和N、P的去除，沉水植物则用于氧化塘的精处理。

基建和运行费用低、附加构筑物少、管理相对简单，是土地处理系统的优势。土地处理系统的投资大体为污水二级处理厂的1/3～1/2，运行费用仅为1/10～1/5。土地处理系统的电耗为0.02～0.07kW·h/m^3，为二级处理的13%～14%。土地处理系统的出水可以作为中水资源，根据不同的用水标准分别加以利用，而且土地处理系统运行过程中，植物对污水的水分和水中的污染物都加以利用，其本身就是对污水资源的有效利用。污水地下回灌是一种利用土地处理技术实现污水间接回用的方法，国外污水农灌应用很多，以色列污水处理后42%用于农灌，美国用于农业灌溉回用污水总量约为58亿m^3/a，占回用水总量的62%。

氧化塘亦称生物塘或稳定塘，是一种利用池塘净化能力对污水进行处理的构筑物的总称。以污水处理为目的的氧化塘按照塘内微生物的类型和供养方式可以分为好氧塘、兼氧塘、厌氧塘和曝气塘四类。好氧塘一般深度较浅，小于0.5m。塘内存在着细菌、原生动物和藻类，由藻类的光合作用和风力搅动提供溶解氧，好氧微生物对有机物进行降解。兼性塘的水深一般大于1m。上层为好氧区，中间层为兼性区，塘底为厌氧区，沉淀污泥在此进行厌氧发酵。厌氧塘的水深一般在2m以上。

4. 水资源开发利用与保护技术

(1) 广开水源。这是实现水资源可持续利用的基本保障。包括：科学利用河川径流水；合理开采地下水；积极开发海洋水；重视污水废水。

(2) 调配水源。我国水资源分布不平衡，存在着较大的季节性差异和区域性差异，造成水资源供求的时空矛盾，这是当前我国水资源可持续利用面临的现实问题，必须通过水源的合理调配来解决。尤其是大的规划区域，可以考虑增建蓄水调节工程，对水资源进行季节性的调配，或者兴建跨流域调水工程，对水资源进行区域性调配。根据水资源条件，将“水多”的地方或流域的水调到“水少”或水污染较严重的地方，以增加水资源容量，减轻水污染效应。

例如，太湖流域每年都要从长江引水，被称为“引江济太”，引江济太既可以解决太湖流域因经济发展造成的水资源短缺，也可以缓解太湖的富营养化问题。据估计，在年调水48.6亿m^3的条件下，太湖流域的COD和氨氮的纳污能力可以分别提高17.2%和29.1%；同时由于调水促进了湖水的流动，降低了湖泊藻类暴发的风险。因为长江水中磷的含量较高，调水对太湖流域磷的环境容量调节有限。有人建议，在引江济太的同时，引用$30m^3/s$（每年约$9.5\times10^8 m^3$）的长江水，冲洗苏州受污染的河流，配合城市污水与工业污水的治理，可以使苏州城市流域的氨氮浓度达到地面水环境质量Ⅳ类标准。

提高调水解决或缓解水环境污染，是一项行之有效的措施。但是在工程项目建设之前必须做好水资源合理配置和环境影响评价。

对受水地区，一般来说总是利大于弊。但是在污染严重的地区，不能将全部希望寄托在调水上，因为调水并不能减少污染物的总量。实际上，调水只是水污染控制的辅助措施。以长江调水为例，长江沿岸的城市，大多希望从长江"引水冲污"，如果这些城市不花大力气处理污废水，势必造成大量的污染物被冲入长江。如果长江受到严重污染，那将是中华民族万劫不复的重大灾难，"先治污，后引水"是绝对明智之举。

(3) 涵养水源。涵养水源是指通过改善生态环境、改良区域小气候、减少水分蒸发、控制水土流失，从而提高土壤的蓄水、保水能力，使现有水资源得到最大化利用，这是实现水资源可持续利用的必要条件。对此，可以采取生物措施、工程措施和耕作措施相结合的办法。

5.4.2　水污染控制单元

水污染控制单元的概念来源于美国的水质规划，通常以流域为控制单元，对单元内的污染排放浓度和总量提出控制措施，最终达到恢复和维护流域水环境质量的目的。在国内，控制单元的概念在"六五"、"七五"时期开展水环境容量与总量控制技术研究期间最早提出，并在淮河流域水污染防治"九五"规划的编制中首先得以应用，提出了规划区、控制区、控制单元三级分区管理概念，建立了以控制单元为最小单元的流域水污染分区防治的管理雏形。在经历了"九五"、"十五"、"十一五"三个时期后，流域水污染防治工作初见成效，水环境质量总体保持稳定，局部已经开始好转。

水污染控制单元划分是我国编制流域水污染防治规划的重要内容，其目的是使复杂的流域水环境问题分解到各控制单元内，将规划的目标和任务逐级细化，从而实现整个流域的水环境质量改善。

在水环境规划中，水污染控制单元是由源和水域两部分组成的可操纵实体。水域是根据水体不同的使用功能并结合行政区划而定，源则是排入相应受纳水域的所有污染源的集合。水污染控制单元作为可操作实体，既可体现输入响应关系时间、空间与污染物类型的基本特征，又可以在单元内与单元间建立量化的输入响应模型，反映出源与目标间、区域与区域间的相互作用；优化决策方案可以在控制单元内得以实施；复杂的系统问题可以分解为单元问题来处理，以使整个系统的问题得到最终解决。

水污染控制单元划分的实质是进行水环境管理分区，作为水质目标管理的实施单元，确定水质目标管理的空间范畴和边界。控制单元划分的基本思路是：控制单元是一个污染控制和水环境管理的基础单元，包括水域和陆域两个部分。基于控制单元，最终将实现从流域总量控制的要求出发，将总量分配任务落实到带有行政管理职能的控制单元上。同时，控制单元划分要确保管理的可行性。

1. 水污染控制单元的类别

根据不同的管理模式和划分依据，控制单元主要有三大类，即基于行政区的控制单元、基于水文单元的控制单元和基于水生态区的控制单元。其中基于行政区的控制单元以行政区划为基础，有利于国家层面和各级地方政府的水质管理，因而一直以来行政单元是国内水质管理的基本单元。水文单元通常体现了汇集到某个测量点以上的表层以及亚表层径流，而径流情况决定了流域的特性，如流域点源与非点源污染的运动都与径流相关，因此适合于流域水污染控制的研究。水生态区则从流域内区域生态承载力的角度出发，通过进行水生态分区而确定不同水生态区的水环境保护目标。

(1) 基于行政区的控制单元

基于行政区的水质管理由来已久，行政区划就是国家为了推行政务而划分的有确定界限的区域。在流域水污染防治规划中基于行政区实施水质管理能够有效地明确水污染排放责任，特别是点污染源，有利于把目标和任务分配落实。但由于行政区与流域的自然边界并非完全重合以及行政区划自身的分级管理体系，基于行政区的水质管理存在诸多问题。例如，以行政区单元为基础管理方法造成流域内行政区之间、河流的上下游和左右岸之间的跨界矛盾突出，而从行政管理上将一个完整的流域人为的分开，各地方政府及相关部门之间权责划分不清，甚至利用这种模糊关系为自身牟利，这与规划统筹全局的价值取向完全不同。以海河流域为例，污染防治规划虽然是中华人民共和国环境保护部制定，但执行过程中仍需以行政区域为单元进行点源治理和区域治理。河流上游污染下游受害的跨区域特性使得上游环保部门缺乏监督的积极性。其中最明显的是山东德州和河北吴桥之间的污染冲突事件，由于地方保护主义和水环境监管体制的问题，德州市始终没有关停污染严重的造纸厂，使得下游的吴桥县长期受到河流污染的困扰，跨界水污染问题始终没有得到根本解决。

(2) 基于水文单元的控制单元

水文单元是由地表水系包括河流和湖泊的分水岭所包围的集水区域，基于水文单元进行控制管理更符合河流的自然汇流特征。目前多数发达国家都使用该方法来管理本国的水质。例如，美国国家环保局一直倡导利用水文单元地图系统来解决复杂的水环境污染问题，根据此系统界定水质规划的地理范围。水文单元地图系统由美国地质勘测局(USGS)绘制，实质上是识别不同等级流域的集水区，最初的水文单元地图系统将美国划分为4个等级2150个流域或子流域，且每个水文单元都有唯一的水利单元编码(HUC)，此时水质规划还停留在区域的点源治理层面，并没有用到此系统。在20世纪80年代中后期，规划开始转向用流域方法控制水质并依据此系统确定规划的地理范围，但是一般情况下，多数用以控制污染物排放的流域规划范围会小于第4级水文单元水平。随着研究的深入以及地理信息系统技术的发展，美国联邦地理数据委员会(FGDC)在2004年公布了《描述水利单元边界的联邦标准》，建立了包括6个等级的流域边界数据库(WBD)，为流域水质规划的制定提供了基础数据技术平台。

(3) 基于水生态区的控制单元

基于水生态分区是以流域内的不同空间尺度的水生态系统为研究对象，应用河流生态学中的空间尺度与生态格局等原理和方法，对水体及其汇水区域的陆地进行的区域分区方法。其目的是反映流域内的不同尺度的水生态系统的分布格局。与一般意义上的水文分区和生态分区等自然地理分区不同，流域水生态分区的过程需要更多地考虑流域水生态系统类型与自然影响因素之间的因果关系，通过不同空间尺度下的气候、水文以及地形地貌类型等要素来反映流域水生态系统的基本特征。自 20 世纪 80 年代中期美国环保局提出了水生态区的概念和划分方法，基于地形、土壤、自然植被和土地利用等区域特征性指标提出了流域水生态分区的概念和方法之后，水生态分区的体系被广泛用于各研究领域。如流域水环境监测网点的设计、评估和量化地表淡水的参照条件、制定流域水环境生物基准以及水环境化学标准、提供水生态环境监测数据并帮助管理者确定需要优先监测、治理、保护和恢复的区域。此外，还有利用分区体系预估区域生态环境变化趋势，并指导规划生态监测网络来证实这种变化，同时还能确定流域优先监测和保护的区域，推断未监测区域的生态走向与环境状况等。

国内流域水生态分区的研究还在探索阶段，2007 年孟伟院士首先对流域水生态分区的概念和内涵进行了辨析，从理论上对区划方法进行了研究，提出了基于水生态区的流域水环境管理技术支撑体系。并通过对辽河流域的自然要素以及水生态特征的分析，构建了辽河流域两级生态区的流域水生态分区体系，其中一级区可根据流域水资源空间特征差异进行划分，其目的是反映大尺度水文格局对水生态系统的影响规律，二级区是根据地貌、植被、土壤和土地利用等自然要素进行划分，目的是反映流域尺度的地形、地貌及植被对河流栖息地环境特征的影响。并在 GIS 技术的支持下，采用多指标叠加分析法和专家判断方法，将辽河流域划分为 3 个一级区、14 个二级区，对不同分区的水生态系统特征及其所面临的生态环境问题进行了总结。

很显然，以水生态区为管理单元的流域水环境保护更有利于流域水生态系统的维护，但由于该方法在实施规划的过程中较难操控，以水生态区为控制单元的方法并未得到广泛的应用。不过，随着水污染引起的水生态问题越来越突出，以恢复和维持流域水生态系统完整性为目标的流域生态管理是未来流域水环境保护的发展趋势。

2. 水污染控制单元划分的基本原则

根据水域使用功能的要求，同时考虑行政区划、水域特征和污染源分布特点，将污染源所在区域与相应的受纳水域划分为一个个控制单元。划分的依据是水环境功能区划分、经济发展、功能变化及环境保护目标、污染源处理设施、投资能力和管理水平等。划分的原则是：

(1) 要有相对独立性

水污染控制单元既相互影响，又相互独立，要求每个单元有单独进行评价、实施不同控制路线的可能。

(2) 要有针对性地确定划分方案

针对不同的污染物、不同的保护目标，同一地区可以有多种控制单元划分方案，以适应解决不同环境问题的需要。要有针对性地确定划分方案，以适应不同环境问题的特点，即对于不同的控制目标，能够有不同的控制单元与之相对应。

(3) 要有较完善的监控系统

在每个控制单元内，污染物排放清单应齐全，水域水质控制断面应有常规监测资料。污染物排放清单内容应包括：污染源名称、所属行业、排放的污染物项目、年排放日数、定常排污水量、日排放总量及排放浓度等。各控制单元之间的相互影响，应能通过污染物的输入、输出来定量表达，做到水量平衡、物质量平衡。

3. 水污染控制单元解析归类

水污染控制单元解析归类包括以下内容：

(1) 划分水污染控制单元。

(2) 对各单元的主要功能进行说明。说明单元控制范围内有哪些主要功能区，各功能区的具体位置和范围，以及各功能区应执行标准类别或专业用水标准。

(3) 水质现状与控制断面分析。说明单元控制范围内设立了哪些控制断面，各断面的作用及水质情况。

(4) 污染物排放情况与主要污染源分析。分析单元内有哪些排放口、各种污染物现状、排放情况、不同污染物的主要污染源，得出各个单元间现状排放情况的统计结果。

(5) 排污量与水质预测。说明预测年控制单元内污染物的排放情况，利用水量、质量平衡关系预测设计水文条件下控制断面的水质。

(6) 主要水环境问题诊断。根据水质监测数据，以地表水水质标准为依据，评价各单元的水质，明确现阶段单元的主要水环境问题：主要污染指标是什么，污染的具体位置，范围大小如何，污染程度如何等。

(7) 确定控制路线。分析单元内各污染源不同指标的控制路线，对各单元的控制路线进行归类分析：所有源各个指标都实行浓度控制的单元归入浓度控制类，所有源各指标都实行总量控制的单元归入总量控制类，部分源实行浓度控制、部分源实行总量控制的单元归入双规控制类。

(8) 确定容许排放量。在设计条件下，根据各控制断面控制因子应达到的水质标准值，计算单元内各排放口排入受纳水域的容许纳污量，结合管理要求，给出各排放口的容许排放量。容许排放量与现状排放量之差即为削减量。

4. 苏南运河水污染控制单元划分实例

苏南运河从镇江谏壁至苏州平望全长 210km，其中镇江段长 42.6km、常州段长 44.5km、无锡段长 41.4km、苏州段长 81.7km，大部分底宽 20m，水深 2m。苏南运河支流密布，这些支流形成一个以运河为轴线的庞大水网。运河的水量交换一般以横向交换为主，纵向交换为辅，横向交换在汛期主要为承转湖西高地及太湖来水向长江泄洪，而在枯水季节则承转引江水向湖西区及太湖输送。与长江相通的主要支流有九曲河、新孟河、德胜河、澡港河、三山港、锡澄运河、十一圩、吴淞江等；与太湖相通的主要支流有武进港、直湖港、梁溪河、蠡河、月城河、扁担河、武宜运河、浒光运河、胥江等。苏南运河小流域位于平原河网区，具备河网水环境的典型特点，水流方向变化不定，水质不均匀，很难确定明确的汇水区。故根据集雨面积，选定苏南运河水质的主要影响区作为研究范围(图 5-3)，北至长江沿岸，南至太湖沿岸及浙江边界，共约 4656km^2，涉及镇江、常州、无锡、苏州 4 市的 45 个镇和 22 个街道。

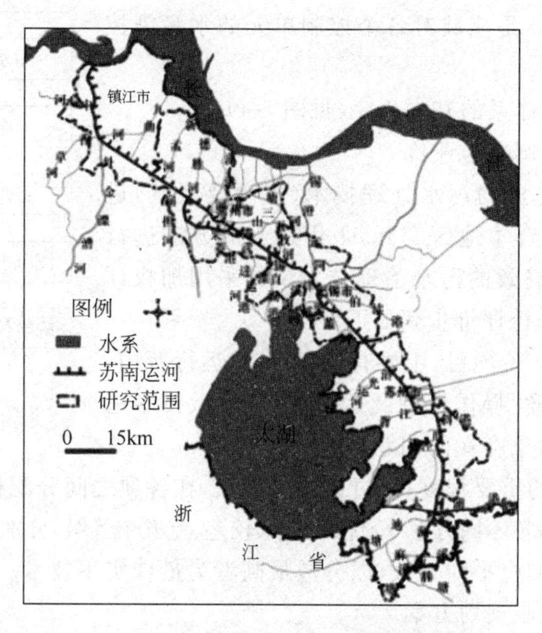

图 5-3 苏南运河位置及研究范围示意图

考虑到苏南运河各河段的水污染程度以及水污染控制管理的可操作性，以市级行政区域界将该研究区域划分为 4 个控制单元，详见表 5-2。

表 5-2 苏南运河小流域控制单元划分结果

编号	控制单元	所在位置	运河水质状况
1	运河镇江段及水质主要影响区	镇江京口区、丹徒区和丹阳市	COD、氨氮、TP 均达Ⅳ类
2	运河常州段及水质主要影响区	常州新北区、武进区、钟楼区、天宁区及戚墅堰区	COD、TP 均达Ⅳ类，水门桥下游断面氨氮均超Ⅳ类
3	运河无锡段及水质主要影响区	无锡北塘区、崇安区、南长区、惠山区、滨湖区、新区及锡山区	TP 超Ⅳ类，COD、氨氮劣Ⅴ类
4	运河苏州段及水质主要影响区	苏州相城区、高新区、虎丘区、金阊区、平江区、沧浪区、吴中区及吴江市	COD、TP 基本达Ⅳ类，有部分超标，氨氮均达Ⅳ类

5.4.3 水污染控制系统规划方案

规划方案的总体设计，影响到规划工作的研究方向、技术路线、研究内容的广度和深度以及经费和人力，对规划工作具有战略意义。这也是以往一般规划工作中较薄弱的环节，不少规划在没有很好地进行总体设计的情况下，就匆忙开展，结果在相对程度上造成研究技术路线不当，重点不突出，前后不配套，效率低下等局面。在缺乏总体跟踪指导下，不问实际的系统配套需要，不分主次粗细的要求，不经综合协调，各部分盲目工作，结果事倍功半，做了不少无用功。

流域水污染控制规划方案体系的产生是以流域范围内的各个水污染控制单元为基础，

水系统问题的分析为各区域系统地提出了水环境污染的根源所在，目标体系的建立是流域对各个控制单元的水污染控制约束和要求。

(1) 制定规划方案体系的基本程序(见图 5-4)。

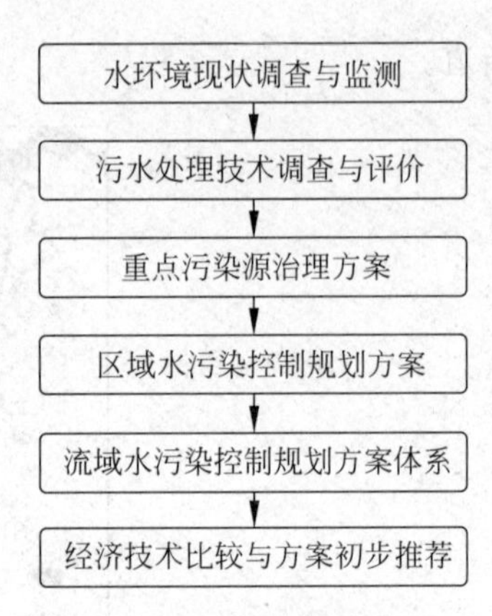

图 5-4 制定水污染控制规划方案的基本程序

(2) 污水处理技术调查与评价

在对目前国内外先进的污水处理技术(点源及区域)进行广泛调查基础上，结合本地区实际，采用适当的方法进行评价，提出实用、经济、高效的污水治理技术。如采用加权评分法对污水处理技术进行评价步骤如下：

① 确定技术方案评价项目，主要有基建投资、运行费用、处理效果、综合利用效益、操作管理及运行的可靠性、技术适应性、建设速度、二次污染存在的问题等八项。

② 根据评价项目的重要程度，经过讨论与审议，在各项之间分配权值。

③ 以五级评分制考核不同方案，分优、良、中、较差、差五个等级，分别给予 5、4、3、2、1 分。

④ 计算各方案的加权平均分数，以分数最高者为最佳实用技术。

(3) 区域水污染控制规划方案

区域规划是对流域范围内的各重要污染源(城市或区域)的水污染控制规划，它是在流域规划指导下进行的，结合本地区经济发展状况，系统考虑区域和点源、集中治理和分散治理、近期和远期目标的相互关系，合理利用自净能力而制定的具体的水污染控制方案。区域规划既要满足上层规划——流域规划对该区域提出的限制，又要为下层次的规划——污染源规划提供依据。

(4) 流域水污染控制规划方案体系

在区域规划基础上，建立流域水污染控制规划方案体系。理论上讲，各种处置方案的组合数量将非常之多，需根据实际情况建立约束机制。对于一个具体的水环境功能区而言，可能生成的方案是有限的。如一个地区候选的污水排放口只有有限的几处，可供建设污水处理厂或人工湿地处理系统的地块也不会很多，适用的污水处理技术也因水质的不同有所限定。水污染控制规划方案的确立必须要遵守工程可行、技术适用和允许排放量分配公平的基本原则。这些原则的目标在很多情况下相互矛盾，只有通过协商和妥协，才能获得相对的优化解。

(5) 经济技术比较与方案初步推荐

水污染控制是关乎环境、经济和社会的大事，所产生的环境影响几乎涵盖社会生活的各个方面。因此对方案比较的内容也应包括环境影响、经济影响和社会影响三个方面。通过对方案的全面评比，在众多的方案中优选出初步推荐方案。

5.4.4 规划方案的综合评价

在制定流域水污染控制规划时，一般应有可供选择的方案，并对初选方案进行综合评价。目前，评价方案一般从水环境质量目标的可达性、污水处理投资的可行性两个方面进行。

1. 水环境质量目标的可达性

可利用已建立的水质模型，对各个方案实施可能对水质产生的影响进行模拟，来检验规划方案是否能达到预订的水环境质量目标。也可根据规划确定的水域污染物总量控制目标的可达性,对方案进行分析。

2. 污水处理投资的可行性

对于污水处理所需的费用,一般采用费用-效益分析方法。在水污染控制系统中,规划方案的费用主要由整个系统的污水处理费用与污水输送费用组成。

目前,污水处理的费用函数还只能作为经验模型来处理,表达形式多种多样,国内较为普遍应用的函数形式为

$$C = k_1 Q^{k_2} + k_3 Q^{k_2} \eta^{k_4} \tag{5-2}$$

式中,C为污水处理的费用;Q为污水处理的规模;η为污水处理的效率;k_1、k_2、k_3、k_4为费用函数的参数,对特定的对象为定值。

在污水处理效率不变时,上式可以写作:

$$C = aQ^{k_2} \tag{5-3}$$

根据国内外污水处理费用函数的研究,参数k_2的值在0.7~0.8之间。由于$k_2<1$,处理单位污水的费用将随着污水处理规模的增大而下降。费用与规模的这种关系称为污水处理规模的经济效应,k_2称为污水处理规模的经济效应指数。污水处理规模经济效应的存在,确立了大型的污水处理厂在经济上的优势地位,是建立集中的区域污水处理厂的经济依据。

输水管道也存在类似的经济效应,随着输水量的增加,输送单位污水的费用下降。

如果污水处理的规模不变,式(5-3)可以写作:

$$C = a + b\eta^{k_4} \tag{5-4}$$

研究结果表明:$k_4>1$。由于$k_4>1$,去除单位污染物所需的费用,将随着污水处理效率的增加而增加。污水处理费用与处理效率之间的这种关系,称为污水处理效率的经济效应。k_4称为污水处理效率的经济效应指数。

由于污水处理效率的经济效应的存在,在规划水污染控制系统时,应首先致力于解决那些尚未处理的污水的治理,或者首先提高那些低水准处理的污水的处理程度,然后再进行污水的更高级处理。依据污水处理所需费用,并结合污水处理的规模经济效应和处理效率的经济效应,可从经济角度对规划方案进行评价。在水质目标可达性与经济评价的基础上,还应结合规划方案产生的环境效应与社会效应进行综合决策。

复习与思考

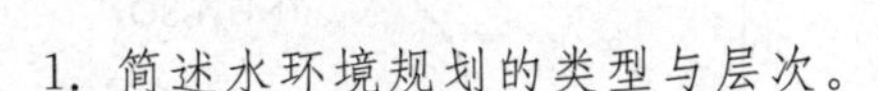

1. 简述水环境规划的类型与层次。
2. 什么是水环境区划?
3. 水环境功能区划分的目的是什么?如何进行划分?遵从哪些原则?
4. 水环境容量的类型有哪些?
5. 水污染控制方法有哪些?
6. 水污染控制单元的划分原则是什么?
7. 总量控制法和浓度控制法各有什么特点?

大气环境污染防治规划

6.1 大气环境污染概述

大气是包围地球的空气，通常又称为大气层或大气圈。像鱼类生活在水中一样，我们人类生活在地球大气的底部，并且一刻也离不开大气。大气为地球生命的繁衍、人类的发展提供了理想的环境。大气环境的状态和变化，时时处处影响到人类的生存、活动以及人类社会的发展。由于工业、交通的迅速发展，人口的急剧增加和城市化进程的加快，人类正不断地面临着大气污染的困扰。从早期工矿区和城市地区的大气污染，发展到目前全球性大气环境问题，特别是随着人们对生活质量要求的不断提高，对大气环境质量的要求也越来越高，大气环境污染防治规划已成为当代人类的一项重要工作。

6.1.1 大气圈的结构和组成

1. 大气圈的结构

大气圈是指受地球引力作用而围绕地球的大气层，又称大气环境，是自然环境的组成要素之一，也是一切生物赖以生存的物质基础。大气圈垂直距离的温度分布和大气的组成有明显的变化，根据这种变化通常可将大气划分为五层，如图 6-1 所示。

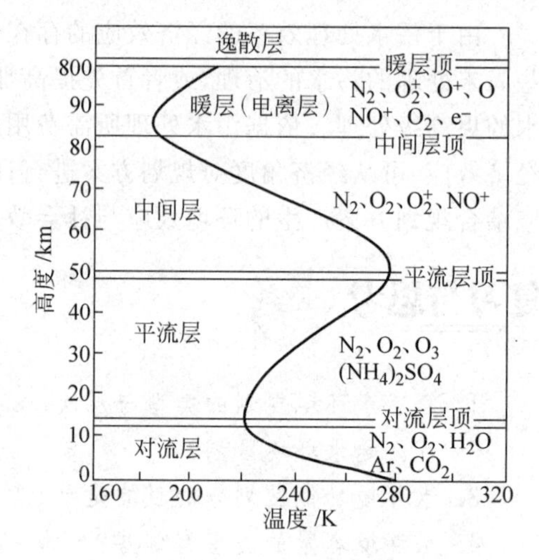

图 6-1 大气圈的构造

(1) 对流层。对流层位于大气圈的最底层，是空气密度最大的一层，直接与岩石圈、水圈和生物圈相接触。对流层厚度随地球纬度不同而有些差异，在赤道附近高 15～20km，在两极区高 8～10km。空气总重量的 95% 和绝大多数的水蒸气、尘埃都集中在这一层；各种天气现象如云、雾、雷、电、雨和雪等都发生在这一层；大气污染也主要发生在这一层里，尤其是在近地面 1～2km 范围内更为明显。在对流层里，气温随高度增加而下降，平均递减率为 6.5℃/km，空气由上而下进行剧烈的对流，使大气能充分混合，各处空气成分比例相同，成为均质层。

(2) 平流层。位于对流层顶，上界高度为 50～55km。在这一层内，臭氧集中，太阳辐射的紫外线($\lambda<0.29\mu m$)几乎全部被臭氧吸收，使其温度升高。在较低的平流层内，温度上升

十分缓慢，出现较低等温（-55℃），气流只有水平流动，而无垂直对流。到25km以上时，温度上升很快，而在平流层顶50km处，最高温度可达-3℃。在平流层内，空气稀薄，大气密度和压力仅为地表附近的1/1000～1/10，几乎不存在水蒸气和尘埃物质。

(3) 中间层。位于平流层顶，上界高度为80～90km，温度再次随高度增加而下降，中间层顶最低温度可达-100℃，是大气温度最低的区域。其原因是这一层几乎没有臭氧，而能被N_2和O_2等气体吸收的波长更短的太阳辐射，大部分已被上层大气吸收。

(4) 暖层。从中间层顶至800km高度，空气分子密度是海平面上的五百万分之一。强烈的紫外线辐射使N_2和O_2分子发生电离，成为带电离子或分子，使此层处于特殊的带电状态，所以又称电离层。在这一层里，气温随高度增加而迅速上升，这是因为所有波长小于0.2μm的紫外辐射都被大气中的N_2和O_2分子吸收，在300km高度处，气温可达1000℃以上。电离层能使无线电波反射回地面，这对远距离通信极为重要。

(5) 逸散层。高度800km以上的大气层，统称为逸散层。气温随高度增加而升高，大气部分处于电离状态，质子的含量大大超过氢原子的含量。由于大气极其稀薄，地球引力场的束缚也大大减弱，大气物质不断向星际空间逸散，极稀薄的大气层一直延伸到离地面2200km高空，在此以外是宇宙空间。暖层和逸散层也称非均质层。

在大气圈的这五个层次中，与人类关系最密切的是对流层，其次是平流层。离地面1km以下部分为大气边界层，该层受地表影响较大，是人类活动的空间，大气污染主要发生在这一层。

2. 大气圈的组成

大气是由多种气体、水汽、液体颗粒和悬浮固体杂质组成的混合物。大气中，除去水汽、液体颗粒和悬浮固体杂质的混合气体，称为干洁空气。

干洁空气：N_2（体积约占78%）、O_2（约占21%）、氩（0.9%），此外还有少量的其他成分，如CO_2、氖、氦、氪、氙、氢、O_3等，这些气体占空气总体积$\leqslant$0.1%。

水汽：大气中的水汽含量，比起氮、氧等主要成分含量所占的百分比要低得多，且随着时间、地域、气象条件的不同变化很大。在干燥地区可低至0.02%，在湿润地区可高达6%。大气中的水汽含量虽然不大，但对天气变化却起着重要的作用，可形成云、雨、雪等天气现象。

大气颗粒物：指那些悬浮在大气中由于粒径较小导致沉降速率很小的固体、液体微粒。无论其含量、种类，还是化学成分都是变化的。

6.1.2 大气污染的定义及其污染物和危害

1. 大气污染的定义

国际标准化组织（ISO）的定义是："大气污染通常系指由于人类活动或自然过程引起某些物质进入大气中，呈现出足够的浓度，达到足够的时间，并因此危害了人体的舒适、健康和福利，或危害了环境的现象。"所谓人体舒适、健康的危害，包括人体正常生理机能的影响，引起急性病、慢性病，甚至死亡等，而所谓福利，则包括与人类协调并共存的生物、自然资源，以及财产、器物等。

"定义"指明了造成大气污染的原因是人类活动和自然过程。自然过程包括火山活动、森林火灾、海啸、土壤和岩石的风化、雷电、动植物尸体的腐烂以及大气圈空气的运动等。但是，由自然过程引起的空气污染，通过自然环境的自净化作用(如稀释、沉降、雨水冲洗、地面吸附、植物吸收等物理、化学及生物机能)，一般经过一段时间后会自动消除，能维持生态系统的平衡，因而，大气污染主要是由于人类的生产与生活活动向大气中排放的污染物质，在大气中积累，超过了环境的自净能力而造成的。

"定义"还指明了形成大气污染的必要条件，即污染物在大气中要含有足够的浓度，并在此浓度下对受体作用足够的时间。在此条件下对受体及环境产生了危害，造成了后果。大气中有害物质的浓度越高，污染就越重，危害也就越大。污染物在大气中的浓度，除了取决于排放的总量外，还同排放源高度、气象和地形等因素有关。

按照大气污染的范围，大气污染可分为下列三种类型。

(1) 局地性的大气污染：即在较小的空间尺度内(如厂区，或者一个城市)产生的大气污染问题，在该范围内造成影响，并可以通过该范围内的控制措施加以解决的局部污染。

(2) 局地性的大气污染：即跨越城市乃至国家的行政边界的大气污染，需要通过各行政单元间相互协作才能解决的大气环境问题。如北美洲、欧洲和东亚地区的酸沉降、大气棕色云等。

(3) 全球性的大气污染：即涉及整个地球大气层的大气环境问题，如臭氧层被破坏以及温室效应等。

2. 大气污染源和污染物及其危害

1) 大气污染源

大气污染源可分为两类：天然源和人为源。天然源系指自然界自行向大气环境排放物质的场所。人为源系指人类的生产活动和生活活动所形成的污染源。由于自然环境所具有的物理、化学和生物功能(自然环境的自净作用)，能够使自然过程所造成的大气污染经过一定时间后自动消除，大气环境质量能够自动恢复。一般而言，大气污染主要是人类活动造成的。

为了满足污染调查、环境评价、污染物治理等不同方面的需要，对人工源进行了多种分类。

(1) 按污染源存在形式分

固定污染源：排放污染物的装置、所处位置固定，如火力发电厂、烟囱、炉灶等。

移动污染源：排放污染物的装置、所处位置是移动的，如汽车、火车、轮船等。

(2) 按污染物的排放形式分

点源：集中在一点或在可当作一点的小范围内排放污染物，如烟囱。

线源：沿着一条线排放污染物，如汽车、火车等的排气。

面源：在一个大范围内排放污染物，如成片的民用炉灶，工业炉窑等。

(3) 按污染物排放空间分

高架源：在距地面一定高度上排放污染物，如烟囱。

地面源：在地面上排放污染物。

(4) 按污染物排放的时间分

连续源：连续排放污染物，如火力发电厂的排烟。

间断源：间歇排放污染物，如某些间歇生产过程的排气。

瞬时源：无规律地短时间排放污染物，如事故排放。

(5) 按污染物发生类型分

工业污染源：主要包括工业用燃料燃烧排放的废气及工业生产过程的排气等。

农业污染源：农用燃料燃烧的废气、某些有机氯农药对大气的污染，施用的氮肥分解产生的 NO_x。

生活污染源：民用炉灶及取暖锅炉燃煤排放的污染物，焚烧城市垃圾的废气，城市垃圾在堆放过程中由于厌氧分解排出的有害污染物。

交通污染源：交通运输工具燃烧燃料排放的污染物。

2) 大气污染物及其危害

大气污染物是指由于人类活动或自然过程排入大气，并对人和环境产生有害影响的物质。

大气的污染物种类很多，按其来源可分为一次污染物与二次污染物。一次污染物系指直接从污染源排出的、进入大气后其性质没有发生变化的原始物质(如 SO_2 气体、CO 气体等)。若由污染源直接排出的一次污染物与大气中原有成分，或几种一次污染物之间，发生了一系列的化学变化或光化学反应，形成了与原污染物性质不同的新污染物，则所形成的新污染物则称为二次污染物，如硫酸烟雾和光化学烟雾。

大气污染物按其存在的形态则可分为两大类，颗粒污染物与气态污染物。

(1) 颗粒污染物

进入大气的固体粒子和液体粒子均属于颗粒污染物。对颗粒污染物可作如下分类。

① 粉尘：粉尘系指悬浮于气体介质中的小固体颗粒，受重力作用能发生沉降，但在一段时间内能保持悬浮状态。它通常是由于固体物质的破碎、研磨、分级、输送等机械过程，或土壤、岩石的风化等自然过程形成的。颗粒的状态往往是不规则的。颗粒的尺寸范围，一般为 1～200μm。属于粉尘类的大气污染物的种类很多，如粘土粉尘、石英粉尘、粉煤、水泥粉尘、各种金属粉尘等。

② 烟：烟一般系指由冶金过程形成的固体颗粒气溶胶。它是由熔融物质挥发后生成的气态物质的冷凝物，在生成过程中总是伴有诸如氧化之类的化学反应。烟颗粒的尺寸很小，一般为 1～0.01μm。产生烟是一种较为普遍的现象，如有色金属冶炼过程中产生的氧化铅烟、氧化锌烟，在核燃料后处理场中的氧化钙烟等。

③ 飞灰：飞灰系指随燃料燃烧产生的烟气排出的分散得较细的灰分。

④ 黑烟：黑烟一般系指由燃料燃烧产生的能见气溶胶。

⑤ 雾：雾是气体中液滴悬浮体的总称。在气象中指造成能见度小于 1km 的小水滴悬浮体。

在我国的环境空气质量标准中，根据颗粒物粒径的大小，将颗粒态污染物分为总悬浮颗粒物(TSP)、可吸入颗粒物(PM_{10})和细颗粒物($PM_{2.5}$)三种类型。总悬浮颗粒物(TSP)指悬浮在空气中，空气动力学当量直径≤100μm 的颗粒物；可吸入颗粒物(PM_{10})指悬浮在空气中，空气动力学当量直径≤10μm 的颗粒物；细颗粒物($PM_{2.5}$)指悬浮在空气中，空气动力学当量直径≤2.5μm 的颗粒物。

颗粒物对人体健康危害很大，其危害主要取决于大气中颗粒物的浓度和人体在其中暴露的时间。研究数据表明，因上呼吸道感染、心脏病、支气管炎、气喘、肺炎、肺气肿等疾病而到医院就诊人数的增加与大气中颗粒物浓度的增加是相关的。患呼吸道疾病和心脏病老人的死亡率也表明，在颗粒物浓度一连几天异常高的时期内就有所增加。暴露在合并有其他污染物(如 SO_2)的颗粒物中所造成的健康危害，要比分别暴露在单一污染物中严重得多。表 6-1 中列举了颗粒物浓度与其产生的影响之间关系的有关数据。

表 6-1 观察到的颗粒物的影响

颗粒物浓度/($mg \cdot m^{-3}$)	测量时间及合并污染物	影 响
0.06～0.18	年度几何平均，SO_2 和水分	加快钢和锌板的腐蚀
0.15	相对湿度＜70％	能见度缩短到 8km
0.10～0.15		直射日光减少 1/3
0.08～0.10	硫酸盐水平 30mg/(cm^2・月)	50 岁以上的人死亡率增加
0.10～0.13	SO_2＞0.12mg/m^3	儿童呼吸道发病率增加
0.20	24h 平均值，SO_2＞0.25mg/m^3	工人因病未上班人数增加
0.30	24h 最大值，SO_2＞0.63mg/m^3	慢性支气管炎患者可能出现急性恶化的症状
0.75	24h 平均值，SO_2＞0.715mg/m^3	患者数量明显增加，可能发生大量死亡

颗粒物粒径大小是危害人体健康的另一重要因素。它主要表现在两个方面：

① 粒径越小，越不易沉积，长时间漂浮在大气中容易被吸入体内，且容易深入肺部。一般粒径在 100μm 以上的尘粒会很快在大气中沉降，10μm 以上的尘粒可以滞留在呼吸道中；5～10μm 的尘粒大部分会在呼吸道沉积，被分泌的粘液吸附，可以随痰排出；小于 5μm 的尘粒能深入肺部，0.01～0.1μm 的尘粒，50％以上将沉积在肺腔中，引起各种尘肺病。

② 粒径越小，粉尘比表面积越大，物理、化学活性越高，加剧了生理效应的发生与发展。此外，尘粒的表面可以吸附空气中的各种有害气体及其他污染物，而成为它们的载体，如可以承载致癌物质苯并[a]芘及细菌等。

(2) 气态污染物

① 一次污染物

以气体形态进入大气的污染物称为气态污染物。气态污染物种类极多，按其对我国大气环境的危害大小，主要分为五种类型。

a. 含硫化合物。含硫化合物主要是指 SO_2、SO_3 和 H_2S 等，其中以 SO_2 的数量最大，对人类和环境危害也最大，SO_2 是形成酸雨的重要污染气体，是影响大气质量的最主要的气态污染物。

SO_2 在空气中的浓度达到$(0.3～1.0)\times10^{-6}$时，人们就会闻到一种气味。包括人类在内的各种动物，对二氧化硫反应都会表现为支气管收缩。一般认为，空气中 SO_2 浓度在 0.5×10^{-6} 以上时，对人体健康已有某种潜在性影响，$(1～3)\times10^{-6}$ 时多数人开始受到刺激，10×10^{-6} 时刺激加剧，个别人还会出现严重的支气管痉挛。

当大气中 SO_2 氧化形成硫酸和硫酸烟雾时，即使其浓度只相当于 SO_2 的 1/10，其刺激和危害也将显著增加。根据动物实验表明，硫酸烟雾引起的生理反应要比单一 SO_2 气体强 4～20 倍。

在自然界里，火山爆发能喷出大量的 SO_2，森林火灾也能使一定量的 SO_2 进入大气，但人为活动仍是大气中 SO_2 的主要来源。城市及其周围地区大气中 SO_2 主要来源于含硫燃料的燃烧，其中约有 60％来自煤的燃烧，30％左右来自石油燃烧和炼制过程。

b. 含氮化合物。含氮化合物种类很多，其中最主要的是 NO、NO_2、NH_3 等。

NO 毒性不太大，但进入大气后可被缓慢地氧化成 NO_2，当大气中有 O_3 等强氧化剂存在时，或在催化剂作用下，其氧化速度会加快。NO 结合血红蛋白的能力比 CO 还强，容易造成人体缺氧。NO_2 是棕红色气体，其毒性约为 NO 的 5 倍，对呼吸器官有强烈的刺激作用。据实验表明，NO_2 会迅速破坏肺细胞，可能是哮喘病、肺气肿和肺癌的一种病因。环境空气中 NO_2 浓度低于 0.01×10^{-6}时，儿童（2～3 周岁）支气管炎的发病率有所增加；NO_2 浓度为$(1\sim3)\times10^{-6}$时，可闻到臭味；浓度为 13×10^{-6}时，眼、鼻有急性刺激感；在浓度为 17×10^{-6}的环境下，呼吸 10min，会使肺活量减少，肺部气流阻力增加。NO_x（NO、NO_2）与碳氢化合物混合时，在阳光照射下发生光化学反应生成光化学烟雾。光化学烟雾的成分是 PAN、O_3、醛类等光化学氧化剂，它的危害更加严重。

NO_x 是形成酸雨的主要物质之一，是大气环境中的另一个重要污染物。

天然排放的 NO_x 主要来自土壤、海洋中的有机物分解。人为活动排放的 NO_x 主要来自化石燃料的燃烧。燃烧过程产生的高温使氧分子（O_2）热解为原子，氧原子和空气中的氮分子（N_2）反应生成 NO。城市大气中的 NO_x 一般有 2/3 来自汽车等流动源的排放，1/3 来自固定源的排放。无论是流动源还是固定源，燃烧产生的 NO_x 主要是 NO，占 90％以上；NO_2 的数量很少，占 0.5％～10％。在适宜的条件下，NO 可以转化为 NO_2。

c. 碳氧化合物。污染大气的碳氧化合物主要是 CO 和 CO_2。

CO 是一种窒息性气体，进入大气后，由于大气的扩散稀释作用和氧化作用，一般不会造成危害。但在城市冬季采暖季节或在交通繁忙的十字路口，当气象条件不利于排气扩散时，CO 的浓度有可能达到危害人体健康的水平。如在 CO 浓度$(10\sim15)\times10^{-6}$下暴露 8 小时或更长时间的有些人，对时间间隔的辨别力就会受到损害。这种浓度范围是白天商业区街道上的普遍现象。在 30×10^{-6}浓度下暴露 8 小时或更长时间，会造成损害，出现呆滞现象。一般认为，CO 浓度为 100×10^{-6}是一定年龄范围内健康人暴露 8 小时的工业安全上限。CO 浓度达到 100×10^{-6}以上时，多数人感觉眩晕、头痛和倦怠。

大气中的 CO 主要来源于内燃机的排气和锅炉中化石燃料的燃烧。缺氧燃烧会生成大量的 CO，供氧量越低，产生的 CO 量就越大。汽车尾气排放的 CO 约占全球 CO 排放总量的 50％。

CO_2 是无毒气体，但当其在大气中的浓度过高时，使氧气含量相对减少，对人会产生不良影响。在大气污染问题中，CO_2 之所以引起人们的普遍关注，原因在于 CO_2 是一种重要的温室气体，能够导致温室效应的发生，从而引发一系列全球性的气候变化。CO_2 的主要来源是生物的呼吸作用和化石燃料的燃烧过程。

d. 碳氢化合物。此处主要是指有机废气。有机废气中的许多组分构成了对大气的污染，如烃、醇、酮、酯、胺等。

大气中的挥发性有机化合物（VOC），一般是 $C_1\sim C_{10}$化合物，它不完全同于严格意义上的碳氢化合物，因为它除含有碳和氢原子以外，还常含有氧、氮和硫的原子。甲烷被认为是一种非活性烃，所以人们总以非甲烷烃类（NMHC）的形式来报道环境中烃的浓度。特别是多环芳烃（PAH）中的苯并[a]芘（B[a]P）是强致癌物质，因而作为大气受 PAH 污染的依据。苯并[a]芘主要通过呼吸道侵入肺部，并引起肺癌。实验数据表明，肺癌与大气污染、苯并[a]芘含量的相关性是显著的。从世界范围看，城市肺癌死亡率约比农村高 2 倍，有的城市甚至比农村高达9倍。

大气中大部分碳氢化合物来自植物的分解作用，人类活动的主要来源是石油燃料的不充分燃烧和化工生产过程等，其中汽车尾气是碳氢化合物主要的来源之一。

e. 卤素化合物。对大气构成污染的卤素化合物，主要是含氯化合物及含氟化合物，如HCl、HF、SiF_4 等。HCl和HF都是强酸性气体，无论是对人体健康还是对生态环境都会造成不利的影响，但其在环境中造成影响的范围是有限的，因此其危害性也是局限的。

② 二次污染物

气态污染物从污染源排放入大气，可以直接对大气造成污染，同时还经过反应形成二次污染物。主要气态污染物和其所形成的二次污染物种类见表6-2。

表6-2　气体状态大气污染物的种类（注：M代表金属离子）

污染物	一次污染物	二次污染物	污染物	一次污染物	二次污染物
含硫化合物	SO_2、H_2S	SO_3、H_2SO_4、MSO_4	碳氢化合物	C_mH_n	醛、酮等
含氮化合物	NO、NO_2	NO_2、HNO_3、MNO_3、O_3	卤素化合物	HF、HCl	无
碳氧化合物	CO、CO_2	无			

二次污染物中危害最大，也最受人们普遍重视的是硫酸烟雾和光化学烟雾。

a. 硫酸烟雾。因为其最早发生在英国伦敦，也称为伦敦型烟雾。硫酸烟雾是还原型烟雾，系大气中的 SO_2 等硫氧化物，在有水雾、含有重金属的悬浮颗粒物或氮氧化物存在时，发生一系列化学或光化学反应而生成的硫酸雾或硫酸盐气溶胶。这种污染一般发生在冬季、气温低、湿度高和日光弱的天气条件下。硫酸烟雾引起的刺激作用和生理反应等危害，要比 SO_2 气体大得多。

b. 光化学烟雾。1946年美国洛杉矶首先发生严重的光化学烟雾事件，故又称洛杉矶型烟雾。光化学烟雾是氧化型烟雾，系在阳光照射下，大气中的氮氧化物和碳氢化合物等污染物发生一系列光化学反应而生成的蓝色烟雾（有时带些紫色或黄褐色）。其主要成分有臭氧、过氧乙酰硝酸酯(PAN)、酮类和醛类等。光化学烟雾的刺激性和危害比一次污染物强烈得多。

6.1.3 我国大气污染概况

自20世纪70年代以来，中国政府加强了环保工作力度，颁布并实施了一系列防治大气污染的政策、法规和措施，并收到了一定的效果。但从总体看，中国大气污染问题还没有被完全控制，部分地区大气污染问题依然严峻。

根据中国国家环保部2010年发布的《2009年中国环境状况公报》显示，全国城市空气质量比2008年有所提高，但部分城市污染仍较重；全国酸雨分布区域保持稳定，但酸雨污染仍较重。

(1) 空气质量

2009年，全国612个城市开展了环境空气质量监测，其中达到一级标准的城市26个（占4.2%），达到二级标准的城市479个（占78.3%），达到三级标准的城市99个（占16.2%），劣于三级标准的城市8个（占1.3%）。全国地级及以上城市环境空气质量的达标比例为79.6%，县级城市的达标比例为85.6%。

PM_{10}年均浓度达到或优于二级标准的城市占84.3%，劣于三级标准的占0.3%。SO_2年均浓度达到或优于二级标准的城市占91.6%，无劣于三级标准的城市。所有地级及以上城市NO_2年均浓度均达到二级标准，86.9%的城市达到一级标准。

113个环境保护重点城市空气质量有所提高，空气质量达到一级标准的城市占0.9%，达到二级标准的占66.4%，达到三级标准的占32.7%。与上年相比，达标城市比例上升了9.8个百分点。

2009年，环境保护重点城市总体平均的NO_2浓度与上年相比持平，SO_2和PM_{10}浓度均略有降低。

(2) 酸雨

酸雨频率监测的488个城市(县)中，出现酸雨的城市258个，占52.9%；酸雨发生频率在25%以上的城市164个，占33.6%；酸雨发生频率在75%以上的城市53个，占10.9%。

与2008年相比，发生较重酸雨(降水$pH<5.0$)的城市比例降低2.8个百分点，发生重酸雨(降水$pH<4.5$)的城市比例降低0.8个百分点。

全国酸雨分布区域主要集中在长江以南，青藏高原以东地区。主要包括浙江、江西、湖南、福建、重庆的大部分地区以及长江、珠江三角洲地区。酸雨发生面积约120万km^2，重酸雨发生面积约6万km^2。与2008年相比，酸雨区域分布格局未发生明显变化。

(3) 废气中主要污染物排放量

2009年，SO_2排放量为2214.4万t，烟尘排放量为847.2万t，工业粉尘排放量为523.6万t，分别比上年下降4.6%、6.0%、11.7%。与2005年相比，SO_2排放总量下降13.14%，SO_2减排进度已超过“十一五”减排目标要求。近几年我国大气污染物排放情况见表6-3。

表6-3 全国废气中主要污染物排放量年际变化

项目	SO_2排放量/万t			烟尘排放量/万t			工业粉尘排放量/万t
年度	合计	工业	生活	合计	工业	生活	
2006	2588.8	2234.8	354.0	1088.8	864.5	224.3	808.4
2007	2468.1	2140.0	328.1	986.6	771.1	215.5	698.7
2008	2321.2	1991.3	329.9	901.6	670.7	230.9	584.9
2009	2214.4	1866.1	348.3	847.2	603.9	243.3	523.6

6.2 大气环境规划的内容

6.2.1 大气环境现状调查与分析

1. 污染源调查和评价

工业污染源的调查内容，如有近期的“工业污染源调查资料”，一般可直接选用。生活污染源和交通污染源的调查，可以结合各城镇的具体情况进行。但是，调查所得的基础资料和数据，必须能满足环境污染预测与制定污染综合防治方案的需要。主要包括下列几方面。

(1) 画出污染源分布图

画出规划区域范围内的大气污染源分布图，标明污染源位置、污染排放方式，并列表给出各所需参数。高的、独立的烟囱一般作点源处理；无组织排放源及数量多、排放源不高且源强不大的排气筒一般作面源处理(一般把源高低于30m、源强小于0.04t/h的污染源列为面源)；繁忙的公路、铁路、机场跑道一般作线源处理。

(2) 点源调查统计内容

主要包括：①排气筒底部中心坐标(一般按国家坐标系)及分布平面图；②排气筒高度(m)及出口内径(m)；③排气筒出口烟气温度(℃)；④烟气出口速度(m/s)；⑤各主要污染物正常排放量(t/a,t/h或kg/h)。

(3) 面源调查统计内容

将规划区在选定的坐标系内网格化。网格单元，一般可取1000m×1000m，规划区较小时，可取500m×500m，按网格统计面源的下述参数：①主要污染物排放量($t/(h\cdot km^2)$)；②面源排放高度(m)，如网格内排放高度不等时，可按排放量加权平均取平均排放高度；③面源分类，如果面源分布较密且排放量较大，当其高度差较大时，可酌情按不同平均高度将面源分为2～3类。

2. 大气污染源评价方法

(1) 等标污染负荷法

采用等标污染负荷法对区域工业污染源进行评价，用等标污染负荷法对污染源及污染物位次进行排序，从而确定出规划区域内的主要污染源和主要污染物。具体方法见4.1节。

(2) 污染物排放量排序

污染物排放量排序是直接评价某种污染物的主要污染源的最简单方法。采用总量控制规划法时，针对区域总量控制的主要污染物，对排放主要污染物的污染源进行总量排序。

针对主要污染物的排放量对污染源进行排序的方法很简单，首先要有污染源排放量清单，然后排序。排序后，可选出占污染物总量90%以上的污染源，据此制定区域总量控制规划。

3. 大气环境质量现状评价

大气环境质量的现状评价即是按照一定的标准和方法对大气环境质量的优劣程度给予定性或定量的说明和描述。描述和反映大气环境质量现状既可以从化学角度，也可以从生物学、物理学和卫生学的角度，它们都从某一方面说明了大气环境质量的好坏。不过由于人是我们最终保护的对象，因此，以人群效应来检验大气环境质量好坏的卫生学评价更科学、更合理。但是这种方法难以定量化，所以目前使用最多的是监测评价，即大气质量指数评价法，如单因子指数评价法、多因子指数评价法：上海大气质量指数、美国橡树岭大气质量指数、美国污染物标准指数(Pollutant Standards Index，PSI)、空气污染指数(Air Pollution Index，API)等。

(1) 单因子指数评价法

单因子指数评价法就是直接与评价标准(通常是大气环境功能区的质量标准限值)相比，评价污染物是否超标及其超标倍数。

(2) 空气污染指数(API)法

空气污染指数(API)是目前我国采用的一种反映和评价大气质量的常用方法，该方法就是将常规监测的几种大气污染物的浓度简化成为单一的概念性数值形式，并分级表征大气质量状况与大气污染的程度。空气污染指数范围及对应的大气质量类别见表6-4，空气污染指数API分级限值见表6-5。

表6-4 空气污染指数范围及对应的大气质量类别

空气污染指数(API)	空气质量级别	空气质量状况	对健康的影响
0～50	Ⅰ	优	可正常活动
51～100	Ⅱ	良	可正常活动
101～150	Ⅲ	轻微污染	长期接触，易感人群症状有轻度加剧，健康人群出现刺激症状
151～200		轻度污染	
201～300	Ⅳ	中度污染	一定时间接触后，心脏病和肺病患者症状显著加剧，运动耐受力降低，健康人群中普遍出现症状
＞300	Ⅴ	重度污染	健康人除出现较强烈症状，降低运动耐受力外，长期接触会提前出现某些疾病

表6-5 空气污染指数API分级限值

污染指数	污染物浓度/(mg/m^3)			
API	TSP(日均值)	SO_2(日均值)	NO_2(日均值)	PM_{10}(日均值)
500	1.000	2.620	0.940	0.600
400	0.875	2.100	0.750	0.500
300	0.625	1.600	0.565	0.420
200	0.500	0.800	0.280	0.350
100	0.300	0.150	0.120	0.150
50	0.120	0.050	0.080	0.050

(3) 空气污染指数(API)的计算

$$I_i = \frac{I_{i,j+1} - I_{i,j}}{\rho_{i,j+1} - \rho_{i,j}}(\rho_i - \rho_{i,j}) + I_{i,j} \tag{6-1}$$

式中，ρ_i，I_i为第i种污染物的实测浓度和待求的指数值；$\rho_{i,j}$，$I_{i,j}$为第i种污染物第j等级的标准浓度和标准指数值；$\rho_{i,j+1}$，$I_{i,j+1}$为第i种污染物第$j+1$等级的标准浓度和标准指数值。

空气污染指数(API)取分指数的最大值

$$\text{API} = \max(I_1, I_2, \cdots, I_n)$$

即由监测结果，分别计算出各项污染物的污染指数，取污染指数最大者作为本地区环境空气污染指数(API)，作为评价该地区环境空气质量和主要污染物的依据。

通过大气环境质量评价，可以了解大气环境质量现状的优劣，从而为确定大气环境的控制目标提供依据。

6.2.2 大气环境功能区划

大气环境功能区划是按功能区对大气污染物实行总量控制和进行大气环境管理的依据。大气环境功能区是因其区域社会功能不同而对环境保护提出不同要求的地区，功能区数目不限，但应由当地人民政府根据国家有关规定及城市发展总体规划划分为一、二、三类大气环境功能区。

1. **大气环境功能区划的目的**

(1) 保证区域社会功能正常发挥

具有不同社会功能的区域(如居民区、商业区、工业区、文化区和旅游区等),根据国家有关规定要分别划分为一、二、三类功能区。各功能区分别采用不同的大气环境标准,以保证这些区域社会功能的正常发挥(表 6-6)。

表 6-6 大气环境功能区划

功能区	范　围	执行大气质量标准
一类区	自然保护区、风景游览区、疗养区	一级
二类区	规划居民区、商业、交通、居民混合区、文化区、名胜古迹及广大农村	二级
三类区	工业区及城市交通枢纽、干线	三级

备注:凡位于二类功能区的工业企业,应执行二级标准,凡位于三类功能区的非规划居民区可执行三级标准(应设置隔离带)。

(2) 充分考虑规划区的地理、气候条件,科学合理地划分大气环境功能区

一方面要充分利用自然环境的界线(如山脉、丘陵、河流及道路等),作为相邻功能区的边界线,尽量减少边界的处理。另一方面应特别注意风向的影响,如一类功能区应放在最大风频的上风向;三类功能区应安排在最大风频的下风向,以此通过最大限度地开发利用环境空气的自净能力,达到既扩大区域污染物的允许排放总量,又减少了治理费用的目的。

(3) 有利于因地制宜采取对策

划分大气环境功能区,对不同的功能区实行不同大气环境目标的控制对策,有利于实行新的环境管理机制。

2. **大气环境功能区的划分方法**

大气环境功能区是不同级别的大气环境系统的空间形式,各种地域上的大气环境的系统特征是大气环境功能区的内容和性质。可以说大气环境功能区划是个非常复杂的问题,涉及的因素较多,采用简单的定性方法进行划分,不能很好地揭示出城市大气环境的本质在空间上的差异及其多因素间的内在关系。划分大气环境功能区的方法一般有:多因子综合评分法、模糊聚类分析法、生态适宜度分析法及层次分析法等。现以多因子综合评分法为例说明如何进行大气环境功能区的划分。

根据国家有关规定,属于一类功能区的有自然保护区、风景游览区、国家级名胜古迹、疗养地及特殊区域等。对属于农村的区域,根据国家规定可划为二类功能区。上述两部分在区域划分时较容易确定,只需将剩余的区域分成若干子区,如各小行政区等。依据各个子区所具有的社会功能、气候地理特征及环境现状中功能状态判别要素,将其中有定量描述的要素,按数量范围的变化定性化。在此基础上应用多因子综合评分法,确定这些子区的环境功能划分。大气环境功能区划分可采取以下步骤。

(1) 确定评价因子

对于二类功能区,评价因子可选择人口密度、商业密度、科教医疗单位密度、单位面积污染物排放量、风向(污染系数)、单位面积工业产值和污染强度。对于三类功能区还需考虑气流通畅程度。使用这些评价因子基本上能反映二类功能区及三类功能区的特征。风向(污

染系数)是划分大气环境功能区时应考虑的重要因素。

(2) 单因子分级评分标准的确定

二类功能区单因子分级评分标准见表6-7。

表6-7 二类功能区单因子分级评分标准

指标	评分/描述	1 很不适合	2 不适合	3 基本适合	4 适合	5 很适合
人口密度		很小	较小	一般	较大	很大
商业密度		很小	较小	一般	较大	很大
科教医疗单位密度		很小	较小	一般	较大	很大
单位面积工业产值		很高	较高	一般	较低	很低
风向	主导风向	下风向	偏下风向	中间	偏上风向	上风向
	主导污染系数方位	下方位	偏下方位	中间	偏上方位	上方位
	最小风频	上风向	偏上风向	中间	偏下风向	下风向
	最小污染系数方位	上方位	偏上方位	中间	偏下方位	下方位
	基本风向	下风向	偏下风向	中间	偏上风向	上风向
污染系数	基本污染系数方位	下方位	偏下方位	中间	偏上方位	上方位
	单位面积污染物排放量	很大	较大	一般	较小	很小
	大气污染程度	很严重	较严重	一般	较轻	很轻

单因子分级为五级,即很不适合、不适合、基本适合、适合和很适合。

为了减少各评价因子定性描述带来的人为因素的影响,使评价结果能较好地与实际相符合,需要制定各评价因子的分级判断标准。对于人口密度、商业密度、科教医疗单位密度、单位面积工业产值及单位面积污染物排放量等,评价指标分别取子区各项指标与所有子区各项指标平均值之比值,根据比值的大小进行分级,评价描述可以分别为很小、较小、一般、较大和很大。风向或污染系数的分级判断标准如下:在城市地图上与确定的风向(污染系数方位)平行的方向上,将城市分成5个区,各区分别在确定的风向(污染系数方位)的上风向(上方位)、偏上风向(偏上方位)、中间、偏下风向(偏下方位)、下风向(下方位)。根据某一子区的大部分面积位于哪一个区来判定该子区在确定的风向(污染系数方位)的评价描述。对于大气质量指数也可按有关规定划分五级,大气污染程度分别描述为很严重、较严重、一般、较轻和很轻。三类功能区单因子分级评分标准确定方法与二类功能区的类似。

(3) 单因子权重的确定

划分大气环境功能分区时,采用的评价因子较多,每个因子所起的作用各不相同,因此应给每一个因子赋予一个权重。可应用层次分析法等方法确定各评价因子的权重。

(4) 单因子综合分级评分标准的确定

确定单因子综合分组评分标准就是要确定各评价级的综合评分值的上下限。以二类功能区为例,可取7个评价因子均是很适合时的平均评分值为很适合的上限;取4个评价因子为很适合,另3个评价因子为适合时的平均评分值当作很适合的下限、适合的上限。同样也可以得到所有等级的上下限。按照上述方法可以确定的二类功能区的单因子综合分级评分,评价描述分别为很不适合、不适合、基本适合、适合和很适合。以此类推可以得到三类功能区的单因子五级综合评分标准。

(5) 评价结果的最终确定

对每一个子区，分别按上述方法对其划分为二类功能区的适合程度进行评价。若评价结果为很适合或适合，则该子区为二类功能区；若为不适合或很不适合，则该子区为三类功能区；若评价结果为基本适合，则进一步对其划分为三类功能区的适合程度进行评价。若三类功能区的评价结果为适合或很适合，则该子区为三类功能区；若为不适合或很不适合，则为二类功能区；若也为基本适合，则需通过比较 A 和 B 的大小来确定，具体见表 6-8。

表 6-8 大气环境功能区划的确定方法

<table>
<tr><th colspan="2">评价描述</th><th rowspan="2">单因子综合评分值比较</th><th rowspan="2">功能区</th></tr>
<tr><th>属于二类功能区</th><th>属于三类功能区</th></tr>
<tr><td>很适合或适合</td><td>—</td><td>—</td><td>二类功能区</td></tr>
<tr><td rowspan="4">基本适合</td><td>很适合或适合</td><td>—</td><td>三类功能区</td></tr>
<tr><td rowspan="2">基本适合</td><td>A≤B</td><td>二类功能区</td></tr>
<tr><td>A>B</td><td>三类功能区</td></tr>
<tr><td>不适合或很不适合</td><td>—</td><td>二类功能区</td></tr>
<tr><td>不适合或很不适合</td><td>—</td><td>—</td><td>三类功能区</td></tr>
</table>

表 6-8 中的 A 和 B 的计算公式如下：

$$A = \frac{X_{2\max} - X_2}{X_{2\max} - X_{2\min}} \tag{6-2}$$

$$B = \frac{X_{3\max} - X_3}{X_{3\max} - X_{3\min}} \tag{6-3}$$

式(6-2)中，$X_{2\max}$，$X_{2\min}$，X_2 分别为二类功能区基本适合的上下限和该子区域为二类功能区的综合评分值。

式(6-3)中，$X_{3\max}$，$X_{3\min}$，X_3 分别为三类功能区基本适合的上下限和该子区域为三类功能区的综合评分值。

6.2.3 大气污染预测

在进行大气污染预测时，首先应确定主要大气污染物以及影响排污量增长的主要因素；然后预测排污量增长对大气环境质量的影响。这就需要确定描述环境质量的指标体系，并建立或选择能够表达这种关系的数学模型。大气污染预测主要包括两个部分，一是污染物排放量(源强)预测，二是大气环境质量变化预测。

1. 大气污染源源强预测

源强是研究大气污染的基础数据，其定义就是污染物的排放速率。对瞬时点源，源强就是点源一次排放的总量；对连续点源，源强就是点源在单位时间里的排放量。

(1) 源强预测的一般模型

预测源强的一般模型为

$$Q_i = K_i W_i (1 - \eta_i) \tag{6-4}$$

式中，Q_i 为源强，对瞬时排放源以 kg 或 t 计；对连续稳定排放源以 kg/h 或 t/d 计；K_i 为某种污染物的排放因子；W_i 为燃料的消耗量，对固体燃料以 kg 或 t 计；对液体燃料以 L 计；

对气体燃料以 $100m^3$ 计；时间单位以 h 或 d 计；η_i 为净化设备对污染物的去除效率，%；i 为污染物的编号。

(2) 耗煤量预测

①工业耗煤量预测；②民用耗煤量预测。具体方法见 4.4 节。

(3) 污染物排放量预测

具体方法见 4.4 节。

2. 大气环境质量预测

区域的大气环境质量不但受到污染源的影响，还要受到污染气象条件的影响。常用于大气环境规划工作的大气质量预测模型有两类，一是箱式模型，二是扩散模型。具体方法见 4.4 节。

6.2.4　大气环境目标与指标体系

1. 大气环境规划目标

大气环境规划的最终目的是要实现设定的环境目标。大气环境规划目标的制定要根据国家的要求和本规划区域(省域、市域、城镇等)的性质功能，从实际出发，既不能超出本规划区域的经济技术发展水平，又要满足人民生活和生产所必须的大气环境质量。可以采用费用效益分析等方法确定最佳控制水平。

大气环境规划目标的决策过程一般是初步拟定大气环境目标，编制达到大气环境目标的方案；论证环境目标方案的可行性，当可行性出现问题时，反馈回去重新修改大气环境目标和实现目标的方案，再进行综合平衡，经过多次反复论证后，比较科学地确定大气环境目标。

2. 大气环境规划指标体系

(1) 大气环境质量指标。主要指标包括总悬浮颗粒物、飘尘、二氧化硫、降尘、氮氧化物、一氧化碳、光化学氧化剂、臭氧、氟化物、苯并芘等。

(2) 大气污染控制指标。主要指标包括废气排放总量、二氧化硫排放量及回收率、烟尘排放量、工业粉尘排放量及回收量、烟尘及粉尘的去除率、一氧化硅排放量、氯氧化物排放量、光化学氧化剂排放量、烟尘控制区覆盖率、工艺尾气达标率和汽车尾气达标率等。

(3) 城市环境建设指标。主要指标包括城市气化率、城市集中供热率、城市型煤普及率、城市绿地覆盖率和人均公共绿地等。

(4) 城市社会经济指标。主要指标包括国内生产总值、人均国内生产总值、工业总产值、各行业产值、各行业能耗、生活耗煤量、万元工业产值能耗、城市人口总量、分区人口数、人口密度及分布和人口自然增长率等。

如辽宁省沈阳市大气环境“十二五”规划指标为以下几方面。

(1) 大气污染物总量减排指标

到 2015 年，主要污染物排放量在 2010 年排放量基础上削减率为：二氧化硫 6.5%(不包括省管电厂)；氮氧化物 9.5%(不包括省管电厂)。

(2) 大气环境质量指标

空气环境质量达到国家环境空气质量二级标准，城市环境空气质量好于或等于 2 级标准的天数，2012 年稳定达到 330 天，2015 年达到 335 天；城镇人均公共绿地面积 2012 年大于 $12m^2$，2015 年大于 $15m^2$。

(3) 污染控制及支撑保障指标

机动车尾气排放达标率 2012 年大于 92%，2015 年大于 95%；万元 GDP 能耗 2012 年小于 0.9t 标煤；2015 年小于 0.7t 标煤；万元 GDPSO_2 排放量 2012 年小于 1.9kg，2015 年小于 1.2kg。

6.2.5 大气污染物总量控制

大气污染物总量控制是通过控制给定区域污染源允许排放总量，并将其优化分配到源，以确保实现大气环境质量目标值的方法。随着我国城市经济的不断发展，实行浓度控制和 P 值控制已不能阻止污染源密集区域的形成，也不能实现大气环境质量目标。因此，根据我国国情和城市现有大气污染特征，提出我国城市推行区域大气总量控制方法。只有实行总量控制，才能建立大气污染物排放总量与大气环境质量的定量关系，建立污染物削减与最低治理投资费用的定量关系，从而确保实现城市的大气环境质量目标。

1. 大气污染物总量控制区边界的确定

大气污染物排放总量控制区(以下简称总量控制区)是当地人民政府根据城镇规划、经济发展与环境保护要求而决定对大气污染物排放实行总量控制的区域。总量控制区以外的区域称为非总量控制区，例如，广大农村以及工业化水平低的边远荒僻地区。但对大面积酸雨危害地区应尽量设置二氧化硫和 NO_x 排放总量控制区。一般根据环境保护的目标来确定大气总量控制区域的大小。在确定总量控制区域时通常要注意以下几个方面：

(1) 对于大气污染严重的城市和地区，控制区一定要包括全部大气环境质量超标区，以及对超标区影响比较大的全部污染源。非超标区根据未来城市规划、经济发展适当地将一些重要的污染源和新的规划区包括在内。

(2) 对于大气污染尚不严重，但是存在着孤立的超标区或估计不久会成为严重污染的区域，总量控制区的划定方法同(1)。如果仅仅要求对城市中某一源密集区进行总量控制，则可以将该源密集区及它的可能污染区划为控制区。

(3) 对于经济开发区或新发展城市，可以将其规划区作为控制区。

(4) 在划定总量控制区时，无论是那种情况都要考虑当地的主导风向，一般在主导风向下风方位，控制区边界应在烟源的最大落地浓度以远处，所以在该方位上控制区应该比非主导风向上长些。

(5) 总量控制区不宜随意扩大，应以污染源集中区和主要污染区为主，它不同于总量控制模式的计算区，计算区要比控制区大，大出的范围由控制区边缘处的烟源的最大落地浓度的距离而定。

2. 大气污染物总量控制的 *A-P* 值法

(1) A 值法

A 值法属于地区系数法，只要给出控制区总面积及功能分区的面积，再根据当地总量控制系数 A 值就能计算出该面积上的总允许排放量。

A 值法的基本原理：如果假定某城市分为 n 个区，每分区面积为 S_i，总面积 S 为各个分面积之和，即

$$S = \sum_{i=1}^{n} S_i \tag{6-5}$$

全市排放的允许总量可由下式确定

$$Q_{ak} = \sum_{i=1}^{n} Q_{aki} \tag{6-6}$$

式中，Q_{ak} 为总量控制区某种污染物年允许排放总量限值，10^4 t；Q_{aki} 为第 i 功能区某种污染物年允许排放总量限值，10^4 t；n 为功能区总数；i 为总量控制区内各功能区的编号；k 为某种污染物下标；a 为总量下标。

各功能区污染物排放总量限值由下式计算：

$$Q_{ai} = A \cdot \rho_{Bsi} \cdot \frac{S_i}{\sqrt{S}} \tag{6-7}$$

式中，ρ_{Bsi} 为国家和地方有关大气环境质量标准所规定的与第 i 功能区类别相应的年日均浓度限值，mg/Nm^3；A 为地理区域性总量控制系数，$10^4 km^2/a$；主要由当地通风量决定，可参照表6-9所列的数据选取。

在夜间大气温度层结稳定时，高架源对地面影响不大，但低架源及地面源都能产生严重污染，因此需确定夜间低架源的允许排放总量。总量控制区内低架源的大气污染物年允许排放总量计算见下式：

$$Q_{bk} = \sum_{i=1}^{n} Q_{bki} \tag{6-8}$$

式中，Q_{bk} 为总量控制区某种污染物低架源年允许排放总量限值，10^4 t；Q_{bki} 为第 i 功能区某种污染物低架源年允许排放总量限值，10^4 t；b 为低架源排放总量下标。

各功能区低架源污染物排放总量限值按下式计算：

$$Q_{bki} = a \cdot Q_{aki} \tag{6-9}$$

式中，a 为低架源排放分担率，见表6-9。

表6-9　我国各地区总量控制系数 A，低源分担率 a，点源控制系数 P 值表

地区序号	省（市）名	A	a	P	
				总量控制区	非总量控制区
1	新疆、西藏、青海	7.0～8.4	0.15	100～150	100～200
2	黑龙江、吉林、辽宁、内蒙古（阴山以北）	5.6～7.0	0.25	120～180	120～240
3	北京、天津、河北、河南、山东	4.2～5.6	0.15	120～180	120～240
4	内蒙古（阴山以南）、山西、陕西（秦岭以北）、宁夏、甘肃（渭河以北）	3.6～4.9	0.20	100～150	100～200
5	上海、广东、广西、湖南、湖北、江苏、浙江、安徽、海南、台湾、福建、江西	3.6～4.9	0.25	50～75	50～100
6	云南、贵州、四川、甘肃（渭河以南）、陕西（秦岭以南）	2.8～4.2	0.15	50～75	50～100
7	静风区（年平均风速小于1m/s）	1.4～2.8	0.25	40～80	40～80

(2) A-P 值法

在 A 值法中只规定了各区域总允许排放量而无法确定每个源的允许排放量。而 P 值法则可以对固定的某个烟筒控制其排放总量，但无法对区域内烟筒个数加以限制，即无法限制区域排放总量。若将二者结合起来则为 A-P 值法，即利用 A 值法计算控制区域中允许排放总量、用修正的 P 值法分配到每个污染源的一种方法。计算修正的 P 值按如下进行：

将点源分为中架点源（几何高度在 100m 以下及 30m 以上）与高架点源（几何高度在 100m 以上）。中架点源与低架点源一般主要影响邻近区域所在功能区的大气质量，而高架点源则可以影响全控制区大气质量。因此在某功能区内有

$$Q_{aki} \leqslant \sum_j \beta_i \times P \times H_{ej} \times \rho_{Bsi} \times 10^{-6} + Q_{bki} \tag{6-10}$$

式中，β_i 为调整系数；P 为点源控制系数；H_{ej} 为烟筒有效高度，m。

式(6-10)表示在 i 功能区所有几何高度在 100m 以下的点源及低架源排放的总量不得超过总允许排放量 Q_{aki}。

各功能分区的中架点源（$H\leqslant 100$m）的总排放量为

$$Q_{mki} = \sum_j P \times H_{ej} \times \rho_{Bsi} \times 10^{-6} \tag{6-11}$$

根据式(6-10)和式(6-11)，可得 β_i 为

$$\beta_i = (Q_{aki} - Q_{bki})/Q_{mki} \tag{6-12}$$

当 β_i 大于 1 时，β_i 取值为 1。整个城市中架点源（$H\leqslant 100$）的总允许排放量为

$$Q_{mk} = \sum_{i=1} \beta_i \cdot Q_{mki} \tag{6-13}$$

各功能分区的高架点源（$H>100$m）的总允许排放量为

$$Q_{hi} \leqslant \sum_j P \times H_{ej} \times \rho_{Bsi} \times 10^{-6} \tag{6-14}$$

整个城市高架点源（$H>100$m）的总允许排放量为

$$Q_h = \sum_{i=1} \beta_i \cdot Q_{hi} \tag{6-15}$$

根据 Q_a、Q_b、Q_m、Q_h，可以计算全控制区的总调整系数 β：

$$\beta = (Q_a - Q_b)/(Q_m + Q_h) \tag{6-16}$$

当 β 大于 1 时，β 取值为 1。当 β_i 和 β 确定后，各功能区的点源控制系数 P 可变成

$$P_i = \beta \times \beta_i \times P \tag{6-17}$$

式中，P_i 为修正后的 P 值。各功能区点源新的允许排放率限值为

$$q_{pi} = \beta \times \beta_i \times P \times \rho_{Bsi} \times h_e^2 \times 10^{-6} \tag{6-18}$$

当实施新的点源允许排放率限值后，各功能区即可保证排放总量不超过总排放总量。此外也可以选取比 P_i 较大的值作为实施值，只要该功能区内实际排放的 Q_{aki} 及 Q_{bki} 在允许排放总量范围之内即可。

6.2.6 大气污染综合防治措施

大气污染一般是由多种污染源所造成的，其污染程度受该地区的地形、植被面积、气象条件、工业结构和布局、能源构成、交通管理等自然因素和社会因素所影响。因此，大气污染防治具有区域性、整体性和综合性的特点，在制定大气污染防治对策时，要充分考虑地区的环境特征，从地区的生态系统出发，对影响大气质量的多种因素进行系统的综合分析，找出最佳的对策和方案。

一般而言，大气环境综合防治措施可归纳为如下几方面：减少污染物排放量，合理利用大气环境容量，加强绿化和严格环境管理等。

1. 减少大气污染物的产生量和排放量

(1) 实施清洁生产

很多污染是生产工艺不能充分利用资源引起的。改进生产工艺是减少污染物产生的最经济有效的措施。生产中应从清洁生产工艺方面考虑，尽量采用无害或少害的原材料、清洁燃料，革新生产工艺，采用闭路循环工艺，提高原材料的利用率。加强生产管理，减少跑、冒、滴、漏等，容易产生扬尘的生产过程要尽量采用湿式作业、密闭运转。粉状物料的加工应尽量减少高差跌落和气流扰动。液体和粉状物料要采用管道输送，并防止泄漏。有条件的地方可以建立综合性工业基地，开展综合利用和"三废"资源化，减少污染物排放总量。

(2) 调整能源结构，提高能源利用效率

煤炭、石油等污染型能源的消费是影响大气环境质量的最重要的因素。在我国，煤炭的消费量在一次能源消费总量中所占的比重约为 66.0%。煤炭消费是造成煤烟型大气污染的主要原因。据历年的资料估算，我国燃煤排放的二氧化硫占各类污染源排放的 87%，颗粒物占 60%，氮氧化物占 67%。随着我国机动车保有量的迅速增加，部分城市大气污染已经变成煤烟与机动车尾气混合型。因此，调整能源结构、增加清洁能源比重，是改善大气环境质量首先要考虑的重要方面。

我国目前发展的较为广泛的清洁能源包括：核电、太阳能、生物质能、水能、风能、地热能、潮汐能、煤层气、氢能等。因此可以逐步改变我国以煤为主的能源结构，因地制宜地建设水电、风电、太阳能发电、生物质能发电和核电等。在调整能源结构同时，还要积极开展型煤，煤炭气化和液化、煤气化联合循环发电等煤炭清洁利用技术的应用。还应提高电力在能源最终消费中的份额，特别是把煤炭转化为电力后消费，对提高能源利用率和保护大气环境极为有利。

另外，中国能源利用效率低，单位产品能耗高，节能潜力很大，这也是减轻污染很有效的措施。因此，在规划区域要采取有力措施，提高广大群众的节能意识，认真落实国家鼓励发展的通用节能技术：①推广热电联产、集中供热，提高热电机组的利用率，发展热能梯级利用技术，热、电、冷联产技术和热、电、煤气三联供技术，提高热能综合利用效率；②发展和推广适合国内煤种的硫化床燃烧、无烟燃烧技术，通过改进燃烧装置和燃烧技术，提高煤炭利用效率。鼓励使用大容量、高参数、高效率、低能耗、低排放的节能环保型燃煤发电机组。

(3) 调整优化产业结构，淘汰落后产能

应加大推动服务业特别是现代服务业发展力度，加快金融、物流、商贸、文化、旅游等产业发展，把推进产业结构调整与提高经济增长的质量和效益相结合，与改善大气环境质量相结合。由于经济结构发生重大转变，经济增长对能源需求的强度将会逐渐下降，可从产业结构调整上减排大气污染负荷。

在产业结构调整中，关停、并转高污染、高能耗和高危险企业或生产线。建立新开工项目管理部门联动机制和项目审批问责制，严格控制高耗能、高排放和产能过剩行业新上项目，进一步提高行业准入门槛。制定水泥、化工、石化、有色、造纸等行业落后产能淘汰计划并实施严格退出。对未按期淘汰的企业，依法吊销排污许可证、生产许可证和安全生产许可证。

严格落实《产业结构调整指导目录》。加快运用高新技术和先进适用技术改造提升传统产业，促进信息化和工业化深度融合，重点支持对产业升级带动作用大的重点项目和重污染企业搬迁改造。调整《加工贸易禁止类商品目录》，提高加工贸易准入门槛，促进加工贸易转型升级。合理引导企业兼并重组，提高产业集中度。

(4) 对污染源进行治理

集中的污染源，如火力发电厂、大型锅炉、窑炉等，排气量大，污染物浓度高，设备封闭程度较高，废气便于集中处理后进行有组织的排放，比较容易使污染物对近地面的影响控制在允许范围内。

主要的治理方法有：

① 利用除尘装置去除废气中的烟尘和各种工业粉尘

除尘器种类繁多，依照除尘的主要机制可将其分为机械式除尘器、过滤式除尘器、湿式除尘器、静电除尘器四大类。

机械式除尘器是通过质量力的作用达到除尘目的的除尘装置。质量力包括重力、惯性力和离心力，主要除尘器形式为重力沉降室、惯性除尘器和离心除尘器。

在机械式除尘器中，离心式除尘器是效率最高的一种(除尘效率在85%左右)。它适用于非粘性、非纤维性粉尘的去除，对大于 5μm 以上的颗粒具有较高的去除效率，且可用于高温烟气的净化。它多应用于锅炉烟气除尘、多级除尘的预除尘。

过滤式除尘是使含尘气体通过多孔滤料，把气体中的尘粒截留下来，使气体得到净化的方法。

在过滤式除尘器中，袋式除尘器是应用最为广泛的一种，主要应用于各种工业废气除尘中，它属于高效除尘器，除尘效率大于 99%，对细粉尘有很强的捕集作用，对颗粒性质及气量适应性强，同时便于回收干料。

湿式除尘也称为洗涤除尘。该方法是利用液体所形成的液膜、液滴或气泡来洗涤含尘气体，尘粒随液体排出，气体得到净化。

湿式除尘器种类很多，常用的有各种形式的喷淋塔、填料洗涤除尘器、泡沫除尘器和文丘里管洗涤器等。湿式除尘器结构简单、造价低、除尘效率高，在处理高温、易燃、易爆气体时安全性好，在除尘的同时还可以去除废气中的有害气体。

静电除尘是利用高压电场产生的静电力(库仑力)的作用实现固体粒子或液体粒子与气流分离的方法。

静电除尘器是一种高效除尘器，对细微粉尘及雾状液滴捕集性能优异，除尘效率达99%以上，而且处理气量大，能耗也低，适用于高温、高压的场合，因此被广泛用于工业除尘。

在进行烟尘治理时，往往采用多种除尘设备组成一个净化系统，如对于燃煤电站的大型锅炉，由于烟气量大、粉尘浓度高、颗粒细，通常采用二级净化系统；第一级选用旋风除尘器，第二级采用静电除尘器和布袋除尘器、文丘里管洗涤器等。

在选择除尘系统时，必须要全面考虑有关的因素，如颗粒污染物的性质、含尘气体的浓度、温度和流量及排放要求、除尘器的除尘效率、适用范围等。除技术上可行外，还要经济上合理，管理上简单安全，也就是要通过经济技术管理综合比较后才能作出最终决策。

② 有害气体净化

工业生产、人类生活活动中所排放的有害气态物质种类繁多，依据这些物质不同的化学性质和物理性质，需要采用不同的技术方法进行治理，如吸收法、催化法、燃烧法、冷凝法等。

吸收法是采用适当的液体作为吸收剂，使含有有害物质的废气与吸收剂接触，废气中的有害物质被吸收于吸收剂中，使气体得到净化的方法。如采用石灰石、生石灰（CaO）或消石灰[$Ca(OH)_2$]的乳浊液来吸收 SO_2，并得到副产品石膏。通过控制吸收液的 pH，可得到副产品半水亚硫酸钙，是一种用途很广的钙塑材料。利用氨水、氢氧化钠、碳酸钠等碱溶液吸收废气中的 SO_2 的同时，也能得到很多副产品。

吸附法治理废气就是使废气与大表面多孔性固体物质相接触，将废气中的有害组分吸附在固体表面上，使其与气体混合物分离，达到净化有害气体的目的。常用的吸附剂有活性炭和分子筛。如活性炭对低浓度 NO_x 具有很高的吸附能力，经解吸后可回收浓度高的 NO_x。分子筛吸附法适于净化硝酸尾气，可将浓度为 1500～3000μL/L 的 NO_x 降低至 50μL/L 以下，回收的 NO_x 可用于硝酸的生产，是一种很有前途的方法。

催化法净化气态污染物是利用催化剂的催化作用，使废气中的有害组分发生化学反应并转化为无害物或易于去除物质的一种方法。如催化氧化法处理硫酸尾气技术成熟，已成为制酸工艺的一部分，同时在锅炉烟气脱硫中也得到实际应用。此法所用的催化剂是以 SiO_2 为载体的五氧化二钒（V_2O_5）。处理时，将烟气除尘后进入催化转换器，在催化剂作用下，SO_2 被氧化为 SO_3，转化效果可达 80%～90%。然后烟气经过省煤器、空气预热器放热，保证出口烟气温度达 230℃左右防止酸露腐蚀空气预热器。烟气进入吸收塔后，用稀硫酸洗涤吸收 SO_3，等到气体冷却到 104℃时便获得浓度为 80%的硫酸。

燃烧净化法是对含有可燃有害组分的混合气体进行氧化燃烧或高温分解，从而使这些有害组分转化为无害物质的方法。燃烧法主要应用于碳氢化合物、一氧化碳、恶臭、沥青烟、黑烟等有害物质的净化治理。

冷凝法是采用降低废气温度或提高废气压力的方法，使一些易于凝结的有害气体或蒸气态的污染物冷凝成液体并从废气中分离出来的方法。冷凝法只适于处理高浓度的有机废气，常用作吸附、燃烧等方法净化高浓度废气的前处理，以减轻后续方法的负荷。

③ 对于交通污染源，目前采取的污染控制措施主要有以下几方面。

a. 以清洁燃料代替汽油

在城市交通运输中，大力推广清洁燃料，如使用液化石油气、压缩天然气以及醇类燃料等代替汽油或发展电能驱动、太阳能驱动等新能源汽车。

b. 机内净化技术

机内净化技术主要是指通过改进发动机本身的设计，优化发动机燃烧过程来降低污染物排放。主要措施有燃烧系统优化、闭环电子控制技术、汽油机直喷技术、可变进排气系统和废气再循环控制系统等。这些措施大多需要发动机精确的电控系统来实现。

c. 机外净化技术

机外净化技术也称汽车尾气排放后处理技术，是指在发动机的排气系统中进一步消减污染物排放的技术。目前应用最广泛的是三元催化转化器。

在催化剂的作用下，三元催化转化器能将发动机产生的 3 种主要污染物 CO、HC 和 NO_x 转化为 CO_2、H_2O 和 N_2。

④ 对于开放源如道路扬尘、施工场地、料堆扬尘和裸露地面扬尘等的控制措施有以下几方面。

a. 降低道路负荷,控制交通扬尘

如采用先进的吹吸式道路清扫车进行清扫,其扫净率可以达到 90%以上。对运送土、渣、灰的车辆要采取密封的运输方式,以减少道路遗撒。车辆粘附的泥土也是造成较大道路负荷的一个重要来源,对于这一污染源的治理主要依靠道路铺装或对粘土车辆进行清洗,以此降低道路负荷,控制交通扬尘。

b. 施工场地、料堆扬尘和裸露地面扬尘要加强管理和控制

- 严格施工工地开工申报管理

即建立施工工地无组织排放申报制度。施工单位需要向有关部门提交施工扬尘治理措施的具体落实清单,不符合环保要求的施工单位不能进行施工。应在环境监察单位设立专门的施工场地检查部门,负责其扬尘治理措施的具体落实情况,对于治理不力的施工场地,该部门有权责令其停工整改。

- 施工围挡

围挡的作用是将施工区域与外界环境进行适当的隔离,一定程度上避免挖掘出的泥土成为扬尘的尘源。监测结果显示,围挡可以减少扬尘 10%左右。

- 道路硬化

将工地内道路铺设水泥或(柏油)路面或用钢板覆盖,可使扬尘削减率达到 15%~20%。

- 覆盖

覆盖就是用遮盖织物、化学覆盖剂或洒水等方式,对裸露黄土或堆积的物料表面进行遮盖或处理。对于施工的土方和拆迁的现场,如果在 24 小时内无法运出或进行继续施工,则必须加以覆盖以防止产生扬尘。

- 治理裸露地面扬尘

控制裸露地面扬尘的主要措施包括:绿化、地面硬化与铺装、采用土壤保水调理剂、表面土壤凝结剂覆盖等。其中铺装主要用于城区;绿化和使用表面土壤凝结剂覆盖等措施适用于城区和郊区的各类裸露地面。

2. 合理利用大气环境容量

污染物的环境容量是指某一环境单元所允许承纳污染物质的最大数量,是一个变量,它包括两个组成部分即基本环境容量(或称差值容量)和变动环境容量(或称同化容量)。前者可通过拟定的环境标准减去环境本底值求得,后者是指环境单元的自净能力。

大气环境容量 E_A 是一个取决于自然要素、污染性质、气象参数等条件的函数,即 $E_A = f$(自然要素、污染性质、气象参数)。下式是一个基本大气环境容量模型:

$$E_A = V_A \cdot (S_A - B_A) + C_A \tag{6-19}$$

式中,V_A 为大气总体积;S_A 为大气环境质量标准;B_A 为大气环境本底值;C_A 为大气自净能力。

污染物在大气环境中因发生稀释扩散、沉降和衰减现象,而使大气中污染物浓度降低的能力称为大气自净能力。充分利用大气环境容量可以减少污染物的削减,降低治理费用。

有些城市大气环境容量的利用很不合理，一方面局部地区“超载”严重；另一方面相当一部分地区容量没有合理利用，这种现象是造成城市大气污染的重要根源。合理利用大气环境容量要做到两点。

(1) 科学利用大气环境容量

根据大气自净规律(如稀释扩散、降水洗涤、氧化、还原等)，定量(总量)、定点(地点)、定时(时间)地向大气中排放污染物，在保证大气中污染物浓度不超过要求值的前提下，合理利用大气环境容量资源。在制定大气污染综合防治措施时，应首先考虑这一措施的可行性。

(2) 结合工业布局调整，合理利用大气环境容量

工业布局不合理是造成大气环境容量使用不合理的直接因素。例如大气污染源分布在城市上风向使大气环境容量被过度使用，而城郊及广大农村上空的大气环境容量未被利用。再如污染源在某一小的区域内密集，必然造成局部污染严重，并可能导致污染事故的发生。因此应该从调整工业布局入手。

3. 完善绿地系统，发展植物净化

利用植物净化大气污染是主要的生态治理措施。在利用植物对大气污染进行生态治理时，应根据植物的生物学和生态学特性，选出花期长，花大、花形奇特，花期分开，生长快，寿命长，萌芽能力强，能适应各种环境条件的树种，用来净化大气污染，并与城市道路绿化、公园小区绿化相结合，与工厂防污绿化相结合。

(1) 植物的大气净化作用

植物在净化空气方面的作用主要体现在以下几个方面。

① 吸收二氧化碳，制造氧气

二氧化碳是产生温室效应的主要气体。植物的光合作用，能大量吸收二氧化碳并放出氧。其呼吸作用虽也放出二氧化碳，但是植物在白天的光合作用所制造的氧比呼吸作用所消耗的氧多20倍。1个城市居民只要有$10m^2$的森林绿地面积，就可以吸收其呼出的全部二氧化碳，事实上，加上城市生产建设所产生的二氧化碳，则城市每人必须有$30 \sim 40m^2$的绿地面积。

② 吸收大气污染物

绿色植物被称为“生物过滤器”，在一定的浓度范围内，有许多植物种类对空气中最主要的污染物如二氧化硫、氯气、氟化氢以及汞、铅蒸气等具有吸收和净化作用。植物净化气态污染物的作用，主要是通过叶片吸收大气中的有毒物质，减少大气中的有毒物质含量；同时，还能使某些毒物在体内分解、转化为无毒物质。

植物叶片吸收大气中的有毒物质是相当大的，以植物叶片硫积累量增值为例，其增值的大小，在很大程度上代表了植物净化SO_2能力的大小。因此要使绿地发挥较大的净化效果，首先要选择吸收污染物量较大、在体内转化分解能力强的种类，如杨树、水曲柳、刺槐、白蜡、水杉、女贞、香椿、柳杉、垂柳、夹竹桃等。

据报道每公顷白毛杨每年可吸收SO_2 14.07kg；SO_2在通过高宽分别为15m的林带后，其浓度可下降25%～75%。另外，女贞、泡桐等有较强的吸氟能力，紫荆、木槿等有较强的吸氯能力，夹竹桃、桑树等能在汞蒸气中生长良好。一些植物百里香油、丁香酚、柠檬油、天竺葵油等可以分泌如酒精、有机酸等具有强大杀菌能力的挥发性物质，大大减少了空气中的含菌量。

③ 吸滞烟灰和粉尘

植物,特别是树木,对大气中的颗粒物有明显的阻挡、过滤和吸附作用,能减轻大气颗粒态污染物的污染。植物吸滞尘粒的效果与植物的种类、种植面积、密度、生长季节等因素有关。一般情况下,高大、树叶茂密的树木较矮小、树叶稀少的树木滞尘效果好,植物的叶型、着生角度、叶面粗糙等也对滞尘效果有明显的影响。

如女贞、广玉兰、雪松等都具有较强的滞尘能力。国外的研究资料表明,公园能过滤掉80%的污染物,林荫道的树木能过滤掉70%的污染物,树木的叶面、枝干能拦截空中的颗粒,即使在冬天落叶树也仍然能保持60%的过滤效果。

(2) 加强绿地系统建设

① 建设和保护大块绿地,保证足够的绿地面积

相关研究表明,面积大、分布均匀的绿地空间结构能更有效地发挥绿地的生态功能。绿地系统规划中,要考虑功能区、人口密度、绿地服务半径、城市环境状况等需求进行布局,大气污染比较严重的地段和区域应建立大面积绿地,发挥绿地的规模效应,降低人为干扰强度和边缘效应,形成大面积绿地占优势地位的景观格局,同时应该防止大面积绿地的减少,严禁绿地蚕食。

一般认为绿地覆盖率必须达到30%以上,才能起到改善大气环境质量的作用。世界上许多国家的城市都比较重视城市绿化,公共绿地面积保持较高的指标。因此,要发挥绿地改善环境的作用,就必须保证城市拥有足够的绿地面积。在大气中污染物影响范围广、浓度比较低的情况下,保证城市拥有足够的绿地面积,进行植物净化是行之有效的方法。

② 选择合适的树种,注重植被配置形式

树种的选择应该考虑适地适树,根据大气污染物种类、状况进行选择,以增加绿化、净化环境效果。因此要特别注意选择修复能力强、生长旺盛、繁殖迅速、耐贫瘠、抗病虫害、适应性强等的树种。

如果植物层次单调、配置简单,植物净化环境效果就会较差。因此要建立多层次的林分结构,增加绿量,植物配置以乔灌藤草结合,以多层种植为主,尤其增加垂直结构绿量,如墙面、斜坡可考虑栽植藤本植物。

③ 加强绿带建设

工业区与居民区间绿带建设:在工业区和居民区之间布置绿化隔离带,可以减少工业区对居民区的大气污染。绿化隔离带的距离应根据当地的气象、地形条件、环境质量要求、有害物质的危害程度、污染源排放的强度及治理的状况,通过扩散公式或风洞实验来确定。一般情况下污染源高烟囱排放时,强污染带主要位于烟囱有效高度的10～20倍的地区,在此设置绿化隔离带,对阻挡、滞留和吸附污染物的作用相当有效。

道路绿带建设:行道树、公路两旁的防护林带如能有机联络各类绿地,使其组合成一个整体的绿地系统,对交通污染将起到有效的净化作用。为解决道路绿地用地紧张的矛盾,可采取多种措施,如垂直绿化、增加分布带面积等,以增加道路植物生物量,达到较好的改善环境质量效果。

4. 严格大气环境管理

从各国大气污染控制的实践来看,国家及地方的立法管理对大气环境的改善起着十分重要的作用,各发达国家都有一套严格的环境管理体制和制度。环境管理体制通常是由环

境立法、环境监测机构、环境法的执行机构三者所构成的总体。

为了实现我国区域大气污染防治规划的目标和任务，必须要建立、健全规划实施的组织机构，把大气污染防治目标和任务层层分解，层层落实，实施目标责任制管理，并将其纳入各级政府绩效考评体系。建立完善的污染源在线自动监控系统，污染源执法监察系统，不断提高大气污染源的监督管理水平。制定大气污染控制、拆除小锅炉、推进集中供热、发展清洁能源、实施洁净煤技术的有关技术经济政策，确保大气污染控制系统的高效运行。

我国新修订通过的《大气污染防治法》，表明我国大气污染控制从浓度控制向总量控制转变，并明确了总量控制、排污许可证、按排污总量收费等几项大气管理制度，因此，还应将区域大气环境规划的实施与大气环境执法和各项大气环境管理制度相结合。

复习与思考

1. 什么是大气污染？形成大气污染的条件是什么？
2. 什么是大气污染源？人为大气污染源是如何分类的？
3. 什么是大气污染物？它们是如何分类的？
4. 举例说明大气污染物有哪些危害？
5. 简述大气环境现状调查与分析的内容。
6. 大气环境功能区划分的步骤有哪些？
7. 大气污染预测主要包括哪两个部分？大气污染源源强预测的一般模型如何表述？
8. 大气环境规划指标体系有哪些？
9. 什么是大气污染物总量控制？简述大气污染物总量控制的 A-P 值法。
10. 简述大气环境综合防治的一般措施。

固体废物污染防治规划

7.1 固体废物概述

随着工业社会的到来，工业化和城市化进程加快，资源消耗量不断增加，人口向城市不断集中，工业固体废物和城市生活垃圾也急剧地增加。许多城市垃圾“围城”，不仅影响居民的生活环境，也阻碍了城市的发展。一些工业固体废物未经处理直接排放，也严重污染了周围的环境。固体废物的污染，特别是危险废物的污染，已成为全球性的环境问题。因此，面临资源危机和环境不断恶化的巨大压力，开展固体废物综合开发利用研究，变废物为资源，防治固体废物污染，搞好固体废物污染防治规划，对于减轻固体废物对周围环境和人体健康的影响和危害有着非常重要的作用。

7.1.1 固体废物的分类、来源及特性

固体废物又称固体废弃物，是指人类在生产建设、日常生活和其他活动中产生，在一定时间和地点无法利用而被丢弃的污染环境的固体、半固体物质。“废弃物”只是相对而言的概念，在某种条件下为废物的，在另一条件下却可能成为宝贵的原料或另一种产品。所以废物又有“放在错误地点的原料”之称。

1. 固体废物的分类及其来源

固体废物按其组成可分为有机废物和无机废物；按其形态可分为固态、半固态和液态废物；按污染特性可分为有害废物和一般废物；在1995年颁布的《中华人民共和国固体废物污染环境防治法》中，将固体废物分为：城市固体废物、工业固体废物和有害废物。

城市固体废物是指在城市居民日常生活中或为日常生活提供服务的活动中产生的固体废物，如厨余物、废纸、废塑料、废织物、废金属、废玻璃陶瓷碎片、粪便、废旧电器，等等。城市居民家庭、城市商业、餐饮业、旅馆业、旅游业、服务业、市政环卫、交通运输业、文化卫生业和行政事业单位、工业企业单位以及水处理污泥等都是城市固体废物的来源。城市固体废物成分复杂多变，有机物含量高。

工业固体废物是指在工业生产过程中产生的固体废物。按行业分有如下几类：①矿业固体废物：产生于采、选矿过程，如废石、尾矿等；②冶金工业固体废物：产生于金属冶炼过程，如高炉渣等；③能源工业固体废物：产生于燃煤发电过程，如煤矸石、炉渣等；④石油化工工业固体废物：产生于石油加工和化工生产过程，如油泥、油渣等；⑤轻工业固体废物：产生于轻工生产过程，如废纸、废塑料、废布头等；⑥其他工业固体废物：产生于机械加工

过程，如金属碎屑、电镀污泥等。工业固体废物含固态和半固态物质。随着行业、产品、工艺、材料不同，污染物产量和成分差异很大。

有害废物（又称危险废物）是指由于不适当的处理、储存、运输、处置或其他管理方面，能引起各种疾病甚至死亡，或对人体健康造成显著威胁（美国环保局，1976）的固体废物。危险废物通常具有急性毒性、易燃性、反应性、腐蚀性、浸出毒性、放射性和疾病传播性。危险废物来源于工、农、商、医各部门乃至家庭生活。工业企业是危险废物主要来源之一，集中于化学原料及化学品制造业、采掘业、黑色和有色金属冶炼及其压延加工业、石油工业及炼焦业、造纸及其制品业等工业部门，其中一半危险废物来自化学工业。医疗垃圾带有致病病原体，也是危险废物的来源之一。此外，城市生活垃圾中的废电池、废日光灯管和某些日化用品也属于危险废物。

2. 固体废物的特性

(1) 资源和废物的相对性

固体废物是在一定时间和地点被丢弃的物质，是放错地方的资源，因此固体废物的“废”具有明显的时间和空间特征。从时间看，固体废物仅仅是受目前的科技水平和经济条件的限制，暂时无法利用，随着时间的推移，科技水平的提高，经济的发展以及资源与人类需求矛盾的日益凸现，今日的废物必然会成为明日的资源。从空间角度看，废物仅仅是相对于某一过程或某一方面没有价值，但并非所有过程和所有方面都无价值，某一过程的废物可能成为另一过程的原料，例如，煤矸石发电、高炉渣生产水泥、电镀污泥回收贵金属等。“资源”和“废物”的相对性是固体废物最主要的特征。

(2) 成分的多样性和复杂性

固体废物成分复杂、种类繁多、大小各异，既有有机物也有无机物，既有非金属也有金属，既有有味的也有无味的，既有无毒物又有有毒物，既有单质又有合金，既有单一物质又有聚合物，既有边角料又有设备配件。

(3) 富集终态和污染源头的双重作用

固体废物往往是许多污染成分的终极状态。例如，一些有害气体或飘尘，通过治理最终富集成为固体废物；一些有害溶质和悬浮物，通过治理最终被分离出来成为污泥或残渣；一些含重金属的可燃固体废物，通过焚烧处理，有害金属浓集于灰烬中。但是，这些“终态”物质中的有害成分，在长期的自然因素作用下，又会转入大气、水体和土壤，故又成为大气、水体和土壤环境的污染“源头”。

(4) 危害具有潜在性、长期性和灾难性

固体废物对环境的污染不同于废水、废气和噪声。固体废物呆滞性大、扩散性小，它对环境的影响主要是通过水、气和土壤进行的。其中污染成分的迁移转化，如浸出液在土壤中的迁移，是一个比较缓慢的过程，其危害可能在数年以致数十年后才能发现。从某种意义上讲，固体废物，特别是有害废物对环境造成的危害可能要比水、气造成的危害严重得多。

7.1.2　固体废物的环境问题

1. 产生量与日剧增

伴随工业化和城市化进程的加快，经济不断增长，生产规模不断扩大，以及人们需求不断提高，固体废物产生量也在不断增加，资源的消耗和浪费越来越严重。

目前,我国每年产生的生活垃圾已达1.3亿t,全世界每年产生4.9亿t,我国占全世界垃圾总量的27%。而且我国城市生活垃圾每年增长率为8%～12%,超过了欧美6%～10%的增长速度。我国生活垃圾的60%集中于全国52个人口超过50万的重点城市,省级城市、地级市、县级市和建制镇生活垃圾增长速度较快,全国约有2/3的城镇处在垃圾的包围之中。据预测,2020年全国城市垃圾产生量将比2005年翻一番。快速增长的城市垃圾加重了城市环境污染,如何妥善解决城市垃圾,已是我国面临的一个重要的城市管理问题和环境问题。

20世纪80年代以来,我国工业固体废物产生量增长速度相当迅速。1981年全国工业固体废物产生量为3.77亿t,到1995年增至6.45亿t。据2006年《中国环境状况公告》统计,我国工业固体废物产生量为15.20亿t,比2005年增加13.1%。

我国工业固体废物的组成大致如下:尾矿29%、粉煤灰19%、煤矸石17%、炉渣12%、冶金废渣11%、危险废物1.5%、放射性废渣0.3%、其他废弃物10.2%。

近年来危险废物的产生量也呈现出上升的趋势。2002年,我国工业危险废物产生量约为1000万t,2003年达1171万t,比2002年增加17%;医疗卫生机构和其他行业还产生放射性废物11.53万t;社会生活中还产生了大量含镉、汞、铅、镍等重金属的废电池和日光灯管等危险废物。有害废物名录中的47类废物在我国均有产生,其中碱溶液或固态碱等5种废物的产生量已占到有害废物总产生量的57.75%。

2. 占用大量土地资源

固体废物的露天堆放和填埋处置,需占用大量宝贵的土地资源。固体废物产生越多,累积的堆积量越大,填埋处置的比例越高,所需的面积也越大。如此一来,势必使可耕地面积短缺的矛盾加剧。我国许多城市在城郊设置的垃圾堆放场,侵占了大量的农田。

3. 固体废物对环境的危害

(1) 对大气环境的影响

固体废物中的细微颗粒等可随风飞扬,从而对大气环境造成污染。据研究表明:当发生4级以上的风力时,在粉煤灰或尾矿堆表层的直径为1～1.5cm以上的粉末将出现剥离,其飘扬的高度可达20～50m,并使平均视程降低30%～70%;而且堆积的废物中某些物质的分解和化学反应,可以不同程度地产生废气或恶臭,造成地区性空气污染。例如煤矸石自燃会散发出大量的SO_2、CO_2、NH_3等气体,造成局部地区空气的严重污染。

(2) 对水环境的影响

在世界范围内,有不少国家直接将固体废物倾倒于河流、湖泊或海洋,甚至将后者当成处置固体废物的场所之一,应当指出,这是有违国际公约、理应严加管制的。固体废物可随天然降水或地表径流进入河流、湖泊,或随风飘落入河流、湖泊,污染地面水,并随渗滤液渗透到土壤中,进入地下水,使地下水污染,废渣直接排入河流、湖泊或海洋,能造成更大的水体污染。

即使无害的固体废物排入河流、湖泊,也会造成河床淤塞,水面减小,甚至导致水利工程设施的效益减少或废弃。我国沿河流、湖泊、海岸建立的许多企业,每年向附近水域排放大量灰渣。仅燃煤电厂每年向长江、黄河等水系排放灰渣达500万t以上,有的电厂的排污口外的灰滩已延伸到航道中心,灰渣在河道中大量淤积,从长远看,对其下游的大型水利工程是一种潜在的威胁。

美国的Love canal事件是典型的固体废物污染地下水事件。1930—1935年,美国胡克化学工业公司在纽约州尼亚加拉瀑布附近的 Love canal 废河谷填埋了 2800 多吨桶装有害废物，1953 年填平覆土，在上面兴建了学校和住宅。1978 年大雨和融化的雪水造成有害废物外溢，而后就陆续发现该地区井水变臭，婴儿畸形，居民身患怪异疾病。1978 年，美国总统颁布法令，封闭了住宅，封闭了学校，710 多户居民迁出避难，并拨出 2700 万美元进行补救治理。

生活垃圾未经无害化处理任意堆放，也已造成许多城市地下水污染。2006 年，哈尔滨市韩家洼子垃圾填埋场的地下水浓度、色度和锰、铁、酚、汞含量及细菌总数、大肠杆菌数等都大大超标，锰含量超标 3 倍多，汞超标 20 多倍，细菌总数超标超过 4.3 倍，大肠杆菌超标 11 倍以上。

(3) 对土壤环境的影响

固体废物及其渗滤液中所含的有害物质会改变土壤的性质和土壤结构，并对土壤微生物的活动产生影响或杀害土壤中的微生物，破坏土壤的腐解能力。这些有害成分的存在，不仅有碍植物根系的发育与生长，而且还会在植物有机体内蓄积，通过食物链危及人体健康。

(4) 影响安全和环境卫生及景观

城市垃圾无序堆放时，会因厌氧分解产生大量甲烷气体，有关专家指出，$1m^3$ 的垃圾可以产生 $50m^3$ 的沼气，当沼气含量为 5%～15%时，就会发生爆炸，危及周围居民的安全。1994 年 8 月，湖南岳阳两个 2 万 m^3 的垃圾堆发生爆炸，将 1.5 万 t 的垃圾抛向高空，摧毁了 40m 外的一座泵房和两旁的污水大坝。这类严重的事件在许多地方都曾有发生。城市的生活垃圾、粪便等由于清运不及时，会产生堆存现象，使蚊蝇滋生，对人们居住环境的卫生状况造成严重影响，对人们的健康也构成潜在的威胁。垃圾堆存在城市的一些死角，对市容和景观会产生“视觉污染”，给人们的视觉带来了不良刺激。这不仅直接破坏了城市、风景点等的整体美感，而且损害了我们国家和国民的形象。

随着经济的迅速发展，特别是众多的新化学产品的不断投入市场，无疑还会给环境带来更加严重的负担，也将给固体废物污染控制提出更多的课题。

7.1.3　化学工业有害废物对人类和环境的危害

大部分化学工业固体废物属有害废物，表 7-1 所示为几种化学工业有害废物的组成及对人体与环境的危害。这些废物中有害有毒物质浓度高，如果得不到有效处理处置，会对人体和环境造成很大影响。根据物质的化学特性，当某些物质相混时，可能发生不良反应，包括热反应(燃烧或爆炸)、产生有毒气体(砷化氢、氰化氢、氯气等)和可燃性气体(氢气、乙炔等)。若人体皮肤与废强酸或废强碱接触，将产生烧灼性腐蚀；若误吸入体内，能引起急性中毒，出现呕吐、头晕等症状。

表 7-1　几种化学工业有害废物的组成及危害

废物名称	主要污染物及含量	对人体和环境的危害
铬渣	Cr^{6+}，0.3%～2.9%	对人体消化道和皮肤具有强烈的刺激和腐蚀作用，对呼吸道造成损害，有致癌作用；对水体中动物和植物有致死作用，其蓄积在鱼类组织中影响食物链；影响小麦、玉米等作物生长
氰渣	CN^-，1%～4%	引起头痛、头晕、心悸、甲状腺肿大；急性中毒时呼吸衰竭致死，对人体、鱼类危害很大

续表

废物名称	主要污染物及含量	对人体和环境的危害
含汞盐泥	Hg,0.2%～0.3%	无机汞对消化道粘膜有强烈的腐蚀作用,吸入较高浓度的汞蒸气可引起急性中毒和神经功能障碍。烷基汞在人体内能长期滞留,甲基汞会引起水俣病;汞对鸟类、水生脊椎动物会造成有害作用
无机盐废渣	Zn^{2+},7%～25% Pb^{2+},0.3%～2% Cd^{2+},100～500mg/kg As^{3+},40～400mg/kg	铅、镉对人体神经系统、造血系统、消化系统、肝、肾、骨骼等都会引起中毒伤害;含砷化合物有致癌作用,锌盐对皮肤和黏膜有刺激腐蚀作用
蒸馏釜液	苯、苯酚、腈类、硝基苯、芳香胺类、有机磷农药等	对人体中枢神经、肝、肾、胃、皮肤等造成障碍与损害。芳香胺类和亚硝胺类有致癌作用,对水生生物和鱼类等也有致毒作用
酸、碱渣	各种无机酸碱,10%～30%含有大量金属离子和盐类	对人体皮肤、眼睛和黏膜有强烈的刺激作用,导致皮肤和内部器官损伤和腐蚀,对水生生物、鱼类有严重的有害影响

20世纪30～70年代,国内外不乏因工业有害废物的处置不当祸及居民的公害事件。如美国纽约州拉夫运河河谷土壤污染事件,我国发生在50年代的锦州Cd渣露天堆积污染井水事件等。不难看出,这些公害事件已给人类带来灾难性后果。

到目前为止,我国大部分有害废物是在较低水平下得到处置的,其对环境的污染日益严重,引起的纠纷也因此逐渐增多。例如,我国一家铁合金厂的铬渣堆场,由于缺乏防渗措施,Cr^{6+} 污染了至少 $20km^2$ 的地下水,致使7个自然村的1800多眼水井无法饮用;某锡矿山的含砷废渣长期堆放,随雨水渗透,污染水井,曾一次造成308人中毒,6人死亡。据不完全统计,每年由于有害废物引起的污染纠纷造成的污染赔款超过2000万元。

7.2 固体废物污染防治规划的内容

为了加强固体废物的环境监督管理,优化固体废物处置设施的结构与布局,提高固体废物减量化和资源化水平,确保无害化效果,切实防止固体废物污染环境,保护和改善环境质量,保障人民身体健康,有必要根据相关法律、法规的要求以及规划区域固体废物处理、处置的实际情况,制定固体废物污染防治规划。

7.2.1 固体废物现状调查与评价

做好固体废物现状调查,摸清规划区域内的固体废物底数,是编制固体废物污染防治规划的基础。只有全面地掌握固体废物的现状和存在的问题,才能制订出符合客观情况的污染防治规划。

1. 固体废物现状调查

(1) 环境背景资料。主要收集、调查规划区域内相关的环境质量、水文、气象、地形地貌等基础资料。

（2）社会经济状况调查。收集、调查区域内人口、经济结构、产业结构与布局、土地利用、居民收入与消费水平、交通以及社会与经济发展规划，城市或区域总体发展规划等。

（3）环境规划资料。主要指先前的环境规划、计划及其基础资料。

（4）固体废物来源、数量调查分析。调查和收集固体废物的来源，各种固体废物的产生数量，并对固体废物特征进行分析。

（5）固体废物处理处置情况调查。

① 生活垃圾处理处置情况调查。调查生活垃圾分类收集方式、现有的垃圾回收站点、垃圾清运站数量、垃圾转运点的分布、垃圾搬运方式和储存管理方式及垃圾运输方式；生活垃圾现有回收利用方式、回收利用率；现有生活垃圾处理设施，包括地理位置、处理或处置类型（如填埋、焚烧、堆肥等）、设计处理能力、实际处理量、设施运营机构及管理水平、设施正常运行状况等。

② 工业固体废物处理处置情况调查。对工业固体废物，除调查其来源、产生量外，还应调查其处理量、处置率、堆存量、累计占地面积、占耕地面积、综合利用量、综合利用率、产生利用量、产值、利润、非产品利用量、工业固体废物集中处理场数、能力、处理量等。

③ 危险废物处理处置情况调查。调查危险废物种类、产生量、处置量、处置率、储存量、储存位置、利用量、利用率、危险废物集中处置设施、场所、处置能力。

2. 调查范围、对象与评价技术方法

规划的区域范围即为调查范围，同时如相邻区域有固体废物流入，应考虑外来固体废物流入对规划区域的影响。调查时，一般按各行政辖区或地理单元划分。调查对象是：对生活垃圾，重点调查居民垃圾、街道保洁垃圾和大型商业、餐饮业、旅馆业等服务业垃圾；对工业固体废物，一般以严重污染的大中型企业为重点对象；对危险废物，所有产生危险废物的单位均应列入调查对象。

评价可采用排序法进行统计和分析。排序法是指按对固体废物排放总量进行排序，确定主要污染物和主要污染源，结合污染物排放特征，找出存在的主要环境问题。同时为制定固体废物污染防治规划提供依据。

7.2.2　固体废物的预测分析

1. 生活垃圾产生量预测

生活垃圾产生量预测可采用人均产污系数预测法和回归分析法。

（1）人均产污系数预测法

$$\mathrm{SSc}(t)=\alpha(t)P(t) \tag{7-1}$$

式中，$\mathrm{SSc}(t)$为预测年生活垃圾产生量；$\alpha(t)$为人均垃圾排放系数，$\alpha(t)$值一般根据统计资料确定；$P(t)$为预测年人口总数。

（2）回归分析法生活垃圾也可应用数学回归模型进行预测，统计近 5～10 年的人口与垃圾产生量，建立回归模型：

$$y=a+bx \tag{7-2}$$

式中，x 为统计人口数量；y 为统计垃圾产生量。

这样，即可建立起人口与垃圾产生量的相关关系。

2. 工业固体废物产生量预测

工业固体废物主要包括矿渣、粉煤灰、炉渣、煤矸石、化工渣、尾矿等。工业固体废物产生量一般用万元产值排污系数法，其中炉渣、粉煤灰利用能源消耗系数计算，煤矸石产生量利用万吨原煤产矸石系数计算。在预测中，对工业固体废物处理、处置量、综合利用量也应进行分析。

(1) 工业固体废物产生量

$$SW_i(t) = \beta(t)X(t) \tag{7-3}$$

式中，$SW_i(t)$为预测年工业固体废物产生量；$\beta(t)$为不同工业部门污染物产生系数或排放因子；$X(t)$为产值、能源消耗量。

(2) 工业固体废物处理、处置量

$$SW_{id}(t) = \beta_1(t)SW_i(t) \tag{7-4}$$

式中，$SW_{id}(t)$为污染物处理处置量；$\beta_1(t)$为污染物处理处置率。

(3) 工业固体废物综合利用率

$$SW_{ir}(t) = \beta_2(t)SW_i(t) \tag{7-5}$$

式中，$SW_{ir}(t)$为污染物综合利用量；$\beta_2(t)$为污染物综合利用率。

(4) 工业固体废物排放量

$$SW_d(t) = SW_i(t) - SW_{id}(t) - SW_{ir}(t) \tag{7-6}$$

式中，$SW_d(t)$为污染物排放量。

若考虑技术进步因素可采用的预测模型为

$$ISW_i = ISW_o(1-k)^{\Delta t}E_i \tag{7-7}$$

式中，ISW_i 为预测年工业固体废物排放量；ISW_o 为基准年工业固体废物排放量；k 为工业固体废物递减率，%；E_i 为预测年工业总产值；Δt 为基准年至预测年的时段。

3. 危险废物产量预测

危险废物预测常用的方法包括应用数理统计建立线性或非线性回归方程，和采用单位产品产生危险废物系数或万元产值排污系数进行预测等。

$$DW(t) = \gamma(t)\omega(t) \tag{7-8}$$

式中，$DW(t)$为预测年危险废物产生量；$\gamma(t)$为单位产品或万元产值排污系数；$\omega(t)$为预测年产品产量或产值。

7.2.3 固体废物污染防治规划的目标与指标体系

1. 规划目标

制定恰当的环境目标是环境规划的关键，环境规划的目的就是为了实现预定的环境目标。首先根据总量控制原则，结合规划区域特点以及经济和技术支撑能力，确定有关固体废物综合利用和处理、处置的数量与程度的总体目标。在此基础上根据不同行业、不同类型固体废物的预测量与环境规划总体目标的差距，明确固体废物的削减数量和程度，并落实到各部门、各行业的固体废物污染防治控制目标方案之中。

固体废物污染防治规划目标总体上要体现减量化、资源化和无害化的“3R”基本原则。

2. 规划指标

主要指标包括：

(1) 生活垃圾无害化处理率、生活垃圾资源化率、生活垃圾分类收集率；

(2) 工业固体废物减量率、工业固体废物综合利用率、工业固体废物处理处置率；

(3) 危险废物处理处置率、城镇医疗垃圾处理率。

如辽宁省沈阳市大气环境“十二五”规划指标为：

工业固体废物处理处置率 2012 年 98%，2015 年 100%；

工业固体废物综合利用率 2012 年 82%，2015 年 85%；

危险废物和放射性废物安全处理处置率 100%；

城镇医疗垃圾处理率 100%；

城镇生活垃圾无害化处理率 100%；

规模化畜禽养殖场和集中式养殖区粪便综合利用率 2012 年大于等于 95%，2015 年大于等于 97%。

7.2.4　固体废物污染的防治对策

1. 固体废物的管理原则

对固体废物污染的管理，关键在于解决好废物的产生、处理、处置和综合利用问题。首先，需要从污染源头起始，改进或采用更新的清洁生产工艺，尽量少排或不排废物。这是控制固体废物污染的根本措施。其次是对固体废物开展综合利用，使其资源化。其三是对固体废物进行处理与处置，使其无害化。

2004 年 12 月 29 日，《中华人民共和国固体废物污染环境防治法》在第 10 届全国人大常委会第 13 次会议上修订通过，于 2005 年 4 月 1 日正式实施。该修订法律的颁布与实施为固体废物的管理体系的建立与完善奠定了法律基础。该法首先确立了固体废物污染防治的“三化”原则，即“减量化、资源化、无害化”原则，明确了对固体废物进行全过程管理的原则（见图 7-1），以及有害废物重点控制的原则。

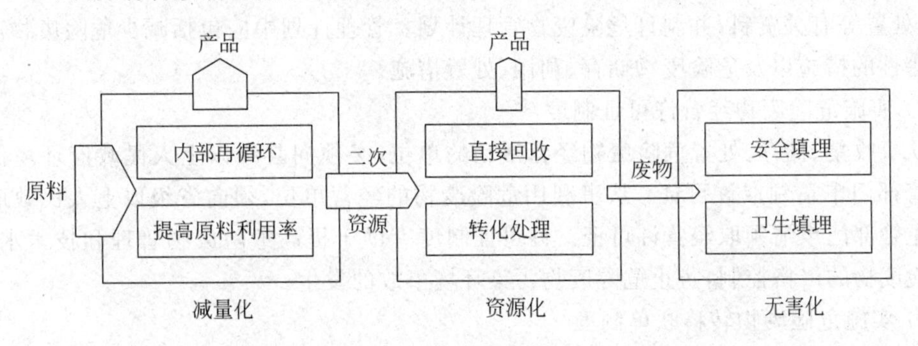

图 7-1　固体废物的全过程管理模式示意图

减量化就是从源头开始控制，主要是采用“绿色技术”和“清洁生产工艺”，合理地开发利用资源，最大限度地减少固体废物的产生和排放。这要求改变传统粗放式经济发展模式，充分利用原材料、能源等各种资源。减量化不仅是减少固体废物的数量和体积，还包括尽可能地减少其种类，降低危险废物有害成分的浓度，减轻或消除其危险特性等。

资源化是指采取管理措施和工艺改革方案从固体废物中回收有用的物质和能源、创造经济价值的广泛技术方法。固体废物资源化是固体废物的主要归宿。资源化概念包括以下三个方面：①物质回收：即处理废物并从中回收指定的二次物质，如纸张、玻璃、金属等；②物质转换：即利用废物制取新形态的物质，如利用炉渣生产水泥和建筑材料，利用有机垃圾生产堆肥等；③能量转换：即从废物中回收能量，作为热能和电能，如通过有机废物的焚烧处理回收热量，通过热解技术回收燃料，利用堆肥化生产沼气等。

无害化是指对已产生的且暂时不能综合利用的固体废物，经过物理、化学或生物的方法，进行对环境无害或低危害的安全处理、处置，实现废物的消毒、解毒或稳定化。无害化的基本任务是将固体废物通过工程处理，使其不污染生态环境和不危害人体健康。

固体废物管理的三化原则是以减量化为前提，以无害化为核心，以资源化为归宿。

《固体废物法》还确立了对固体废物进行全过程管理的原则。所谓全过程管理是指对固体废物的产生、收集、运输、利用、储存、处理与处置的全过程，及过程的各个环节都实行控制管理和开展污染防治措施。《固体废物法》之所以确立这一原则是因为固体废物从其产生到最终处置的全过程中的每个环节都有产生污染危害的可能，如固体废物在焚烧过程中可能对空气造成污染，在填埋处理过程中要产生渗滤液，可能对地下水产生污染等，因此有必要对整个过程及其每一环节都实施全方位的监督与控制。

《固体废物法》对危险废物提出了重点控制的原则。由于危险废物的种类繁多，性质复杂，危害特性和方式各有不同，故应根据不同的危险特性与危害程度，采取区别对待、分类管理的原则，对危害性质特别严重的危险废物要实施严格控制和重点管理。对危险固体废物进行全方位控制与全过程管理，全方位控制包括对其鉴别、分析、监测、实验等环节进行控制；全过程管理则包括对固体废物的接受、检查、残渣监督、处理操作和最终处置各环节进行控制。

为执行《固体废物法》，对危险废物的管理应做到如下几个方面。

1）建立危险废物申报登记管理体系

产生危险废物单位，必须向环境保护行政主管部门申报危险废物的种类、产生量、流向、储存、处置等有关资料，并制订危险废物管理计划。管理计划中应包括减少危险废物产生量和危害性的措施以及危险废物储存、利用、处置措施。

2）实施危险废物经营许可证制度

从事收集、储存、处置危险废物经营活动的单位，必须向县级以上人民政府环境保护行政主管部门申请领取许可证；从事利用危险废物的经营单位，须向省级以上人民政府环境保护主管部门申请领取经营许可证。许可证制度有助于提高危险废物管理和技术水平，保证危险废物的严格控制，防止危险废物污染环境事故的发生。

3）实施危险废物转移联单制度

转移危险废物，必须填写危险废物转移联单，并须征得移出地和接收地双方相关环境保护主管部门批准，才能够按有关规定转移危险废物，并追踪和掌握危险废物的流向，保证危险废物的运输安全，防止危险废物的非法转移和非法处置，保证危险废物的安全监控，防止危险废物污染事故的发生。

4）加强源头控制

产生危险废物的单位，应从源头加强控制，采用清洁生产工艺，尽量减少危险废物的产生量。

5）危险废物的资源化利用与安全处置

（1）在企业内部开发循环利用危险废物的技术工艺，能综合利用的危险废物要在企业内部就地消化。

(2) 建立区域危险废物交换中心促进危险废物的循环利用，提高危险废物的循环利用率，尽量减少危险废物的安全处理、处置量。

(3) 建设危险废物综合利用设施，提高可回收利用的危险废物资源化程度。

(4) 按区域联合建设原则，建设危险废物焚烧设施和安全填埋场，对不能资源化的危险废物进行无害化安全处置。

在国家环境保护"十二五"规划中明确提出。以减量化、资源化、无害化为原则，减量化优先，把防治固体废物污染作为维护人民健康、保障环境安全和发展循环经济，建设资源节约型、环境友好型社会的重点工作。并重点实施以下控制与利用工程：

(1) 实施危险废物和医疗废物处置工程：加快实施危险废物和医疗废物处置设施建设规划，完善危险废物集中处理收费标准和办法，建立危险废物和医疗废物收集、运输、处置的全过程环境监督管理体系，基本实现危险废物和医疗废物的安全处置。

(2) 实施生活垃圾无害化处置工程：实施生活垃圾无害化处置设施建设规划，城市生活垃圾无害化处理率不低于 80%。推行垃圾分类回收、密闭运输、集中处理体系，强化垃圾处置设施的环境监管。高度重视垃圾渗滤液的处理，逐步对现有的简易垃圾处理场进行污染治理和生态恢复，消除污染隐患。

(3) 推进固体废物综合利用：重点推进共伴生矿产资源、粉煤灰、煤矸石、工业副产石膏、冶金和化工废渣、尾矿、建筑垃圾等大宗工业固体废物以及秸秆、畜禽养殖粪便、废弃木料的综合利用。到"十二五"末，工业固体废物综合利用率要达到 72%。建立生产者责任延伸制度，完善再生资源回收利用体系，实现废旧电子电器的规模化、无害化综合利用。对进口废物加工利用企业严格监管，防止产生二次污染，严厉打击废物非法进出口。

2. 固体废物减量化对策与措施

1) 城市固体废物

控制城市固体废物产生量增长的对策和具体措施有如下几点。

(1) 逐步改变燃料结构

我国城市垃圾中，有 40%～50%是煤灰。如果改变居民的燃料结构，较大幅度提高民用燃气的使用比例，则可大幅度降低垃圾中的煤灰含量，减少生活垃圾总量。

(2) 净菜进城、减少垃圾产生量

目前我国的蔬菜基本未进行简单处理即进入居民家中，其中有大量泥沙及不能食用的附着物。据估计，蔬菜中丢弃的垃圾平均占蔬菜重量的 40% 左右，且体积庞大。如果在一级批发市场和产地对蔬菜进行简单处理，净菜进城，即可大大减少城市垃圾中的有机废物量，并有利于利用蔬菜下脚料沤成有机肥料。

(3) 避免过度包装和减少一次性商品的使用

城市垃圾中一次性商品废物和包装废物日益增多，既增加了垃圾产生量，又造成资源浪费。为了减少包装废物产生量，促进其回收利用，世界上许多国家颁布包装法规或者条例。强调包装废物的产生者有义务回收包装废物，而包装废物的生产者、进口者和销售者必须"对产品的整个生命周期负责"，承担包装废物的分类回收、再生利用和无害化处理处置的义务，负担其中发生的费用。促使包装制品的生产者和进口者以及销售者在产品的设计、制造环节少用材料，减少废物产生量，少使用塑料包装物，多使用易于回收利用和无害化处理处置的材料。

(4) 加强产品的生态设计

产品的生态设计(又称产品的绿色设计)是清洁生产的主要途径之一,即在产品设计中纳入环境准则,并置于优先考虑的地位。环境准则包括降低物料消耗,降低能耗,减少健康安全风险,产品可被生物降解。为满足上述环境准则,可通过如下方法实现:

① 采用"小而精"的设计思想:采用轻质材料,去除多余功能。这样的产品不仅可以减少资源消耗,而且可以减少产品报废后的垃圾量。

② 提倡"简而美"的设计原则:减少所用原材料的种类,采用单一的材料。这样的产品废弃后作为垃圾分类时简便易行。

(5) 推行垃圾分类收集

按垃圾的组分进行垃圾分类收集,不仅有利于废品回收与资源利用,还可大幅度减少垃圾处理量。分类收集过程中通常可把垃圾分为易腐物、可回收物、不可回收物几大类。其中可回收物又可按纸、塑料、玻璃、金属等几类分别回收。美国、日本、德国、加拿大、意大利、丹麦、荷兰、芬兰、瑞士、法国、法国、挪威等国都大规模地开展了垃圾分类收集活动,取得了明显的成效。

(6) 搞好产品的回收、利用的再循环

报废的产品包括大批量的日常消费品,以及耐用消费品如小汽车、电视机、冰箱、洗衣机、空调、地毯等。随着计算机技术的飞速发展,电脑更新换代的速度异常之快,废弃的计算机设备的数目惊人,目前我国每年至少淘汰 500 万台计算机,对这些废品进行再利用也是减少城市固体废物产生量的重要途径。

2) 工业固体废物

我国工业规模大、工艺落后,因而固体废物产生量过大。提高我国工业生产水平和管理水平,全面推行无废、少废工艺和清洁生产,减少废物产生量是控制固体废物污染最有效的途径之一。这包括以下几方面。

(1) 淘汰落后生产工艺

1996 年 8 月,国务院发布的《国务院关于环境保护若干问题的决定》(国发[1996]31 号)中明确规定取缔、关闭或停产 15 种污染严重的企业(简称"15 小")。这对保护环境,削减固体废物的排放,特别是削减有毒有害废物的产生意义重大。在这"15 小"中,均不同程度地产生大量有害废物,对环境造成很大危害。根据推算,1996 年全国有害废物产生量 2600×10^4t,如果全部取缔、关停 15 小,全国每年可以减少有害废物产生量约 75.4 万 t。

(2) 推广清洁生产工艺

推广和实施清洁生产工艺对削减有害废物的产生量有重要意义。利用清洁"绿色"的生产方式代替污染严重的生产方式和工艺,既可节约资源,又可少排或不排废物,减轻环境污染。

例如,传统的苯胺生产工艺是采用铁粉还原法,其生产过程产生大量含硝基苯、苯胺的铁泥和废水,造成环境污染和巨大的资源浪费。南京化工厂开发的流化床气相加氢、制苯胺工艺,便不再产生铁泥废渣,固体废物产生量由原来每吨产品 2500kg 减少到每吨产品 5kg,还大大降低了能耗。

工业生产中的原料品位低、质量差,也是造成工业固体废物大量产生的主要原因。只有采用精料工艺,才能减少废物的排放量和所含污染物质成分。例如,一些选矿技术落后,缺乏烧结能力的中小型炼铁厂，渣铁比相当高。如果在选矿过程中提高矿石品位，便可少加造渣熔剂和焦炭，并大大降低高炉渣的产生量。一些工业先进国家采用精料炼铁，高炉渣产生量可减少一半以上。

(3) 发展物质循环利用工艺

在企业生产过程中，发展物质循环利用工艺，使第一种产品的废物成为第二种产品的原料，并以第二种产品的废物再生产第三种产品，如此循环和回收利用，最后只剩下少量废物进入环境，以取得经济的、环境的和社会的综合效益。

3. 固体废物资源化与综合利用

1) 固体废物的资源化途径

固体废物资源化途径包括以下 3 种：

(1) 物质回收。例如，从废弃物中回收纸张、玻璃、金属等物质。

(2) 物质转换。即利用废弃物制取新形态的物质。例如，利用废玻璃和废橡胶生产铺路材料，利用炉渣生产水泥和其他建筑材料，利用有机垃圾生产堆肥等。

(3) 能量转换。即从废物处理过程中回收能量，包括热能或电能。例如，通过有机废物的焚烧处理回收热量，进一步发电；利用垃圾厌氧消化产生沼气，作为能源向居民和企业供热或发电。

2) 废物资源化技术

(1) 物理处理技术。物理处理是通过浓缩或相变化改变固体废物的结构，使之成为便于运输、储存、利用或处置的形态。物理处理方法包括压实、破碎、分选、增稠、吸附、萃取等。物理处理也往往作为回收固体废物中有价物质的重要手段。

(2) 化学处理技术。采用化学方法使固体废物发生化学转换从而回收物质和能源，是固体废物资源化处理的有效技术。煅烧、焙烧、烧结、溶剂浸出、热分解、焚烧、氧化还原等都属于化学处理技术。

如对含铬废渣(铬渣是冶金和化工部门在生产金属铬或铬盐时排出的废渣，其中所含的六价铬的毒性较大)的处理就是将毒性大的六价铬还原为毒性小的三价铬，并生成不溶性化合物，在此基础上再加以利用。我国对铬渣的处理利用主要有以下几个方面：

① 铬渣作玻璃着色剂。用铬渣代替铬铁矿作着色剂制作绿色玻璃。在玻璃窑炉1600℃高温还原气氛下，铬渣中的六价铬被还原成三价铬而进入玻璃熔融体中，急冷固化后即可制得绿色玻璃，同时铬也被封固在绿色玻璃中，达到了除毒的目的。

② 铬渣作助熔剂制造钙镁磷肥。可代替蛇纹石、白云石等与磷矿石配料，经高炉或电炉的高温焙烧(800～1500℃)，六价铬还原成三价铬和金属铬，分别进入磷肥和铬镍铁中。经研究，铬渣用于生产钙镁磷肥是可行的，已规定了铬渣钙镁磷肥中铬的安全控制指标。此法可使铬渣彻底解毒。

③ 铬渣作炼铁烧结熔剂。铬渣中含有大量的 CaO、MgO、Fe_2O_3(三者之和大于 60%)，且具有自熔性和半自熔性，可代替石灰石等作炼铁辅料。在烧结过程中六价铬还原率达99.98%以上，残留的微量六价铬还可在高炉冶炼中进一步被还原。此法还能节约能源。此外，铬渣还可用于制造铬渣铸石、制砖、作水泥添加剂生产水泥等。

④ 电镀铬废液、污泥。电镀铬的离子交换洗脱液可以通过化学法(酸还原、碱和盐基中和)制鞣革剂。镀铬污泥可以代替粘土制砖或与煤渣等配料制成废渣砖。

(3) 生物处理技术。生物处理法可分为好氧生物处理法和厌氧生物处理法。好氧生物处理法是在水中有充分溶解氧存在的情况下，利用好氧微生物的活动，将固体废物中的有机物分解为二氧化碳、水、氨和硝酸盐。厌氧生物处理法是在缺氧的情况下，利用厌氧微生物的活动，将固体废物中的有机物分解为甲烷、二氧化碳、硫化氢、氨和水。生物处理法具有效率高、运行费用低等优点，固体废物处理及资源化中常用的生物处理技术有：

① 沼气发酵：沼气发酵是有机物质在隔绝空气和保持一定的水分、温度、酸和碱度等条件下，利用微生物分解有机物的过程。经过微生物的分解作用可产生沼气。沼气是一种混合气体，主要成分是甲烷(CH_4)和二氧化碳(CO_2)。其中甲烷占60%～70%，二氧化碳占30%～40%，还有少量氢、一氧化碳、硫化氢、氧和氮等气体。城市有机垃圾、污水处理厂的污泥、农村的人畜粪便、作物秸秆等皆可作产生沼气的原料。为了使沼气发酵持续进行，必须提供和保持沼气发酵中各种微生物所需的条件。沼气发酵一般在隔绝氧的密闭沼气池内进行。

② 堆肥：堆肥是将人畜粪便、垃圾、青草、农作物的秸秆等堆积起来，利用微生物的作用，将堆料中的有机物分解，产生高热，以达到杀灭寄生虫卵和病原菌的目的。堆肥有厌氧和好氧两种，前者主要是厌氧分解过程，后者则主要是好氧分解过程。堆肥的全程一般为一个多月。为了加速堆肥和确保处理效果，必须控制以下几个因素：a. 堆内必须有足够的微生物；b. 必须有足够的有机物，使微生物得以繁殖；c. 保持堆内适当的水分和酸、碱度；d. 适当通风，供给氧气；e. 用草泥封盖堆肥，以保温和防蝇。

③ 细菌冶金：细菌冶金是利用某些微生物的生物催化作用，使矿石或固体废物中的金属溶解出来，从溶液中提取所需要的金属。它与普通的"采矿-选矿-火法冶炼"比较，具有如下几个特点：a. 设备简单，操作方便；b. 特别适宜处理废矿、尾矿和炉渣；c. 可综合浸出，分别回收多种金属。

4. 固体废物的无害化处理处置

1) 焚烧处理

焚烧法是一种高温热处理技术，即以一定的过剩空气量与被处理的废物在焚烧炉内进行氧化燃烧反应，废物中的有害毒物在高温下氧化、热解而被破坏。这种处理方式可使废物完全氧化成无毒害物质。焚烧技术是一种可同时实现废物无害化、减量化、资源化的处理技术。

(1) 可焚烧处理废物类型

焚烧法可处理城市垃圾、一般工业废物和有害废物，但当处理可燃有机物组分很少的废物时，需补加大量的燃料。

一般来说，发热量小于3300kJ/kg的垃圾属低发热量垃圾，不适宜焚烧处理；发热量介于3300～5000kJ/kg的垃圾为中发热量垃圾，适宜焚烧处理；发热量大于5000kJ/kg的垃圾属高发热量垃圾，适宜焚烧处理并回收其热能。

(2) 废物焚烧炉

固体废物焚烧炉种类繁多。通常根据所处理废物对环境和人体健康的危害大小，以及所要求的处理程度，将焚烧炉分为城市垃圾焚烧炉、一般工业废物焚烧炉和有害废物焚烧炉3种类型。但从其机械结构和燃烧方式上，固体废物焚烧炉主要有炉排型焚烧炉、炉床型焚烧炉和沸腾流化床焚烧炉3种类型。

(3) 焚烧处理技术指标

废物在焚烧过程中会产生一系列新污染物，有可能造成二次污染。对焚烧设施排放的大气污染物控制项目大致包括 4 个方面：

① 有害气体：包括 SO_2、HCl、HF、CO 和 NO_x；

② 烟尘：常将颗粒物、黑度、总碳量作为控制指标；

③ 重金属元素单质或其化合物：如 Hg、Cd、Pb、Ni、Cr、AS 等；

④ 有机污染物：如二噁英，包括多氯代二苯并-对-二噁英(PCDDs)和多氯代二苯并呋喃(PCDFs)。

以美国法律为例，有害废物焚烧的法定处理效果标准为：①废物中所含的主要有机有害成分的去除率为 99.99%以上。②排气中粉尘含量不得超过 $180mg/m^3$(以标准状态下，干燥排气为基准，同时排气流量必须调整至 50%过剩空气百分比条件下)。③氯化氢去除率达 99%或排放量低于 1.8kg/h，以两者中数值较高者为基准。④多氯联苯的去除率为 99.9999%，同时燃烧效率超过 99.9%。

2) 固体废物的处置技术

固体废物经过减量化和资源化处理后，剩余下来的、无再利用价值的残渣，往往富集了大量不同种类的污染物质，对生态环境和人体健康具有即时和长期的影响，必须妥善加以处置。安全、可靠地处置这些固体废物残渣，是固体废物全过程管理中的最重要环节。

(1) 固体废物处置原则

虽然与废水和废气相比，固体废物中的污染物质具有一定的惰性，但是在长期的陆地处置过程中，由于本身固有的特性和外界条件的变化，必然会因在固体废物中发生的一系列相互关联的物理、化学和生物反应，导致对环境的污染。

固体废物的最终安全处置原则大体上可归纳为：

① 区别对待、分类处置、严格管制有害废物：固体物质种类繁多，其危害环境的方式、处置要求及所要求的安全处置年限均各有不同。因此，应根据不同废物的危害程度与特性，区别对待、分类管理，对具有特别严重危害的有害废物采取更为严格的特殊控制。这样，既能有效地控制主要污染危害，又能降低处置费用。

② 最大限度地将有害废物与生物圈相隔离：固体废物，特别是有害废物和放射性废物最终处置的基本原则是合理地、最大限度地使其与自然和人类环境隔离，减少有毒有害物质进入环境的速率和总量，将其在长期处置过程中对环境的影响减至最小程度。

③ 集中处置：对有害废物实行集中处置，不仅可以节约人力、物力、财力，利于监督管理，也是有效控制乃至消除有害废物污染危害的重要形式和主要的技术手段。

(2) 固体废物处置的基本方法

固体废物海洋处置现已被国际公约禁止，陆地处置至今是世界各国常用的一种废物处置方法，其中应用最多的是土地填埋处置技术。

土地填埋处置是从传统的堆放和填地处置发展起来的一项最终处置技术，不是单纯的堆、填、埋，而是一种按照工程理论和工程标准，对固体废物进行有控管理的一种综合性科学工程方法。在填埋操作处置方式上，它已从堆、填、覆盖向包容、屏蔽隔离的工程储存方向上发展。土地填埋处置，首先需要进行科学的选址，在设计规划的基础上对场地进行防护(如防渗)处理，然后按严格的操作程序进行填埋操作和封场，要制订全面的管理制度，定期对场地进行维护和监测。

土地填埋处置具有工艺简单、成本较低、适于处置多种类型固体废物的优点。目前，土地填埋处置已成为固体废物最终处置的一种主要方法。土地填埋处置的主要问题是渗滤液的收集控制问题。

① 土地填埋处置的分类：土地填埋处置的种类很多，采用的名称也不尽相同。按填埋场地形特征可分为山间填埋、峡谷填埋、平地填埋、废矿坑填埋；按填埋场地水文气象条件可分为干式填埋、湿式填埋和干、湿式混合填埋；按填埋场的状态可分为厌氧性填埋、好氧性填埋、准好氧性填埋和保管型填埋；按固体废物污染防治法规，可分为一般固体废物填埋、生活垃圾填埋和有害废物填埋。

② 填埋场的基本构造：填埋场构造与地形地貌、水文地质条件、填埋废物类别有关。按填埋废物类别和填埋场污染防治设计原理，填埋场构造有衰减型填埋场和封闭型填埋场之分。通常，用于处置城市垃圾的卫生填埋场属衰减型填埋场或半封闭型填埋场，而处置有害废物的安全填埋场属全封闭型填埋场。

a. 自然衰减型土地填埋场。自然衰减型土地填埋场的基本设计思路，是允许部分渗滤液由填埋场基部渗透，利用下伏包气带土层和含水层的自净功能来降低渗滤液中污染物的浓度，使其达到能接受的水平。图 7-2 展示了一个理想的自然衰减型土地填埋场的地质横截面：填埋底部的包气带为粘土层，粘土层之下是含砂潜水层，而在含砂水层下为基岩。包气带土层和潜水层应较厚。

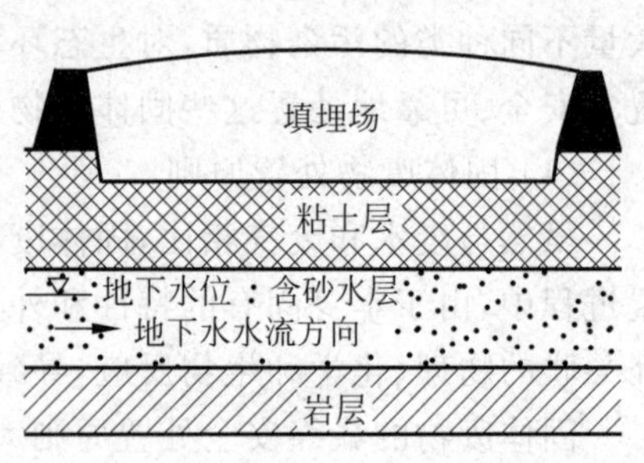

图 7-2　理想的自然衰减型土地填埋场土层分层结构

b. 全封闭型安全填埋场。全封闭型安全填埋场的设计是将废物和渗滤液与环境隔绝开，将废物安全保存相当一段时间(数十年甚至上百年)。这类填埋场通常利用地层结构的低渗透性或工程密封系统来减少渗滤液产生量和通过底部的渗透泄漏渗入蓄水层的渗滤液量，将对地下水的污染减小到最低限度，并对所收集的渗滤液进行妥善处理处置，认真执行封场及善后管理，从而达到使处置的废物与环境隔绝的目的。图 7-3 为全封闭型安全填埋场剖面图。

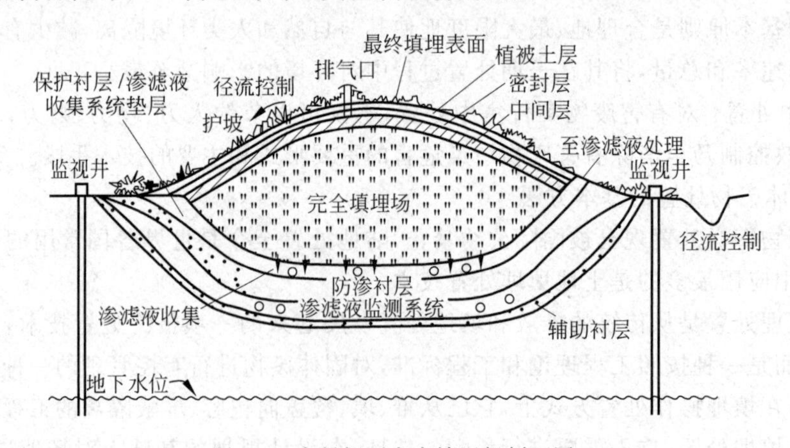

图 7-3　全封闭型安全填埋场剖面图

c. 半封闭型填埋场。这种类型的填埋场实际上介于自然衰减型土地填埋场和全封闭型安全填埋场之间。半封闭型填埋场的顶部密封系统一般要求不高，而底部一般设置单密封系统,并在密封衬层上设置渗滤液收集系统。大气、降水仍会部分进入填埋场,而渗滤液也可能会部分泄漏进入下包气带和地下含水层,特别是只采用粘土衬层时更是如此。但是,由于大部分渗滤液可被收集排出,通过填埋场底部渗入下包气带和地下含水层的渗滤液量显著减少。

填埋场封闭后的管理工作十分必要,主要包括以下几项:

(1) 维护最终覆盖层的完整性和有效性。进行必要的维修,以消除沉降和凹陷以及其他因素的影响。

(2) 维护和监测检漏系统。

(3) 继续运行渗滤液收集和去除系统,直到渗滤液检不出为止。

(4) 维护和检测地下水监测系统。

(5) 维护任何测量基准。

5. 城市生活垃圾处理系统简介

目前国内外常采用的垃圾处理方式有:焚烧法、卫生填埋法、堆肥法和分选法,其中以焚烧法和卫生填埋法应用最为普遍。由于城市垃圾成分复杂,并受经济发展水平、能源结构、自然条件及传统习惯的影响,生活垃圾成分相差很大,因此,对城市垃圾的处理一般根据国情而不同,往往一个国家各个城市也采取不同的处理方式,很难统一,但最终都以减量化、资源化和无害化为处理标准。

1) 焚烧

焚烧法是一种对城市垃圾进行高温热化学处理的技术。将垃圾送入焚烧炉中,在800～1000℃高温条件下,垃圾中的可燃成分与空气中的氧进行剧烈的化学反应,放出热量,转化成高温燃烧气体和少量性质稳定的惰性残渣。通过焚烧可以使垃圾中可燃物氧化分解,达到减少体积、去除毒物、回收能量的目的。经焚烧处理后垃圾中的细菌和病毒能被彻底消灭,各种恶臭气体得到高温分解,烟气中的有害气体经处理达标排放。

垃圾焚烧后产生的热能可用于发电或供热。表7-2列出城市垃圾与几种典型燃料的热值与起燃温度。由表中数据可见,城市垃圾起燃温度较低,有适度热值,具备焚烧与热能回收的条件。可见,采用焚烧技术处理城市垃圾,回收热资源,具有明显的潜在优势。

表7-2　城市垃圾与几种典型燃料的热值与起燃温度

燃料	热值/(kJ/kg)	起燃温度/℃
城市垃圾	9300～18600	260～370
煤炭	32800	410
氢	142000	575～590
甲烷	55500	630～750
硫	1300	240

图7-4是城市垃圾处理焚烧-发电系统流程图。首先垃圾进厂之前经过严格的分选,有毒有害垃圾、建筑垃圾、工业垃圾不能进入。符合规格的垃圾在卸料厅经过自动称量计量后卸入巨大的封闭式垃圾储存器内;然后用抓斗把垃圾投入进料斗中,落入履带,进入焚烧炉,在这里进行充分燃烧,产生的热能把锅炉内水转化为水蒸气,通过汽轮发电机组转化为电能输出。垃圾焚烧工厂必须配备消烟除尘装置以达到排放要求。

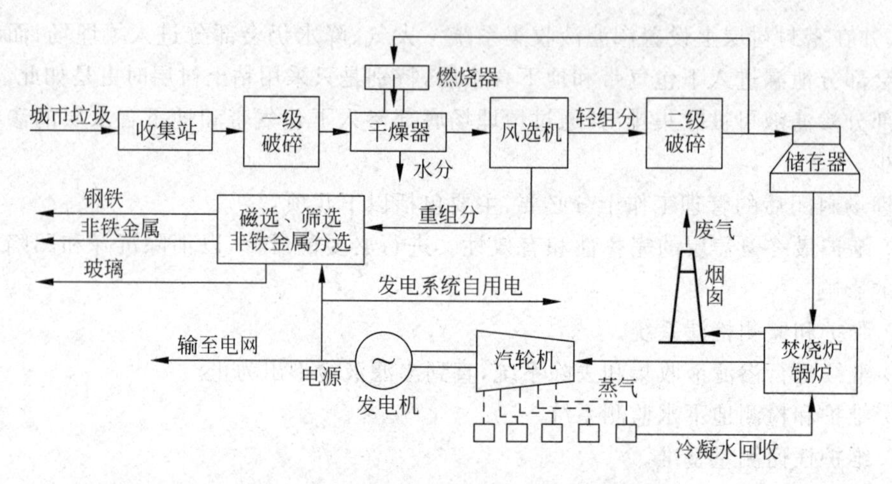

图 7-4 城市垃圾处理焚烧-发电系统流程图

作为循环经济的一种体现,垃圾发电不仅是先进的垃圾处置方式,也会产生巨大的经济效益。按预测的垃圾热值,每吨垃圾可发电 300kW·h 以上,这样 4t 垃圾的发电量相当于 1t 标煤的发电量。如果我国能将垃圾充分有效地用于发电,每年将节省煤炭 5000 万～6000 万 t。在目前能源日渐紧缺的情况下,利用焚烧垃圾产生的热能作为热源,有着现实意义。

据统计,目前全球已有各种类型的垃圾处理工厂几千家,上海也建了两家大型的生活垃圾发电厂(江桥垃圾焚烧厂和浦东御桥生活垃圾发电厂)。

焚烧法减量化的效果最好,无害化程度高,且产生的热量可作能源回收利用,资源化效果好。该法占地少,处理能力可以调节,处理周期短,但建设投资大,处理成本高,处理效果受垃圾成分和热值的影响,是大中城市垃圾处理的发展方向。

2) 卫生填埋

卫生填埋有别于垃圾的自然堆放或简易填埋,卫生填埋是按卫生填埋工程技术标准处理城市垃圾的一种方法,其填埋过程为一层垃圾一层覆盖土交替填埋,并用压实机压实,填埋堆中预埋导气管导出垃圾分解时产生的有害气体(CH_4、CO_2、N_2、H_2S 等)。填埋场底部做成不透水层,防止渗滤液对地下水的污染,并在底部设垃圾渗滤液导出管将渗滤液导出进行集中处理。

填埋气(LFG)是一种宝贵的可再生的资源,现已成功地利用填埋气作车辆燃料及发电。

LFG 含 40%～60%的甲烷,其热值与城市煤气的热值相近,每升 LFG 的能量相当于 0.24L 柴油,或 0.31L 汽油的能量,它不仅是清洁燃料,而且辛烷值高,着火点高,可采用较高的压缩比。使用时首先要净化,去除 LFG 中含有的有毒且对机械设备有腐蚀作用的 H_2S、CO_2、H_2O 等成分,可采用吸附法、吸收法、分子筛分离等方法。然后储存于钢瓶中以备使用。汽车的发动机经过适当改装便可使用填埋气为燃料了。巴西里约热内卢在 20 世纪 80 年代便建成 LFG 充气站向全市汽车供气。

填埋气发电技术目前已比较成熟,工艺操作便捷,填埋气燃烧完全,排放的二次污染气体较少,工艺流程如图 7-5 所示。杭州市天子岭废弃物处理厂有一个容量为 600 万 m^3 的垃圾填埋场,1994 年引进外资兴建了填埋气发电厂后,每年可减少 945 万 m^3 填埋气排入大气，发电功率达 1800kW，年收入达 800 万元人民币，该场获得效益为 40 万元。

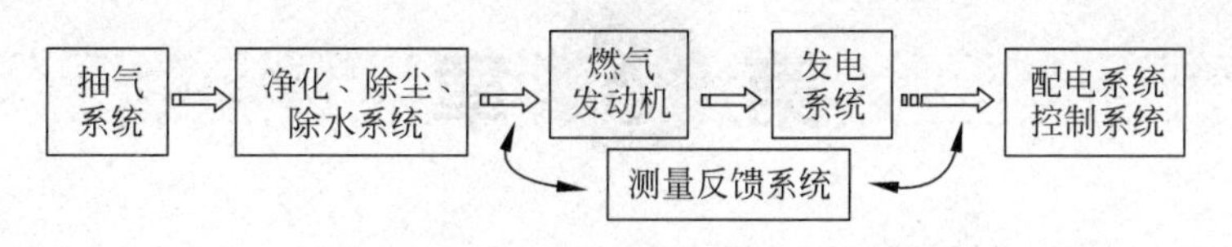

图 7-5　填埋气发电工艺流程

卫生填埋具有技术简单、处理量大、风险小、建设费用、运行成本相对较低的优点，但卫生填埋对场址条件要求较高，所需的覆盖土量较大。如果能够找到合适场址并解决覆盖土的来源问题，在目前的经济、技术条件下，卫生填埋法是最适用的方法。

3）堆肥

堆肥是在有控制的条件下，利用微生物对垃圾中的有机物进行生物降解，使之成为具有良好稳定性的腐殖土肥料的过程，因此它是一种垃圾资源化处理方法。堆肥有厌氧和好氧两种，前者堆肥时间长、堆温低、占地大、二次污染严重。现代堆肥工艺是指高温好氧堆肥，是在好氧条件下，用尽可能短的时间完成垃圾的发酵分解，并利用分解过程产生的热量使堆温升至 60～80℃，起到灭菌、灭寄生虫和苍蝇卵蛹的作用，从而达到无害化的目的。垃圾的堆肥化处理的优点在于能使垃圾转化为可利用的资源，既增加了垃圾处理的经济效益，又减少了垃圾最终填埋地，节约了土地资源。

堆肥法无害化、资源化效果好，出售肥料产品，有一定的经济效益。但该法需一定的技术和设备，建设投资和处理成本较高，堆肥产品的产量、质量和价格受垃圾成分的影响。产品的销路好坏是采用堆肥法的决定性因素。

复习与思考

1. 什么是固体废物？它们是如何分类的？
2. 固体废物有哪些基本特性？
3. 固体废物的主要环境问题是什么？
4. 简述固体废物现状调查与评价的内容。
5. 如何进行固体废物产生量的预测？
6. 举例说明固体废物污染防治规划包括哪些指标体系。
7. 简述固体废物污染防治的“三化”原则。为什么“减量化”原则处于优先地位？
8. 试述固体废物减量化的对策与措施。
9. 举例说明固体废物是如何进行资源化与综合利用的。
10. 举例说明固体废物无害化最终处置的方法。

第8章

噪声污染防治规划

8.1 噪声污染概述

8.1.1 声音与噪声

声音是物体的振动以波的形式在弹性介质中进行传播的一种物理现象。我们平常所指的声音一般是通过空气传播作用于耳鼓而被感觉到的声音。人类生活在声音的环境中，并且借助声音进行信息的传递，交流思想感情。

尽管我们的生活环境中不能没有声音，但是也有一些声音是我们不需要的，如睡眠时的吵闹声。从广义上来讲，凡是人们不需要的，使人厌烦并干扰人的正常生活、工作和休息的声音统称为噪声。

我国制定的《中华人民共和国环境噪声污染防治法》中把超过国家规定的环境噪声排放标准，并干扰他人正常生活、工作和学习的现象称为环境噪声污染。

8.1.2 噪声的主要特征及其来源

1. 噪声的主要特征

(1) 噪声是一种感觉性污染，在空气中传播时不会在周围环境里留下有毒有害的化学污染物质。对噪声的判断与个人所处的环境和主观愿望有关。

(2) 噪声源的分布广泛而分散，但是由于传播过程中会发生能量的衰减，因此噪声污染的影响范围是有限的。

(3) 噪声产生的污染没有后效作用。一旦噪声源停止发声，噪声便会消失，转化为空气分子无规则运动的热能。

(4) 与其他污染相比，噪声的再利用问题很难解决。目前所能做到的是利用机械噪声进行故障诊断。如通过对各种运动机械产生的噪声水平和频谱进行测量和分析，评价机械机构完善程度和制造质量。

2. 噪声源及其分类

声是由于物体振动而产生的，所以把振动的固体、液体和气体通称为声源。声能通过固体、液体和气体介质向外界传播，并且被感受目标所接收。人耳则是人体的声音感受器官，所以在声学中把声源、介质、接收器称为声的三要素。

产生噪声的声源很多，若按产生机理来划分，有机械噪声、空气动力性噪声和电磁噪声三大类。

(1) 机械噪声。各种机械设备及其部件在运转和能量传递过程中由于摩擦、冲击、振动等原因所产生的噪声，如齿轮变速箱、织布机、球磨机、粉碎机、车床等发出的噪声就是典型的机械噪声。

(2) 空气动力性噪声。由气体流动过程中的相互作用，或气体和固体介质之间的相互作用而产生的噪声。常见的气流噪声有风机噪声、喷气发动机噪声、高压锅炉放气排气噪声和内燃机排气噪声等。

(3) 电磁噪声。由电磁场交替变化而引起某些机械部件或空间容积振动而产生的噪声。日常生活中，民用大小型变压器、镇流器、电源开关、电感、电机等均可能产生电磁噪声。工业中变频器、大型电动机和变压器是主要的电磁噪声来源。

若按声源发生的场所来划分，有工业噪声、交通噪声、建筑施工噪声和社会生活噪声。

(1) 工业噪声。工业噪声是指工厂在生产过程中由于机械振动、摩擦撞击及气流扰动产生的噪声。它不仅直接危害工人健康，而且干扰周围居民的生活。一般工厂车间内噪声级为75～105dB，少数车间或设备的噪声级高达110～120dB。

(2) 交通噪声。交通噪声是指飞机、火车、汽车等交通运输工具在飞行和行驶中所产生的噪声。常见的交通噪声有道路交通噪声、航空噪声、铁路运输噪声、船舶噪声等。随着我国经济的迅速发展，各种交通设施及交通工具快速增长，交通噪声污染随之加剧。

(3) 建筑施工噪声。建筑施工噪声是指在建筑施工过程中产生的干扰周围生活环境的声音。建筑施工噪声是影响城市声环境质量的重要因素。它具有强度高、分布广、流动大、控制难等特点，如打桩机、混凝土搅拌机、推土机、运料机等噪声级为85～100dB，对周围环境造成严重的污染。

(4) 社会生活噪声。社会生活噪声是指街道以及建筑物内部各种生活用品设备和人们日常活动所产生的噪声，包括商业、文娱、体育活动等场所的空调设备、音响系统等产生的噪声，舞厅、卡拉OK(KTV)噪声，家用电器噪声，装修噪声等。

8.1.3　噪声污染的危害

随着工业生产、交通运输、城市建筑的发展，以及人口密度的增加，家庭设施(音响、空调、电视机等)的增多，环境噪声日益严重，它已成为污染人类社会环境的一大公害，20世纪50年代后，噪声被公认为是一种与污水、废气、固体废物并列的四大公害之一。据统计，1998年我国城市噪声诉讼案件已占全部环境污染诉讼案件的40%左右。

1. 噪声对人体生理和心理的影响

噪声不仅会影响听力，而且还对人的心血管系统、神经系统、内分泌系统产生不利影响，所以有人称噪声为“致人死命的慢性毒药”。噪声给人带来生理上和心理上的危害主要有以下几方面。

1) 干扰休息和睡眠，影响交谈和思考，使工作效率降低

(1) 干扰休息和睡眠。休息和睡眠是人们消除疲劳、恢复体力和维持健康的必要条件。但噪声使人不得安宁，难以休息和入睡。当人辗转不能入睡时，便会心态紧张，呼吸急促，脉搏跳动加剧，大脑兴奋不止，第二天就会感到疲倦，或四肢无力，从而影响到工作和学习。久而久之，就会得神经衰弱症，表现为失眠、耳鸣、疲劳。人进入睡眠之后，即使是40～50dB

较轻的噪声干扰，也会从熟睡状态变成半熟睡状态。人在熟睡状态时，大脑活动是缓慢而有规律的，能够得到充分的休息；而半熟睡状态时，大脑仍处于紧张、活跃的阶段，这就会使人得不到充分的休息和体力的恢复。

(2) 影响交谈和思考，使工作效率降低。在噪声环境下，妨碍人们之间的交谈、通信是常见的。因为人们思考也是语言思维活动，其受噪声干扰的影响与交谈是一致的。试验研究表明噪声干扰交谈，其结果如表 8-1 所示。此外，研究发现，噪声超过 85dB，会使人感到心烦意乱，人们会感觉到吵闹，因而无法专心地工作，结果会导致工作效率降低。

表 8-1 噪声对交谈的影响

噪声/dB	主观反映	保证正常讲话距离/m	通信质量
45	安静	10	很好
55	稍吵	3.5	好
65	吵	1.2	较困难
75	很吵	0.3	困难
85	太吵	0.1	不可能

2) 损伤听觉、视觉器官

我们都有这样的经验，从飞机里下来或从锻压车间出来，耳朵总是嗡嗡作响，甚至听不清对方说话的声音，过一会儿才会恢复。这种现象叫做听觉疲劳，是人体听觉器官对外界环境的一种保护性反应。如果人长时间遭受强烈噪声作用，听力就会减弱，进而导致听觉器官的器质性损伤，造成听力下降。

(1) 强的噪声可以引起耳部的不适，如耳鸣、耳痛、听力损伤。据测定，超过 115dB 的噪声还会造成耳聋。据临床医学统计，若在 80dB 以上噪声环境中生活，造成耳聋者可达 50%。噪声性耳聋有两个特点，一是除了高强噪声外，一般噪声性耳聋都需要一个持续的累积过程，发病率与持续作业时间有关，这也是人们对噪声污染忽视的原因之一。二是噪声性耳聋是不能治愈的，因此，有人把噪声污染比喻成慢性毒药。耳聋发病率的统计结果如表 8-2 所示。从表 8-2 可以看出在 80dB 以下工作不致耳聋，80dB 以上，每增加 5dB，噪声性发病率增加 10%。

表 8-2 工作 40 年后噪声性耳聋发病率

噪声/dB	国际统计(ISO)%	美国统计%
80	0	0
85	10	8
90	21	18
95	29	28
100	41	40

医学专家研究认为，家庭噪声是造成儿童聋哑的病因之一。噪声对儿童身心健康危害更大。因儿童发育尚未成熟，各组织器官十分娇嫩和脆弱，不论是体内的胎儿还是刚出世的孩子，噪声均可损伤听觉器官，使听力减退或丧失。据统计，当今世界上有 7000 多万耳聋者，其中相当部分是由噪声所致。

(2) 噪声对视力的损害。人们只知道噪声影响听力，其实噪声还影响视力。试验表明：

当噪声强度达到90dB时，人的视觉细胞敏感性下降，识别弱光反应时间延长；噪声达到95dB时，有40%的人瞳孔放大，视觉模糊；而噪声达到115dB时，多数人的眼球对光亮度的适应都有不同程度的减弱。所以长时间处于噪声环境中的人很容易发生视疲劳、眼痛、眼花和视物流泪等眼损伤现象。同时，噪声还会使色觉、视野发生异常。调查发现噪声对红、蓝、白三色视野缩小80%。

3）对人体的生理影响

噪声是一种恶性刺激波，长期作用于人的中枢神经系统，可使大脑皮质的兴奋和抑制失调，条件反射异常，出现头晕、头痛、耳鸣、多梦、失眠、心慌、记忆力减退、注意力不集中等症状，严重者可产生精神错乱。这种症状，药物治疗疗效很差，但当脱离噪声环境时，症状就会明显好转。噪声可引起植物神经系统功能紊乱，表现在血压升高或降低，心率改变，心脏病加剧。噪声会使人唾液、胃液分泌减少，胃酸降低，胃蠕动减弱，食欲不振，引起胃溃疡。噪声对人的内分泌机能也会产生影响，如：导致女性性机能紊乱，月经失调，流产率增加等。噪声对儿童的智力发育也有不利影响，据调查，3岁前儿童生活在75dB的噪声环境里，他们的心脑功能发育都会受到不同程度的损害，在噪声环境下生活的儿童，智力发育水平要比安静条件下的儿童低20%。噪声对人的心理影响主要是使人烦恼、激动、易怒，甚至失去理智。此外，噪声还对动物、建筑物有损害，在噪声下的植物也生长不好，有的甚至死亡。

(1) 损害心血管。噪声是心血管疾病的危险因子，噪声会加速心脏衰老，增加心肌梗塞发病率。医学专家经人体和动物实验证明，长期接触噪声可使体内肾上腺素分泌增加，从而使血压上升，在平均70dB的噪声中长期生活的人，可使其心肌梗塞发病率增加30%左右，特别是夜间噪声会使发病率更高。调查发现，生活在高速公路旁的居民，心肌梗塞发病率增加了30%左右。调查1101名纺织女工，发现高血压发病率为7.2%，其中接触强度达100dB噪声者，高血压发病率达15.2%。

(2) 对女性生理机能的损害。女性受噪声的威胁，还可以发生月经不调、流产及早产等。专家们曾在哈尔滨、北京和长春等7个城市经过为期3年的系统调查，结果发现噪声不仅能使女工患噪声聋，且对女工的月经和生育均有不良影响。另外可导致孕妇流产、早产，甚至可致畸胎。国外曾对某个地区的孕妇普遍发生流产和早产作了调查，结果发现她们居住在一个飞机场的周围，祸首正是那飞起降落的飞机所产生的巨大噪声。

(3) 噪声还可以引起如神经系统功能紊乱、精神障碍、内分泌紊乱甚至事故率升高。高噪声的工作环境，可使人出现头晕、头痛、失眠、多梦、全身乏力、记忆力减退以及恐惧、易怒、自卑甚至精神错乱。在日本，曾有过因为受不了火车噪声的刺激而精神错乱，最后自杀的例子。

2. 对动植物及建筑物等设施的影响

噪声不但会给人体健康带来危害，而且还会对动、植物以及建筑物等设施产生一定的影响。

(1) 噪声对动物的影响。有人给奶牛播放轻音乐后，牛奶的产量大大增加，而强烈的噪声使奶牛不再产奶。20世纪60年代初，美国一种新型飞机进行历时半年的试验飞行，结果使附近一个农场的10000只鸡羽毛全部脱落，不再下蛋，有6000只鸡体内出血，最后死亡。

(2) 噪声对植物的影响。噪声能促进果蔬的衰老进程,使呼吸强度和内源乙烯释放量提高,并能激活各种氧化酶和水解酶的活性,使果胶水解,细胞破坏,导致细胞膜透性增加。85～95dB 的噪声剂量对果蔬的生理活动影响较为显著。

(3) 噪声对建筑物的影响。如果建筑物附近有振动剧烈的震动筛、大型空气锤,或建设施工时的打桩和爆破等,则可以观察到桌上的物品有小跳动。在这种振动的反复冲击下,曾发生墙体裂痕、瓦片震落和玻璃震碎等危害建筑物的现象。

轰声是超声速飞行中的飞机产生的一种噪声。1970 年德国韦斯特堡城及其附近曾因强烈的轰声而发生 378 起建筑物受损事件。大部分是玻璃损坏,石板瓦掀起,合页及门心板损坏等。另据美国对轰声受损的统计,在 3000 起建筑受损事件中,抹灰开裂占 43%,窗损坏占 32%,墙开裂占 15%,还有瓦和镜子损坏等,均未提及主体受损。因此可以认为轰声对结构基本无显著影响,而对大面积的轻质结构则可能造成损害。

8.2 环境噪声法规和标准

8.2.1 环境噪声污染防治法

《中华人民共和国环境噪声污染防治法》是在 1996 年 10 月经第八届全国人民代表大会通过,1997 年 3 月 1 日起施行。该法共分 8 章 64 条,对噪声污染防治的监督管理、工业噪声污染防治、建筑施工噪声污染防治、交通运输噪声污染防治、社会生活噪声污染防治做出了具体规定,并对违反其中各条规定所应受的处罚及所应承担的法律责任做出了明确规定。它是制定各种噪声标准的基础。

该法明确提出了任何单位和个人都有保护声环境的义务。强调对可能产生噪声污染的建设项目必须提出环境影响报告书以及环境噪声污染的防治措施,并规定环境噪声污染的防治措施必须与主体工程同时设计、同时施工、同时投产使用,即实现“三同时”。

各级地方政府在环境噪声污染防治法基础上,制定了具有地方特色的关于噪声污染防治的地方性法规及条例,用于指导本地的噪声污染防治工作。如《沈阳市环境噪声污染防治条例》、《杭州市环境噪声管理条例》、《福州市环境噪声污染防治若干规定》、《兰州市环境噪声污染防治办法》、《贵阳市环境噪声污染防治规定》等。

8.2.2 噪声标准

中华人民共和国环境保护部 2008 年发布了《城市区域声环境质量标准》、《社会生活环境噪声排放标准》、《工业企业厂界环境噪声排放标准》3 项标准。环境噪声标准的制订充分考虑了当前噪声污染形势的变化和环境管理需求,把促进经济社会和谐发展作为指导思想,以保护人体健康和福利的环境基准研究成果为依据,合理确定噪声限值及其他环境管理、监控要求。

1. 城市区域声环境质量标准(GB 3096—2008)

该标准是对《城市区域环境噪声标准》(GB 3096—1993)的修订。该标准规定了五类声环境功能区的环境噪声限值,见表 8-3。

表 8-3　城市区域环境噪声限值　dB(A)

声环境功能区类别＼时段		昼间	夜间
0 类		50	40
1 类		55	45
2 类		60	50
3 类		65	55
4 类	4a 类	70	55
	4b 类	70	60

①0 类声环境功能区：指康复疗养区等特别需要安静的区域。②1 类声环境功能区：指以居民住宅、医疗卫生、文化教育、科研设计、行政办公为主要功能，需要保持安静的区域。③2 类声环境功能区：指以商业金融、集市贸易为主要功能，或者居住、商业、工业混杂，需要维护住宅安静的区域。④3 类声环境功能区：指以工业生产、仓储物流为主要功能，需要防止工业噪声对周围环境产生严重影响的区域。⑤4 类声环境功能区：指交通干线两侧一定距离之内，需要防止交通噪声对周围环境产生严重影响的区域，包括 4a 类和 4b 类两种类型。4a 类为高速公路、一级公路、二级公路、城市快速路、城市主干路、城市次干路、城市轨道交通(地面段)、内河航道两侧区域；4b 类为铁路干线两侧区域。

2. 社会生活环境噪声排放标准(GB 22337—2008)

该标准适用于对营业性文化娱乐场所，商业经营活动中使用的向环境排放噪声的设备、设施的管理、评价与控制。《社会生活环境噪声排放标准》并不覆盖所有的社会生活噪声源，例如建筑物配套的服务设施产生的噪声，街道、广场等公共活动场所噪声，家庭装修等邻里噪声等均不适用该标准。

(1) 边界噪声排放限值

边界噪声排放限值见表 8-4。

表 8-4　社会生活噪声排放源边界噪声排放限值　dB(A)

边界外声环境功能区类别＼时段	昼间	夜间
0	50	40
1	55	45
2	60	50
3	65	55
4	70	55

(2) 结构传播固定设备室内噪声排放限值

结构传播固定设备室内噪声排放限值见表 8-5。

表 8-5 结构传播固定设备室内噪声排放限值(等效声级) dB(A)

噪声敏感建筑物声环境所处功能区类别 \ 房间类型 / 时段	A 类房间		B 类房间	
	昼间	夜间	昼间	夜间
0	40	30	40	30
1	40	30	45	35
2、3、4	45	35	50	40

说明：A 类房间是指以睡眠为主要目的，需要保证夜间安静的房间，包括住宅卧室、医院病房、宾馆客房等。

B 类房间是指主要在昼间使用，需要保证思考与精神集中、正常讲话不被干扰的房间，包括学校教室、会议室、办公室、住宅中卧室以外的其他房间等。

3. 工业企业厂界环境噪声排放标准(GB 12348—2008)

该标准是对《工业企业厂界噪声标准》(GB 12348—1990)的修订，适用于工业企业噪声排放的管理、评价及控制。机关、事业单位、团体等对外环境排放噪声的单位也按本标准执行。

厂界环境噪声排放限值见表 8-6。

表 8-6 工业企业厂界环境噪声排放限值 dB(A)

厂界外声环境功能区类别 \ 时段	昼间	夜间
0	50	40
1	55	45
2	60	50
3	65	55
4	70	55

注：① 夜间频发噪声的最大声级超过限值的幅度不得高于 10dB(A)。

② 夜间偶发噪声的最大声级超过限值的幅度不得高于 15dB(A)。

③ 工业企业若位于未划分声环境功能区的区域，当厂界外有噪声敏感建筑物时，由当地县级以上人民政府参照《声环境质量标准》(GB 3096—2008)和《城市区域环境噪声适用区划分技术规范》(GB/T 15190—1994)的规定确定厂界外区域的声环境质量要求，执行相应的厂界环境噪声排放限值。

④ 当厂界与噪声敏感建筑物距离小于 1m 时，厂界环境噪声应在噪声敏感建筑物的室内测量，并将表 8-6 中相应的限值减 10dB(A)作为评价依据。

4. 其他噪声标准

其他噪声标准包括《家用和类似用途电器噪声限值》(GB 19606—2004)、《工业企业噪声控制设计规范》(GBJ 87—1985)、《汽车加速行驶车外噪声限值及测量方法》(GB 1495—2002)等。

8.3 噪声污染控制规划

噪声污染是我国四大公害之一。尤其是近几年随着区域规模的发展、交通运输事业和娱乐业的发展，区域噪声污染程度迅速上升，已成为我国环境污染的重要组成部分之一。据不完全统计，我国区域交通噪声的等效声级超过70dB(A)的路段达70%，区域噪声污染也很严重，有60%的面积超过55dB(A)。区域工业噪声和建筑施工噪声污染也呈上升趋势，由此而引起的环境纠纷不断发生。因此，我国噪声污染，尤其是区域噪声污染综合整治所面临的形势是十分严峻的。

区域噪声污染控制规划是在区域噪声污染现状调查与评价、噪声污染预测的基础上，根据区域声环境功能区划，提出声环境规划目标及实现目标所采取的综合整治措施。包括区域噪声控制功能区划、噪声污染现状评价、噪声污染预测以及噪声污染控制措施等内容。

8.3.1 噪声现状调查与评价

1. 噪声现状调查

噪声现状调查的方法主要有收集资料法、现场调查法、现场测量法。噪声现状调查时，首先应收集现有的资料，当这些资料不能满足规划要求时，再进行现场调查和测试。

1）调查内容

（1）收集、调查规划区域内城市总体发展规划，土地利用状况及土地利用规划，交通及社会与经济发展规划。

（2）收集已制订的城市环境规划、计划及其基础资料。

（3）调查规划区域内环境噪声背景状况，主要产生噪声污染源分布状况。

（4）收集、调查规划区域内存在的主要声环境污染问题以及城市居民对噪声污染的投诉情况。

（5）收集当地政府有关控制噪声污染的法律法规及政策、措施。

（6）调查区域内噪声敏感目标、噪声功能区划分情况。

（7）调查受噪声影响人口分布。

2）环境噪声现状测量

监测布点原则：

（1）现状测点布置一般要覆盖整个评价范围，但重点要布置在现有噪声源对敏感区有影响的那些点上。

（2）对于包含多个呈现点声源性质的情况，环境噪声现状测量点应布置在声源周围，靠近声源处测量点密度应高于距声源较远处的测点密度。

（3）对于呈现线状声源性质的情况，应根据噪声敏感区域分布状况确定若干噪声测量断面，在各个断面上距声源不同距离处布置一组测量点。

3）测量方法

环境噪声的测量，应按国家标准测量方法进行。

GB/T 14623—1993 《城市区域环境噪声测量方法》

GB 9661—1988 《机场周围飞机噪声测量方法》

GB 12349—1990 《工业企业厂界噪声测量方法》

GB 12524—1990 《建筑施工场噪声测量方法》

GB 12525—1990 《铁路边界噪声限值及其测量方法》

GBJ 122—1988 《工业企业噪声测量规范》

中华人民共和国环境保护部　环境监测技术规范(第三册)：噪声部分

2. 噪声现状评价内容

(1) 规划区域内现有噪声敏感区、保护目标的分布情况等。

(2) 规划区域内现有噪声种类、数量及相应的噪声级、噪声特性、主要噪声源分析等。

(3) 规划区域内环境噪声现状,包括：①多功能区噪声级,超标状况及主要噪声源；②工业企业厂界噪声级,超标状况及主要噪声源；③交通噪声噪声级、超标状况及主要噪声源；④铁路边界噪声噪声级,超标状况及主要噪声源；⑤飞机噪声噪声级,超标状况等；⑥受多种噪声影响的人口分布状况。

8.3.2 声环境功能区划

《城市区域环境噪声适用区划分技术规范》(GB/T 15190—1994)规定了城市五类环境噪声标准适用区域划分的原则和方法。根据《城市区域声环境质量标准》(GB 3096—2008)中适用区域的定义,结合城镇建设的特点来划分声环境功能区。

1) 声环境功能区划的意义

声环境功能区划可以确定各类功能区执行的声环境质量标准和噪声污染源限值标准,其意义为：

(1) 有效控制噪声污染的程度和范围,提高声环境质量,保障城市居民正常生活、学习和工作场所的安静；

(2) 便于城市环境噪声管理和促进噪声治理；

(3) 有利于城乡规划的实施和城乡改造,做到区划科学合理,促进环境、经济、社会协调一致发展。

2) 声环境功能区划的程序

声环境功能区划的程序主要包括：

(1) 准备噪声控制功能区划基础资料；

(2) 确立噪声控制功能区划单元；

(3) 合并多个区域类型相同且相邻的单元,充分利用自然地形作为区域边界；

(4) 对初步划定的区划方案进行分析、调整；

(5) 征求规划、城建、公安、基层政府等部门的意见；

(6) 确定噪声控制功能区划方案,绘制噪声控制功能区划图；

(7) 系统整理区划工作报告、区划方案、区划图等资料报上级环境保护行政主管部门验收；

(8) 地方环境保护行政主管部门将区划方案报当地人民政府审批、公布实施。

8.3.3 噪声污染预测

随着经济发展、工业生产规模扩大、交通车辆递增,噪声污染呈增长趋势。交通噪声和工业企业噪声是城市的主要噪声来源,可以采用模型方法预测规划期限内噪声污染的发展变化情况。具体方法见4.4节。

8.3.4　噪声污染控制规划目标

噪声污染控制规划总体目标就是要为城市居民提供一个安静的生活、学习和工作环境。根据环境噪声污染现状和噪声污染预测情况，结合各噪声污染控制功能区的基本要求，确定规划区域内噪声控制目标。噪声污染控制规划指标应主要考虑：

(1) 环境噪声达标率，对各功能区环境噪声在规划水平年达标率提出具体指标要求。

(2) 交通噪声达标率，对各交通干线噪声在规划水平年达标率提出具体指标要求。

(3) 厂界噪声达标率。

(4) 建筑施工噪声达标率。

如辽宁省沈阳市声环境"十二五"规划指标为：声环境质量达到功能区标准，区域环境噪声和交通噪声达到国家城考指标。

8.3.5　噪声污染控制措施

噪声污染的发生必须有三个要素：噪声源、噪声传音途径和接收者。只有这三个要素同时存在才构成噪声对环境的污染和对人的危害。因此，控制噪声污染必须从这三方面着手，即要对其分别进行研究，又要将它们作为一个系统综合考虑。优先次序是：噪声源控制、噪声传音途径控制和接收者保护。

1. 噪声控制的基本途径和措施

1) 噪声源的控制

控制噪声污染的最有效方法是从控制声源的发声着手。通过研制和选用低噪声设备、改进生产和加工工艺、提高机械设备的加工精度和装配质量，以及对振动机械采用阻尼隔振等措施，可减少发声体的数目或降低发声体的辐射声功率。这是控制噪声污染的根本途径。

(1) 应用新材料、改进机械设备的结构

改进机械设备的结构、应用新材料来降噪，效果和潜力是很大的。近些年，随着材料科技的发展，各种新型材料应运而生，用一些内摩擦较大、高阻尼合金、高强度塑料生产机器零部件已变成现实。例如，在汽车生产中就经常采用高强度塑料机件。化纤厂的拉捻机噪声很高，将现有齿轮改用尼龙齿轮，可降噪20dB。对于风机，不同形式的叶片，产生的噪声也不一样，选择最佳叶片形状，可以降低风机噪声。例如，把风机叶片由直片式改成后弯形，可降噪10dB。或者将叶片的长度减小，也可降低噪声。

(2) 改革工艺和操作方法

改革工艺和操作方法，也是从声源上降低噪声的一种途径。例如，用低噪声的焊接代替高噪声的铆接；用无声的液压代替有梭织布机。在建筑施工中，柴油打桩机在15m外其噪声达到100dB，而压力打桩机的噪声则只有50dB。在工厂里，把铆接改成焊接，把锻打改成液压加工，均能降噪20～40dB。

(3) 提高零部件的加工精度和装配质量

零部件加工精度的提高，可使机件间摩擦尽量减少，从而使噪声降低。提高装配质量，减少偏心振动，以及提高机壳的刚度等，都能使机器设备的噪声减小。对于轴承，若将滚子加工精度提高一级，轴承噪声可降低10dB。

2）传播途径上的控制

在噪声源上治理噪声效果不理想时，需要在传播途径上采取措施。

(1) 合理规划布局

居民区、学校、办公机关、疗养院和医院这些要求低噪声的地点，应该与商业区、娱乐场所、工业区分开布置。在厂区内应合理地布置生产车间和办公室的位置，将噪声较大的车间集中起来，与办公室、实验室等需要安静的场所分开，噪声源尽量不露天放置。

(2) 利用绿化降低噪声

由于植物叶片、树枝具有吸收声能与降低声音振动的特点，成片的林带可在很大程度上减少噪声量。一般的宽林带（几十米）可降噪 10～20dB。在城市里可采用绿篱、乔灌木和草坪的混合绿化结构，宽度 5m 左右的平均降噪效果可达 5dB。试验表明，绿色植物减弱噪声的效果与林带宽度、高度、位置、配置方式及树木种类有密切关系。在城市中，林带宽度最好是 6～15m，郊区为 15～20m。多条窄林带的隔声效果比只有一条宽林带好。林带的高度大致为声源至声区距离的两倍。林带的位置应尽量靠近声源，这样降噪效果更好。一般林带边缘至声源的距离是 6～11m，林带应以乔木、灌木和草地相结合，形成一个连续、密集的障碍带。树种一般选择树冠矮的乔木，阔叶树的吸声效果比针叶树好，灌木丛的吸声效果更为显著。

(3) 采用声学控制技术

在上述措施均不能满足环境噪声要求时，可采用局部声学技术来降噪，如吸声技术、隔声技术、消声技术等。

3）个人防护

因条件所限不能从噪声源和传播途径上控制噪声时，可采取个人防护的办法，个人防护是一种经济而有效的防噪措施。个人防护一是采用防护用具，如防声棉（蜡浸棉花）、耳塞、耳罩、帽盔等；二是采取轮班作业，缩短在强噪声环境中的暴露时间。

2. 噪声控制工程技术方法

吸声、隔声、消声等是噪声控制的主要工程技术方法，在对噪声传播的具体情况进行分析后综合应用这些措施，才能达到预期效果。

1）吸声技术

室内噪声有两个来源。由声源通过空气传来的直达声及由室内各壁面（墙面、顶棚、地面以及其他设备）经多次反射而来的反射声，即混响声。由于混响声的叠加作用，能使声音强度提高 10 多分贝。在房间的内壁及空间装设吸声结构，当声波投射到这些结构表面后，部分声能被吸收，就能使反射声减少，总的声音强度也就降低。这种利用吸声材料和吸声结构来吸收反射声，降低室内噪声的技术，称为吸声技术。

(1) 多孔性吸声材料

具有连续气泡的多孔性材料的吸声效果较好，是应用最普遍的吸声材料。其吸声原理为：当声波入射到多孔材料表面时，可以进入细孔中去，引起孔隙内的空气和材料振动，空气的摩擦和粘滞作用使声能转变成热能，消耗一部分声能，从而使声波衰减。即使有一部分声能透过材料到达壁面，也会在反射时再次经过吸声材料，声能又一次被吸收。

多孔性吸声材料分纤维型、泡沫型和颗粒型三种类型。纤维型多孔吸声材料有玻璃纤维、矿渣棉、毛毡、甘蔗纤维、超细玻璃棉、植物纤维、木质纤维等。泡沫型吸声材料有聚氨基甲醋酸泡沫塑料、泡沫橡胶等。颗粒型吸声材料有膨胀珍珠岩和微孔吸声砖等。

(2) 吸声结构

多孔吸声材料对于高频声有较好的吸声能力，但对低频声的吸声能力较差。为了解决低频声的吸收问题，在实践中人们利用共振原理制成了一些吸声结构。常用的吸声结构有穿孔板共振吸声结构、薄板共振吸声结构和微穿孔板吸声结构。

① 穿孔板共振吸声结构

在薄板(钢板、铝板、胶合板、塑料板等)上打上小孔，在板后与刚性壁之间留一定深度的空腔就组成了穿孔板共振吸声结构，分为单孔共振吸声结构和多孔共振吸声结构。

单孔共振吸声结构如图 8-1 所示，它是由腔体和颈口组成的共振结构，腔体通过颈部与大气相通。腔体体积为 V，颈口颈长为 l_0，颈口直径为 d。

在声波作用下，孔颈中的空气柱像活塞一样作往复运动，由于摩擦作用，使部分声能转化为热能消耗，达到吸声作用。当入射声波的频率与共振器的固有频率一致时，会产生共振现象，声能将得到最大的吸收。单孔共振吸声结构只对共振频率附近的声波有较好吸收，因此吸声频带很窄。

多孔共振吸声结构可看作由多个单孔共振腔并联而成。多孔共振吸声结构对频率的选择性很强，吸声频带比较窄，主要用于吸收低、中频噪声的峰值。

② 薄板共振吸声结构

把不穿孔的薄板(金属板、胶合板、塑料板等)固定在框架上，板后留有一定厚度的空气层，就构成了薄板共振吸声结构(见图 8-2)。

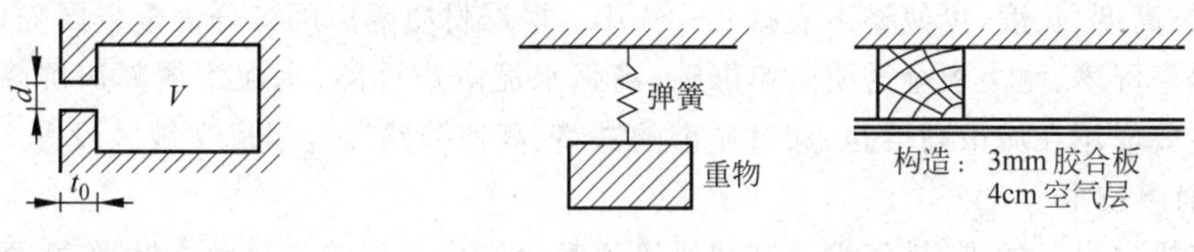

图 8-1 单孔共振结构　　图 8-2 薄板共振吸声结构

薄板相当于质量块，板后的空气层相当于弹簧。当声波作用于薄板时，引起薄板的弯曲振动。由于薄板和固定支点之间的摩擦和薄板内部摩擦损耗，使振动的动能转化为热能损耗，使声能衰减。当入射声波的频率与薄板共振吸声结构的固有频率一致时，振动系统会发生共振，声能将获得最大的吸收。

薄板共振吸声结构对低频声音有良好的吸收性能。在薄板与龙骨交接处放置一些柔软材料或衬垫一些多孔材料，吸声效果将明显提高。将不同腔深的薄板组合使用，可以提高吸声频带。

③ 微穿孔板共振吸声结构

微穿孔板共振吸声结构是一种板厚及孔径均为 1nm 以下，穿孔率为 1%～3%的金属穿孔板与板后空腔组成的吸声结构。为达到更宽频带的吸收，常作成双层或多层的组合结构。

微穿孔板共振吸声结构有较宽的吸声频带，不需使用多孔材料，适用于高温、潮湿和易腐蚀的场合。用于控制气流噪声。但缺点是制造工艺复杂，成本较高，容易堵塞。

2) 隔声技术

隔声是噪声控制工程中常用的一种技术措施，它利用墙体、各种板材及构件作为屏蔽物或利用围护结构把噪声控制在一定范围之内，使噪声在空气中的传播受阻而不能顺利通过，从而达到降低噪声的目的。

常见的隔声结构包括隔声罩、隔声间、隔声屏及组合隔声墙(隔声门、窗)。

(1) 隔声罩

将噪声较大的装置封闭起来,有效地阻隔噪声向周围环境辐射的罩形结构,称为隔声罩(图 8-3)。隔声罩常用于风机、空压机、柴油机、鼓风机等强噪声机械的降噪。活动密封型隔声罩降噪量为 15～30dB,固定密封型隔声罩降噪量为 30～40dB,局部开敞型隔声罩降噪量为 10～20dB,带有通风散热消声器的隔声罩降噪量为 15～25dB。

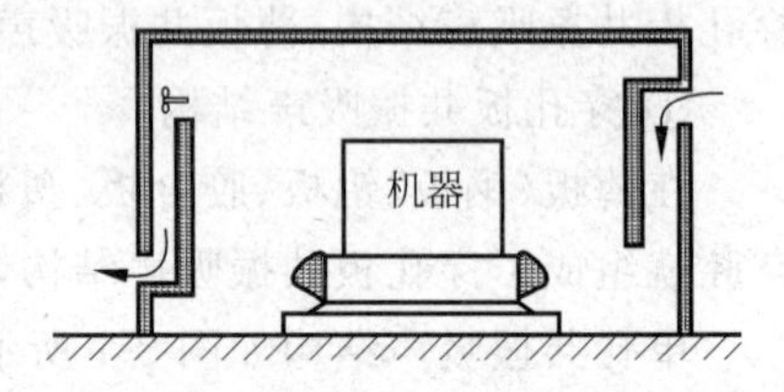

图 8-3 带进排风消声通道的隔声罩

(2) 隔声间

由不同隔声构件组成的具有良好隔声性能的房间称为隔声间。可以将多个强声源置于上述小房间中,以保护周围环境,或者供操作人员进行生产控制、监督、观察、休息之用。

(3) 隔声屏

在声源与接收点之间设置障板,阻断声波的直接传播,以降低噪声,这样的结构称为声屏障或隔声屏(帘)。声屏障应用的原理如光照射一样,当声波遇到一个阻挡的障板时,会发生反射,并从屏障上端绕射,于是在障板另一面会形成一定范围的声影区,声影区的噪声相对小些,可以达到利用屏障降噪的目的。

高频噪声波长短,绕射能力差,因此隔声屏对高频噪声有较显著的隔声能力。合理设计声屏位置、高度、长度,可使噪声衰减 7～24dB。根据材质隔声屏可分为全金属隔声屏障、全玻璃钢隔声屏障、耐力板全透明隔声屏障、高强水泥隔声屏障、水泥木屑隔声屏障等。隔声屏目前主要应用在城市高架路、穿过城市的铁路、高速公路通过居民文教区段等。

3) 消声技术

许多机械设备的进、排气管道和通风管道都会产生强烈的空气动力性噪声,而消声器是防治这种噪声的主要装置,它既阻止声音向外传播,又允许气流通过,装在设备的气流通道上,可使该设备本身发出的噪声和管道中的空气动力性噪声降低。

消声器的类型有:阻性消声器、抗性消声器、阻抗复合消声器、微穿孔板消声器、小孔消声器等。

(1) 阻性消声器

把吸声材料固定在气流通过的管道周壁,或按一定方式在通道中排列起来,利用吸声材料的吸声作用,使沿通道传播的噪声不断被吸收而逐渐衰减,就构成了阻性消声器。

当声波进入消声器,便引起阻性消声器内多孔材料孔隙中的空气和纤维振动,由于摩擦阻力和粘滞阻力的作用,使一部分声能转化为热能而散失,通过消声器的声波减弱,起到消声作用。

阻性消声器对中高频范围的噪声具有较好的消声效果,适用于消除气体流速不大的风机、燃气轮机等进气噪声,不适用于对吸声材料有影响的环境。阻性消声器的消声量与消声器的形式、长度、通道截面积有关,同时与吸声材料的种类、密度和厚度等因素也有关。

图 8-4 所示为阻性消声器的结构。

管式消声器是把吸声材料固定在管道内壁上形成的,有直管式和弯管式,通道为圆形或矩形。管式消声器加工简易,空气动力性好,适用于气体流量小的情况。片式消声器是由一排平行的消声片组成,每个通道相当于一个矩形消声器。通道宽度越小,消声量越大。片式

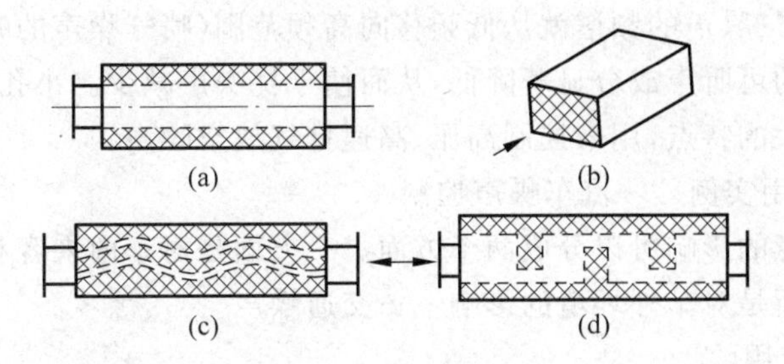

图 8-4　阻性消声器结构

(a) 管式消声器；(b) 片式消声器；(c) 蜂窝式消声器；(d) 折板式消声器

消声器对中高频噪声消声效果好。蜂窝式消声器由许多平行管式消声器并联而成,对中高频噪声消声效果好,适用于控制大型鼓风机的气流噪声。折板式消声器把消声片做成弯折状,声波在消声器内往复多次反射,增加噪声与吸声材料的接触机会,使消声效果得到提高。但折板式消声器的阻力损失大,适用于压力和噪声较高的噪声设备。

(2) 抗性消声器

抗性消声器不使用吸声材料,而是在管道上接截面积突变的管段或旁接共振腔,使某些频率的声波在声阻抗突变的界面发生反射、干涉等现象,从而在消声器的外测,达到了消声的目的。抗性消声器主要有扩张室式和共振腔式两种,适用于消除低、中频噪声。

(3) 阻抗复合消声器

阻抗复合消声器是指把阻性与抗性两种消声结构按照一定方式组合起来(阻抗结构的并联或串联结构)而构成的消声器(图 8-5)。总消声量可定性地认为阻性和抗性在同一频带的消声值的叠加。一般阻抗复合消声器的抗性在前,阻性在后,即先消低频声,然后消高频声。阻抗复合型消声器可以在低、中、高的宽广频率范围内获得较好的消声效果。

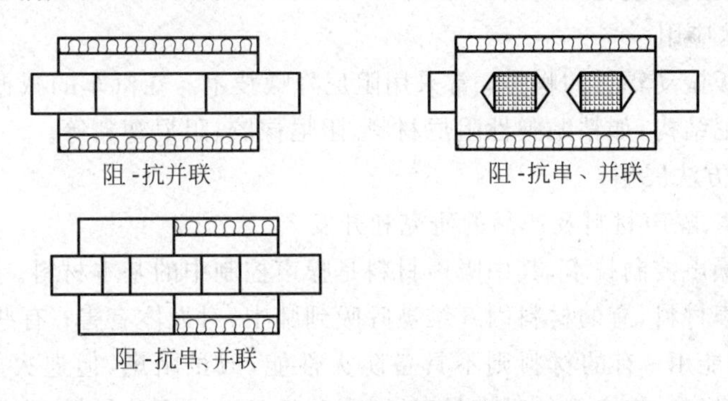

图 8-5　阻抗复合消声器

(4) 微穿孔板消声器

微穿孔板消声器不采用任何多孔吸声材料,而是在薄金属板上钻许多微孔,由于微穿孔板的孔径很小,声阻很大,可以有效地消耗声能,起到吸声作用,因此可作为阻性消声器处理。通过选择微穿孔板上的不同穿孔率与板后的不同腔深,能够在较宽的频率范围内获得良好的吸声效果。

(5) 小孔消声器

小孔消声器是一根直径与排气管直径相等,末端封闭的管子,管壁上钻有很多小孔。当气流经过小孔时,喷气噪声的频谱就从低频移向高频范围(喷气噪声的峰值频率与喷口直径成反比),使频谱中的可听声成分显著降低,从而使干扰噪声减少。小孔消声器具有体积小、重量轻和消声能力大的特点,用来控制高压、高速排气放空噪声。

4) 降噪技术应用实例——汽车噪声控制

汽车噪声对环境的影响可以分成两个方面。一方面是对车内乘客和驾驶员的影响——车内噪声。另一方面是对车外环境的影响——交通噪声。

(1) 吸声技术应用

针对汽车最主要噪声源——发动机产生的噪声,最常用的降噪措施是采用多孔性吸声材料进行声学处理,对中高频噪声有很好的消除作用。这类材料种类很多,有玻璃棉、岩棉、矿棉等。形状有纤维状、颗粒状和泡沫塑料等。一般是以玻璃纤维和毛毡类为基体,用非织物进行表面处理,其后设成空气层结构,通过热压成型。通常安装在发动机罩内侧和前隔板的发动机侧。车内的吸声,则利用具有良好吸声性能的装饰材料,如地毯、车顶内衬、座椅面料、门内板等。

(2) 隔声技术应用

发动机罩是一种典型的隔声罩。汽车驾驶室和客车车厢都属于隔声室这类隔声装置。此外,在使用过程中要注意进、排气系统的紧固和接头的密封状况,以减小表面辐射噪声和漏气噪声。车内进行密封可以更好地隔断噪声的传入,降低车内噪声。特别需要关注车门、窗、地板、前隔板、行李箱等部位的密封。通常采用胶条密封,不但可以隔声降噪,而且还能防止雨水的浸入。采用双层胶条的结构形式密封效果更佳。

(3) 消声技术应用

降低发动机的进、排气噪声,最有效的方法是采用进、排气消声器。进气消声器与空气滤清器结合起来就成为最有效的消声器。

(4) 减振技术应用

对于金属薄板振动辐射的噪声,常采用阻尼降噪技术。在汽车的减振保护与控制中较广泛采用附加阻尼结构,如粘贴弹性阻尼材料、阻尼橡胶、阻尼塑料等。

5) 噪声控制方法展望

(1) 注重吸声、隔声材料及产品的研究和开发

要大力发展噪声控制技术,其中吸声材料是噪声控制中的基本材料。长期以来,人们大量使用纤维性吸声材料,有的材料因纤维被呼吸到肺中,对人体有害;有些场合(如食品、医药工业)则根本不能用;有的材料则不具备防火性能,或虽阻燃,但遇火会散发有害气体。因此,社会需要环保型、安全型的吸声材料,或者称为无二次污染材料、非纤维吸声材料。

微孔板是理想的环保型、安全型吸声材料。应继续从理论、微孔板材料、结构、加工工艺及具体应用等多个方面进行分析研究。除此之外,还可以对在其他行业应用的一些材料加以改进,使其成为环保型、安全型吸声材料,如将不锈钢纤维、金属烧结毡网多孔材料开发为吸声材料等。

随着我国城市对人居环境的要求不断提高,各种各样的新型隔声、吸声材料将应用于高效隔声窗及通风隔声窗的产品开发。

(2) 提高消声器的性能

为保证使用集中式空调时不污染声环境,就必须安装消声器。因此,改进传统空调消声

器的材料和结构,进一步提高其消声性能,是摆在噪声与振动控制行业面前的又一新任务。

(3) 高隔声性能轻质隔墙的研制

传统住宅的内墙是采用砖墙,隔声性能较好。近年来,由于砖墙的禁止使用,不得不用轻质隔墙代替,可是其隔声性能总不尽如人意。噪声与振动控制行业要从开发新材料、新型隔声结构入手,尽快解决这一问题。

(4) 利用绿化控制噪声

城市绿化不仅美化环境,净化空气,同时在一定条件下,对减少噪声污染也是一项不可忽视的措施。绿化带可以控制噪声在声源和接收者之间的空间自由传播,能增加噪声衰减量。绿化带吸声效果是由林带的宽度、种植结构、树木的组成等因素决定的。为提高降噪效果,绿化带需要密集栽植,高大乔木树冠下的空间植满浓密灌木。研究表明绿化带的存在,对降低人们对噪声的主观烦恼度,有一定的积极作用。

(5) 有源减噪技术前景广阔

有源减噪技术是利用电子线路和扩声设备产生与噪声的相位相反的声音——反声,来抵消原有的噪声而达到降噪目的的技术,也称为反声技术。有源降噪技术和利用吸声材料将声能转变为热能的降噪技术相比,其原理截然不同。可以针对各类噪声和振动的特殊条件和专门要求,提供新的有效控制方法,特别适于解决低频噪声和振动的控制难题。

有源降噪系统在理想的条件下能达到降噪效果,但环境噪声频率的成分很复杂且强度随时间起伏,往往在某些频段和位置上的噪声被抵消,而在另外一些频段和位置上却有所增加,难以达到理想的效果,这也将成为我国噪声与振动控制研究的一个前景十分广阔的领域。

复习与思考

1. 什么叫噪声?噪声污染有哪些特征?
2. 你在生活中遇到过何种噪声污染?你感受到的噪声危害表现在哪些方面?
3. 污染城市声环境的噪声源有几类?你所在的城市哪类是主要的噪声源?
4. 噪声污染控制规划主要包括哪些内容?
5. 噪声控制的基本途径和措施涉及哪三方面?
6. 为什么说噪声源的控制是控制噪声污染的根本途径?如何控制噪声源?
7. 常用的吸声材料有哪些?多孔吸声材料为什么能够吸声?
8. 试述穿孔板共振吸声结构和薄板共振吸声结构的吸声原理。
9. 阻性消声器和抗性消声器的消声原理是什么?
10. 汽车噪声控制应用了哪些降噪技术?
11. 噪声控制方法有哪些展望?

生态环境规划

9.1 生态规划的概念、任务和原则

生态规划是环境规划的重要组成部分。它是运用整体优化的系统论观点，对规划区域内城乡生态系统的人工生态因子和生态因子的动态变化过程和相互作用特征进行调查，研究物质循环和能量流动的途径，进而提出资源合理开发利用、环境保护和生态建设的规划对策，其目的是促进区域和城市生态系统的良性循环，保持人与自然、人与环境关系的持续共生，协调发展，追求社会的文明、经济的高效和生态环境的和谐。

9.1.1 生态规划的基本概念

20世纪60年代初，美国宾夕法尼亚大学学者麦克哈格(McHarg I. L.)在《Design with Nature》一书中指出生态规划(ecological planning)是在没有任何有害的情况或多数无害条件下，对土地的某种可能用途进行的规划。日本一些学者则将生态规划定义为生态学的土地利用规划。从以上的观点来看，生态规划偏重于土地利用规划。而从区域或城市人工复合生态系统的特点、发展趋势和生态规划所应解决的问题来看，生态规划不应仅限于土地利用规划。李博等人提出，生态规划应是以生态学原理和城乡规划原理为指导，应用系统科学、环境科学等多学科的手段辨识、模拟和设计人工复合生态系统内的各种生态关系，确定资源开发利用与保护的生态适宜度，探讨改善系统结构与功能的生态建设对策，促进人与环境关系持续协调发展的一种规划方法。

9.1.2 生态规划的主要任务

生态规划对象是社会-经济-自然的复合生态系统，它包括以下主要任务：

(1) 根据生态适宜度，制定区域经济战略方针，确定相宜的产业结构，进行合理布局，以避免因土地利用不适宜和布局不合理而造成的生态环境问题。

(2) 根据土地承载力或环境容量的评价结果，搞好区域生态区划、人口适宜容量、资源利用规划等；提出不同功能区的产业布局以及人口密度、建筑密度、容积率和基础设施密度限值。

(3) 根据区域气候特点和人类生存对环境质量的要求，搞好林业生态工程、城乡园林绿化布局、水域生态保护等规划设计，提出各类生态功能区内森林与绿地面积、群落结构和类型方案。

生态建设是在生态规划基础上进行的具体实施生态规划内容的建设性行为，生态规划是生态建设的基础和依据，生态规划的目标都是通过生态建设来逐步实现的。

9.1.3 生态规划的原则

生态规划作为区域生态建设的核心内容、生态管理的依据，与其他规划一样，具有综合性、协调性、战略性、区域性和实用性的特点，规划要遵守以下原则。

(1) 整体优化原则

从生态系统原理和方法出发，强调生态规划的整体性和综合性，规划的目标不只是生态系统结构组分的局部最优，而是要追求生态环境、社会、经济的整体最佳效益。生态规划还需与城市和区域总体规划目标相协调。

(2) 协调共生原则

复合生态系统具有结构的多元化和组成的多样性特点，子系统之间及各生态要素之间相互影响、相互制约，直接影响着系统整体功能的发挥。在生态规划中就是要保持系统与环境的协调、有序和相对平衡，坚持子系统互惠互利、合作共存，提高资源的利用效率。

(3) 功能高效原则

生态规划的目的是要将规划区域建设成为一个功能高效的生态系统，使其内部的物质代谢、能量的流动和信息的传递形成一个环环相扣的网络，物质和能量得到多层分级利用，废物循环再生，物质循环利用率和经济效益高效。

(4) 趋适开拓原则

生态规划在以环境容量、自然资源承载能力和生态适宜度为依据的条件下，积极寻求最佳的区域或城市生态位，不断地开拓和占领空余生态位，以充分发挥生态系统的潜力，强化人为调控未来生态变化趋势的能力，改善区域和城市生态环境质量，促进生态区建设。

(5) 保护生物多样性原则

生态规划要坚持保护生物多样性，从而保证系统的结构稳定和功能的持续发挥。

(6) 区域分异原则

不同地区的生态系统有不同的特征、生态过程和功能，规划的目的也不尽相同，生态规划要在充分研究区域生态要素的功能现状、问题及发展趋势的基础上因地制宜的进行。

(7) 可持续发展的原则

生态规划突出可持续发展的原则，强调资源的开发利用与保护增值同时并重，合理利用自然资源，为后代维护和保留充分的资源条件，使人类社会得到公平持续发展。

9.2 生态规划的基本内容与方法

9.2.1 生态规划的程序与内容

目前生态规划还没有统一的工作程序，较早的规划一般采用调查——分析——规划方案的步骤，是以麦克哈格(McHarg)方法作基础的。麦克哈格生态规划方法可以分为五个步骤，即①确立规划范围与规划目标；②广泛收集规划区域的自然与人文资料，包括地理、地质、气候、水文、土壤、植被、野生动物、自然景观、土地利用、人口、交通、文化、人的价值观调查，并分别描绘在地图上；③根据规划目标综合分析，提取在第二步所收集的资料；④对各主要因素及各种资源开发(利用)方式进行适宜性分析,确定适宜性等级;⑤综合适宜性图的建立。麦克哈格方法的核心是,根据区域自然环境与自然资源性能,对其进行生态适宜性分析,以确定利用方式与发展规划,从而使自然的利用与开发及人类其他活动与自然特征、自然过程协调统一起来。

生态规划过程或规划程序本身是不断进步与发展的,现代规划的方法及程序源于系统科学在生态规划中的应用,一般可以概括为三个阶段七个步骤(见图 9-1)。

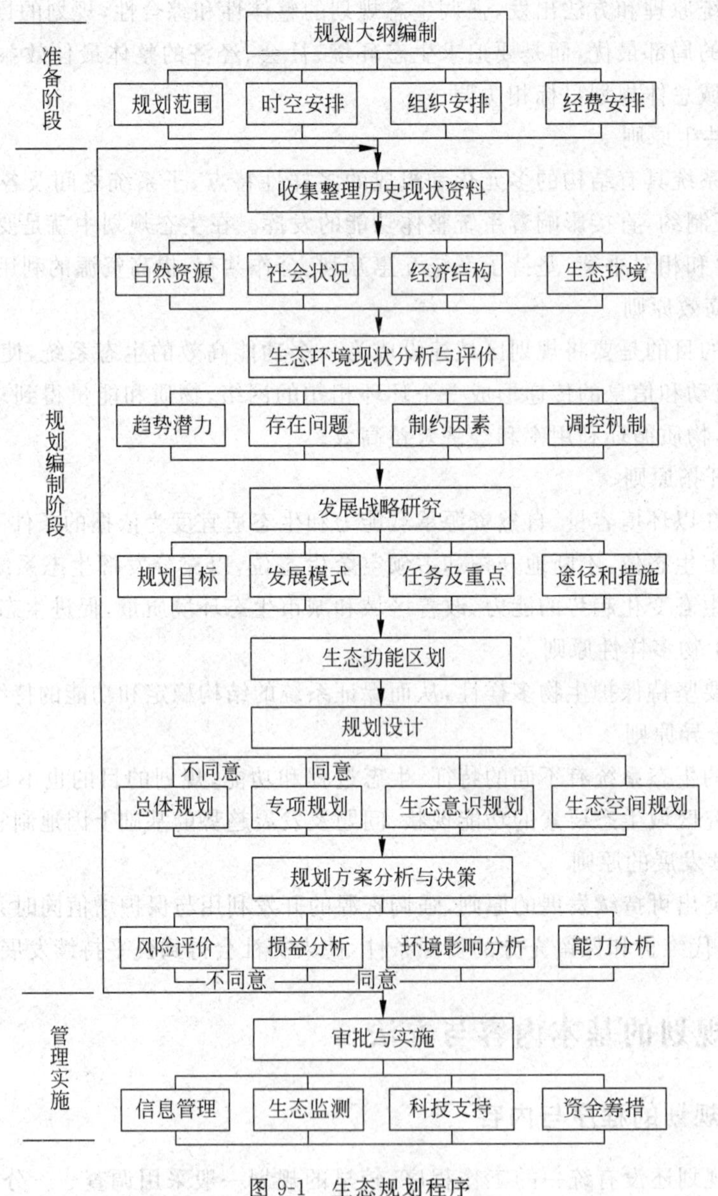

图 9-1 生态规划程序

第一阶段为规划的准备阶段,主要任务是确定规划的总则,编制规划大纲。第二阶段为规划的编制阶段,主要任务是完成生态调查和评价、规划设计及决策,编写规划及相关图件。第三阶段为规划的实施与管理。七个步骤的具体内容如下。

1. 编制规划大纲

根据规划任务，确定规划的范围和时空边界，在区域可持续发展总目标下，确定规划的总体目标、阶段目标及指标体系，规划原则和总体思路，编制规划大纲。规划大纲除以上内容外，还应包括规划采用的方法及内容、规划的组织、时间安排及经费安排。

2. 生态调查

(1) 生态调查的方法

生态调查通常采用历史资料的收集、实地调查、社会调查与遥感技术的应用四种方法。收集历史资料，可以了解区域与城市的过去及其与现在的关系，还可以提供实地调查所不能得到的资料；在区域规划或城市规划中，实地调查往往是弥补历史资料的不足与不完善，或对遥感资料的校正；社会调查可以了解区域各阶层对发展的要求以及所关心的焦点问题，以便在规划过程中体现公众的愿望；遥感技术为迅速准确地获取空间资料提供了十分有效的手段。

在生态资料收集过程中多采用网格法，即在筛选生态因子的基础上，按网格逐个进行生态状况的调查与登记，通过数据库和图形显示的方式将规划区域的社会、经济和生态环境各种要素空间分布直观地表示出来。其具体工作方法为，采用 1∶10000(较大区域为 1∶50000)地形图为底图，依据一定原则将规划区域划分为若干个网格(单元)，网格一般为 1km×1km，有的也采用 0.5km×0.5km(网格大小视具体情况而定)，每个网格即为生态调查与评价的基本单元。

(2) 生态调查的内容

① 自然环境状况调查。自然环境状况调查主要侧重对规划区域生态环境基本特征的调查，包括：气候气象因素和地理特征因素，如地形地貌、坡向坡位、海拔、经纬度等；生态系统类型、结构及功能，特别注意土地利用类型的调查、城市绿化系统结构的调查、生态流及生态功能的调查；自然资源状况，如水资源、土地资源、野生动植物资源状况，特别是珍稀、濒危物种的种类、数量、分布、生活习性、生长、繁殖以及迁移行为等的调查；人类开发历史、方式和强度；自然灾害及其对生态环境的干扰破坏情况；生态环境演变的基本特征；基础图件收集和编制，主要收集地形图、土地利用现状图、植被图和土壤侵蚀图等。

② 社会经济状况调查。社会经济状况调查包括社会结构情况，如人口密度、人均资源量、人口年龄构成、人口发展状况、生活水平的历史和现状、科技和文化水平的历史和现状、规划区域的主要生产方式等；经济结构与经济增长方式，如产业构成的历史和现状及发展、自然资源的利用方式和强度等。

③ 环境质量状况调查。包括空气、水体、土壤、声环境质量现状的监测和调查。

④ 区域特殊保护目标调查。属于地方性敏感生态目标的有自然景观与风景名胜、水源地，水源林与集水区等、脆弱生态系统、生态安全区、重要生境。

3. 生态环境现状分析与评价

将收集到的资料进行整理、加工和分析，对规划区域的生态环境现状、社会经济发展现状进行分析评估。主要内容包括对生态系统的类型、结构、功能及演替趋势、各种生态关系、生态过程的分析，分析和评价区内土地利用格局、生态适宜性、生态敏感性、生态足迹（环境承载力）、主要资源的承载力、景观格局、生态服务功能、生态安全和健康，分析经济发展模式及其可持续性、产业结构合理性、环境污染问题等。通过以上分析发现系统存在的主要问题、发展的利导因子、制约因素、发展潜力及优势，找出系统中存在的反馈关系、调节机制、政策对系统局部的影响机制，确定规划需要调节的主要环节、生态环境保护和建设的主要领域、经济发展的模式。

4. 生态功能区划

生态功能区划是根据区域生态环境要素、生态环境敏感性与生态服务功能空间分异规律，将规划区划分成不同生态功能区的过程。其目的是为制定区域生态环境保护与建设规划、维护区域生态安全、资源合理利用与工农业生产布局、保育区域生态环境提供科学依据，并为环境管理部门和决策部门提供管理信息与管理手段。2002 年国务院西部地区领导小组办公室、中华人民共和国环境保护部组织中国科学院生态环境研究中心编制了《生态功能区划技术暂行规程》，用以指导和规范各地区开展生态功能区划。

生态功能区划应在生态环境现状评价、生态环境敏感性评价、生态服务功能重要性评价的基础上进行，生态功能区划的一般过程为确定区划目标→收集资料→生态环境评价（生态环境敏感性评价、生态服务功能评价）→生态功能区划及分区描述→编制区划文件及生态规划图件。

生态功能区划分区系统分三个等级。一级区划分：以中国生态环境综合区划三级区为基础，各省市可根据管理的要求及生态环境特点，做适当调整。二级区划分：以主要生态系统类型和生态服务功能类型为依据。三级区划分：以生态服务功能的重要性、生态环境敏感性等指标为依据。

分区方法一般采用定性分区和定量分区相结合的方法进行分区划界。边界的确定应考虑利用山脉、河流等自然特征与行政边界。一级区划界时，应注意区内气候特征的相似性与地貌单元的完整性。二级区划界时，应注意区内生态系统类型与过程的完整性，以及生态服务功能类型的一致性。三级区划界时，应注意生态服务功能的重要性、生态环境敏感性等的一致性。

生态功能区划是对规划区实行分区管理的主要依据，因此，分区后要确定各功能区的目标、生态保护和建设及经济发展的规划。

5. 规划设计与规划方案的建立

在现状调查与评价的基础上，充分研究国家的有关政策、法规、区域发展规划，综合考虑人口发展、经济发展及环境保护的关系，提出生态规划的目标及建设的指标体系，确定区域发展的主要任务、重点领域，在区内生态环境、资源及社会条件的适宜度和承载力范围内，选择最适于区域发展的对策措施。一般包括：生态工业建设、生态农业建设、林业与自然保护区建设、生态旅游建设、水利建设与水土保持建设、环境综合整治、生态城镇建设、生态文化建设等，每一个规划方案都应包括经济发展战略、空间构架、建设目标和主要保护及建设内容。方案的设计要结合规划的实际，体现社会、环境、经济三者效益的高度统一。

6. 规划方案的分析与决策

对所设计的规划方案实施后可能造成的影响进行预测分析，包括生态风险评价、损益分析及环境影响等分析来进行方案比选，也可以采用数学规划的方法和动态模拟等决策方法进行辅助决策。

7. 规划方案的审批与实施

规划编制完成后，报有关部门进行审批实施。生态规划由所在地的环境保护行政主管部门会同有关部门组织编制、论证，经上级环境保护行政主管部门审查同意后，报当地人民政府批准实施，审批后的规划应纳入区内相关的发展规划，以保证规划的实施。

根据生态规划目标要素和存在的问题，有针对性地提出与规划主要建设领域和重点任务相配套的经济措施、行政措施、法律措施、市场措施、能力建设、国内与国际交流合作、资金筹措等措施，尤其是能力建设和政策调控最为关键。对规划的实施进行动态追踪和管理，及时修正，保证规划目标的实现。

9.2.2 生态规划的方法

对规划区域选取正确的方法进行生态分析，是生态规划的核心问题，其目标是根据区域自然资源与环境性能、发展要求与资源利用要求，分析规划区的生态适宜性、生态敏感性、生态足迹(生态承载力)，为区域开发建设提供生态设计依据，确定生态目标。以下分别介绍生态适宜度分析、生态环境综合评价、生态敏感性分析。

1. 生态适宜度分析

生态适宜度是指在规划区内确定的土地利用方式对生态因素的影响程度，是土地开发利用适宜程度的依据。生态适宜度分析可为城市生态规划中污染物的总量排放控制、制定土地利用方案、生态功能分区提供科学依据。

1) 生态适宜度的分析程序

生态适宜度分析是在网格调查的基础上，对所有网格进行生态分析和分类，将生态状况相近的作为一类，计算每种类型的网格数，以及其在总网格中所占的百分比。

刘天齐等(1992)在城市环境管理工作中提出了生态适宜度的分析程序，其主要步骤如下：

(1) 明确生态规划区范围和范围内可能存在的土地利用方式；

(2) 分别筛选出对各种土地利用方式(用地类型)有显著影响的生态因子及其影响作用的相对大小，即权重；

(3) 对生态规划区的各网格分别进行生态登记；

(4) 制定生态适宜度评价标准；

(5) 根据上述工作成果，首先逐格确定单因子生态适宜度评价值，然后应用数学模型由单因子生态适宜度评价值或评分求出各网格对给定土地利用方式的生态适宜度综合评价值；

(6) 编制城市生态规划区生态适宜度综合评价表。

2）筛选生态适宜度评价因子的原则

筛选生态适宜度评价因子应遵循以下原则：

（1）所选择的生态因子对给定的利用方式具有较显著的影响；

（2）所选择的生态因子在各网格的分布存在着较显著的差异性。

例如，以居住用地为目标的土地利用方式，与大气、生活饮用水、噪声等因子，土地开发利用程度以及绿化状况等密切相关，因此，分析居住用地适宜度时，一般选定大气环境质量、生活饮用水、土地利用熵、环境噪声及绿化覆盖率五项为评价因子。在进行工业用地适宜度分析时则一般选定位置、风向、大气环境质量以及土地利用熵四项作为评价因子。

3）生态适宜度单因子评价标准

（1）生态适宜度单因子评价标准的制订，主要依据以下两点：①生态因素（单因子）对给定的土地利用方式（类型）的影响和作用。②生态规划区的实际情况，即生态因子在生态规划区的时空分布情况和生态规划区社会、经济等有关指标。

（2）单因子生态适宜度的评价分级。通常分为三级，即适宜、基本适宜、不适宜；或五级，即很适宜、适宜、基本适宜、基本不适宜、不适宜；或六级，即很适宜、适宜、基本适宜、基本不适宜、不适宜、很不适宜。

4）生态适宜度综合评价值

计算生态适宜度综合评价值的数学表达式主要有以下几种：

（1）代数和表达式

$$B_{ij} = \sum_{s=1}^{n} B_{isj} \tag{9-1}$$

式中，i 为网格编号（或地块编号）；j 为土地利用方式编号（或土地类型编号）；s 为影响土地利用方式（或用地类型）的生态因子编号；n 为影响土地利用方式（或用地类型）的生态因子的总个数；B_{ij} 为第 i 个网格，其利用方式是 j 时的综合评价值；B_{isj} 为土地利用方式为 j 的第 i 个网格的第 s 个生态因子对该利用方式（或类型）的适宜度评价值（简称单因子 s 的评价值）。

（2）算术平均值表达式

$$B_{ij} = \frac{1}{n} B_{isj} \tag{9-2}$$

（3）加权平均值表达式

$$B_{ij} = \sum_{s=1}^{n} W_s B_{isj} \Big/ \sum_{s=1}^{n} W_s \tag{9-3}$$

式中，W_s 为第 s 个生态因子的权值。

5）生态适宜度综合评价标准

（1）制定标准的依据

①单因子生态适宜度评价标准；②生态规划区生态适宜度综合评价值；③该市经济、社会发展规划；④该市总体规划。

（2）制定标准的基本方法

制定标准的方法很多，这里介绍一种常用的比较简单的方法。

假设筛选出对工业用地适宜度有影响作用的生态因子共 5 个，用 A，B，C，D，E 表示。

其单因子生态适宜度分级标准如表 9-1。

表 9-1　单因子生态适宜度分级标准

适宜度等级	单因子评价值				
	因子 *A*	因子 *B*	因子 *C*	因子 *D*	因子 *E*
很适宜	9	9	9	9	9
适宜	7	7	7	7	7
基本适宜	5	5	5	5	5
基本不适宜	3	3	3	3	3
不适宜	1	1	1	1	1

其权重分别是 A 为 0.50，B 为 0.20，C 为 0.15，D 为 0.10，E 为 0.05。

由单因子评价值合成综合评价值时采用加权平均值模型

$$B_{ij} = \sum_{s=1}^{n} W_s B_{isj} \Big/ \sum_{s=1}^{n} W_s \tag{9-4}$$

式中，$\sum_{s=1}^{n} W_s = 1.0$。

从以上分析得知综合生态适宜度每一级都和一个评价值区间相对应，所以寻找各区间端点或上下界便成了判断综合生态适宜度分级标准的关键。各级界限选择情况示例如表 9-2。

表 9-2　生态适宜度分级界限

状态描述	*ABCDE* 均很适宜	*ABDE* 均很适宜，*C* 适宜	*ABCDE* 均适宜	*ABCDE* 均基本适宜	*ABCDE* 均基本不适宜	*ABCDE* 均不适宜
单因子评价值	$A=B=C$ $D=E=9$	$A=B=D=$ $E=9$；$C=7$	$A=B=C=$ $D=E=7$	$A=B=C=$ $D=E=5$	$A=B=C=$ $D=E=3$	$A=B=C=$ $D=E=1$
综合评价值	9	8.7	7	5	3	1
分级结果	很适宜的上界	适宜的上界	基本适宜的上界	基本不适宜的上界	不适宜的上界	不适宜的下界

其中界限的选择方法可根据实际情况灵活掌握，比如适宜的上界可定为 A，B，C 很适宜，D，E 适宜，等等。

2. 生态环境综合评价

生态环境综合评价是从生态学角度出发，根据区域自然资源与环境性能，对区域的生态现状及动态趋势进行综合评价，得出区域生态环境状况等级及变化幅度，确定区域开发的生态制约因素，从而寻求最佳的土地利用方式和合理的规划方案。

根据中华人民共和国环境保护部 2006 年颁布的《生态环境状况评价技术规范(试行)》，生态环境状况评价指标包括生物丰度、植被覆盖、水网密度、土地退化、环境质量等指数。生态适宜性分析评价指标及计算方法如下。

1) 生物丰度指数的权重及计算方法

(1) 权重。生物丰度指数分权重见表 9-3。

表 9-3 生物丰度指数分权重

项目	林地			草地			水域湿地			耕地		建筑用地			未利用地			
权重	0.35			0.21			0.28			0.11		0.04			0.01			
结构类型	有林地	灌木林地	疏林地和其他林地	高覆盖度草地	中覆盖度草地	低覆盖度草地	河流	湖泊	滩涂湿地	水田	旱地	城镇建设用地	农村居民点	其他建设用地	沙地	盐碱地	裸土地	裸岩石砾
分权重	0.6	0.25	0.15	0.6	0.3	0.1	0.1	0.3	0.6	0.6	0.4	0.3	0.4	0.3	0.2	0.3	0.3	0.2

(2) 计算方法如式(9-5)。

生物丰度指数 $=A_{bio}\times$(0.35×林地面积+0.21×草地面积+0.28×水域湿地面积+0.11×耕地面积+0.04×建设用地面积+0.01×未利用地面积)/区域面积 (9-5)

式中,A_{bio}为生物丰度指数的归一化系数。

2) 植被覆盖指数的权重及计算方法

(1) 权重。植被覆盖指数的分权重见表 9-4。

表 9-4 植被覆盖指数分权重

项目	林地			草地			耕地		建筑用地			未利用地			
权重	0.38			0.34			0.19		0.07			0.02			
结构类型	有林地	灌木林地	疏林地和林地	高覆盖度草地	中覆盖度草地	低覆盖度草地	水田	旱地	城镇建设用地	农村居民点	其他建设用地	沙地	盐碱地	裸土地	裸岩石砾
分权重	0.6	0.25	0.15	0.6	0.3	0.1	0.7	0.3	0.3	0.4	0.3	0.2	0.3	0.3	0.2

(2) 计算方法如式(9-6)。

植被覆盖指数 $=A_{veg}\times$(0.38×林地面积+0.34×草地面积+0.19×耕地面积+0.07×建设用地面积+0.02×未利用地面积)/区域面积 (9-6)

式中,A_{veg}为植被覆盖指数的归一化系数。

3) 水网密度指数计算方法式(9-7)

水网密度指数 $=A_{riv}\times$河流长度/区域面积$+A_{lak}\times$湖库(近海)面积/区域面积$+A_{res}\times$水资源量/区域面积 (9-7)

式中,A_{riv}为河流长度的归一化系数,A_{lak}为湖库面积的归一化系数,A_{res}为水资源量的归一化系数。

4) 土地退化指数的权重及计算方法

(1) 权重。土地退化指数分权重见表 9-5。

表 9-5 土地退化指数分权重

土地退化类型	轻度侵蚀	中度侵蚀	重度侵蚀
权 重	0.05	0.25	0.7

(2) 计算方法如式(9-8)。

$$土地退化指数 = A_{ero} \times (0.05 \times 轻度侵蚀面积 + 0.25 \times 中度侵蚀面积 + 0.7 \times 重度侵蚀面积) / 区域面积 \tag{9-8}$$

式中，A_{ero} 为土地退化指数的归一化系数。

5) 环境质量指数的权重及计算方法

(1) 权重。环境质量指数的分权重见表 9-6。

表 9-6 环境质量指数分权重

类 型	二氧化硫(SO_2)	化学需氧量(COD)	固体废物
权 重	0.4	0.4	0.2

(2) 计算方法如式(9-9)。

$$环境质量指数 = 0.4 \times (100 - A_{SO_2} \times SO_2 排放量 / 区域面积) + 0.4 \times (100 - A_{COD} \times COD 排放量 / 区域年均降雨量) + 0.2 \times (100 - A_{sol} \times 固体废物排放量 / 区域面积) \tag{9-9}$$

式中，A_{SO_2} 为 SO_2 的归一化系数，A_{COD} 为 COD 的归一化系数，A_{sol} 为固体废物的归一化系数。

6) 生态环境状况指数(Ecological Index，EI)计算方法

(1) 权重。各项评价指标权重见表 9-7。

表 9-7 各项评价指标权重

指标	生物丰度指数	植被覆盖指数	水网密度指数	土地退化指数	环境质量指数
权重	0.25	0.2	0.2	0.2	0.15

(2) EI 计算方法如式(9-10)。

$$EI = 0.25 \times 生物丰度指数 + 0.2 \times 植被覆盖指数 + 0.2 \times 水网密度指数 + 0.2 \times 土地退化指数 + 0.15 \times 环境质量指数 \tag{9-10}$$

7) 生态环境状况分级

根据生态环境状况指数，将生态环境分为五级，即优、良、一般、较差和差，见表 9-8。

表 9-8 生态环境状况分级

级别	优	良	一般	较差	差
指数	$EI \geqslant 75$	$55 \leqslant EI < 75$	$35 \leqslant EI < 55$	$20 \leqslant EI < 35$	$EI < 20$
状态	植被覆盖度高，生物多样性丰富，生态系统稳定，最适合人类生存	植被覆盖度较高，生物多样性较丰富，基本适合人类生存	植被覆盖度中等，生物多样性一般，较适合人类生存，有不适人类生存的制约性因子出现	植被覆盖较差，严重干旱少雨，物种较少，存在着明显限制人类生存的因素	条件较恶劣，人类生存环境恶劣

8) 生态环境状况变化幅度分级

生态环境状况变化幅度分为四级，即无明显变化、略有变化(好或差)、明显变化(好或

差)、显著变化(好或差),见表 9-9。

表 9-9　生态环境状况变化度分级

级别	无明显变化	略有变化	明显变化	显著变化
变化值	$\lvert\Delta EI\rvert \leqslant 2$	$2 < \lvert\Delta EI\rvert \leqslant 5$	$5 < \lvert\Delta EI\rvert \leqslant 10$	$\lvert\Delta EI\rvert > 10$
描述	生态环境状况无明显变化	$2 < \Delta EI \leqslant 5$,生态环境状况略微变好;$-2 \geqslant \Delta EI \geqslant -5$,生态环境状况略微变差	$5 < \Delta EI \leqslant 10$,则生态环境状况明显变好;$-5 > \Delta EI \geqslant -10$,生态环境状况明显变差	$\Delta EI > 10$,则生态环境状况显著变好;$\Delta EI < -10$,生态环境状况显著变差

3. 生态敏感性分析

生态敏感性是指生态系统对人类活动反应的敏感程度,用来反映产生生态失衡与生态环境问题的可能性大小。在生态规划过程中,可以以此确定生态环境影响最敏感的地区和最具有保护价值的地区,为生态功能区划提供依据。

根据中华人民共和国环境保护部发布的《生态功能区划技术暂行规程》。生态敏感性分析的要求如下。

(1) 明确区域可能发生的主要生态环境问题类型与可能性大小。

(2) 根据主要生态环境问题的形成机制,分析生态环境敏感性的区域分布规律,明确特定生态环境问题可能发生的地区范围与可能程度。

(3) 首先针对特定生态问题进行评价,然后对多种生态问题的敏感性进行综合分析,明确区域生态环境敏感性的分布特征。

1) 生态敏感性分析的内容

生态敏感性分析可以应用定性与定量相结合的方法进行。敏感性一般分为 5 级,为极敏感、高度敏感、中度敏感、轻度敏感、不敏感。在分析中应利用遥感数据、地理信息系统技术及空间模拟等先进的方法与技术手段。具体分析方法如下。

(1) 土壤侵蚀敏感性:以通用土壤侵蚀方程(USLE)为基础,综合考虑降水、地貌、植被与土壤质地等因素,运用地理信息系统来评价土壤侵蚀敏感性及其空间分布特征。

(2) 沙漠化敏感性:用湿润指数、土壤质地及起沙风的天数等评价沙漠化敏感性程度。

(3) 盐渍化敏感性:土壤盐渍化敏感性是指旱地灌溉土壤发生盐渍化的可能性。根据地下水位划分敏感区域,再采用蒸发量、降雨量、地下水矿化度与地形等因素划分敏感性等级。

(4) 石漠化敏感性:根据是否喀斯特地貌、土层厚度以及植被覆盖度等进行评价。

(5) 酸雨敏感性:可根据区域的气候、土壤类型与母质、植被及土地利用方式等特征来综合评价区域的酸雨敏感性。相关内容见 4.4 节。

2) 城市生态敏感性分析

上面的分析多针对于大尺度的区域,多针对自然属性,如果是城市的生态敏感性分析,即小尺度的分析,则采取其他一些指标,如植被类型、地势高程、环境污染程度、人口等因素进行敏感性分析。城市生态敏感性分析的指标体系如表 9-10,在实际操作中采用哪些指标体系,需根据具体的城市情况和生态问题来选择确定。

表 9-10 城市生态敏感性分析指标体系

<table>
<tr><th>生态问题</th><th colspan="2">敏感性因子</th><th>极敏感</th><th>高度敏感</th><th>中度敏感</th><th>轻度敏感</th><th>不敏感</th></tr>
<tr><td rowspan="3">生态结构压力</td><td colspan="2">地表植被</td><td></td><td>荒草地、苇地</td><td>灌木林地、疏林地和萌生矮林</td><td>有林地</td><td>其他</td></tr>
<tr><td colspan="2">人口密度</td><td>1.6万人/km²</td><td>1.3万～1.6万人/km²</td><td>1万～1.3万人/km²</td><td>0.7万～1万人/km²</td><td>0.7万人/km²</td></tr>
<tr><td colspan="2">土地利用状况</td><td></td><td>生态绿地、水域</td><td></td><td>农用地</td><td>未利用地、建设用地</td></tr>
<tr><td rowspan="8">环境压力</td><td colspan="2">噪声</td><td>疗养区、高级别墅区、高级宾馆</td><td>居住、文教机关区</td><td>居住、商业、工业混杂区</td><td>工业区</td><td>城市交通干道、城市内河航道两侧</td></tr>
<tr><td rowspan="3">地表水</td><td>Ⅰ、Ⅱ、Ⅲ类水质</td><td>水域内至155m缓冲区</td><td>155～327m缓冲区</td><td>327～547m缓冲区</td><td>547～800m缓冲区</td><td>非缓冲区域</td></tr>
<tr><td>Ⅳ类水质</td><td></td><td>水域内至129m缓冲区</td><td>129～276m缓冲区</td><td>276～500m缓冲区</td><td>非缓冲区域</td></tr>
<tr><td>Ⅴ类水质</td><td></td><td></td><td>水域内至59m缓冲区</td><td>59～200m缓冲区</td><td>非缓冲区域</td></tr>
<tr><td rowspan="3">大气污染</td><td>一级</td><td>未污染区域</td><td>1.5～3km缓冲区</td><td>0.78～1.5km缓冲区</td><td>0.33～0.78km缓冲区</td><td>0.33km缓冲区</td></tr>
<tr><td>二级</td><td>未污染区域</td><td>0.52～1.5km缓冲区</td><td>0.23～0.52km缓冲区</td><td>0.23km缓冲区</td><td></td></tr>
<tr><td>三级</td><td>未污染区域</td><td>0.21～0.8km缓冲区</td><td>0.21km缓冲区</td><td></td><td></td></tr>
<tr><td colspan="3">敏感性指数</td><td>9</td><td>7</td><td>5</td><td>3</td><td>1</td></tr>
</table>

9.3 生态规划的类型及主要生态规划

9.3.1 生态规划类型

生态规划按规划的空间尺度、规划对象、规划目的可以划分出多种类型。

按地理空间尺度可划分为：区域生态规划、景观生态规划、生物圈保护区建设规划。

按地理环境和生物生存环境划分为：海洋生态规划、淡水生态规划、草原生态规划、森林生态规划、土壤生态规划、城市生态规划、农村生态规划等。

按社会科学门类划分为：经济生态规划、人类生态规划、民族生态规划等。

按环境性质上划分为：生态建设规划、污染综合防治规划、自然保护规划等。

按空间目标布置划分为：生态城市规划、生态示范区规划或生态区域规划等。

尽管生态规划有多种分法，都可以按规划的范围和层次将其分为国家规划、区域规划和部门规划，按照宏观和微观分为区域规划和专项规划，国家规划和区域规划对地区规划和专项规划具有指导意义。而后者是前者的基础和组成。

9.3.2 主要生态规划

目前，我国的生态规划主要有生态保护和建设规划、生态示范区建设规划（生态省、市、县建设规划)、自然保护区建设规划、生物圈保护区、生态功能区建设规划、景观生态规划等。如"全国生态环境保护'十五'计划"、"全国生态环境建设规划"、"中国自然保护区发展规划纲要(1996—2010年)"、"国家级主要生态功能区建设规划"等国家级规划和各省市的生态保护及建设规划。

1. 生态城市建设规划

生态城市建设规划是以创建生态城市为目标的城市生态规划,是目前城市生态规划的核心和主要形式。

1) 生态城市的概念及其特征

生态城市这一崭新的城市概念和发展模式是在联合国教科文组织发起的"人与生物圈(MAB)计划"研究过程中提出的,之后,国际上生态城市研究蓬勃发展,至今已召开了5次生态城市国际会议。所谓的生态城市,简单地说,就是指符合生态规律、结构合理、功能高效和生态关系协调的城市。

目前,世界各国普遍接受了生态城市的思想,并用其指导城市环境管理。大多数国际化大城市都将生态城市作为自己的发展目标。

生态城市是一种理想的城市模式,它旨在建设一种"人和自然和谐"的理想环境,也就是说按生态学原理建立起一种自然、经济、社会协调发展,物质、能量、信息高效利用,生态良性循环的人类聚居地。因此它体现了一种广义的生态观,即自然—经济—社会复合生态观。生态城市具有鲜明的生态时代的特征。

(1) 和谐性

生态城市的和谐性包含两重意义:第一是反映在人与自然的关系上,自然与人共生,人回归自然、贴近自然,自然融于城市。第二也是更重要的,反映在人与人的关系上,生态城市在营造满足人类自身进化需求的环境时,充满人情味,文化气息浓郁,拥有强有力的互帮互助的群体,富有生机与活力。这种和谐性是生态城市的核心内容。

(2) 高效性

生态城市一改现代城市"高能耗"、"非循环"的运行机制,提高一切资源的利用效率,物尽其用、人尽其才、各施其能、各得其所,物资、能量得到多层次分级利用,废弃物循环再生,各行业、各部门之间的共生关系协调。

(3) 持续性

生态城市是以可持续发展思想为指导,合理配置资源,公平地满足今世后代在发展和环境方面的需要,不因眼前的利益而用"掠夺"的手段促进城市暂时的"繁荣",保证其发展的健康、持续、协调。

(4) 整体性

生态城市不是单单追求环境优美或自身的繁荣,而是兼顾社会、经济和环境三者的整体效益;不仅重视经济发展与生态环境协调,更注重对人类生活质量的提高,是在整体协调的新秩序下寻求发展。

(5) 全球性

生态城市是以人与人、人与自然和谐为价值取向的,就广义而言,要实现这一目标,就需要全球全人类的共同合作。"地球村"的概念就道出了当前世界不再孤立、分离的关系。因为我们只有一个地球,是地球村的主人,为保护人类生活的环境及其自身的生存发展，全球必须加强合作，共享技术与资源。全球性映射出生态城市是具有全人类意义的共同财富。

2）生态城市建设的内容和指标体系

（1）生态城市建设的内容

① 生态安全：向所有居民提供洁净的空气，安全可靠的水、食物、住房和就业机会，以及市政服务设施和减灾防灾措施的保障。

② 生态卫生：通过高效率、低成本的生态工程手段，对粪便、污水和垃圾进行处理和再生利用。

③ 生态产业代谢：促进产业的生态转型，强化资源的再利用、产品的生命周期设计、可更新能源的开发、生态高效的运输，在保护资源和环境的同时，满足居民的生活需求。

④ 生态景观的整合：通过对人工环境、开放空间（如公园、广场）、街道桥梁等连接点和自然要素（水路和城市轮廓线）的整合，在节约能源、资源，减少交通事故和空气污染的前提下，为所有居民提供便利的城市交通。同时，防止水环境恶化，减少热岛效应和对全球环境恶化的影响。

⑤ 生态意识培养：帮助人们认识其在与自然关系中所处的位置和应负的环境责任，尊重地方文化，诱导人们的消费行为，改变传统的消费方式，增强自我调节的能力，以维持城市生态系统的高质量运行。

（2）生态城市建设的指标体系

生态城市建设的内涵需要用指标体系来加以体现，生态城市建设指标体系不仅是生态城市内涵的具体化，而且是生态城市规划和建设成效的度量。

原中华人民共和国环境保护部总结3年推行生态城市建设的经验于2003年发布了《生态县、生态市、生态省建设指标体系（试行）》。又于2007年12月，发布了《生态县、生态市、生态省建设指标（修订稿）》。该指标体系分成3大块：即经济发展、环境保护和社会进步，这是由城市生态系统是一个经济-社会-环境复合系统的特性所决定的。生态市（含地级行政区）建设指标如下。

① 基本条件

a. 制订了《生态市建设规划》，并通过市人大审议、颁布实施。国家有关环境保护法律、法规、制度及地方颁布的各项环保规定、制度得到有效的贯彻执行。

b. 全市县级（含县级）以上政府（包括各类经济开发区）有独立的环保机构。环境保护工作纳入县（含县级市）党委、政府领导班子实绩考核内容，并建立相应的考核机制。

c. 完成上级政府下达的节能减排任务。三年内无较大环境事件，群众反映的各类环境问题得到有效解决。外来入侵物种对生态环境未造成明显影响。

d. 生态环境质量评价指数在全省名列前茅。

e. 全市80%的县（含县级市）达到国家生态县建设指标并获命名；中心城市通过国家环保模范城市考核并获命名。

② 建设指标

生态市（含地级行政区）建设指标见表9-11。

表 9-11 生态市(含地级行政区)建设指标

项目	序号	名 称	单 位	指 标	说明
经济发展	1	农民年人均纯收入 经济发达地区 经济欠发达地区	元/人	 ≥8000 ≥6000	约束性指标
	2	第三产业占 GDP 比例	%	≥40	参考性指标
	3	单位 GDP 能耗	吨标煤/万元	≤0.9	约束性指标
	4	单位工业增加值新鲜水耗 农业灌溉水有效利用系数	m^3/万元	≤20 ≥0.55	约束性指标
	5	应当实施强制性清洁生产企业通过验收的比例	%	100	约束性指标
生态环境保护	6	森林覆盖率 山区 丘陵区 平原地区 高寒区或草原区林草覆盖率	%	 ≥70 ≥40 ≥15 ≥85	约束性指标
	7	受保护地区占国土面积比例	%	≥17	约束性指标
	8	空气环境质量	—	达到功能区标准	约束性指标
	9	水环境质量 近岸海域水环境质量	—	达到功能区标准,且城市无劣Ⅴ类水体	约束性指标
	10	主要污染物排放强度 化学需氧量(COD) 二氧化硫(SO_2)	kg/万元 (GDP)	<4.0 <5.0 不超过国家总量控制指标	约束性指标
	11	集中式饮用水源水质达标率	%	100	约束性指标
	12	城市污水集中处理率 工业用水重复率	%	≥85 ≥80	约束性指标
	13	噪声环境质量	—	达到功能区标准	约束性指标
	14	城镇生活垃圾无害化处理率 工业固体废物处置利用率	%	≥90 ≥90 且无危险废物排放	约束性指标
	15	城镇人均公共绿地面积	m^2/人	≥11	约束性指标
	16	环境保护投资占 GDP 的比重	%	≥3.5	约束性指标
社会进步	17	城市化水平	%	≥55	参考性指标
	18	采暖地区集中供热普及率	%	≥65	参考性指标
	19	公众对环境的满意率	%	>90	参考性指标

从这些指标的考核中,我们可以看出,生态城市的要求是很高的,它是城市建设的最高水平,是城市发展最终所追求的方向。

3) 生态城市建设规划编制的主要内容

(1) 总论

说明规划任务的由来,规划编制的依据,宏观背景与现实基础,建设的目的、意义、规划范围、规划时限等。

(2) 现状分析与评价

收集规划区的自然和生态环境现状,社会、经济、文化现状资料,对经济、社会、环境现状及存在的重要问题进行分析评价。主要分析:①规划区域内各种资源的组合状况及对经济发展的影响;②对规划区域经济、生态、社会持续发展和进步的有利因素、制约因素(包括自然因素、社会因素、经济因素、技术因素和政策因素等)及相互关系;③存在的主要生态环境问题及其产生原因。

(3) 确定规划的指导思想与基本原则

(4) 确定规划目标

规划目标分为总体目标和建设指标,建设指标要根据中华人民共和国环境保护部发布的《生态县、生态市、生态省建设指标(修订稿)》(2007)和当地实际需要,分阶段分项列出具体的指标要求。

(5) 生态功能分区

生态功能分区要根据自然地理条件和社会经济条件,结合土地利用与行政区划现状,并考虑未来发展需要进行划分。确定每个功能区的面积、人口、所辖行政区域,功能区的基本特征、发展方向、建设目标等。

(6) 确定建设的重点领域和主要任务

生态市建设的主要任务,包括增强可持续发展能力,改善生态环境和明显提高资源利用效率三大方面。重点建设领域由生态经济、人居环境、生态环境和生态文化四部分组成:

生态经济建设的重点体现为以循环经济为特征的现代化经济体系;

人居环境建设的重点体现在社会稳定、生活环境的舒适性和适宜性;

生态环境建设与保护的重点包括资源可持续利用、生物多样性、重要生态功能区、生态安全、生态环境修复和环境质量等;

生态文化重点体现现代生态文化建设,从制度文化、认知文化、心智文化三方面,在单位(企业、学校等)、社区(乡镇)和社会三个层面上展开。

(7) 重点建设工程

根据生态县、生态市建设的总体目标、主要任务和建设步骤,确定若干项重点建设工程。并说明所处位置、建设内容、建设周期、投资概算、经费渠道和承担单位及主要负责人。

(8) 经费概算与效益分析

生态县、生态市是一个开放的自然—社会—经济复合生态系统,建设的目的是努力使经济发展、社会进步和生态环境良好三者之间良性互动,从而实现经济、环境和社会效益同步提高。因此对规划方案需进行三个效益的分析。

① 经济效益:可以从经济结构、产业布局、资源利用效率水平、生产发展水平、财政收入、各产业构成、人均 GDP、人均收入及相应增长率等分析。

② 生态效益:包括生态环境质量水平、人居环境的舒适性和适宜性、防御自然灾害能力等。

③ 社会效益:包括城乡结构、城镇布局是否合理,社会保障和贫富差距改善、科技进步和文化教育水平的提高,人民生活水平和素质提高,生态意识的增强等。

(9) 实施规划的保障措施

提出实现规划目标的组织、政策、技术、资金、管理等方面的具体措施。保证规划的顺利实施。

2. 自然保护区建设规划

1）自然保护区的概念

所谓自然保护区是指对有代表性的自然生态系统、珍稀濒危的野生的动植物物种的天然集中分布区、有特殊意义的自然遗迹等保护对象所在的陆地、湿地、水域或者海洋，依法划出一定面积予以特殊保护和管理的区域。

2）自然保护区的类型

由于建立目的、自身条件以及分类标准的不同，自然保护区类型的划分也多种多样。

在国际上，世界保护联盟在专文“保护区的类型、目标和标准”中论述了10种类型，即：科研保护区（scientific reserves）、国家公园（national parks）、自然遗迹（natural monuments）、自然保护区（nature conservation reserves）、资源保护区（resources reserves）、保护景观（protected landscapes）、人文保护区（anthropological reserves）、多功能保护区（multiple use management areas）、生物圈保护区（biosphere reserves）和世界遗产地（world heritage sites）。

在我国，根据主要保护对象，将自然保护区分为以下三个类别九个类型。

第一类别是自然生态系统类自然保护区，主要以具有一定代表性、典型性和完整性的生物群落和非生物环境共同组成的生态系统为保护对象。下分为森林、草原与草甸、荒漠、内陆湿地和水域、海洋和海岸生态系统类型自然保护区五种类型。

第二类别是野生生物类自然保护区，主要以野生生物物种，尤其是珍稀濒危物种种群及其自然生境为保护对象。下分为2个类型：①野生动物类型自然保护区，主要保护野生动物物种，特别是珍稀濒危动物和重要经济动物物种种群及其自然生境。②野生植物类型自然保护区，主要保护野生植物，特别是珍稀濒危植物和重要经济植物物种种群及其自然生境。

第三类别是自然遗迹类自然保护区，主要以特殊意义的地质遗迹和古生物遗迹等作为保护对象。下分为2个类型：①地质遗迹类型自然保护区，主要保护特殊地质构造、地质剖面、奇特地质景观、珍稀矿物、奇泉、瀑布、地质灾害遗迹等。②古生物遗迹类型自然保护区，主要保护古人类、古生物化石产地和活动遗迹等。

3）建立自然保护区的作用和意义

自然保护区对人类的生存发展以及保护生态环境具有深远的意义，其作用和价值，主要体现在以下几个方面。

（1）为人类提供生态系统的天然“本底”

各种生态系统是生物与非生物环境间长期相互作用的产物。现今世界上各种自然生态系统和各种自然地带的自然景观，很多都遭到人类的干扰和破坏。而在各种自然地带保留下来的、具有代表性的、被划为自然保护区加以保护的天然生态系统或景观地段，则是极为珍贵的自然界的原始“本底”。它们可以用来衡量人类活动对自然界影响的优劣，同时也对探讨某些地域自然生态系统的内在发展规律，以便为建立合理的、高效的人工生态系统提供启迪。

（2）各种生态系统以及生物物种的天然储存库

迄今为止，人类对生物物种的知识是极不完备的。尽管人类在利用先进科学技术不断发现和研究众多新的物种，发掘许多物种在工业、农业、医药以及军事等方面的用途，但与整个自然界的物种数量及其对人类的现实和潜在价值相比，被人类发现、研究、认识和利用的物种只是极少数和有限的。但是，由于人类活动造成的环境污染、生物物种的破坏和减少日益加剧，可能许多物种在人类未来得及发现和命名时就消失或濒于灭绝，其后果是难以想象和无法挽回的。自然保护区正是为人类保存了这些物种及其赖以生存的环境。特别是对一些濒危和珍稀的物种的继续生存和繁衍具有极为重要的意义。从此意义上说，自然保护区保存的物种资源和生态系统资源将是人类未来的财富和资源。

(3) 理想的科学研究基地和教学实习场所

自然保护区保持着完整的生态系统、丰富的物种、生物群落及其生存环境。这为进行生态学、生物学、环境科学及资源科学等学科的教学和研究工作提供了良好的基础，成为设立在大自然中的天然实验室。

(4) 向广大公民进行自然保护和环境教育的活的博物馆和讲坛

除少数绝对保护地域外，一般自然保护区都可以接纳一定数量的青少年、学生和旅游者到自然保护区来参观和游览。通过自然保护区的自然景观、展览馆及各种视听材料以及和精心设计的导游路线等，可使参观者极大提高环境意识和科学文化素质。

(5) 某些自然保护区可为旅游提供一定的场地

由于自然保护区通常都保存了完整的生态系统，具有优美的自然景观、珍贵的动植物或地质剖面、火山遗迹等，对旅游者具有很大的吸引力，特别是以保护自然风景为主要目的的自然保护区，更是游客向往之地。在不破坏自然保护区的条件下，划出一定范围，有限制地开展旅游事业，可使游客在旅游过程中不仅享受到自然界的美，而且也受到了一定的环境教育。这种把寓教育于其中的旅游事业已经在许多国家收到了可观的经济效益和社会效益。

(6) 在改善环境、维持生态平衡等方面发挥作用

在一些河流的源头、上游建立的保护区，在重要的公路、铁路的两侧建立的防风林或防沙林，是自然保护区的一种特殊类型。它们可以直接起到保护环境、维持生态平衡的作用。在一些生态系统比较脆弱的地区建立自然保护区，对于该地区的生态环境保护更具有重要的意义。

4) 自然保护区规划

自然保护区规划是指根据自然保护区的资源与环境条件、社会经济状况、保护对象以及保护工程建设的需要，制定有关自然保护区的总体发展方向、规模布局、保护措施的配置和制度等方面的规划。

(1) 自然保护区规划目标的确立

自然保护区的规划目标要显示出自然保护区在某一阶段的发展方向，以及将要达到的保护水平和标准，它体现了自然保护区发展的战略意图，也为自然保护区建设和管理提供了依据。从类型上分，自然保护区的规划目标可分为总体发展目标和建设、保护、科研、开发经营等具体发展目标；从时间上分，可分为近期目标、中期目标和远期目标，其年限也可与国民经济发展计划相结合。

(2) 自然保护区规划的原则

① 贯彻“全面规划、积极保护、科学管理、永续利用”的自然保护工作方针。

② 根据自然保护区功能分区的理论和原则，将自然保护区划分为核心区、缓冲区和实验区。

③ 自然保护区除以保护资源与环境为主要任务外，还必须把科研、监测、经营开发、教育和旅游等结合起来。

④ 自然保护区和发展要和当地经济的发展结合起来。

⑤ 要合理开发利用自然保护区内的资源，体现生态、经济、社会三个效益的统一。

(3) 自然保护区的规划内容

包括总体规划和部门规划两部分内容。

总体规划是在对自然保护区的资源和环境特点、社会经济条件、资源的保护与开发利用等综合调查分析的基础上制定的，其内容包括自然保护区的基本概况、总体发展方向、发展规模和要达到的目标，自然保护区的类型、结构与布局，制定自然保护区的资源管理、资源保护、科学研究、宣传教育、经营开发、行政管理等方面的行动计划与措施。在总体规划中要协调各部分发展的比例和建设标准等，并要进行自然保护区建设与管理的总投资和总效益分析，制订实施规划的措施与步骤。

部门规划是在自然保护区总体规划基础上，对一些重点内容进行的深化和具体化。其内容主要包括：功能区规划、土地利用规划、保护工程规划、法制建设规划、科研规划、经营开发规划、行政管理规划、投资与效益规划，以及各部门所管辖的具体业务活动规划，如基建、旅游工程、工程人员编制、财务管理等规划。

(4) 自然保护区的功能分区及其建设和管理

在我国，为了对自然保护区进行建设和管理，将自然保护区划分为三个功能区：核心区、缓冲区和实验区。

① 核心区

核心区是自然保护区内最重要的区域，是未受人类干扰或仅受最低限度干扰的、具有典型性的代表性、原生性生态系统保存最好的地方以及珍稀动植物的集中分布地。该区具有丰富的遗传种子资源或具有科学意义的独特自然景观。因此，在核心区内一般禁止任何人类活动或只允许进行经批准的科学研究活动。核心区的主要任务是保护生态系统尽量不受人为干扰，使其在自然状态下进行更新和繁衍，保持其生物多样性，成为所在地区的一个遗传基因库。

② 缓冲区

缓冲区一般位于核心区的外围，可以包括一部分原生性的生态系统和由演替类型所占据的次生生态系统，也可包括一些人工生态系统。缓冲区一方面可以防止核心区受到外界的影响和破坏，起到一定的缓冲作用；另一方面，可以在不破坏其群落环境的前提下，开展某些试验性或生产性的科学试验研究，如开展植被演替和合理采伐的更新试验、群落多层次多种经营试验、珍稀动植物的人工繁衍、种群复壮试验等。在缓冲区内可从事教学实习、参观考察和标本采集等不影响核心区保护的活动，但禁止狩猎和经营性的采伐活动，一般也不开展旅游活动。如在特殊地段开展旅游活动，必须设有固定的导游路线和指示路标，防止游客误入核心区。

③ 实验区

实验区位于缓冲区的外围，包括部分原生或次生生态系统、人工生态系统、荒山荒地等，也包括传统利用区和受破坏的生态系统的恢复区，它的地域范围一般比较大。在自然保护区管理机构的统一规划下，实验区可进行植物引种、栽培和动物饲养、驯化、招引等试验；可根据本地资源情况和实际需要经营部分短期能有收益的农林牧副渔业的生产；可建立有助于当地所属自然景观带的植被恢复的人工生态系统。在旅游资源比较丰富的自然保护区，可在实验区内可以划出一定区域开展旅游活动，增加保护区的收入。在把自然保护区建设成为具有保护、研究、监测、示范、教育以及持续发展等多功能的开放式系统中，实验区发挥着重要的作用。

9.4 城市生态规划案例分析

2006年，中华人民共和国环境保护部发布了《全国生态保护"十一五"规划》，把加强生态保护和建设作为实施可持续发展战略、构建和谐社会的重要内容。2007年，中华人民共和国环境保护部发布了《生态县、生态市、生态省建设指标(修订稿)》。据此，四川各地相继开展生态省、生态市、生态县创建工作，编制生态省、生态市、生态县(区)建设规划正是城市生态规划理论与方法的具体应用。

成都市龙泉驿区地处成都平原东部，成都主城区对接成渝经济带的东门户，是中国西部国际汽车城、成都东部副中心城区，作为成都市的工业基地，龙泉驿区在全省县级经济综合考评中连续保持在全省十强县(区)行列。成都市龙泉驿生态区建设规划编制的目的旨在通过环境保护和建设规划，建立起生态安全格局，维持和恢复区域生态格局的连续性和完整性，最终实现区域性经济效益、社会效益、生态效益的可持续发展和高度统一。

9.4.1 成都市龙泉驿区生态环境现状

1. 自然环境

龙泉驿区属成都市管辖的十九个区(市)县之一，地处成都平原东部偏南。境内地貌低山、浅丘、平坝兼有，其中平原面积占55.7%，浅丘占1.96%，低山占38.55%。这里属亚热带湿润季风气候区，植被丰富，林果业及农业观光旅游发达。

2. 社会、经济环境

龙泉驿区共辖12个乡镇、街办。截至2007年末，全区户籍人口57.24万人，城市化水平为44.9%。全区GDP达到141.60亿元，比上年增长17.5%，一、二、三产业比例关系15.2∶50.0∶34.8。城市居民人均可支配收入13020元，农民人均纯收入6124元。

3. 生态现状

龙泉驿区境内地形复杂、山地坡陡、土层浅薄，是成都市水土流失较严重的地区。全区中强度水土流失面积164.8km^2。主要森林植被类型为天然次生柏木、马尾松、青㭎林和人工栽培的桤柏混交林、林农间作的经济林，森林覆盖率为37.4%。

龙泉驿区现有的集中式饮用水水源保护地有东风渠、宝狮湖、玉带湖、大田坝水库、大石山湾塘、洛带镇金龙湖、大坝水库、龙泉湖共8处。2007年集中式饮用水源水质达标率为99.86%，村镇饮用水卫生合格率为74.4%。

4. 环境质量

(1) 水环境现状

龙泉驿区芦溪河、陡沟河、秀水河、西江河河流出境断面水质受点污染源以及非点污染源的影响，河流水质不能达到国家《地表水环境质量标准》(GB 3838—2002)Ⅲ类水域标准。水环境污染呈现有机污染特征，与社会生活污水污染关联密切，说明龙泉驿区的水污染主要以生活污染为主。

(2) 空气环境质量现状

根据龙泉驿区环境监测站2007年度对全区的大气监测结果统计表明，全区空气环境质量均能达到国家《环境空气质量标准》(GB 3095—1996)二级标准，大气环境质量良好。

(3) 噪声环境质量现状

据龙泉驿区环境监测站2007年度噪声监测统计表明，各功能区声环境测点的等效声级都能够达到国家《城市区域环境噪声标准》(GB 3096—1993)相应标准要求。

(4) 主要污染源

① 工业污染源

2007年龙泉驿全区环境统计重点工业污染源共103家。单位工业增加值新鲜水耗为11.01m^3/万元，工业用水重复率为63%，工业企业污染物排放稳定达标率为90%，工业固废处理利用率为99.78%。

② 农业污染源

全区农用化肥施用强度(折纯)为230kg/hm^2；农用地膜使用数量300t，回收率约90%；主要农产品农药残留合格率约88%。全区的14家规模化畜禽养殖场均建有沼气池，通过沼气的方式对畜禽粪便进行综合利用，产生的沼渣及废水用来施肥和灌溉，规模化畜禽养殖场粪便综合利用率为90%。

③ 城镇生活污染源

2007年，龙泉驿区城镇生活污水产生量为45330t/d。目前龙泉驿区除了龙泉街办外，其余11个街办、乡镇没有统一的生活污水管网规划。全区目前仅有一座成龙水质净化厂(日处理规模2万t/d)，城镇污水集中处理率仅为62.2%。

2007年，龙泉驿区城镇生活垃圾产生量为109t/d。城镇生活垃圾统一送往成都市固体废弃物卫生处置场集中处理，城镇生活垃圾无害化处理率保持在100%。

5. 生态环境综合评价

根据我国《生态环境状况评价技术规范(试行)》和9.2.2节第2部分介绍的方法，计算得到龙泉驿区生态环境质量指数为59.25，因此，龙泉驿区的生态环境质量等级为良。表明龙泉驿区植被覆盖度较高，生物多样性较丰富，适合人类生存，生态环境质量较好。

9.4.2 生态区建设的目标分析

1. 生态区建设的目标

计划用6～7年时间，使龙泉驿区建成完善的环境基础设施，监督管理能力进一步得到加强，农村面源污染得到有效控制，生态环境恶化趋势得到遏制，环境质量功能区达标并有所改善，生态功能保护区的生态功能恢复，初步形成以生态产业为主体的生态经济框架，达到生态区标准要求并通过验收。成为“绿色生态新区”，逐步实现资源、环境与经济社会协调发展。

龙泉驿生态区建设各项评价指标达标状况见表9-12。

表 9-12　龙泉驿生态区建设指标一览表

项目	序号	名称	单位	2007 年现状	2013 年计划	2014 年计划	考核指标
经济发展	1	农民年人均纯收入	元/人	6124	10000	11000	≥6000
	2	城镇居民年人均可支配收入	元/人	13020	20000	21500	—
	3	单位 GDP 能耗	吨标煤/万元	1.22	0.90	0.88	≤0.9
	4	单位工业增加值新鲜水耗	m^3/万元	11.01	10	9.5	≤20
	5	农业灌溉水有效利用系数		0.60	0.64	0.65	≥0.55
	6	主要农产品中有机、绿色及无公害产品种植面积的比重	%	60	70	72	≥60
生态环境保护	7	空气环境质量		达到功能区标准	达到功能区标准	达到功能区标准	达到功能区标准
	8	水环境质量		未达到功能区标准	达到功能区标准	达到功能区标准	
	9	噪声环境质量		达到功能区标准	达到功能区标准	达到功能区标准	
	10	化学需氧量(COD)排放强度	kg/万元(GDP)	3.2	2.9	2.8	<3.5 且不超过国家总量控制指标
	11	二氧化硫(SO_2)排放强度	kg/万元(GDP)	4.3	3.9	3.8	<4.5 且不超过国家总量控制指标
	12	工业企业污染物排放稳定达标率	%	90	94	95	—
	13	城镇污水集中处理率	%	62.2	87	90	≥80
	14	工业用水重复率	%	63	82	85	≥80
	15	城镇生活垃圾无害化处理率	%	100	100	100	≥90
	16	工业固体废物处置利用率	%	99.78	100	100	≥90 且无危险废物排放
	17	森林覆盖率平原地区	%	37.4	45	47	≥18
	18	受保护地区占国土面积比例(平原地区)	%	10	14	15	≥15

续表

项目	序号	名称	单位	2007年现状	2013年计划	2014年计划	考核指标
生态环境保护	19	城市人均公共绿地面积 集镇人均公共绿地面积	m^2	15.69 9	18 11	19 12	≥12
	20	适宜农户沼气普及率	%	54	59	60	—
	21	农村生活用能中清洁能源所占比例	%	55	60	61	—
	22	农村生活用能中新能源所占比例	%	50	57	60	≥50
	23	秸秆综合利用率	%	95	97	98	≥95
	24	农用塑料薄膜回收率	%	90	95	96	—
	25	规模化畜禽养殖场粪便综合利用率	%	90	95	96	≥95
	26	化肥施用强度(折纯)	kg/hm^2	230	215	210	<250
	27	集中式饮用水源水质达标率	%	99.86	100	100	100
	28	村镇饮用水卫生合格率	%	74.4	99	100	100
	29	农村卫生厕所普及率	%	90	95	96	≥95
	30	应当实施强制性清洁生产企业通过的验收比例	%	100	100	100	—
	31	环境保护投资占GDP的比重	%	2.72	4.6	5.0	≥3.5
社会进步	32	人口自然增长率	‰	0.03	0.02	0.01	符合国家或当地政策
	33	城市化水平	%	44.9	48.5	49	—
	34	公众对环境的满意率	%	96	97	98	>95

2. 差距和问题分析

龙泉驿区是成都市东部的门户，是成都市向东向南发展战略的主体区域，地理位置优越。依托成都国家级经济技术开发区的主导产业集群和配套产业群体的发展，经济实力雄厚，丰富的农林资源和经久不衰的农业观光旅游带来了勃勃生机。也为生态区的建设创造了良好条件。但是，由于产业布局不尽合理，水资源相对匮乏和环保基础设施建设的滞后也给生态区的创建提出了严峻的挑战。

从指标分析来看，差距较小指标有城镇污水集中处理率和规模化畜禽养殖场粪便综合利用率；差距较大指标有单位GDP能耗、受保护地区占国土面积比例、水环境质量等，短时期得到提高困难很大。

9.4.3　生态区建设的生态功能区划

龙泉驿区可划分为三个生态功能区：龙泉山低山丘陵农林土壤保持、水源涵养生态功能区；平原都市农业经济生态功能区；城镇与新型工业生产生态功能区。

（1）龙泉山低山丘陵农林土壤保持、水源涵养生态功能区

该区位于龙泉驿区东部及南部，主要包括龙泉山区、水库水源涵养地、水源保护地及南部丘陵各乡镇。区内生态环境系统具有一定的脆弱性，主要采用“土地生态利用”的模式，即以生态水土保持保护和林业景观利用为主，并与农牧协调利用相结合。

（2）平原都市农业经济生态功能区

该区处于龙泉山以西、成渝高速公路以北的波状平原区，区内交通发达，各项基础设施均较完善，为经济相对发达地区。目前该区主要经济活动为工业和种植农业，以“明蜀王陵”、“洛带千年古镇”为首的旅游业也有很大市场。

（3）城镇与新型工业生产生态功能区

该区以国家级经济技术开发区为中心，包括龙泉街办、大面街办、柏合镇的部分地区，该区交通发达，基础设施条件好，集中了龙泉驿区大多数的高新技术产业，布局比较合理，商业及服务业较发达，近年来各项事业发展迅速。

9.4.4　龙泉驿生态区建设的主要领域和重点任务

1. 以循环经济为核心的生态产业体系建设

（1）发展生态农业

加快农业产业化进程，推动现代农业发展；以黄土生态农业科技示范园为重点，积极发展生态农业；建设农业特色产业带；建立“养殖—沼气—沃土—种植”生态循环经济模式。

（2）发展生态工业

以经济技术开发区为依托，做大做强“一主二优”的优势产业集群，建设全国一流的经济技术开发区；落实节能减排的战略部署，建设生态工业园区；发展以汽车产业为核心的循环经济，推行清洁生产。

（3）发展生态服务业

加快重点生态旅游景区建设；全力打造观光休闲产业带；以成都文化产业示范园为重点，发展文化产业；以北部物流示范园为载体，发展现代物流业。

2. 自然资源与生态环境体系建设

（1）重点资源开发与保护

① 特色农业资源的开发和保护

重点对水蜜桃、枇杷、梨、葡萄等品牌产品进行有效的开发和保护。进一步加强无公害水果基地和优质早熟梨、水蜜桃、枇杷基地、良繁基地建设。

② 饮用水源保护

加强饮用水防治，建立水源区水质管理保护机制，加强水源保护区水环境监督性监测，制定科学合理的饮用水水源地环境保护规划以保障饮用水源的水质安全。

③ 水资源开发利用的生态环境保护

④ 保护天然林资源

⑤ 保护、开发、维持和发展森林生态系统

⑥ 保护野生动物资源

(2) 环境污染治理

① 水污染防治

加快城镇污水管网建设,加快龙泉驿区城区雨污分流;加快平安、西河、陡沟河、芦溪河等污水处理厂建设,使城镇生活污水集中处理率在2014年达到90%;进行河道综合整治工程,到2014年,水环境质量能够稳定达到国家Ⅲ类水质标准。

② 加强大气环境治理力度

加大能源结构调整力度,在城区全面普及清洁能源,提高工业企业使用清洁能源的比例,实行工业向园区集中。到2014年,大气环境质量达到国家二级标准。

③ 综合整治声环境,营造城乡居民舒适的生活环境

④ 固体废弃物处置

规划在洛带镇的成都市固体废弃物卫生处置场周边建设焚烧发电厂、危废焚烧厂、餐饮垃圾处理厂、粪便处理厂、污泥处理设施等。

(3) 自然生态保护与建设

① 响应成都"198"生态绿化圈规划,"扇叶"筑起大成都绿色生态圈

成都"198"生态绿化圈规划是在三环路以外、外环路以内呈环状带的区域内,规划形成145km^2的生态绿地,同时对外环路外侧500m范围展开全面植绿和景观改造。龙泉驿区将建设涉及十陵街办、大面街办的外环路外侧的500m生态绿化带。

② 加强对受保护地区的建设和管理

对全区集中式饮用水源进行调查和划定;划定生态功能保护区;打造龙泉山国家级森林公园和十陵森林公园,发展以山水、花果为特色的休闲型观光旅游业。

③ 加强生物多样性保护和研究

④ 加强生态体系建设,构建立体生态格局

⑤ 生态环境预防监测体系建设和保护管理信息系统建设工程

(4) 农村和农业生态环境保护与建设

① 加强农村环境建设,推进新农村建设示范点工作

加快乡村道路改造,推动公交普及化。加快天然气专用输送管道建设,提高村镇天然气普及率。加快启动新型社区建设,配套完善基础设施。加大农村环境整治,加快"三改两建一配套"工程建设。到2014年,农村卫生厕所普及率达到96%。

② 积极开展环境优美乡镇和生态文明村的创建活动

在2013年之前,龙泉驿区12个街办、镇(乡)都将完成全国环境优美乡镇的创建工作并通过验收。到2010年建成30个生态小康新村,2万户庭院生态户,初步形成和谐的社会主义新农村。

③ 农村能源建设

按照村镇建设规划,加快推广"一池三改"工作。推广猪-沼-气模式,进一步扩大农村户用沼气规模。推广秸秆过腹还田、人畜粪便发酵产沼还田技术和农作物秸秆气化技术,提高能源自给能力。到2014年,农村生活用能中以沼气为代表的新能源使用比例达到60%。

④ 搞好农村饮水安全工程,加强农田水利设施综合整治改造

实施农村饮用水安全工程,建设并完善水源地环境保护的硬件设施,防止水源受到污染,完善污染预防措施。

⑤ 畜禽养殖业和农业面源污染控制

在畜禽养殖业方面,实行"养殖—沼气—沃土—种植"生态循环经济模式;完善规模化养殖场污水和粪便的污染防治设施。在种植业方面,结合有机、绿色、无公害基地的建设。

3. 生态人居体系建设

(1) 优化城镇功能区布局与景观结构建设

优化整合发展空间,完善都市新区城镇发展体系,加强城市基础设施建设,努力构建"一主两重三片多点"城镇发展新格局;"两湖一山"旅游开发格局,将龙泉驿区建设成为富有地域特色、独具山水园林魅力、面向休闲旅游的生态型园林新城。

(2) 城镇环境保护基础设施建设与环境综合整治

完成平安、西河、芦溪河、陡沟河等污水处理厂及配套管网工程;扩大成都市固体废弃物卫生处置场集中处理规模;建设多个环卫专用停车场。

(3) 创建环境优美乡镇

(4) 绿色社区、生态村建设

(5) 公共基础、服务设施建设

4. 生态文化体系建设

(1) 倡导绿色生产和绿色消费

制定企业发展导向指南,鼓励企业进行绿色技术创新;大力推行清洁生产和ISO 14001环境管理体系认证,建立完善企业绿色管理考核制度,以企业为主体推进绿色生产;建立无公害蔬菜生产基地,生产安全、绿色、无公害食品。

提倡绿色文明生活方式和消费观念,引导消费观念向节约资源、减少污染、环保选购、重复使用转变。

(2) 生态环境保护知识普及与教育

加强全民生态教育,普及生态保护知识;创建绿色学校,提高公众的参与能力。

5. 能力保障体系建设

包括科技支撑能力建设;环境安全预测、预警、预报系统建设;环境管理能力保障;环境意识形态保障;完善可持续发展的科学、民主决策机制。

9.4.5 龙泉驿生态区建设的重点项目

根据龙泉驿生态区建设的总体目标、主要任务和建设步骤,计划在生态产业、自然资源与生态环境、生态人居、生态文化和能力保障体系五大主要建设领域,集中力量组织实施一批重点建设项目,共计74个项目,总投资约67亿元。

1. 生态产业体系建设重点项目

以循环经济为核心的生态产业体系包括生态农业、生态工业及生态服务业的建设,共3个产业的21个子项目,投资概算312750万元。

2. 自然资源与生态环境体系建设

包括水保工程、饮用水源保护区保护工程、退耕还林和天然林资源保护工程、污水处理厂建设、河道综合整治、河流生态廊道建设等重点建设项目，共计 26 个子项目，预计总投资 200949 万元。

3. 生态人居体系建设重点工程

包括园林绿地系统建设、重要城镇景观建设、基础设施、服务设施建设、环保基础设施建设、生态小康新农村及环境优美乡镇创建及生态小区工程 15 个子项目，投资合计 153060 万元。

4. 生态文化体系建设重点工程

包括生态教育体系建设工程、文化设施建设与保护工程、文化网络体系建设工程 6 个子项目，投资合计 1480 万元。

5. 能力保障体系建设

包括环保系统自身能力、环境监测能力、生态环境事故应急系统、环境质量自动监测系统及工业污染源监控系统的建设，共 6 个子项目，投资概算 2050 万元。

9.4.6 龙泉驿生态区建设目标的可达性分析

在生态区建设的 33 个考核指标中，已达标指标共 27 个。随着龙泉驿区经济、社会和资源环境协调发展，已达标指标均能在保持现有水平的基础上往好的方向发展。

通过龙泉驿区能源结构的继续调整，淘汰落后生产能力，禁止在区内新建不符合国家产业政策的生产项目，并逐步用经济手段促进企业节能降耗，使得全区单位 GDP 能耗到 2013 年降至 0.90t 标煤/万元，能够达到国家级生态区建设指标要求。通过城区雨污分流管网建设、城镇污水处理厂建设以及重点河流水质综合整治，使地表水环境质量得到有效改善，2013 年龙泉驿区地表水环境质量稳定达到三类水质要求的目标可行。龙泉驿区通过划定饮用水源保护区、加快省级花果山风景名胜区和龙泉湖风景名胜区的规划建设和保护，加强十陵森林公园和龙泉山森林公园建设的投入力度，到 2014 年，受保护地区的比例将提高到 15%，村镇饮用水卫生合格率达到 100%，达到考核指标要求。

9.4.7 龙泉驿生态区建设的效益分析与评价

1. 投资经费

龙泉驿生态区建设涉及生态产业体系建设、自然资源与生态环境体系建设、生态人居体系建设、生态文化体系建设及能力保障体系建设等重点领域，共计 74 个项目，总投资约 67 亿元。

2. 效益分析

(1) 经济效益：经济健康快速发展；产业结构不断优化；循环经济促进经济发展；促进环保产业的发展。

(2) 生态环境效益：生态环境明显改善，人居环境质量大大提高；城乡污染得到控制；能源消耗降低，环境污染治理能力有所提高；发展与保护不断协调。

(3) 社会效益：全民生态素养逐步提高，生态意识不断增强；人民生活质量得到提高；社会环境日趋和谐；提升城市品位，增强社会凝聚力。

9.4.8　规划实施的保障措施

包括法制保障；组织保障；资金保障；技术保障；社会保障等。

复习与思考

1. 什么是生态规划？生态规划要遵循哪些原则？
2. 试述生态规划的程序和主要内容。
3. 简述生态适宜度分析的方法。
4. 简述生态环境综合评价的方法。
5. 简述生态敏感性分析的方法。
6. 什么是生态城市？生态城市有哪些特征？
7. 试述生态城市建设的内容和指标体系。
8. 试述生态城市建设规划编制的主要内容。
9. 什么是自然保护区？我国的自然保护区有哪些类型？
10. 为什么要建立自然保护区？
11. 什么是自然保护区规划？自然保护区规划应遵循哪些原则？
12. 简述自然保护区的规划内容。
13. 以成都市龙泉驿区生态建设规划为例，分析城市生态规划编制的主要内容。

第3篇

环境管理

第10章 区域环境管理

所谓区域，其面积必须有一定的大小，同时还必须有相对独立的区域自然环境。相对于全球而言，一个国家或一个地区就是一个区域。相对于国家而言，一个省，一个市，一个流域等也是一个区域。相对于一个市而言，一个乡镇也是一个区域。环境管理，无论其基本理论和方法，还是管理的目标、政策和行动，都必须落实到一定的区域上才能发挥作用，环境管理必须关注人类行为对其作用到的区域环境所造成的影响和所受到的制约。

环境管理根据环境社会系统中物质流动的方向和次序，可划分为资源环境管理、产业环境管理、废弃物环境管理和区域环境管理 4 大领域。区域环境是各种环境物质流的交流、汇通、融合、转换的场所，所以区域环境管理可以看作是前三类环境管理在某一个特定区域，如城市、农村区域的综合或集成，从而构成了环境管理的核心。因此，环境管理工作的重点和中心都在于区域环境管理。

为便于结合我国实际，掌握环境管理学的核心内容，本章着重介绍城市环境管理和农村环境管理。

10.1 环境管理的模式

环境问题由来已久，但人类对它的系统管理却只有几十年的历史。世界各国在政策、制度、措施的选择、设计过程中，明显受到当时的政治、经济、科学文化、道德水准等诸多因素的影响和制约，形成了具有时代特色和不断改进的环境管理模式。就我国而言，就经历了以行政管理手段为主的基于末端控制的传统环境管理模式向以多种管理方式综合运用为主的基于污染预防的环境管理模式的变迁过程。

10.1.1 末端控制为基础的传统环境管理模式

1. 末端控制的含义

末端控制又称末端治理或末端处理，是指在生产过程的终端或者是在废弃物排放到自然界之前，采取一系列措施对其进行物理、化学或生物过程的处理，以减少排放到环境中的废物总量。

20 世纪 50 年代以来，随着制造业的快速发展与技术革新速度的加快，人类所依赖的资源范围与生产的产品范围得到扩大，人工合成的各种化学物质被不断的生产与制造，从而引发了严重的环境污染问题；同时制造过程中能源与资源消耗大，排放了大量的废弃物，环境的容纳与循环能力不能承载，造成环境问题日益突出。基于此背景，各国政府日益认识到地球生态环境的脆弱性，认识到环境污染对人类健康构成了日益严重的威胁，因此制定了一系列的环境污染法律法规、排放标准，对企业进入环境的工业废弃物的最高允许量进行限制，对企业污染和破坏环境的行为进行限制和控制。

随着污染者负担原则的提出，各国法律都规定了企业对其排放污染物的行为必须承担经济责任，凡是污染物的排放量超过了规定的排放标准，都需要缴纳超标排污费，造成环境损害的，需要承担治理污染的费用并赔偿相应的损失。在这一阶段，面对严厉的法律、法规、标准、政策，企业只能遵循相关的制度约束。

为了能够在制度约束的范围内进行经营活动，企业往往是在其制造的最后工序或排污口建立各种防治环境污染的设施来处理污染，如建污水处理站，安装除尘、脱硫装置等末端控制设施与设备，为固体废弃物配置焚烧炉或修建填埋厂等方式来满足政策与法规对废弃物处理的要求等。这种环境管理模式是以“管道控制污染”思想为核心，强调的是对排放物的末端管理。

2. 末端控制的特点

末端控制的环境管理模式具有线性经济模式的基本特征：

(1) 是一种由“资源-产品-废弃物排放”单方向流程组成的开环式系统；

(2) 在对废弃物的处理与污染的控制时强调的是对企业自身制造过程中的废弃物的控制，而对分销过程与消费者使用过程中所产生的废弃物则不予考虑与控制；

(3) 其环境管理的目标是通过对制造过程中的废弃物与污染的控制，达到符合最低排放标准与最大排放量的要求，规避环境污染所产生的风险。

3. 末端控制的局限性

末端控制在环境管理发展过程中是一个重要的阶段，它有利于消除污染事件，也在一定程度上控制了生产活动对环境的污染和破坏。但 20 多年的实践证明，将环境污染控制的重点放在末端或污染物排放口，在危害发生后再进行净化处理的环境战略、政策和措施，有很大的局限性，主要表现为如下几个方面：

(1) 末端处理技术常常使污染物从一种环境介质转移到另一种环境介质。常用的污染控制技术只解决工艺中产生并受法律约束的第一代污染物，而忽视了废弃物处理中或处理后产生的第二代污染问题。

(2) 现行环境保护法规、管理、投资、科技等占支配地位的是单纯污染控制，而没有对面临全球系统的环境威胁提出适当的解决办法。

(3) 环境问题给世界各国包括发达工业国家带来了越来越沉重的经济负担，控制污染问题之复杂，所需资金之巨大远远超出了原先的预料，环境问题的解决远比原来设想的要困难得多。

(4) “污染控制”的现行法规体系和运行机制，导致部分企业(公司)养成了一种“污染排放后才控制”或“达标排放”的思想心态，成为强化环境管理，广泛实行污染预防的障碍因子。

(5) 治理难度大，处理污染的设施投资大、运行费用高，使企业生产成本上升，经济效益下降。

(6) 末端控制未涉及资源的有效利用，不能制止自然资源的浪费。

基于末端控制思想的传统环境管理战略、路线和政策措施，虽然是不可缺少的，而且仍将发挥积极作用，但不足以改变环境保护消极被动的局面。我们需要预防或将污染物排放减少到最低限度的新的政策、技术和方法，首先应防止污染的产生，因而迫切需要建立污染预防的环境管理模式。

10.1.2 基于污染预防思想的环境管理模式

1. 污染预防的由来

鉴于基于末端控制的环境管理模式的局限性，20 世纪 80 年代中期，欧美国家将环境政策的重点转向以预防为主，提出了污染预防的概念和相关政策。该概念和配套政策的调控对象是强调污染的发生，目的是减少甚至消除产生污染的根源。这种减少污染废物及防止污染的策略，称为污染预防，是当今环境管理战略上的一次重大转变。在源头预防或减少污染物产生，不仅减少了处理费用与污染转移，实际上它能通过更有效地使用原材料，最终增强经济竞争力。

污染预防在各种国际组织，如经济合作与发展组织(OECD)、联合国环境规划署工业与环境中心(UNEP IE/PAC)和联合国工业发展组织(UNIDO)以及工业化国家已受到普遍重视。

20 世纪 90 年代前后，发达国家相继尝试运用如“废物最小化”，“污染预防”、“无废技术”、“源削减”、“零排放技术”和“环境友好技术”等方法和措施，来提高生产过程中的资源利用效率，削减污染物以减轻对环境和公众的危害。这些实践取得的良好的环境效益和经济效益，使人们认识到将环境保护渗透结合到生产全过程中，从污染产生的源头进行预防的重要性及其深远意义。它不仅意味着对传统环境末端控制方式的调整，更为深刻的是蕴涵着一场转变传统工业生产方式，乃至经济发展模式的革命。

1984 年，美国国会通过了《资源保护与回收法——固体及有害废物修正案》，提出“废物最少化”政策。1990 年 10 月 美国国会通过了《污染预防法》，正式宣布污染预防是美国的国策，在国家层次上通过立法手段确认了污染的“源削减”政策。这是污染控制战略的一个根本性变革，在世界上引起了强烈的反响。《污染预防法》明确指出：“源削减与废物管理和污染控制有原则区别，且更尽人意。”并全面表明了美国环境污染防治战略的优先顺序是：“污染物应在源头尽可能地加以预防和削减；未能防止的污染物应尽可能地以对环境安全的方式进行再循环；未能通过预防和再循环消除的污染物应尽可能地以对环境安全的方式进行处理处置或排入环境，这只能作为最后的手段，也应以对环境安全的方式进行。”

2. 污染预防的定义

污染预防的定义为：在人类活动各种过程中，如材料、产品的制造、使用过程以及服务过程，采取消除或减少污染的控制措施，它包括不用或少用有害物质，采用无污染或少污染制造技术与工艺等，以达到尽可能消除或减少各种(生产、使用)过程中产生的废物，最大限度地节约和有效利用能源和资源，减少对环境的污染。

ISO 14001：1996 标准中对“污染预防”的定义为：旨在避免、减少控制污染而对各种过程、惯例、材料或产品的采用，可包括再循环、处理、过程更改、控制机制、资源的有效利用和材料替代等。污染预防是环境管理体系承诺的内容之一，是组织处理和解决环境问题的基本原则，与我国解决环境问题的基本原则(预防为主，防治结合)也是一致的。污染预防是指为了避免、减少或控制环境污染而对各种方法、手段和措施的采取。按照优先度可以将其分为三个层次的污染预防方式。

高优先度：避免污染的产生。进行源头控制，采取无污工艺，采用清洁的能源和原辅材料来组织生产活动，避免污染物质的产生。

中优先度：减少污染的产生。进行过程控制，组织可通过对产品的生命周期的全过程进行控制，实施清洁生产，采用先进工艺和设备提高能源和资源利用率，实现闭路循环等，尽可能减少每一环节污染物质的排放。

低优先度：控制污染对环境的不利影响。通过采用污染治理设施对产生的污染物进行末端治理，尽量减少其对环境的不利影响。

组织在开展污染预防工作时应按上述优先级的原则来选择采用污染预防措施(因为一般而言，优先度越高，污染控制的费用越低，且效果越好，从而其控制污染的效率就越高)。采用一种方式方法往往不能达到污染预防的目的，组织应结合自己的情况，综合采用源头控制、过程控制和末端治理来开展污染预防工作。

一个依照 ISO 14001：1996 标准来建立和保持环境管理体系的组织必须在其制定的环境方针中承诺污染预防。环境方针是组织在环境保护方面的总宗旨和总目标，是组织环境保护工作努力的方向和行动的指南，是组织在长期或较长时期内应遵循的行动准则和在环境保护方面的追求。组织所有的环境管理活动都应符合环境方针的要求，其最终目的都是为了实现环境方针，从而实现组织环境表现的持续改进。因此组织环境方针中关于污染预防的承诺必须体现在其所开展的环境管理活动中。

3. 污染预防环境管理的内容

(1) 源削减

源削减包括减少在回收利用、处理或处置以前进入废物流或环境中的有害物质、污染物的数量的活动，以及减少这些有害物质、污染物的排放对公众健康和环境产生危害的活动。污染排放后的回收利用、处理处置已被明确指出不是源削减，使污染预防更显示其与过去的污染控制有截然的区别。

源头控制是针对末端控制而提出的一项控制方式，是指在“源头”削减或消除污染物，即尽量减少污染物的产生量，实施源削减。美国污染预防政策的实质就是推行源头控制，实施源削减。这是一种治本的措施，是一种通过原材料替代，革新生产工艺，改变产品体系，实施生命周期评价管理等措施，在技术进步的同时控制污染的方法，代表了今后污染控制的方向。源削减显示了西方国家对环境保护的思维方式发生了重要转变，环境保护的立法、管理工作的重点首先是避免污染的产生，而不是在其产生后试图进行管理。

为了实施源削减计划，美国制订了包括：信息交换站、研究与开发、提供技术帮助/法规说明、提供现场技术帮助、对工业提供财政援助、对地方政府提供财政援助、废物交换、废物审计、举办研讨班和学习班、召开专业会议、调查和评价、出版简讯和刊物、审查预防计划、与学术界合作，促进污染预防、奖励计划等内容的污染预防计划。

(2) 废物减量化

废物减量化(也称为废物最少化)，指将产生的或随后处理、储存或处置的有害废物量减少到可行的最小程度。其结果是减少了有害废物的总体积或数量，或者减少了有害废物的毒性，只要这种减少与将有害废物对人体健康和环境目前及将来的威胁减少到最低限度的目标相一致。废物减量化包括源削减、重复利用和再生回收，以及由产生者减少有害物的体积和毒性，但不包括用来回收能源的废物处置和焚烧处理。减量化不一定要鼓励削减废物的产生量和废物本身的毒性，而仅要求减少需要处置的废物的体积和毒性。

废物减量化与末端治理相比，有明显的优越性，如据化工、轻工、纺织等十五个企业投资与削减量效益比较，废物减量化比末端治理的万元环境投资削减污染物负荷高 3 倍多。但由于废物的处理和回收利用仍有可能造成对健康、安全和环境的危害，因而废物减量化往往是废物管理措施的改进，而不是消除它们。所以“废物减量化”仍然是一个与有害废物处理息息相关的术语，其实效性如同末端治理，仍有很大局限性。

(3) 循环经济

循环经济一词是对物质闭环流动型经济的简称，于 20 世纪末随着污染预防环境管理模式的思想而提出。循环经济本质上是一种生态经济，就是把清洁生产和废弃物的综合利用融为一体的经济，它要求运用生态学规律来指导人类社会的经济活动。

与传统经济相比，循环经济的不同之处在于：传统经济是一种由“资源→产品→废物”单向流动的线性经济，其特征是高开采、低利用、高排放。在这种经济中，人们高强度地把地球上的物质和能源提取出来，然后又把污染物和废物毫无节制地排放到环境中去，对资源的利用是粗放的和一次性的，即通过把部分资源持续不断地变成废物来实现经济的数量型增长，导致资源的短缺和耗竭，并造成环境破坏。而循环经济倡导的是一种建立在物质不断循环利用基础上的经济发展模式，它要求把经济活动组织成一个“资源→产品→再生资源→再生产品”的反馈式流程，其特征是低开采、高利用、低排放甚至“零排放”。所有物质和能源要能在这个不断进行的经济循环中得到合理和持久的利用，以把经济活动对自然环境的影响降低到尽可能小的程度。循环经济为工业化以来的传统经济转向可持续发展的经济提供了战略性的理论范式，从而从根本上消解了长期以来环境与发展之间的尖锐冲突。

4. 污染预防环境管理的模式

污染预防环境管理的模式主要包括组织层面的环境管理、产品层面的环境管理和活动层面的环境管理。

1) 组织层面的环境管理

从管理职能角度出发，“组织”一词具有双重意义：一是名词意义上的组织，主要指组织形态；二是动词意义上的组织，系指组织各项管理活动。这里所讨论的组织层面，则包含了这两方面的内容。作为组织层面环境管理的一项重要内容，清洁生产在环境管理从传统的末端治理转向污染预防为主的生产全过程控制中扮演了极其重要的角色。

实施清洁生产，就意味着一种综合的预防环境污染战略持续应用于工艺过程和产品，以减少对人类和环境的风险性。清洁生产技术包括节约原材料和能源、淘汰有毒材料和减少所有排放物与废物的数量和毒性。产品的清洁生产则侧重于在产品的整个生命周期中，即从原材料提取到产品的最终处理处置，减少对环境和人体健康的影响。关于清洁生产的相关内容详见 11.3 节。

2) 产品层面的环境管理

产品是环境管理的基本要素，而产品层面的环境管理主要是从管理的协调职能出发，重点研究单个产品及其在生命周期不同阶段的环境影响，并通过面向环境的产品设计，来协调发展与环境的矛盾。因此，产品层面的环境管理主要涉及工业企业的污染预防和 ISO 14000 系列标准认证两部分内容。

(1) 工业企业的污染预防

工业企业既是环境污染的主要根源之一,也是环境保护和工业污染防治的主体,所以环境体系的建立与实施,多以企业为主要对象,将环境管理贯穿渗透到它们的管理范围内,坚持污染预防的原则,不断改进企业的环境行为与环境表现,逐步减少以至消除对环境的污染。

作为一个企业,坚持污染预防的方针,应贯彻以下原则:

① 采取一切可行的先进技术,消除或减少生产、使用和服务过程中产生废物或产生对环境的污染。

② 对于在上述全过程中不能消除的废物,尽可能回收再利用或综合利用;对于无法再利用的废弃污染物,在充分保证环境安全的前提下,进行妥善处置,如填埋等,以减少对人类健康和环境的影响。

③ 对于在源头控制过程中还未消除的污染,要采取适用的末端处理技术,达到环境控制标准的要求。

在污染预防方针的指导下,出现了各种控制污染的对策和技术措施,如清洁生产(工艺)、生态工业、废物削减化工艺、产品生态设计以及生命周期评价管理等。在实施环境管理体系时,要实现其环境指标(包括污染预防目标),还必须依赖于污染防治技术(如清洁生产技术等)。

(2) 污染预防与 ISO 14000 系列标准

为了避免各个国家、地区、经济组织、集团公司制定实施各自的环境管理标准和环境标志制度而产生新的贸易壁垒,有必要制定一个全球统一的包括环境标志、生命周期评价在内的环境管理体系,这就唤起了 ISO 14000 标准系列的产生和应用。

ISO 14000 标准是一个庞大的体系,主要内容包括:环境管理体系、环境审核、环境标志和生命周期评价等(详见 11.5 节)。

3) 活动层面的环境管理

活动层面的环境管理主要体现管理的控制职能,着眼于阐明各类环境管理的内容、程序和要求,而可持续发展的战略和其所倡导的全过程控制思想则贯穿于各类环境管理之中。我国的可持续环境战略包括三个方面:一是污染防治与生态保护并重;二是以防为主,实施全过程控制;三是以流域环境综合治理带动区域环境保护。尤其是第二点,对环境污染和生态破坏实施全过程控制,就是从"源头"上控制环境问题的产生,是体现环境战略思想和污染预防环境管理模式的一个重要环境战略。以防为主实施全过程控制包括三个方面的内容:

(1) 经济决策的全过程控制

经济决策是可持续发展决策的重要组成部分,它涉及环境与发展的各个方面,已不是传统意义上的纯经济领域的决策问题。对经济决策进行全过程控制是实施环境污染与生态破坏全过程控制的先决条件,它要求建立环境与发展综合决策机制,对区域经济政策进行环境影响评价,在宏观经济决策层次将未来可能的环境污染与生态破坏问题控制在最低的限度。我国 2003 年颁布的《环境影响评价法》明确规定,对规划的环境影响评价,则是经济决策全过程控制的重要保障。

(2) 物质流通领域的全过程控制

物质流通是在生产和消费两个领域中完成的,污染物也是在这两个领域中产生的。对污染物的全过程控制包括生产领域和消费领域的全过程控制。生产领域全过程控制是从资源的开发与管理开始，到产品的开发、生产方向的确定、生产方式的选择、企业生产管理对策的选择等结束。消费领域的全过程控制包括消费方式选择、消费结构调整、消费市场管理、消费过程的环境保护对策选择以及消费后产品的回收和处置等。现在世界上很多国家，包括中国在内都先后建立了环境标志产品制度，实行产品的市场环境准入。然而，产品进入市场后，还要运用经济法规手段，加强环境管理，如推行垃圾袋装化、部分固体废物的押金制、消费型的污染付费制度等。

(3) 企业生产的全过程控制

企业是环境污染与破坏的制造者，实施企业生产的全过程控制是有效防治工业污染的关键，要通过 ISO 14001 认证和清洁生产来实现。清洁生产是国家环境政策、产业政策、资源政策、经济政策和环境科技等在污染防治方面的综合体现，是实施污染物总量控制的根本性措施，是贯彻“三同步、三统一”大政方针，转变企业投资方向，解决工业环境问题，推进经济持续增长的根本途径和最终出路。

10.2　城市环境管理

10.2.1　城市化发展

城市是人类主要的聚居地，城市集人类物质文明和精神文明之大成，是经济、政治、科技和文化的中心。据记载，世界城市发展已有五千多年的历史。城市的产生是社会分工的产物。城市是由于手工业和商业的产生和发展而从一般的村落民居中分化出来的。城市形成后居民点也产生了分化，在人口的空间分布上呈现两种主要形态：人口集中的城市和人口分散的乡村。这两种主要形式伴随着人类文明进步的悠久历史一直延续到现在。

城市化是指居住在城镇地区的人口占总人口比例增长的过程。这一过程表现为城市数目增多，城市人口和用地规模扩大，城市人口在总人口中所占比例不断提高。城市人口的增加一方面是原有城市人口本身的自然增长，另一方面是农村人口的转化，包括农村人口向城市的迁移以及在原有乡村地区发展起城镇而使农村人口转变为城镇人口。城市化是社会生产力发展的必然趋势，也是工业化和农业现代化的必然结果。人口城市化、经济全球化和信息网络化被认为是影响未来世界社会经济发展的三大趋势。

城市化的发展，不仅为人类创造了巨大的物质财富，同时，城市面貌也直接反映了社会进步的水平，是人民生活水准提高的象征。1780 年世界上城市人口只占总人口的 3%，工业革命 200 多年来，到 2007 年，全球已有 33 亿人口生活在城市，超过了全球人口总数的 50%，创造了世界 70%以上的产值。据法国国家人口研究所预测，到 2030 年世界城市人口比例将扩大到 60%，城市人口总数将达到 50 亿。世界正向“城市世界”方向发展，21 世纪将成为真正的城市化世纪。

我国城市化道路自建国以来几经起伏，速度较慢。但改革开放以来，高速的经济发展促进了城市化进程的加快，城镇人口占总人口比例由 1978 年的 17.9%上升为 2007 年的 44.9%。几亿城市人民生活率先跨越了温饱阶段，带动了全国十几亿人民生活总体上达到小康水平。

10.2.2　城市发展的环境问题

城市发展的环境问题，可概括为以下十个方面。

(1) 大气污染。城市人口密集,工业和交通发达,每天消耗大量的化石燃料,产生烟尘和各种有害气体,导致城市内污染源过于集中,污染物排放量大而复杂,一次污染物之间相互作用产生二次污染物,对人体造成更大的危害。

(2) 水体污染。城市废水包括工业废水和生活污水。目前我国城市的水处理设施普遍不全,城市废水处理能力不强,特别是不少工厂企业将工业废水不经处理偷偷直接排放,造成水体严重污染,湖泊富营养化,海岸附近屡屡产生赤潮。

(3) 噪声污染。城市噪声源主要由交通、工业与建筑施工、闹市区大喇叭音响产生。一些国家调查表明,城市环境中76%的噪声是由交通运输引起的,其中汽车占66%,飞机、火车占9.8%。工业噪声约占城市噪声的10%。建筑施工噪声虽然是临时的、间歇的,但产生的噪声可高达80~100dB(A),扰民现象不容忽视。

(4) 固体废物污染。目前我国垃圾围城现象仍较严重,白色污染、电子垃圾问题突出。尤其是城市垃圾,由于垃圾收运设施不足、机械作业率低,还没有建成一套完整的城市垃圾处理、处置和回收利用系统(这应是城市基础设施的重要组成部分)。全国有25%左右的垃圾不能及时清运,垃圾和粪便大多未经无害化处理而裸露堆放或简单填埋,有的直接投入江河湖海,造成严重污染。

(5) 电磁污染。城市电磁波污染几乎24h连续不断,并且日益严重。电磁辐射设施有:广播电视和通信雷达导航发射设备,交通、电力、工业、科研和医疗的电磁辐射设备。其中广播电视台、站是全国城市电磁环境中最大、最近的电磁辐射污染源。通信、雷达、导航发射设备也已成为我国一个大的电磁辐射环境污染源。

(6) 热污染。城市热污染主要反映在城市热岛效应和对水体的热污染。

城市热岛效应主要由以下几种因素综合形成:①城市建筑物和水泥地面热容量大,白天吸收太阳辐射能,晚上又传输给大气;②人口高度集中,工业集中,大量人为热量尤其是汽车、空调等释放的废热进入大气;③高层建筑造成地表风速小且通风不良;④人类活动释放的废气如二氧化碳、甲烷等进入大气,改变了城市上空的大气组成,使其吸收太阳辐射的能力及对地面长波辐射的吸收能力增强。

工业企业排放的高温废水是城市水体热污染的主要原因。这些高温废水流入水体后,使水体的热负荷或温度增高,从而引起水体物理、化学和生物过程的变化,既影响了水环境生态平衡,又浪费了能源。

(7) 光污染。城市中的光污染随着城市建设的现代化而越来越严重。现代高层建筑中使用的玻璃幕墙、釉面砖、磨光大理石,户外闪烁的各色霓虹灯、广告灯和娱乐场所的彩色光源,家庭中不合理使用的照明、电视、电脑等,均会对我们的身体健康和周围环境造成不良影响。有关专家把城市光污染的主要载体玻璃墙视为“城市隐患”、“光明杀手”,绝非危言耸听。

(8) 耕地被大量占用。城市的发展使大量的耕地丧失,主要用于城市建设、住房建设及交通建设。如上海郊区被占耕地达7.33万hm^2,相当于上海、宝山、川沙三县耕地面积的总和。据初步预测,到2050年,我国城市建设用地将比现在增加0.23亿hm^2,其中需要占用耕地约0.13亿hm^2。

(9) 天然植被减少,城市绿地覆盖率低。城市绿地是城市生态系统的重要组成部分,但由于城市发展建设,自然环境被开发利用建设成工厂、住宅、道路、广场等,自然环境中的植被被不断地砍伐、清除,城市绿地的多种环境功能正在逐步丧失,这已经成为城市尖锐的环境问题。

同时,在进行城市开发时,有时为了取得更多的生产、生活用地,不惜牺牲绿化用地,不按规划要求的指标保留和建设绿化用地,造成许多城市硬质景观和软质景观面积的比例严重失调,导致城市尘土飞扬,噪声增加,环境自净能力下降。

(10) 环境基础设施建设不足。比如我国目前有 50%的城市没有排水管网,现有排水管网设施 1/3 老化;城市燃气和集中供热率低;有 1/4 城市垃圾粪便不能日产日清;城市污水处理率不足 70%。其次,由于城市污水处理设施的运行费用没有着落,有些城市向单位和居民收取的污水处理费较低,远不能维持污水处理厂的正常运行。

城市环境问题是城市发展模式在环境方面的表现,是城市环境社会系统发展中各种矛盾综合作用的结果。充分认识和理解城市环境问题的实质,是有效管理和解决城市环境问题的基础和保证。

10.2.3 城市环境保护目标及指标

城市环境保护历来是我国环境保护工作的重点。2011 年 3 月 16 通过的《关于国民经济和社会发展第十二个五年规划纲要》第 6 篇专篇为环境规划,其规划的指导思想是增强资源环境危机意识,树立绿色、低碳发展理念,以节能减排为重点,健全激励和约束机制,加快构建资源节约、环境友好的生产方式和消费模式,增强可持续发展能力,提高生态文明水平。

“十二五”期间环境保护规划的宏观目标是:单位国内生产总值能源消耗降低 16%,单位国内生产总值 CO_2 排放降低 17%,主要污染物排放总量 COD、二氧化硫分别减少 8%;氨氮、NO_x 分别减少 10%;单位工业增加值用水量降低 30%。

在国家环境保护“十二五”规划中,制定了我国环境保护的总体目标是:到 2015 年,主要污染物排放总量显著减少;城乡饮用水水源地环境安全得到有效保障,水质大幅提高;重金属污染得到有效控制,持久性有机污染物、危险化学品、危险废物等污染防治成效明显;城镇环境基础设施建设和运行水平得到提升;生态环境恶化趋势得到扭转;核与辐射安全监管能力明显增强,核与辐射安全水平进一步提高;环境监管体系得到健全。

主要指标见表 10-1。

表 10-1 我国“十二五”环境保护主要指标

序号	指标	2010 年	2015 年	2015 年比 2010 年增长
1	化学需氧量排放总量/万 t	2551.7	2347.6	−8%
2	氨氮排放总量/万 t	264.4	238.0	−10%
3	二氧化硫排放总量/万 t	2267.8	2086.4	−8%
4	氮氧化物排放总量/万 t	2273.6	2046.2	−10%
5	地表水国控断面劣Ⅴ类水质的比例/%	17.7	<15	−2.7%
	七大水系国控断面水质好于Ⅲ类的比例/%	55	>60	5%
6	地级以上城市空气质量达到二级标准以上的比例/%	72	≥80	8%

注:① 化学需氧量和氨氮排放总量包括工业、城镇生活和农业源排放总量,依据 2010 年污染源普查动态更新结果核定。

② “十二五”期间,地表水国控断面个数由 759 个增加到 970 个,其中七大水系国控断面个数由 419 个增加到 574 个;同时,将评价因子由 12 项增加到 21 项。据此测算,2010 年全国地表水国控断面劣Ⅴ类水质比例为 17.7%,七大水系国控断面好于Ⅲ类水质的比例为 55%。

③ “十二五”期间,空气环境质量评价范围由 113 个重点城市增加到 333 个全国地级以上城市,按照可吸入颗粒物、二氧化硫、二氧化氮的年均值测算,2010 年地级以上城市空气质量达到二级标准以上的比例为 72%。

10.2.4 城市环境管理的基本途径和方法

1. 城市环境管理的机构

城市各级人民政府是城市环境保护和环境管理的责任主体。根据中国环境保护目标责任制，城市各级人民政府对本辖区的环境质量负责，以签订责任书的形式，具体规定市长、县长在任期内的环境目标和任务，将环境保护作为一项重要指标纳入到领导干部政绩考核体系中。

各级城市人民政府中的环境保护局是环境管理的主管机构，同时，城市中的水务、农业、市容和环境卫生、园林、车辆管理等部门参与与各部门业务相关的环境管理工作。

2. 制订城市环境规划

制订城市环境规划是城市环境管理最主要的工作之一，它不仅是城市环境管理工作的总体安排和工作依据，也是城市国民经济和社会发展总体规划的重要组成部分。城市环境规划的内容主要有以下几方面：

(1) 制订城市环境保护和可持续发展的目标。根据城市生态环境特点、城市经济社会发展需要和面临的主要环境问题，提出城市环境保护工作的总体要求及各个阶段的工作目标。这些目标有些是以定性描述为主，提出环境保护的总体要求和目标，也有一些是用定量化的指标体系规定在今后一个时期后环境保护要达到的目标，常见的定量化目标包括环境质量指标、污染物排放指标等。

(2) 城市环境现状调查和预测。环境现状调查包括城市自然和社会条件、土地利用状况、环境质量现状、污染物排放现状、生态环境现状、环境基础设施建设现状等已经成为事实的城市环境现状，也包括正在实施和已经批准实施的城市各项规划的情况，主要有城市总体规划，水利、交通、农业、工业等各专项规划。环境预测是在环境现状调研的基础上，对未来一段时间内的环境质量变化、污染物排放量变化等进行科学的预测，以供规划参考。

(3) 城市环境功能区划。包括城市环境总体功能区划和大气、水体、噪声等环境要素的功能区划，还包括饮用水源保护区、自然保护区、环境敏感区等特殊区域的环境功能区的划定。

(4) 制订环境规划方案。一般包括水环境规划、大气环境规划、固体废弃物规划、噪声规划、工业污染控制规划、农业污染控制规划、生态环境规划方案等。

(5) 制订规划方案实施的各项保障措施。

3. 城市污染物浓度指标控制管理

污染物浓度指标管理指控制污染源污染物的排放浓度，

常用的水污染浓度控制指标有溶解氧、生化需氧量、化学需氧量、挥发酚类、氰化物、大肠杆菌、石油类、重金属类等；常用的大气污染浓度控制指标有颗粒物、二氧化硫、氮氧化物、烃类、一氧化碳、臭氧等。

污染物浓度指标管理和排污收费制度相结合，构成了我国城市环境管理的一个重要方面。这种管理方法对于控制环境污染、保护城市环境发挥了很大的作用。

4. 城市污染物总量指标控制管理

由于污染物浓度管理只控制了从污染源排出的污染物浓度，而忽略了污染物的实际含量，因此势必造成环境中污染物总量不断增加，难以控制城市的环境质量，为此需要进行污染物总量指标控制管理。

污染物总量指标控制管理指对污染物的排放总量进行控制。所谓总量包括地区的、部门的、行业的，以至企业的排污总量。具体做法首先是推行排污申报制度和排污许可证制度。

一般来说，一个地区的某种污染物的排放源不止一个，因此从排污总量管理的实施来说，关键在于排污总量的正确分配和合理调配。在实际管理工作中，污染物总量控制管理包括如下内容：

(1) 排污申报。向环境中排放污染物质的单位，一律要向当地环境保护部门提出排污申请。申请中应注明每个排污口排放的污染物、浓度及削减该污染物排放的具体措施、完成年限。重点排放污染物的单位要按月填报排污月报。

(2) 总量审核。总量审核首先由当地环保部门按照污染物排放总量控制的要求，核定排污大户和各地区允许排放的污染物总量，然后由下一级政府的环保部门核定辖区范围内其他排污单位的允许排污量。

(3) 颁发排放许可证和临时排放许可证。根据地区排放总量的分配方案，由当地环保部门向排污单位发放排放许可证，并对排污单位进行不定期的抽查。对排污量超过排放许可证规定指标的单位，予以罚款直至命令其停产。

5. 城市环境综合整治

1) 城市环境保护的原则

城市环境状况既是城市外观形象的表现，也是城市内在质量的反映。环境管理水平代表着城市管理水平，环境质量是衡量城市现代化程度的重要标志。保护环境就是保护生产力，改善环境就是发展生产力。

总的来说，城市环境保护的原则有以下四个方面。

第一，要以资源承载力和环境容量为基础，科学地规划城市发展，合理地调整城市产业结构和布局，使城市更加适宜居住，更有利于经济、社会和人的全面发展。

第二，要进一步加强环境基础设施建设，继续加大各级政府对城市环保的投入，同时积极推进污水、垃圾处理等市政设施的市场化运营。

第三，要大力发展循环经济，加快推进清洁生产，加强资源的有效利用和综合利用，严格控制主要污染物排放量。

第四，要积极推广以资源节约、物质循环利用和减少废物排放为核心的绿色消费理念，引导居民形成科学环保的生活习惯和消费行为。

具体落实到城市环境工程，也就是指控制城市污染、美化城市环境的基础工程设施。

主要的城市环境工程有废水污水下水管网系统的建设与改造工程、各种污水处理厂和各种废水处理工程、各种消烟尘工程、工业废渣的综合回收利用工程、城市垃圾的资源化无害化处理工程、区域绿化工程、噪声防治工程、汽车尾气治理工程等。

城市环境工程的原则是最大限度地减少流入环境的污染物种类和数量，进行无害化处理，化害为利，变废为宝，综合利用，达到环境效益、经济效益、社会效益的统一。

一般城市环境工程的规模大、投资大、涉及面广、建设周期长、见效时间长，需要进行多方案的技术经济比较，要综合考虑基建投资、运转成本、环境效益、社会影响等诸多方面，采取综合整治的措施。

2）城市环境综合整治及其定量考核

(1) 城市环境综合整治

城市环境综合整治，就是把城市环境作为一个整体，运用系统工程和城市生态学的理论和方法，采取多功能、多目标、多层次的措施，对城市环境进行规划、管理和控制，以保护和改善城市环境。

城市环境综合整治的主要工作内容有以下三个方面。

首先确定综合整治目标，并把它分解为若干个分目标，建立起相应的指标体系。

其次制定综合整治方案。将其合理分解为综合整治任务，具体落实到不同部门直至单位，建立起城市综合整治系统。

最后改革环境管理体制，包括制定能使综合整治方案得到准确实施的保障体系(如资金运作计划，实用环保技术和法律的监督检查办法等)。

(2) 城市环境综合整治定量考核

城市环境综合整治定量考核是因城市环境综合整治的需要而制定的。它是以城市为单位，以城市政府为主要考核对象，对城市环境综合整治的情况，按环境质量、污染控制、环境建设和环境管理 4 大类(环境质量、污染控制、环境建设、环境管理)共 20 项指标的限值进行考核并评分。城市环境综合整治定量考核指标及标准见表 10-2。

表 10-2　城市环境综合整治定量考核指标及标准

<table>
<tr><th rowspan="2">项目</th><th rowspan="2">序号</th><th rowspan="2" colspan="2">指 标 名 称</th><th rowspan="2">单位</th><th colspan="2">限值</th><th rowspan="2">考核范围</th></tr>
<tr><th>上限</th><th>下限</th></tr>
<tr><td rowspan="7">环境质量</td><td>1</td><td colspan="2">可吸入颗粒物浓度年平均值</td><td>mg/m^3</td><td>0.15</td><td>0.04</td><td>认证点位</td></tr>
<tr><td>2</td><td colspan="2">二氧化硫浓度年平均值</td><td>mg/m^3</td><td>0.10</td><td>0.02</td><td>认证点位</td></tr>
<tr><td>3</td><td colspan="2">二氧化氮浓度年平均值</td><td>mg/m^3</td><td>0.08</td><td>0.04</td><td>认证点位</td></tr>
<tr><td>4</td><td colspan="2">集中式饮用水水源地水质达标率</td><td>%</td><td>100</td><td>80</td><td>城市市区</td></tr>
<tr><td>5</td><td colspan="2">城市水域功能区水质达标率</td><td>%</td><td>100</td><td>60</td><td>认证点位</td></tr>
<tr><td>6</td><td colspan="2">区域环境噪声平均值</td><td>dB(A)</td><td>62</td><td>56</td><td>认证点位</td></tr>
<tr><td>7</td><td colspan="2">交通干线噪声平均值</td><td>dB(A)</td><td>74</td><td>68</td><td>认证点位</td></tr>
<tr><td rowspan="8">污染控制</td><td>8</td><td colspan="2">烟尘控制区覆盖率及清洁能源使用率</td><td>%</td><td>100/30</td><td>30/0</td><td>建成区</td></tr>
<tr><td>9</td><td colspan="2">汽车尾气达标率</td><td>%</td><td>80</td><td>50</td><td>城市市区</td></tr>
<tr><td>10</td><td colspan="2">工业固体废物处置利用率</td><td>%</td><td>90</td><td>50</td><td>城市地区</td></tr>
<tr><td>11</td><td colspan="2">危险废物集中处置率</td><td>%</td><td>100</td><td>20</td><td>城市市区</td></tr>
<tr><td rowspan="4">12</td><td rowspan="4">工业企业排放达标率</td><td>工业废水排放达标率</td><td>%</td><td>100</td><td>60</td><td rowspan="4">城市地区</td></tr>
<tr><td>工业烟尘排放达标率</td><td>%</td><td>100</td><td>60</td></tr>
<tr><td>工业二氧化硫排放达标率</td><td>%</td><td>100</td><td>60</td></tr>
<tr><td>工业粉尘排放达标率</td><td>%</td><td>100</td><td>60</td></tr>
<tr><td rowspan="5">环境建设</td><td>13</td><td colspan="2">城市生活污水集中处理及回用率</td><td>%</td><td>60,30</td><td>0</td><td>城市市区</td></tr>
<tr><td>14</td><td colspan="2">生活垃圾无害化处理率</td><td>%</td><td>80</td><td>10</td><td>城市市区</td></tr>
<tr><td>15</td><td colspan="2">建成区绿化覆盖率</td><td>%</td><td>40</td><td>10</td><td>建成区</td></tr>
<tr><td>16</td><td colspan="2">生态建设</td><td colspan="3">暂不考核</td><td>城市地区</td></tr>
<tr><td>17</td><td colspan="2">自然保护区覆盖率</td><td>%</td><td>8</td><td>0</td><td>城市地区</td></tr>
<tr><td rowspan="3">环境管理</td><td>18</td><td colspan="2">环境保护投资指数</td><td>%</td><td>2</td><td>0</td><td>城市地区</td></tr>
<tr><td>19</td><td colspan="2">污染防治设施及污染物排放自动监控率</td><td colspan="3">暂不考核</td><td>城市地区</td></tr>
<tr><td>20</td><td colspan="2">环境保护机构建设</td><td colspan="3">国家考核</td><td>城市地区</td></tr>
</table>

其考核结果向公众公布，成为衡量城市环境保护和管理工作绩效的重要参考资料。

城市环境综合整治是一项具有社会性、系统性和长期性的环境工程。为了使环境治理能取得成果并保持持久的效果，必须重视以下几个方面。

① 城市各级政府要加强对城市环境综合整治工作的领导，要以科学发展观制定城市环境综合整治规划，要治本治源，充分考虑到可持续发展和向生态城市建设过渡的远期目标。要制定切实可行的实施计划，明确目标，落实措施，加大投入，实现城市环境状况的全面改善。

② 要避免边整治边污染，这需要全社会的重视，还需要制度保障。

要全面持久地开展全民环境意识教育，特别是用危害本地本市的环境污染、生态破坏的具体情况开展教育，使每个市民都养成自觉保护环境的意识，提高市民整体素质。

逐步完善法规规范，制定有关政策和必要的法律，加强执法力度，保证城市环境保护规范化、有序化地运行。

③ 结合本市本地区具体情况，精心组织，细致规划，大量采用先进的科学技术，不断提高环境综合整治的技术水平和环境管理水平。

6. 创建国家环境保护模范城市活动

中华人民共和国环境保护部从 1997 年起在全国开展创建环境保护模范城市的活动，其目的是为推进城市可持续发展、树立一批环境与经济社会协调发展、环境质量良好、生态良性循环、城市优美洁净的示范城市。截至 2012 年，中华人民共和国环境保护部共命名了 88 个国家环境保护模范城市和 6 个国家环境保护模范城区。全国正在申请创模的城市和城区超过 100 个。

创建国家环境保护模范城市活动取得明显的效果，是加强城市环境管理的一种鼓励性和自愿性的重要政策方法。

其主要程序为：首先，由全国设市城市人民政府自愿申报，提交申报材料，并制定创模工作规划，实施创模工作。其次，中华人民共和国环境保护部适时组织对创模城市的调研、指导、考核和验收，内容包括：①听取城市政府的工作汇报和技术报告，包括图像资料；②对考核指标有关工作内容进行现场抽查；③审查创模工作的技术报告、档案资料、原始记录；④进行环境满意率的公众问卷调查。调查人数不少于该城市城区人口总数的千分之一，调查对象包括工矿企业、商业网点、窗口单位、机关院校、居民小区等类型，由考核组任意抽取。再次，依次执行通告公示、审议命名、授牌表彰、定期复查等程序。另外，中华人民共和国环境保护部鼓励已经取得模范城市称号的城市政府采取自愿承诺的方式，每年解决一批本市发展中出现的或市民关心的城市环境重点问题。

10.2.5 城市环境综合整治范例——全国“环保模范城市”沈阳

沈阳作为全国特大重工业城市，既代表了新中国工业发展的历程，也几乎经历了传统工业发展的所有环境教训。沈阳一度被列入“世界十大污染城市”的黑名单。一个自然条件并不占优、以工业为经济命脉的城市，污染重镇帽子一直戴在头上。今日，这个城市实现了从工业污染重镇到国家环保模范城市的历史性跨越，目前正在提出创建国家生态城市的规划。

1. 结构调整引发城市巨变

在产业结构上，对全市产业进行了大规模整合，淘汰落后企业，全面消除“三高”(高能耗、高物耗、高排放)企业,退出重污染行业,集中发展汽车及零部件、装备制造、电子信息三大新型支柱产业和医疗器械等八大优势产业,提升产业内涵。"创模"3年间(2001—2004),全市累计关停、搬迁装备落后、污染严重、效益低的工业企业600余家,合并、重组和改造企业300多家,仅关停沈阳冶炼厂一家,每年就减少向大气排放二氧化硫8万t。城区内已全部退出有色冶炼、水泥、草浆造纸等重污染行业,城市经济结构有了脱胎换骨的变化。

在城市布局上,打破了传统的以工业生产为中心的城市布局,"大十字架"新格局初见端倪:装备制造业向城市西部迁移,汽车零部件产业向东部发展,高新技术产业在南部集中,现代农业和旅游风景区在北部定位,广阔的城市中心区域,全部置换成金融商贸和居住区。这五大功能区域通过南北轴线上的"中央商务走廊"和东西轴线上的"浑河生态银带"相互连接,构成城市未来发展的宏观架构。

2. 城市改造引发环境革命

"创模"3年间,全市共投入环境保护与建设资金153.32亿元,实施项目近千个,投资指数一直保持在2.6%以上,大规模的环境投入为治愈环境顽疾注入了一服强心剂。

在污水处理上,先后完成了浑河沿线四大污水处理厂的建设和改造,全市集中污水处理厂由1个增至5个,污水处理厂最快建设速度仅用了四个半月,3年间日污水设计总处理能力由50万t增加到104万t,污水处理率由39.46%提高到71.63%。目前,全市三大排水系统都有了相应的污水处理厂,市区内除南部尚余一个集中排污口外,其余排污口已经全部关闭,污水处理体系已经形成。

先后建成了老虎冲和大辛两座标准的生活垃圾无害化处理场,城市生活垃圾设计日处理能力由1000t增加到3500t,处理率一步提高到100%,全面消除了垃圾围城现象。规范运行了全国最大、最先进的年处理能力两万吨的工业危险废物处置中心,形成了包括生活垃圾卫生填埋、危险废物安全填埋、有机废物焚烧、医疗废物安全处理在内的完整的固体废物处理和管理体系。

"创模"3年间累计投入绿化及拆迁资金40.26亿元,植树1599万株,新增绿地面积达到54.18km^2,相当于努尔哈赤建城以来的历史总和,建成区绿化覆盖率达到了38.12%,3年提高了13个百分点,人均公共绿地面积由2001年的3.4m^{2}增加到2004年的9.8m^2,基本搭起了森林城市的骨架。与此同时,又先后建立了13个自然保护区,自然保护区覆盖率达13.52%,3年之内保护类别由原有的单一的植物生态拓展到湿地、古文化、自然遗迹和人文遗迹;在全省率先建立2300km^{2}的康法防风固沙生态功能保护区,实施了退耕还林还草,生态环境得到快速恢复。

2002年以来,累计拆除烟囱3237根,锅炉房1200座,供暖锅炉房减少了近一半;建设大型集中供热源20多座,集中供热率达到80%,3年提高了30个百分点;取缔2t以下小锅炉1817台,市场及沿街商亭散煤炉2761个,每年推广型煤5万t;全市95%的入炉煤炭达到了低硫低灰,100多个大型供热锅炉房实现了环保标准化;对近百万平方米的扬尘部位进行了绿色覆盖;治理更新公交车2200多台,机动车尾气合格率三年提高了20.2个百分点。与此同时,先后建设了3道总长度500多千米的环城生态防护体系,堵死了39个科尔沁沙漠南缘风沙侵蚀口,有效减少了外来沙尘的侵袭;成倍增加的城区绿化、水系和道路拓宽,大大增加了污染物扩散通道,2003年,沈阳空气优良天数达到了298天;2004年,沈阳空气优良天数达到301天,再创历史新高。

2002 年起对浑河城市段进行了连续 3 年的大规模综合整治与建设，当年就成功消除了季节性恶臭，水质达到了四类，沿河两岸建成了五里河、沈水湾 10km 绿色生态长廊，过去发黑发臭的浑河在 3 年间迅速改变成了全市上下引以为豪、广大市民乐此不疲的亲水休闲乐园，成为了城市的一大亮点。

3 年间，全市共建设拓宽 26 条标准化景观路，整修道路 948 条，建设 13 条“禁鸣示范路”，对所有主要街路实施常年亮化，道路完好率由两年前的 70%上升到 95%。改造棚户区 9.3 万户，使 30 万弱势人口迁入环境宜人的新居。建成了 71 个生态环保模范小区，40 个“安静小区”，3 个省级绿色社区。实施“百村镇环境综合整治”，100 个城乡结合部村镇实现了村村通路、亮化、卫生、环保的总达标；建立了 307.45 万亩安全农产品生产保护区，菜篮子食品安全得到有效保障。

在全国 47 座环境保护重点城市环境管理和综合整治排名中，可吸入颗粒物浓度明显降低，城市生活垃圾无害化处理率增幅，沈阳均位列第二。通过“创模”的巨大推动作用，沈阳的经济和社会事业正在进入快速发展时期。

10.3　农村环境管理

农村是主要从事农业生产活动的农民的聚居地。农村环境是与城市环境相对而言的，是以农民聚居地为中心的一定范围内的自然及社会条件的总体。在世界上大多数国家，农村占据着国土的大部分面积，农村环境的好坏，直接关系到一个国家环境的好坏，因而其地位非常重要。

10.3.1　农村环境

农村环境可以有广义的理解，也可以有狭义的理解。狭义的农村环境只指乡村和田园、山林、荒野，广义的则还包括小城镇。

不论是广义还是狭义的理解，农村环境都与城市环境有很大差异。这里人口较为稀疏，自然生态系统中的生产者足够充分，多余的生产量也有足够的分解者进行分解。除太阳能外，它基本上可以不需要从外界输入物质和能量即可维持自身物质循环的平衡。

农村环境，包括小城镇环境，均与纯粹的自然环境有很大的不同。以农田环境为主体的狭义农村环境，因大量农业生产新技术的不断引入，使其成为受人类活动影响越来越大的一种人工生态系统和天然生态系统所构成的复合生态系统。

小城镇虽然与传统农村有所区别，但它或与乡村紧密相连，或与田园交错，具有林野、乡居兼有的景观特色。由于它所辖的土地、大气、水体等都是就近地域土地、大气、水体的一部分，因此它是一个不完整的自然生态地域单元，是农村“大生态系统”中的一个组成部分，具有村镇环境与农田环境间杂的特点。

10.3.2　农村主要环境问题

农村环境既是农业生产的基地，也是人类聚居生活的场所。农村环境问题指农村居民在从事农业、工业等生产过程中以及在日常生活中所造成的破坏农村生态环境或者污染农村环境的现象。农村环境破坏及污染不仅严重影响农村居民的生活和身体健康，而且直接制约农村工农业生产发展的后劲。

以中国为例，随着我国农村经济的快速发展和人口的不断增加，农业综合开发规模和乡镇工业对资源的利用强度日益扩大，农村环境污染和生态破坏日趋严重。据统计，2011 年末我国总人口为 13.47 亿人，其中乡村人口约 6.57 亿人，乡村人口占全国总人口比重达 51.27%。巨大的农业人口数量和生存发展需要、有限的农业生产资源（土地资源和水资源），构成了我国农村经济发展难以克服的矛盾。在这种情况下，产生了许多环境问题：

(1) 现代化农业生产造成的各类污染

农业面源污染的危害日趋严重，逐渐超过工业污染，成为影响农村生态环境最主要的污染形式。我国是世界上使用化肥、农药数量最大的国家。我国耕地总量约占世界的 10%，化肥和农药的消费量却分别占世界的 35% 和 20%。据 2011 年农业部统计，目前我国每年化肥使用量约为 5460 万 t，单位面积平均施用量达到 434.3kg/hm^2（国际公认的化肥施用安全上限是 225kg/hm^2），是安全上限的 1.93 倍。过量使用化肥不仅导致农田污染，而且还通过农田径流对水体造成有机污染和富营养化。禽畜养殖粪便中大量的氮和磷也会进入水体，造成水体富营养化。另外，我国农药年产约 170 万 t，平均施用量 13.4kg/hm^2，其中只有约 1/3 能被作物吸收利用，其余大都进入了水体、土壤及农产品中，使全国 9.3 万 km^2 耕地遭受到不同程度的污染。2002 年对 16 个省会城市蔬菜批发市场的检测表明，农药总检出率为 20%～60%，总超标率为 20%～45%，远远超出发达国家的相应检出率。再有，我国的地膜用量和覆盖面积已居世界首位。2011 年全国地膜用量 120 万 t，覆盖面积 3.5 亿亩，在发达地区尤甚。据浙江省环保局的调查，被调查区地膜平均残留量为 3.78t/km^2，造成减产损失达到产值的 1/5 左右。

(2) 小城镇和农村聚居点的生活污染

随着现代化进程的加快，我国小城镇和农村聚居点规模迅速扩大，但环境保护的基础设施建设普遍未能跟上。因此，大部分城镇和农村聚居点的生活污染物大都直接排入周边环境，造成严重的污染。例如，每年产生量约为 1.2 亿 t 的农村生活垃圾几乎全部露天堆放；每年产生量超过 2500 万 t 的农村生活污水几乎全部直排。浙江省环保局 2002 年的调查表明，农村聚居点的环境质量除了大气污染指标外，其余已经显著劣于城市。

(3) 乡镇企业造成的污染

乡镇企业和农村工业是中国改革开放以来经济增长的主要推动力之一。中国的乡村工业布局分散，92%分布于自然村，7%分布于建制镇，1%分布于县城。受乡村的传统自然经济的深刻影响，这种乡镇企业和农村工业大都是以低技术含量的粗放经营为特征。这种发展模式不仅会造成量大面广的环境污染，而且治理非常困难，直接危害居民。目前，我国乡镇企业废水、废气、废渣等污染物排放总量很大，远远大于环境承载能力。如 COD 和固体废物等主要污染物排放量已占工业污染物排放总量的 50%以上，但污染物处理率却显著低于一般工业企业的污染物平均处理水平。

(4) 农村环境问题受到城市污染转移的压力

城市对农村地区环境问题的压力主要来自两个方面：

一是城市将各种废物直接转移到农村环境中。据统计，全国有 60%以上的城镇污水未经任何处理就直接排入水体，这些水体大多是农村环境的主要组成部分，从而造成农业灌溉用水水质恶化和农村饮用水源的污染；由于我国城市垃圾的特征以及经济和技术条件的限制，90%以上的城市垃圾是在郊外农村地区填埋或堆放，不仅占用了宝贵的土地资源，而且污染了农村的水质和大气，使农村人居环境恶化。当城里人为“垃圾围城”而大声呼吁时，城市周边的乡下人却承受着生活在别人“制造”的垃圾堆的污染和无奈之中。

二是城市将污染企业搬迁到小城镇和农村地区造成的间接转移。由于我国农村污染治理体系能力较低，这些耗能高、污染重的企业带来的污染物危害十分严重，给作为弱势产业的农业和弱势群体的农民带来了严重的负面影响。很多城市里的废旧电器被不断地运往农村拆解，在拆解的电子产品元器件中含有铅、铰、铬等几百种高度有害的化学物质，这些化学物质对农村的水、土壤、空气造成极大的污染。

据相关调查，我国受重金属污染的耕地多达 2000 万 hm^2 以上，占耕地总面积的 1/6，约有 65%的污灌耕地遭到不同程度的重金属和有机物污染；全国每年出产重金属污染的粮食多达 1200 万 t。有 3 亿农村人口饮用水不合格，农村饮用水符合饮水卫生标准的比例仅约为 66%。中国农村人口中与环境污染密切相关的恶性肿瘤死亡率逐步上升，在我国污染转移比较严重的广东、江苏、浙江、河南等几个省份，癌症村不断涌现。

(5) 沙漠化

当今土地沙漠化迅速的主要根源之一就是人类过度的农牧业生产活动。由于人类进行过度的垦耕和放牧活动，以及滥采滥伐，导致大面积地面植被在短时间内被毁灭，从而加快土地沙化。沙漠化的发展不仅导致可利用土地面积缩小，土地产出减少，降低了养育人口的能力，而且通过其产生的气候恶化等影响，威胁邻近地区的农业生产，从而对更大范围的环境产生不利影响。

(6) 水土流失严重

由于开荒种粮、滥伐森林、过度采伐等因素，导致土地植被覆盖率逐步缩小，水土流失范围日益扩大。水土流失一方面会降低土壤肥力，影响作物或植物生长，严重的时候会使整个表土层丧失掉，从而使生态系统完全毁灭。另一方面，由水土流失引起的泥沙随着雨水流进江河、湖泊，从而淤塞河道、抬高河床、淤积水库和湖泊，使湖库容积减少，进而缩短水库或湖泊的寿命，增加洪水灾害的威胁。

据 2010 年中国环境状况公报报道，我国现有水土流失面积 356.92 万 km^2，占国土总面积的 37.2%。其中水力侵蚀面积 161.22 万 km^2，占国土总面积的 16.8%。风力侵蚀面积 195.70 万 km^2，占国土总面积的 20.4%。

农村环境问题的凸显是农村落后于城市和整个国家经济社会发展在生态环境方面的表现，这与农村落后的教育、医疗卫生、社会保障、基础设施建设情况是一致的。在农村远远落后于城市发展，并处在一个相对与城市隔离的情况下，农村的环境保护长期受到忽视，环保政策、环保机构、环保人员、环境监管以及环保基础设施建设均严重不足，这是农村环境问题日益加剧的根源。

当前我国农村环境污染呈现如下规律：点源污染与面源污染共存，生活污染和工业污染叠加，各种新旧污染相互交织，工业及城市污染向农村转移，生态退化尚未得到有效遏制，农村面临环境污染和生态破坏的双重威胁。目前农村环境问题已成为我国农村进一步发展的制约因素，农村环境管理工作任务艰巨。

10.3.3 农村环境管理的基本途径与内容

1. 加强农村环境管理的机构建设

根据环境保护目标责任制，各级人民政府应对本辖区的环境质量负责，广大农村地区的县长、乡镇长、村主任应对本辖区内的环境质量负责。

由于我国很多地区的农村经济发展水平较低、财政困难、缺乏专门机构和专业技术人员，多数地区的农村环境管理机构建设十分匮乏和滞后，这是造成农村环境污染比较严重的重要原因。因此，加强农村地区环境管理的机构建设，是今后一段时间内农村环境管理工作的重要方面。

2. 制定农村及乡镇环境规划

农村与乡镇环境规划，是在农业现代化和农村城镇化过程中防治环境污染与生态破坏的根本措施之一。通过乡镇环境规划，协调乡镇社会经济发展与生态环境保护的关系，防止污染向农村蔓延、扩散，保护农林牧副渔生态环境和自然生态环境，可以使自然资源得到合理开发和永续利用。

在制定农村与乡镇环境规划时，要对农村与乡镇环境和生态系统的现状进行全面的调查分析，要依据地区社会经济发展规划，城镇建设总体规划以及国土规划等，对农村和乡镇范围内环境与生态系统的发展趋势以及可能出现的环境问题作出预测；要实事求是地确定规划期内要完成的环境保护任务和要达到的目标，并据此提出切实可行的对策、措施、行动方案和工作计划。

3. 加强对乡镇工业的环境管理

（1）调整乡镇工业的发展方向

乡镇工业首先应严格遵守国家关于“不准从事污染严重的生产项目，如石棉制品、土硫磺、电镀、制革、造纸制浆、土炼焦、漂洗、炼油、有色金属冶炼、土磷肥和染料等小化工，以及噪声振动严重扰民的工业项目”的规定，更重要的是乡镇工业应扎根于农业，重点发展支持和带动农业生产的项目，如农产品的加工、储藏、包装、运输、代销等产前、产后服务业。在有条件的地方可适度发展小型采掘业、小水电和建材工业等。在经济发达地区，根据实际需要和自身条件，也可发展为大工业配套、为出口服务和为城乡人民服务的加工业、服务业等。

（2）合理安排乡镇工业的布局

乡镇工业，由于其技术含量较低，不论在资源利用还是在废物排放治理方面，都远远落后于大规模的现代化工业，因此，必须十分重视其空间布局，必须严格遵守国务院《关于加强乡镇、街道企业环境管理的规定》，“在城镇上风向、居民稠密区、水源保护区、名胜古迹、风景游览区、温泉疗养区和自然保护区内，不准建设污染环境的乡镇、街道企业。已建成的，要坚决采取关、停、并、转、迁的措施”，切忌出现“村村点火，家家冒烟”的现象。

乡镇工业布局是小城镇建设中的一个重要组成部分，是一项综合性很强的工作，需要综合考虑当地的产业结构现状、自然地理状况、环境承载力、文化传统、生活习俗以及发展趋势，制定出合理可行的方案。

（3）严格控制新的污染源和制止污染转嫁

在对乡镇工业进行环境管理时，要严格执行国务院关于“所有新建、改建、扩建或转产的乡镇、街道企业，都必须填写‘环境影响报告表’，由县级环境保护部门会同主管部门审批，未经审批的项目，当地发改委等有关部门不得批准建设，银行不予拨款、贷款。工商管理部门不得发给营业执照。对于不执行‘三同时’规定造成环境污染的，要追究有关部门、单位或个人的经济责任和法律责任”的规定。

与此同时，要严禁将在生产过程中排放有毒、有害物质的产品委托或转嫁给没有污染防治能力的乡镇、街道企业生产，对于转嫁污染危害的单位和接受污染转嫁的单位，要追究责任并严加处理。

4. 推广现代生态农业、防治农药和化肥的污染

农村人口、资源、环境、产业、景观的特殊性决定了农村生态系统的特殊性。农业不仅是农村的主体产业，而且是农村生态系统的主要组成部分。因此农业生产活动是否以生态学原则去组织将关系到整个农村生态系统的稳定和良性运行。

生态农业是 20 世纪 70 年代以来在我国出现的新事物，它既不同于传统的有机农业，又有别于常规的现代农业。作为一种农业生产体系，它将各种生产活动有机联系起来，实现经济效益和生态效益高度统一。我国农业面临着现代化和持续发展的双重任务，未来的发展形势十分严峻，必须走生态农业之路。

生态农业是根据生态学生物共生和物质循环再生的原理，应用生态工程和现代科学技术，因地制宜，合理安排农业生产的优化模式，主要手段是提高太阳能的固定率和利用率，使物质在系统内得到多次重复利用和循环利用，组织和发展高效、无废的农业。其主要目的是提高农产品的质量，满足人们日益增长的需求，使生态环境得到改善，不因农业生产而破坏或恶化环境，增加农民收入。

全国各地在政府推动、科技引导、社会兴办、群众参与方针的指导下，先后涌现出 2000 多个农业生态工程示范基地，现有 160 个生态农业县，100 多个生态示范区。这些基地在外部投入有限的情况下，通过常规实用技术的系统组装、资源挖潜、体制改革和能力建设等，从农田（土壤生态、作物生态、害虫综合防治、节水集水、间作轮作、有机质还田）、农业（农、林、牧、副、渔业耦合、资源再生）、农村（肥料、饲料、燃料工程、庭院生态、社区建设、小流域治理）和乡镇（工业、能源、交通、景观、人居环境、生态建设与城乡统筹）四个层次促进资源的综合利用，进行环境的综合整治，取得了举世瞩目的社会效益、经济效益和生态效益。

5. 创建环境优美乡镇

创建环境优美乡镇，是推动农村环境保护工作，实现经济发展与环境保护“双赢”的重大措施和重要载体，是促进小城镇环境建设、提升其生态文明水平的重要组织形式，也是农村环境管理的一项重要方面。

我国创建环境优美乡镇的主要程序如下：一是成立工作领导机构，并设专门办公室；二是编制环境规划并批准实施。我国制定了《全国环境优美乡镇考核标准（试行）》，各乡镇可自愿提出申报。经县、市、省、国家各级环境保护行政主管部门审查、考核、公示、批准等程序后，由中华人民共和国环境保护部命名为“全国环境优美乡镇”，并颁发证书和标牌。

《全国环境优美乡镇考核标准(试行)》主要内容如下：

1）基本条件

(1) 领导重视，组织落实，配备专门的环境保护机构或专职环境保护工作人员，建立相应的工作制度。

(2) 按照《小城镇环境规划编制导则》，编制或修订乡镇环境规划，并认真实施。

(3) 认真贯彻执行环境保护政策和法律法规，乡镇辖区内无滥垦、滥伐、滥采、滥挖现象，无捕杀、销售和食用珍稀野生动物现象，近三年内未发生重大污染事故或重大生态破坏事件。

(4) 城镇布局合理，管理有序，街道整洁，环境优美，城镇建设与周围环境协调。

(5) 镇郊及村庄环境整洁，无脏乱差现象。“白色污染”基本得到控制。

(6) 乡镇环境保护社会氛围浓厚，群众对环境状况满意。

2）考核指标见表 10-3

表 10-3　全国环境优美乡镇考核指标及标准

内容	序号	指标名称	考核标准
社会经济发展	1	农民纯收入/(元/年)	东部≥4500；中部≥3000；西部≥2200
	2	城镇居民人均可支配收入/(元/年)	东部≥8000；中部≥6500；西部≥5000
	3	公共设施完善程度	完善
	4	城镇建成区自来水普及率/%	≥98
	5	农村生活用水卫生合格率/%	≥90
	6	城镇卫生厕所建设与管理	达到国家卫生镇有关规定
城镇建成区环境	7	地表水环境质量	达到环境规划要求
	8	近岸海域海水质量(只考核沿海乡镇)	达到环境规划要求
	9	大气质量	达到环境规划要求
	10	声环境质量	达到环境规划要求
	11	重点工业污染源排放达标率/%	100
	12	生活垃圾无害化处理率/%	≥90
	13	生活污水集中处理率/%	≥70
	14	人均绿地面积/(m^2/人)	≥11
	15	主要道路绿化普及率/%	≥95
	16	清洁能源普及率/%	≥60
	17	集中供热率/%(只考核北方城镇)	≥17
乡镇辖管区生态环境	18	森林覆盖率/%	山区≥70；丘陵≥40；平原≥10
	19	农田林网化率/%(只考核平原地区)	南方≥70；北方≥85
	20	草原载畜量/(亩/羊)(只考核草原地区)	符合国家不同类型草地相关标准
	21	水土流失治理率/%	≥70
	22	农用化肥施用强度/(kg/hm^2)(折纯)	≤280
	23	主要农产品农业残留合格率/%	≥85%
	24	规模化畜禽养殖场粪便综合利用率/%	≥90%
	25	规模化畜禽养殖场污水排放达标率/%	≥75%
	26	农作物秸秆综合利用率/%	≥95%

复习与思考

1. 何谓末端控制？其有哪些局限性？
2. 何谓污染预防，它与末端控制的根本区别是什么？
3. 污染预防环境管理模式的基本内容有哪些？
4. 实施污染预防环境管理模式的主要途径有哪些？
5. 城市发展的环境问题主要包括哪些方面？
6. 我国环境保护“十二五”规划中制定的环境保护总体目标和主要指标是什么？
7. 简述城市环境管理的基本途径和方法。
8. 我国城市环境综合整治定量考核指标分为哪 4 大类？各类指标的限值是多少？
9. 我国农村的主要环境问题有哪些？请查找资料分析其产生的主要原因。
10. 简述农村环境管理的基本途径与内容。

第11章

产业环境管理

产业，在中文词语中有两种含义。一种是经济学中对生产活动的分类，即通常称为第一产业、第二产业、第三产业中所说的“产业”。另一种是指行业，即生产同类产品的企业的总称，如家电行业、汽车行业，等等。本章所说的产业，指的是后者，即行业。

产业活动是人类社会通过社会组织和劳动开采自然资源，并加以提炼、加工、转化，从而制造出人类所需要的生活和生产资料，形成物质财富的过程。产业是人类经济社会生存发展的重要活动，但是不合理的产业活动也是破坏生态、污染环境的主要原因，因此，对产业进行环境管理意义重大。

产业环境管理的内容有三个层次。在宏观层次上，政府作为环境管理的主体，通过法律、行政、经济、技术等手段从国家的层面上控制产业活动对生态破坏和环境污染，可称之为政府产业环境管理。在微观层次上，企业作为环境管理的主体，搞好企业自身的环境保护工作，可称之为企业环境管理。在宏观和微观之间，则有以公众及各种非政府组织为环境管理的主体，对政府和企业环境管理提出各种要求和条件，可称之为公众和非政府组织的产业环境管理。本章重点阐述以政府和企业为主体的产业环境管理。

11.1 政府作为主体的宏观产业环境管理

11.1.1 政府产业环境管理的概念、特征和意义

1. 政府产业环境管理的概念

政府产业环境管理是政府运用现代环境科学和政策管理科学的理论和方法，以产业活动中的环境行为为管理对象，综合采用法律的、行政的、经济的、技术的、宣传教育的手段，调整和控制产业活动中资源消耗、废弃物排放以及相关生产技术和设备标准、产业发展方向等的各种管理行动的总称。

政府产业环境管理可根据管理对象分为两类。一类是政府对从事产业活动的一个个具体企业的环境管理，其管理对象是作为产业活动基本单元的企业；二是政府对产业活动中某一个行业进行的环境管理，其管理对象是从事某一行业的所有企业。

2. 政府产业环境管理的特征

政府产业环境管理有以下三个特征：一是具有强制性和引导性，政府是从经济社会发展的高度来调控整个产业发展方向和规模，可以克服微观企业个体发展的片面性和局限性；二是政府产业环境管理的具体内容和形式与产业性质密切相关，要根据不同行业的资源环

境特点采取不同的管理模式，其管理重点是那些资源和能源消耗量大、各种废弃物排放量大的行业，如冶金、化工、焦炭、电力等；三是政府产业环境管理具有较强的综合性，它不仅需要政府环保部门的努力，也需要政府内部综合性经济管理部门的参与，还需要政府外部的行业协会、行业科学技术协会、行业发展咨询服务公司等的参与。

3. 政府产业环境管理的意义和作用

由上可见，产业活动既是创造物质财富、满足人类社会生存发展基本物质需求的活动，又是破坏生态、污染环境的主要原因。由于政府是整个社会行为的领导者和组织者，政府能否依据可持续发展的要求，控制产业活动的资源能源消耗和废弃物排放，按资源节约型、环境友好型的目标实现产业活动的良性发展，对产业环境管理起着决定性的主导作用。

11.1.2 政府对企业进行环境管理的主要途径和方法

以政府为主体对企业进行的环境管理，其主要途径和方法有以下三个方面。

1. 对企业发展建设过程的环境管理

政府对企业发展建设过程的环境管理，是根据企业发展建设过程的时间顺序，对其全过程中的各个环节进行的环境监督和管理。

在企业建设项目筹划立项阶段，政府对企业进行环境管理的中心任务是对企业建设项目进行环境保护审查，组织开展建设项目和规划的环境影响评价，以妥善解决建设项目和规划的合理布局，制订恰当的环境对策，选择有效地减轻对环境不利影响的环保措施。

在企业建设项目生产工艺和流程设计阶段，其中心工作是将建设项目的环境目标和环境污染防治对策转化为具体的工程措施和设施，保证环境保护设施的设计。

在企业建设项目施工阶段，其中心任务主要有两个方面：一是督促检查环境保护设施的施工；二是督促检查施工现场的环保措施落实情况，以避免施工期对周围环境的不良影响。

在企业建设项目验收阶段，其中心任务是验收环境保护设施的完成情况，且需要与主体工程一起进行。即所谓的“三同时”验收。

在企业正常生产经营阶段，则需要对企业污染源和污染物排放、污染收费、环境突发事件等工作进行管理。

在企业因各种原因关闭、搬迁、转产时，也要进行相应的环境管理。如对一些中心城区企业关闭和搬迁后可能造成的土壤和地下水污染情况进行风险评估，对企业转产进行另外的环境影响评价工作等。

2. 对企业生产过程的环境管理

对企业生产过程环境管理的核心是对企业各种物质资源利用和消耗、生产工艺的清洁化、废弃物产生和排放三个环节的环境管理。

长期以来，对企业生产过程中环境管理主要依靠传统的八项环境管理制度，特别是其中的环境影响评价、“三同时”、排污收费、限期治理、排污许可证、目标责任制度，它们对于工业企业污染源的管理发挥了重要作用。

目前，在《中华人民共和国清洁生产促进法》颁布之后，该法成为我国环保部门对企业生产过程进行环境管理主要依据。根据《清洁生产促进法》第二十八条规定：企业应当对生产和服务过程中的资源消耗以及废物的产生情况进行监测，并根据需要对生产和服务实施清洁生产审核。污染物排放超过国家和地方规定的排放标准或者超过经有关地方人民政府核定的污染物排放总量控制指标的企业，应当实施清洁生产审核。使用有毒、有害原料进行生产或者在生产中排放有毒、有害物质的企业，应当定期实施清洁生产审核，并将审核结果报告所在地的县级以上环境保护等行政主管部门。《清洁生产促进法》还对不实施清洁生产审核或者虽经审核但不如实报告审核结果、不公布或者未按规定要求公布污染物排放情况等行为规定了具体的处罚规定。

可见，《清洁生产促进法》的有关规定是对现有企业环境管理制度的有效补充，对我国政府加强对企业环境管理必将发挥明显的作用。

3. 对企业其他环境行为的管理

随着现代企业环境保护工作的发展，其内容已经远远超过了单纯的污染源治理、清洁生产的范围，一些与企业环境保护相关的新生事物，如企业环境信息公开、企业 ISO 14000 环境管理体系、企业环境绩效、企业环境行为评价、企业环境责任、企业环境安全、企业循环经济、企业绿色营销等不断出现，这些新出现的企业环境行为和活动很多都需要政府环保部门的协调、协作、监督和管理，有些已经成为现在政府对企业进行环境管理的新内容。

如在企业环境信息公开方面，根据《清洁生产促进法》，一些污染严重的企业必须公布其污染排放的相关数据，并接受政府和公众的监督。在这里，政府管理部门的职责就是对企业发布信息的数量、质量、真实性进行核实。还有，一些企业会主动发布企业环境报告书，一般情况下，该报告书的发布，也应该经过政府环保部门的相应监督和审核。

又如在企业环境行为评价和企业环境绩效管理方面，政府可以制定专门的企业环境绩效管理计划，鼓励企业和政府管理部门达成自愿性的环境绩效管理协议，推动企业提高其环境绩效，改善其环境行为。如美国环保局推行的“美国国家环境绩效跟踪计划”，以及中国中华人民共和国环境保护部推行的“国家环境友好企业计划”，都属于政府开展的对企业环境绩效的管理。

又如在企业环境安全方面，一些生产或者排放有毒、有害物质的企业可能造成严重的环境影响和事故，需要政府环保部门对其物料投放、泄漏、排放等问题进行经常性的监督，对生产过程进行定期检查、评价，不断地削减污染，消除事故隐患。环保部门要掌握这些重点企业的情况，加强监督，预防重大突发污染事故发生。如 2005 年 11 月 13 日，吉林石化公司双苯厂一车间发生爆炸，约 100t 苯类物质（苯、硝基苯等）流入松花江，造成了江水严重污染，近百名人员伤亡的严重后果，沿岸数百万居民的生活受到影响。在中国发生的松花江污染等一系列重大企业环境安全事故后，这也逐渐成为政府对企业进行环境管理的重要方面。如 2006 年广东省实施了全省重点环境问题挂牌督办制度，截至 2012 年 3 月，已督办 114 个重点环境问题（或企业），大部分问题得到妥善处理。仅 2011 年，全省就出动执法人员 64 万多人次，检查企业 26 万多家次，立案处理 1 万多宗，罚没金额 2.4 亿多元，限期整改及治理企业 8596 家，关停企业 2300 多家。重点区域环境质量得到改善，环境安全得到维护。

还有一点需要特别指出的是，在政府对企业一些环境行为的管理中，单纯依靠政府本身的力量是远远不够的，还必须得到一些专门从事环境保护工作的非政府组织的帮助和参与。如在企业清洁生产审核中，专业性的技术审核工作只能由专业性的环境审核公司来完成，而不是由政府管理部门来进行；在企业 ISO 14000 环境管理体系审核时，政府只能依靠相关专业认证机构提供的审核报告来对企业进行管理；还有在企业环境绩效评估时，也要委托专业的研究机构、评估公司或大学来编写评估报告，再由政府部门根据评估报告进行审核。因此，政府对企业进行的环境管理，实际上是政府、企业和非政府组织相互配合、协调、互动的一个综合性工作，而不是政府一家的事情。

11.1.3　政府对行业进行环境管理的主要途径和方法

政府对行业进行环境管理的主要途径有：制订和实施宏观的行业发展规划、制订和实施行业环境技术政策、制订和实施行业资源能源政策、发展环境保护产业等方面。

1. 制定和实施宏观的行业发展规划

行业的生产活动是一个国家或地区最重要的经济发展活动，行业生产的水平和发展模式，不仅决定了这个国家或地区经济社会发展的能力和趋势，也对资源和生态环境产生着重要的影响。因此，对于行业活动的环境管理，首先要从一个国家或地区的环境社会系统的总体上进行宏观控制。就我国而言，目前提出的建设资源节约型、环境友好型社会的理念，就可以看做是从战略高度对经济发展特别是行业活动提出的环境保护方面的总体目标。

在建设资源节约型、环境友好型社会中，对各个地区和各个行业都提出了相应的循环经济和环境保护的具体目标和要求，以及将逐步配套出台的相应的政策文件和措施保障，这就成为政府对这些行业进行环境管理的总要求。

2. 制订和实施行业环境技术政策

行业环境技术政策是由政府环保部门制订和颁布的，是为实现一定历史时期的环境目标，既能提高行业技术发展水平和有效控制行业环境污染，又能引导和约束行业发展的技术性行动指导政策。

由于行业的多样性和各自的特殊性，行业环境技术政策必须针对每一个行业制定相应的环境技术政策，以符合该行业的实际情况和环境政策需求。总体而言，行业环境技术政策包括行业的宏观经济布局与区域综合开发、行业产业结构和产品结构的调整与升级、产品设计、原材料和生产工艺的优选、清洁生产技术的推广、生态产业链条的建立、废弃物的再资源化与综合利用、污染物末端治理、实施排污收费、实行污染物总量控制等多个方面。

如我国“十二五”规划关于推进重点产业结构调整时提出：装备制造行业要提高基础工艺、基础材料、基础元器件研发和系统集成水平，加强重大技术成套装备研发和产业化，推动装备产品智能化。汽车行业要强化整车研发能力，实现关键零部件技术自主化，提高节能、环保和安全技术水平。冶金和建材行业要立足国内需求，严格控制总量扩张，优化品种结构，在产品研发、资源综合利用和节能减排等方面取得新进展。石化行业要积极探索原料多元化发展新途径，重点发展高端石化产品，加快化肥原料调整，推动油品质量升级。轻纺行业要强化环保和质量安全，加强企业品牌建设，提升工艺技术装备水平。包装行业要加快发展先进包装装备、包装新材料和高端包装制品。电子信息行业要提高研发水平，增强基础电子自主发展能力，引导向产业链高端延伸。建筑业要推广绿色建筑、绿色施工，着力用先进建造、材料、信息技术优化结构和服务模式。加大淘汰落后产能力度，压缩和疏导过剩产能。

关于优化产业布局时提出：按照区域主体功能定位，综合考虑能源资源、环境容量、市场空间等因素，优化重点产业生产力布局。主要依托国内能源和矿产资源的重大项目，优先在中西部资源地区布局；主要利用进口资源的重大项目，优先在沿海沿边地区布局。有序推进城市钢铁、有色、化工企业环保搬迁。优化原油加工能力布局,促进上下游一体化发展。以产业链条为纽带,以产业园区为载体,发展一批专业特色鲜明、品牌形象突出、服务平台完备的现代产业集群。

关于加强企业技术改造时提出:制订支持企业技术改造的政策,加快应用新技术、新材料、新工艺、新装备改造提升传统产业,提高市场竞争能力。支持企业提高装备水平、优化生产流程,加快淘汰落后工艺技术和设备,提高能源资源综合利用水平。鼓励企业增强新产品开发能力,提高产品技术含量和附加值,加快产品升级换代。推动研发设计、生产流通、企业管理等环节信息化改造升级,推行先进质量管理,促进企业管理创新。推动一批产业技术创新服务平台建设。

3. 制订和实施能源资源政策

行业环境保护与该行业使用的能源和原材料密切相关,因此,国家有关煤、石油、电力等能源,以及土地、水、矿产等资源的各项政策,对于行业发展起着非常重要的引导作用。从环境管理角度,这些资源能源政策的制订和实施,有利于从根本上控制资源能源的浪费,从源头上减少污染物排放,因此,这也是政府对企业进行环境管理的重要方面。

如我国"十二五"规划关于加强资源节约和管理时提出:落实节约优先战略,全面实行资源利用总量控制、供需双向调节、差别化管理,大幅度提高能源资源利用效率,提升各类资源保障程度。

关于大力推进节能降耗时提出:抑制高耗能产业过快增长,突出抓好工业、建筑、交通、公共机构等领域节能,加强重点用能单位节能管理。强化节能目标责任考核,健全奖惩制度。完善节能法规和标准,制订完善并严格执行主要耗能产品能耗限额和产品能效标准,加强固定资产投资项目节能评估和审查。健全节能市场化机制,加快推行合同能源管理和电力需求侧管理,完善能效标识、节能产品认证和节能产品政府强制采购制度。推广先进节能技术和产品。

关于加强水资源节约时提出:实行最严格的水资源管理制度,加强用水总量控制与定额管理,严格水资源保护,加快制订江河流域水量分配方案,加强水权制度建设,建设节水型社会。强化水资源有偿使用,严格水资源费的征收、使用和管理。推进农业节水增效,推广普及管道输水、膜下滴灌等高效节水灌溉技术,新增5000万亩高效节水灌溉面积,支持旱作农业示范基地建设。在保障灌溉面积、灌溉保证率和农民利益的前提下,建立健全工农业用水水权转换机制。加强城市节约用水,提高工业用水效率,促进重点用水行业节水技术改造和居民生活节水。加强水量水质监测能力建设。实施地下水监测工程,严格控制地下水开采。大力推进再生水、矿井水、海水淡化和苦咸水利用。

关于节约集约利用土地时提出:坚持最严格的耕地保护制度,划定永久基本农田,建立保护补偿机制,从严控制各类建设占用耕地,落实耕地占补平衡,实行先补后占,确保耕地保有量不减少。实行最严格的节约用地制度,从严控制建设用地总规模。按照节约集约和总量控制的原则,合理确定新增建设用地规模、结构、时序。提高土地保有成本,盘活存量建设用地,加大闲置土地清理处置力度,鼓励深度开发利用地上地下空间。强化土地利用总体规划和年度计划管控,严格用途管制,健全节约土地标准,加强用地节地责任和考核。单位国内生产总值建设用地下降30%。

关于加强矿产资源勘查、保护和合理开发时提出:实施地质找矿战略工程,加大勘查力度，实现地质找矿重大突破，形成一批重要矿产资源的战略接续区。建立重要矿产资源储备体系。加强重要优势矿产保护和开采管理，完善矿产资源有偿使用制度，严格执行矿产资源规划分区管理制度，促进矿业权合理设置和勘查开发布局优化。实行矿山最低开采规模标准，推进规模化开采。发展绿色矿业，强化矿产资源节约与综合利用，提高矿产资源开采回采率、选矿回收率和综合利用率。推进矿山地质环境恢复治理和矿区土地复垦，完善矿山环境恢复治理保证金制度。加强矿产资源和地质环境保护执法监察，坚决制止乱挖滥采。

4. 发展环境保护产业

环境保护产业是以预防和治理环境污染为目的的产业群，包括水处理业、垃圾处理业、大气污染防治业、环保设备制造业、环保服务业等，广义的环保产业还包括从事资源节约、生态建设等工作的行业，如水资源保护、绿化造林等。

环境保护产业是整个社会产业活动能够进行有效预防和治理各种环境污染和生态破坏的技术保障和物质基础，直接决定了整个经济产业活动中环境保护和治理的技术水平。因此，大力鼓励和推动环境保护产业的发展，是政府对行业进行环境管理的重要方面。同时，随着世界范围内对环境保护的重视，环境保护产业不仅成为国民经济发展的重要的新的增长点，而且成为一个国家或地区环境保护水平和能力高低的重要标志。

以辽宁为例：辽宁省一直高度重视环境保护和相关产业的发展，2007 年举行的首届环保科技暨环保产业工作会议，标志着辽宁走向了环保科技创新、振兴环保产业的环保事业发展的新篇章。同年，辽宁省环保厅成立了辽宁省环保产业管理办公室，并颁发了《关于促进环保产业发展的意见》，对加快辽宁省环保产业的发展起到了推动作用。2010 年辽宁省政府出台了《辽宁省人民政府关于加快发展新兴产业的意见》，将节能环保产业列入辽宁重点发展的九大新兴产业之中，这是辽宁省经济结构调整的一项重要任务，是推动辽宁省向资源节约型、环境友好型社会发展的重大战略举措。

多年来，辽宁省环境保护及相关产业一直保持快速稳定增长，年平均增长约 30%，2008 年，辽宁省环境保护及相关产业总产值 692.4 亿元，占辽宁省 GDP 的 5%，其中企业单位为 632.7 亿元，事业单位为 59.7 亿元，全年实现利润 64.3 亿元。目前辽宁省环保产业已初具规模，总体发展态势良好。据全国环保产业调查报告显示，辽宁省环保产业整体水平处于全国前列，尤其是污水处理、静电除尘、噪声监测防控等技术，均已达到国内领先水平。

环保产业是具有高增长性、吸纳就业能力强、综合效益好的战略性新兴产业。加快发展环保产业，是节能减排、改善民生的现实需求，是提升传统产业、促进产业结构调整、加快经济发展方式转变的重大举措，是发展绿色经济、抢占后金融危机时代国际竞争制高点的战略选择。发展环保产业对推动我国生态文明建设，早日建成小康社会、实现我国经济社会的可持续发展具有重要的意义和价值，发展环保产业功在当代、利在千秋。

11.2 企业作为主体的微观产业环境管理

11.2.1 企业环境管理的概念、特征和意义

企业是人类社会产业活动的基本单位，是人类社会创造物质财富的主体。各种各样的企业，特别是工业企业，通过开采自然资源，并加以提炼、加工、转化，从而制造出满足人类社

会基本生存和发展所需要的生活资料和生产资料。同时,企业在生产活动中大量消费各种自然资源、排放大量废弃物,也是造成资源耗竭、环境污染、生态破坏的首要原因,特别是一些生产工艺落后、经营方式粗放、资源消耗大、污染严重的工业企业,产生了非常严重的环境问题,引起了人们广泛的关注。

1. 企业环境管理的概念和特征

企业环境管理是企业运用现代环境科学和工商管理科学的理论和方法,以企业生产和经营过程中的环境行为和活动为管理对象,以减少企业不利环境影响和创造企业优良环境业绩的各种管理行动的总称。

企业环境管理有以下三个特征：一是企业作为自身环境管理的主体,决定了企业环境管理的主要内容和方式,但同时还要受到政府法律法规、公众特别是消费者相关要求的外部约束；二是企业环境管理的具体内容和形式与企业的行业性质密切相关,如从事资源开采、加工制造等行业的企业环境管理与宾馆业、旅游业等服务性行业的企业环境管理会有很大差异；三是企业环境管理按其目标可分为多个层次,最低层次可以是满足政府法律的要求,稍高是减少企业生产带来的不利环境影响,更高层次则是创造优异的环境业绩,承担起一个卓越企业在国家可持续发展中的环境责任和社会责任。

2. 企业环境管理的意义和作用

由上可见,企业作为从事产业活动和创造财富的一种人类社会组织形式,在人类社会的环境保护与经济发展中扮演着极其重要的角色。企业能否自觉地按照国家可持续发展的要求,采取减少资源消耗、减少污染物排放的生产经营方式和企业管理制度,对于保护环境意义重大。

霍肯在其《商业生态学》一书中指出:“商业、工业和企业是全世界最大、最富有、最无处不在的社会团体,它必须带头引导地球远离人类造成的环境破坏。”这是对企业环境管理意义和作用的非常恰当的描述。

11.2.2 企业环境管理中存在的问题及其企业环境管理的市场行为

1. 企业环境管理中存在的一些问题

由于各种历史和现实原因,一些企业的环境管理长期得不到重视,这在一些经济不发达国家的企业更为突出。以我国为例,很多企业在环境管理上存在不少的认识误区和现实问题,主要有：一是在经营理念上认为企业的目标就是追求利润,而把环境治理当成政府和社会责任,因此不重视甚至忽视企业环境管理；二是许多企业没有专门的环境管理部门,没有规范的环境管理制度,更谈不上国际化的标准环境管理体系；三是企业在生产经营中对自然资源无序无度滥采滥用,资源效率低下；四是由于资金短缺、技术落后等原因,只对生产末端的污染物进行有限的治理,有的企业甚至不进行治理,造成严重污染；五是大多数企业的环境管理停留在比较低的水平上,以遵守国家法律和环境标准为最高要求,缺乏创造环境业绩、树立环境形象、承担环境责任的高层次目标和追求,企业环境管理还没有成为企业经营管理中不可缺少的重要内容。

2. 市场经济体制下的企业环境管理行为

在市场经济体制下,企业环境管理行为可大致分为三类：

一类是消极的环境管理行为,具体表现为企业在经济利益的刺激下不遗余力地降低成本,不重视或忽视环境问题,宁愿缴纳排污费和罚款也不治理污染,能够非法排污就不会运行环境治理设施,能够蒙混过关就不会在环保上投入一分钱。这种现象在很多企业中大量存在,引发了众多的资源浪费、环境污染和生态破坏问题。

二类是不自觉的环境管理行为,在政府越来越严格的环保法律法规和标准及消费者对绿色产品越来越多需要的双重作用下,企业为了提高竞争能力,会努力变革传统的粗放型生产经营方式,通过加强管理、改进技术、循环利用、清洁生产等措施实现节能降耗和生产绿色产品的目的。这样,企业在实现自身经济利益的同时,在一定程度上也不自觉地保护了环境。

三类是积极的环境管理行为,一些企业,特别是大企业在追求企业经济利益和投资者利润的同时,为了达到企业可持续发展,实现"基业长青"的目标,也意识到企业还应该为提高人们生活质量、促进社会进步做出贡献,其方式就是主动承担起企业的社会责任,这已经成为一些现代企业发展和管理的重要原则。因此,在环境问题日益突出的情况下,一些具有高度社会责任感的企业会主动提出企业的环境政策、自觉减少资源和能源消耗,减少污染物的排放,并通过 ISO 14000 环境管理标准体系等方式加强企业的环境管理,以达到创造环境业绩、树立环境形象、承担环境责任的高层次目标和追求,最终达到全面提升自身的竞争力和保证企业可持续发展的目标。同时,在这些大公司的带动和要求下,大量的与大公司有商业合作关系的其他企业,特别是中小企业也不得不重视自身的环境状况,按国际通行标准建立自身的环境管理体系,满足大公司在环境保护方面提出的先进标准和要求,以维持与大公司的合作关系。在这种趋势下,先进的企业环境管理体系成为了一个企业能否持续发展的基本条件和重要标准,也成为企业自身发展的内在追求。

11.2.3 企业环境管理的主要途径和方法

企业环境管理中存在的问题,既是市场经济条件下我国企业发展水平和企业自身环境管理能力的体现,也与政府对企业的引导和约束,以及公众对企业环境行为的社会监督和要求有着重要的联系。这些问题的解决,需要企业、政府和公众三者的协调、互动和共同推进。

企业环境管理的主要途径和方法有以下几种。

1. 制定企业环境政策

企业环境政策,是指企业对于涉及资源利用、生产工艺、废弃物排放等与环境保护相关领域总的指导方针和基本政策,有时也称为企业环境方针、环境战略、环境理念、环境目标等。这是一个企业在环境管理方面总的理念和看法。

企业环境政策对于企业环境管理非常重要,它从企业发展战略的高度全面规定了企业环境管理的基本原则和方向,因而是企业环境管理的根本保证。

以下是 ABB 公司的环境政策:

ABB 是电力和自动化技术领域的全球领袖,能帮助公用事业和工业客户提高产品性能,同时降低对环境的不良影响。我们将努力满足客户、雇员和业务所在社区的需要,以此实现为利益相关方创造价值的理想。

我们将努力减少自己对环境的负面影响。我们将为业务所及的社区和国家的生态效率提高和环境改善做出贡献。我们的核心业务能为客户提供能效更高的系统、产品和服务,降低能源和自然资源的消耗量。

环境管理是我们的最优先的业务之一，我们承诺：

- 通过在全球各地的所有运作中建立环境管理体系（如 ISO 14001），落实环境原则（如承诺持续改进，守法，员工的意识培训），以环境友好的方式运作我们的业务；
- 鼓励供应商、分包商和客户采用国际环境标准，从而增强价值链各个环节的环境责任感；
- 以能源和资源效率为中心改进我们的制造工艺；
- 开展工厂环境绩效的定期审核，以及与并购和业务剥离相关的环境审核；
- 向发展中国家转让高生态效率的技术；
- 开发和推广资源效率更高并且有助于更好地利用可再生能源的产品和系统；
- 发布基于生命周期评估的产品环境声明，公示我们核心产品的环境绩效；
- 将环境因素列入重大客户项目的风险评估中；
- 按照 GRI 的要求，编制年度可持续发展报告，并委托独立机构对其进行审查，从而确保报告的透明性。

环境政策是 ABB 对可持续发展承诺不可分割的组成部分，它贯穿于整个公司的发展战略、业务流程和日常运营中。

2. 建立企业内部环境管理体系

传统上，企业内部环境管理体系（或体制），就是在企业内部建立全套从领导、职能科室到基层单位，在污染预防与治理、资源节约与再生、环境设计与改进以及遵守政府有关法律法规等方面的各种规定、标准、制度、操作规程、监督检查制度的总称。在这种管理体系下，企业根据自身需要设计管理体系，并操作执行。目前，我国大多数企业的环境管理都属于这种情况。

从 1993 年起，国际标准化组织颁布了 ISO 14000 系列环境管理体系标准后，ISO 14000 系列环境管理标准已经迅速成为企业建立环境管理体系的主流标准和指南。根据 ISO 14001 中的定义，环境管理体系是一个组织内全面管理体系的组成部分，它包括为制定、实施、实现、评审和保持环境方针所需的组织机构、规划活动、机构职责、惯例、程序、过程和资源，还包括组织的环境方针、目标和指标等管理方面的内容。根据 ISO 14000 标准，企业建立环境管理体系主要可分为策划、体系建立、运行、认证四个阶段（详见 11.5 节）。

3. 绿色设计制造和绿色营销

绿色设计和制造是采用生态、环保、节约、循环利用的理念和方法进行产品的设计和生产，以减少产品在生产、流通、消费、废弃等过程产生的资源消耗、废物排放和生态破坏。绿色设计已经成为优秀产品设计的重要标准，如美国工业设计师协会每年评选的卓越产品设计奖把对环境的保护作为获奖的重要因素，德国则把对生态的保护作为产品设计最高的美德，使之上升到产品美学的高度。德国还要求设计师在设计过程中就必须考虑原材料和能源的使用、废角料和废气的处理、材料的回收等问题，提倡通过设计尽量延长产品的使用寿命，消除一次性产品，提倡产品的重复使用。广义的绿色设计还包括绿色材料、绿色能源、绿色工艺、绿色包装、绿色回收、绿色使用等环节的设计（详见 11.6 节）。

绿色营销是用生态、环境、绿色的理念和方法对企业传统的营销方式进行变革和创新，如在广告中除了强调产品的高性能，还要强调产品的无污染和更节能；采取更为多样的销售方式，如以租代售、以旧换新，主动回收废旧产品等。绿色营销已经成为现代企业营销的重要内容,广义的绿色营销还包括绿色信息、绿色产品、绿色包装、绿色价格、绿色标志、绿色销售渠道、绿色促销策略、绿色服务、绿色监督、绿色消费、绿色回收等内容。

绿色设计制造和绿色营销也为商家带来了巨大利润。例如,世界知名的生态企业——世界上最大的商用地毯制造商 Interface 公司在 1994 年提出了“废物为零,石油消耗量为零”的环保目标,该公司在地毯设计和生产中采取的一些有效的环保措施包括:一是尽量利用风能、太阳能和水能,生产出世界上第一条“太阳能地毯”,虽然价格稍贵一些,但无公害生产的前途不可限量;二是采取“封闭式循环再生利用”,尽量多采用天然原材料和可分解的产品,少用矿物质燃料;三是提高运输效率,减少浪费,比如通过电视会议来减少不必要的旅行,将工厂设在市场附近,规划最高效率的后勤供应等。

Interface 公司最值得称道的绿色营销模式是,通过与客户签订绿色服务合同,改卖地毯为租地毯,将旧的地毯替换和回收利用,并将重点放在产品在不同生命周期内的服务,有效提高服务的价值上。由于客户对地毯的需求因此而变得多样化,而每个地毯的使用寿命却比过去一次卖出时长了,这使得客户获得了更多的经济利益和地毯享用,而公司也因此获得了更多的效益。

公司这种对环境保护的意识吸引了更多的客户,使公司收入创下了新的记录。正是这些创新性的举措,使公司在很短的时间内从一个地方性的小公司发展为一个跨国大公司。

再如世界最大的包装公司之一索诺科公司在 1990 年就提出了“我们既制造了它,我们就要回收它”的承诺,开始从用户手中回收使用后的产品,这一政策得到了客户的热烈欢迎,该公司目前有三分之二的原材料来自回收的材料,并创造了收入和销售的新记录。

4. 治理废弃物、开展清洁生产和发展循环经济

减少各种自然资源和能源消耗,减少各种废水、废气、废渣、噪声等废弃物的产生和排放,是企业环境保护的最主要任务,因此,治理废弃物、开展清洁生产和发展循环经济,就成为企业环境保护最重要的内容。

(1) 治理废弃物

由于受经济、技术等条件的制约,企业在生产过程中产生一定量的废弃物是难以避免的。因此,企业对废弃物进行治理以达到政府有关排放标准和污染物总量控制的要求,是企业环境管理的重要工作。

废弃物治理包括大气污染物、污水、废水、固体废物、噪声污染等方面的防治工作,具体措施请参照第 5~8 章。需要指出的是,废弃物治理应当坚持预防为主、防治结合、综合治理的方针,从生产源头上减少能源和原材料的消耗,在生产过程中进行清洁生产以减少废弃物的产生和排放,最后才是生产末端加强废弃物的治理。

(2) 开展清洁生产

清洁生产是从生产的全过程来控制污染的一种综合措施。联合国环境规划署在 1996 年将清洁生产定义为:“清洁生产是一种新的创造性的思想,它将整体预防的环境战略持续应用于生产过程、产品和服务中,以增加生态效率和减少人类及环境的风险。对于生产过程,清洁生产要求节约原材料和能源,淘汰有毒原材料、降低所有废弃物的数量和毒性;对于产品,清洁生产要求减少从原材料提炼到产品最终处置的全生命周期的不利影响;对于服务,清洁生产要求将环境因素纳入设计和所提供的服务之中。”(详见 11.3 节)

对于企业而言,实施清洁生产要求在生产全过程中减少污染物产生量,实现污染物最大限度资源化；不仅考虑产品的生产工艺，而且要对产品结构、原料和能源替代、生产运营和现场管理、技术操作、产品消费，直到产品报废后的资源循环等多个环节进行统筹考虑。

(3) 发展循环经济

循环经济认为，传统的经济发展将地球看成无穷大的资源库和排污场，一端大量开采资源，另一端排放各种废弃物，是以"资源-产品-废弃物"为表现形式的线性模式，这是造成目前环境问题日益严重的经济根源。为此，循环经济采用"减量化、再使用、再循环"的3R原则，立足于提高资源利用效率，在生产和再生产的各个环节按"物质代谢"关系安排生产过程和产业链条，形成一种以"资源-产品-废弃物-再生资源"为表现形式的循环模式。

循环经济可分为循环经济型社会、循环经济型生态工业区、循环经济型企业三个层次。对于企业而言，发展循环经济不仅包括传统的废弃物治理和清洁生产，还要使生产中的各种物质，特别是废弃物尽可能地循环起来，另外，还要考虑在工业园区或区域层次上构建生态产业链条，以最大限度地提高资源利用效率，减少废弃物产生和排放(详见11.4节)。

5. 企业环境报告书

企业环境报告书，是一种企业向外界公布其环境行为和环境绩效的书面年度报告，它反映了企业在生产经营活动中产生的环境影响，以及为了减轻和消除有害环境影响所进行的努力及其成果。企业环境报告书的主要内容包括企业环境方针、环境管理指导思想、环境方针的实施计划、为落实环境方针和计划所采取的具体措施和取得的环境绩效等。

20世纪90年代以后，随着环境会计、环境审计的发展，特别是ISO 14031环境绩效评价标准的实行，一些国际大公司纷纷以环境年报的形式对自身所取得的环保成效进行总结与评估，以向社会公开企业的环境表现和绩效，达到树立企业环境形象，承担社会责任的目标，这成为企业环境报告书的起源。

目前，定期公开发布环境报告书已经成为很多著名企业环境管理的重要内容。对于这些企业而言，环境报告书是对企业环境工作和管理的总体概括，是宣传企业环境绩效和环境形象的重要方式；对于政府而言，这些企业自愿发布环境报告书是企业在主动遵守政府法律基础上的进一步行动，当然是政府所希望和鼓励的；对于公众而言，环境报告书是全面了解企业、认识企业环境行为的重要途径。由上可见，企业主动发布环境报告书不仅是企业环境管理的重要方面，也是那些环境绩效优秀、环境形象良好、主动担负起可持续发展社会责任的企业自愿与政府、公众在环境管理方面相互沟通交流的重要方式。因此，发布环境报告书是一个企业环境管理水平高和绩效优异的重要标志。

11.3 清洁生产简介

11.3.1 清洁生产的产生与发展

1. 清洁生产的产生

清洁生产是在环境和资源危机的背景下，国际社会在总结了各国工业污染控制经验的基础上提出的一个全新的污染预防的环境战略。它的产生过程，就是人类寻求一条实现经济、社会、环境、资源协调发展的可持续发展道路的过程。

20世纪60年代开始，工业对环境的危害已引起社会的广泛关注，70年代，西方一些国家的企业开始采取应对措施，主要是通过各种方式和手段对生产过程末端的废弃物进行处理，即所谓的"末端治理"。末端治理的着眼点是侧重于污染物产生后的治理，客观上却造成了生产过程与环境治理分离脱节；末端治理可以减少工业废弃物向环境的排放量，但很少能影响到核心工艺的变更；末端治理作为传统生产过程的延长，不仅需要投入大量的设备费用，维护开支和最终处理费用，而且本身还要消耗大量资源、能源，特别是很多情况下，这种处理方式还会使污染在空间和时间上发生转移而产生二次污染，所以很难从根本上消除污染。

面对环境污染日趋严重、资源日趋短缺的局面，工业化国家在对其污染治理过程进行反思的基础上，逐步认识到要从根本上解决工业污染问题，必须以"预防为主"，将污染物消除在生产过程之中，而不是仅仅局限于末端治理。70 年代中期以来，不少发达国家的政府和各大企业集团公司都纷纷研究开发和采用清洁工艺(少废无废)技术、环境无害技术，开辟污染预防的新途径。

1976 年，欧共体在巴黎举行的"无废工艺和无废生产国际研讨会"上，首次提出了清洁生产的概念，其核心是消除产生污染物的根源，达到污染物最小量化及资源和能源利用的最大化。这种旨在实现经济、社会和生态环境协调发展的新的环境保护策略，迅速得到了国际社会各界的积极倡导。

1989 年 5 月，在总结了各国清洁生产相关活动之后，联合国环境规划署工业与环境规划中心(UNEPIE/PAC)正式制定了《清洁生产计划》，提出了国际普遍认可的包括产品设计、工艺革新、原辅材料选择、过程管理和信息获得等一系列内容和方法的清洁生产总体框架。之后，世界各国也相继出台了各项有关法规、政策和法律制度。

1992 年，在联合国环境与发展大会上，呼吁各国调整生产和消费结构，广泛应用环境无害技术和清洁生产方式，节约资源和能源，减少废物排放，实施可持续发展战略。清洁生产正式写入《21 世纪议程》，并成为通过预防来实现工业可持续发展的专用术语。从此，在全球范围内掀起了清洁生产活动的高潮。经过几十年不断的创新、丰富与发展，清洁生产现已成为国际环境保护的主流思想，有力地推动了全世界的可持续发展进程。

2. 清洁生产的发展

1）国外清洁生产的发展

清洁生产是国际社会在总结工业污染治理经验教训的基础上，经过 30 多年的实践和发展逐渐趋于成熟，并为各国政府和企业所普遍认可的、实现可持续发展的一条基本途径。

1976 年，欧共体提出了"清洁生产"的概念，1979 年 4 月欧共体理事会正式宣布推行清洁生产政策，开始拨款支持建立清洁生产示范工程。20 世纪 80 年代美国化工行业提出的污染预防审计也逐步在全球推广，逐步发展为清洁生产审计。1984 年、1987 年又制定了欧共体促进开发"清洁生产"的两个法规，明确对清洁生产工艺示范工程在财政上给予支持。1984 年有 12 项、1987 年有 24 项得到财政资助。欧共体还建立了信息情报交流网络，由该网络让其成员国得到有关环保技术及市场情报信息。

欧洲许多国家已把清洁生产作为一项基本国策。最初开展清洁生产工作的国家是瑞典(1987 年)，随后，荷兰、丹麦、德国、奥地利等国也相继开展清洁生产工作，在生产工艺过程中减少废物的思想得到了广泛关注。一些国家开始要求企业进行废物登记和环境审计，工业污染管理开始出现从终端处理向废物减量的战略性转变。20 世纪 90 年代初，许多环境管理工具(如废物减量机遇分析、环境审计、风险评估和安全审计等)被开发出来，并得到各国政府的推荐和企业的采用。

美国国会 1990 年 10 月通过了“污染预防法”，把污染预防作为美国的国家政策，取代了长期采用的末端处理的污染控制政策，要求工业企业通过设备与技术改造、工艺流程改进、产品重新设计、原材料替代以及促进生产各环节的内部管理来减少污染物的排放，并在组织、技术、宏观政策和资金方面做了具体的安排。

发达国家的这一系列工业污染防治策略得到了联合国环境规划署的极大重视。1992 年在巴西里约热内卢召开的联合国环境与发展大会制定的《21 世纪议程》，将清洁生产作为实现可持续发展的重要内容，号召各国工业界提高能效，开发更先进的清洁技术，更新、替代对环境有害的产品和原材料，实现环境和资源的保护与合理利用。加拿大、荷兰、法国、美国、丹麦、日本、德国、韩国、泰国等国家纷纷出台有关清洁生产的法规和行动计划，世界范围内出现了大批清洁生产国家技术支持中心、非官方倡议以及手册、书籍和期刊等，实施了一大批清洁生产示范项目。

1992 年 10 月，联合国环境规划署召开了巴黎清洁生产部长级会议和高级研讨会议，指出目前工业不但面临着环境的挑战，同时也正获得新的市场机遇。清洁生产是实现可持续发展的关键因素，它既能避免排放废物带来的风险和处理、处置费用的增长，还会因提高资源利用率、降低产品成本而获得巨大的经济效益。会议还制定了在世界范围内推行清洁生产的计划与行动措施。

1994 年联合国工业发展组织和联合国环境署联合发起了“全球范围创建发展中国家清洁生产中心计划”。在各国政府的大力支持下，联合国工发组织和联合国环境署启动的国家清洁生产中心项目在约 30 个发展中国家建立了国家清洁生产中心，这些中心与十几个发达国家的清洁生产组织共同构成了一个巨大的国际清洁生产的网络，建立了全球、区域、国家、地区多层次的组织与联络。

联合国环境规划署自 1990 年起，每两年召开一次清洁生产国际高级研讨会，1998 年在汉城(今首尔)举行了第五届国际清洁生产高级研讨会，会上出台了《国际清洁生产宣言》。发表这个宣言的目的是加快将清洁生产采纳为全球工业可持续发展战略的进程。截至 2002 年3 月底，包括我国已有 300 多个国家、地区或地方政府、公司以及工商业组织在《国际清洁生产宣言》上签名。联合国环境规划署的另一重要举措是促进清洁生产投资的机制与战略研究示范，促进各界向清洁生产投资。

联合国环境规划署在 2000 年的第六届清洁生产国际高级研讨会上对清洁生产发展状况作了这样的概括：“对于清洁生产，我们已经在很大程度上达成全球范围内的共识，但距离最终目标仍有很长的路，因此，必须做出更多的承诺”。

在 2002 年第七次清洁生产国际高级研讨会上，联合国环境规划署建议各国进一步加强政府的政策制定，使清洁生产成为主流，尤其是提高国家清洁生产中心在政策、技术、管理以及网络等方面的能力。此次会议上，联合国环境规划署与环境毒理学与化学学会(SETAC)共同发起了“生命周期行动”，旨在全球推广生命周期的思想。会议还提出，清洁生产和可持续消费密不可分，建议改变生产模式与改变消费模式并举，进一步把可持续生产和消费模式融入商业运作和日常生活，乃至国际多边环境协议的执行中。联合国环境规划署和工业发展组织的一系列活动，有力地推动了在全世界范围内的清洁生产浪潮。

2005 年 2 月 16 日，作为联合国历史上首个具有法律约束力的温室气体减排协议，《京都议定书》生效。《京都议定书》在减排途径上提出三种灵活机制，即清洁发展机制、联合履约机制和排放贸易机制，对解决全球环境难题具有里程碑式的意义。2007 年 9 月，亚太经合组织（APEC）领导人会议首次将讨论气候变化和清洁发展作为主要议题。

近年来美国、澳大利亚、荷兰、丹麦等发达国家在清洁生产立法、组织机构建设、科学研究、信息交换、示范项目和推广等领域已取得明显成就。发达国家清洁生产政策有两个重要的倾向：其一是着眼点从清洁生产技术逐渐转向清洁产品的整个生命周期；其二是从多年前大型企业在获得财政支持和其他种类对工业的支持方面拥有优先权转变为更重视扶持中小企业进行清洁生产，包括提供财政补贴、项目支持、技术服务和信息等措施。

国际推进清洁生产活动，概括起来具有如下特点：

(1) 把推行清洁生产和推广国际标准组织 ISO 的环境管理制度（EMS）有机地结合在一起。

(2) 通过自愿协议推动清洁生产，自愿协议是政府和工业部门之间通过谈判达成的契约，要求工业部门自己负责在规定的时间内达到契约规定的污染物削减目标。

(3) 政府通过优先采购，对清洁生产产生积极推动作用。

(4) 把中小型企业作为宣传和推广清洁生产的主要对象。

(5) 依赖经济政策推进清洁生产。

(6) 要求社会各部门广泛参与清洁生产。

(7) 在高等教育中增加清洁生产课程。

(8) 科技支持是发达国家推进清洁生产的重要支撑力量。

2) 中国清洁生产的发展

我国从 20 世纪 70 年代开始环境保护工作，当时主要是通过末端治理方式解决环境问题；随着国际社会对解决环境问题的反思，80 年代我国开始探索如何在生产过程中消除污染。

清洁生产引入中国十几年来，已在企业示范、人员培训、机构建设和政策研究等方面取得了明显的进展，是国际上公认的清洁生产搞得最好的发展中国家。

1992 年，中国积极响应联合国环境与发展大会倡导的可持续发展的战略，将清洁生产正式列入《环境与发展十大对策》，要求新建、扩建、改建项目的技术起点要高，尽量采用能耗、物耗低，污染物排放量少的清洁生产工艺。

1993 年召开的第二次全国工业污染防治工作会议，明确提出工业污染防治必须从单纯的末端治理向生产全过程控制转变，积极推行清洁生产，走可持续发展之路，从而确立了清洁生产成为中国工业污染防治的思想基础和重要地位，拉开了中国开展清洁生产的序幕。

1994 年，我国制定了《中国 21 世纪议程》，专门设立了“开展清洁生产和生产绿色产品”的领域。把建立资源节约型工业生产体系和推行清洁生产列入了可持续发展战略与重大行动计划中。从此，我国把清洁生产作为优先实施的重点领域，以生态规律指导经济生产活动，环境污染治理开始由末端治理向源头治理转变。

1994 年 12 月，中华人民共和国环境保护部成立了国家清洁生产中心与行业和地方清洁生产中心。

1995 年修改并颁布了《中华人民共和国大气污染防治法（修订稿）》条款中规定“企业应当优先采用能源利用率高、污染物排放少的清洁生产工艺，减少污染物的产生”，并要求淘汰落后的工艺设备。

1996年8月，国务院颁布《关于环境保护若干问题的决定》，明确规定所有大、中、小型新建、扩建、改建和技术改造项目要提高技术起点；采用能耗、物耗小，污染物排放量少的清洁生产工艺。

1997年4月，中华人民共和国环境保护部制定并发布了《关于推行清洁生产的若干意见》，要求各级环境保护行政主管部门将清洁生产纳入日常的环境管理中，并逐步与各项环境管理制度有机结合起来。为指导企业开展清洁生产工作，中华人民共和国环境保护部还同有关工业部门编制了《企业清洁生产审计手册》以及啤酒、造纸、有机化工、电镀、纺织等行业的清洁生产审计指南。

1997年，召开了"促进中国环境无害化技术发展国际研讨会"。

1998年10月，中国中华人民共和国环境保护部的官员代表我国政府在《国际清洁生产宣言》上郑重签字，我国成为《宣言》的第一批签字国之一，更表明了我国政府大力推动清洁生产的决心。

1998年11月，国务院令(第253号)《建设项目环境保护管理条例》明确规定：工业建设项目应当采用能耗物耗小、污染物排放量少的清洁生产工艺。中共中央十五届四中全会《关于国有企业改革若干问题的重大决定》明确指出：鼓励企业采用清洁生产工艺。

1999年，全国人大环境与资源保护委员会将《清洁生产法》的制定列入立法计划。

1999年5月，国家经贸委发布了《关于实施清洁生产示范试点的通知》，选择北京、上海等10个试点城市和石化、冶金等5个试点行业开展清洁生产示范和试点。与此同时，陕西、辽宁、江苏、山西、沈阳等许多省市也制订和颁布了地方性的清洁生产政策和法规。

2000年国家经贸委公布关于《国家重点行业清洁生产技术导向目录》(第一批)的通知，并于2003年、2006年分别公布第二批、第三批的通知。

在联合国环境规划署、世界银行、亚洲银行的援助和许多外国专家的协助下，中国启动和实施了一系列推进清洁生产的项目，清洁生产从概念、理论到实践在中国广为传播。涉及的行业包括化学、轻工、建材、冶金、石化、电力、飞机制造、医药、采矿、电子、烟草、机械、纺织印染以及交通等。建立了20个行业或地方的清洁生产中心，近16000人次参加了不同类型的清洁生产培训班。有5000多家企业通过了ISO 14000环境管理体系认证，1994—2003年，我国已颁布了包括纺织、汽车、建材、轻工等51个大类产品的环境标志标准，共有680多家企业的8600多种产品通过认证，获得环境标志，形成了600亿元产值的环境标志产品群体。

在立法方面，已将推行清洁生产纳入有关的法律以及有关的部门规划中。我国在先后颁布和修订的《中华人民共和国大气污染防治法》、《中华人民共和国水污染防治法》、《中华人民共和国固体废物污染防治法》和《淮河流域水污染防治暂行条例》等法律法规中，将实施清洁生产作为重要内容，明确提出通过实施清洁生产防治工业污染。2002年6月中国全国人大发布了《中华人民共和国清洁生产促进法》，该法已于2003年1月正式实施，说明了我国的清洁生产工作已走上法制化的轨道。

2003年4月18日，中华人民共和国环境保护部以国家环境保护行业标准的形式，正式颁布了石油炼制业、炼焦行业、制革行业3个行业的清洁生产标准，并于同年6月1日起开始实施。

2003年12月，为贯彻落实《中华人民共和国清洁生产促进法》，国务院办公厅转发了中华人民共和国环境保护部和国家发改委及其他 9 个部门共同制定的《关于加快推行清洁生产的意见》(简称《意见》)。《意见》提出：推行清洁生产必须从国情出发，发挥市场在资源配置中的基础性作用，坚持以企业为主体、政府指导推动，强化政策引导和激励，逐步形成企业自觉实施清洁生产的机制。

国家对企业实施清洁生产的鼓励政策也在逐步落实之中，如有关节能、节水、综合利用等方面税收减免政策；支持清洁生产的研究、示范、培训和重点技术改造项目；对符合《排污费征收使用管理条例》规定的清洁生产项目，在排污费使用上优先给予安排；企业开展清洁生产审核和培训等活动的费用允许列入经营成本或相关费用科目；中小企业发展基金应安排适当数额支持中小企业实施清洁生产；建立地方性清洁生产激励机制；引导和鼓励企业开发清洁生产技术和产品；在制定和实施国家重点投资计划和地方投资计划时，把节能、节水、综合利用，提高资源利用率，预防工业污染等清洁生产项目列为重点领域。

国家发展改革委员会和中华人民共和国环境保护部还共同发布《国家重点行业清洁生产技术导向目录》，目前已经发布的目录涉及冶金、石化、化工、轻工、纺织、机械、有色金属、石油和建材等重点行业。我国的多年实践证明，清洁生产是实现经济与环境协调发展的有效手段。据统计，2004 年与 1998 年相比，全国万元产值 SO_2、烟尘和粉尘排放量，水泥行业分别下降 49.8%、79.1%和 68.8%；电力行业分别下降 5.7%、32.3%和 19.0%。万元产值废水和 COD 排放量，钢铁行业分别下降 82.1%和 78.3%；造纸行业分别下降 59.4%和 83.8%，这在很大程度上是企业实施清洁生产的结果。

在发展农业清洁生产方面，国家积极提倡采用先进生产技术，促进生态平衡，提供无污染、无公害农产品，截至 2005 年 6 月底，全国共有 9043 个生产单位的 14088 个产品获得全国统一标志的无公害农产品认证，全国共有 3044 家企业的 7219 个产品获得绿色食品标志使用权，认证有机食品企业近千家。

应该看到，目前我国清洁生产在运行机制和具体实施过程中还存在一些问题。主要表现在三个方面：①企业参加清洁生产审计的热情不高；②清洁生产审计的成果持续性差；③清洁生产在我国没有规模化发展。

2005 年 12 月 3 日，国务院下发了《关于落实科学发展观加强环境保护的决定》中明确提出“实行清洁生产并依法强制审核”的要求，把强制性清洁生产审核摆在了更加重要的位置。这对推动我国环境保护工作具有重要意义。

2005 年 12 月，中华人民共和国环境保护部印发《重点企业清洁生产审核程序的规定》。迄今为止，全国通过清洁生产审核的 5000 多家企业中，属于强制性清洁生产审核的就有 500 多家。但从实际进展情况来看，我们推动清洁生产审核的力度还不够大。应当把清洁生产审核作为引导、督促企业发展循环经济、实施清洁生产的切入点，作为实现经济与环境协调发展的有效手段来抓。

2006 年 7 月，中华人民共和国环境保护部继续批准并发布了 8 个行业清洁生产标准。这 8 个行业是：啤酒制造业、食用植物油工业(豆油和豆粕)、纺织业(棉印染)、甘蔗制糖业、电解铝业、氮肥制造业、钢铁行业和基本化学原料制造业(环氧乙烷/乙二醇)。清洁生产标准已经成为重点企业清洁生产审核、环境影响评价、环境友好企业评估、生态工业园区示范建设等环境管理工作的重要依据。

2007 年底，国家发展和改革委员会发布了包装、纯碱、电镀、电解、火电、轮胎、铅锌、陶瓷、涂料等行业清洁生产评价指标体系(试行)。

2008年7月1日,国家环境保护部发布了《关于进一步加强重点企业清洁生产审核工作的通知》(环发[2008]60号)以及重点企业清洁生产审核评估、验收实施指南(试行)。

2008年9月26日,国家环境保护部发布了《国家先进污染防治技术示范名录》(2008年度)和《国家鼓励发展的环境保护技术目录》(2008年度)。

2009年9月26日《国务院批转发展改革委等部门关于抑制部分行业产能过剩和重复建设引导产业健康发展若干意见的通知》(国发[2009]38号)第三条第(二)款规定"对使用有毒、有害原料进行生产或者在生产中排放有毒、有害物质的企业限期完成清洁生产审核"。

截至2009年年底,中华人民共和国环境保护部已经组织开展了53个行业的清洁生产标准的制定工作。

2010年4月22日国家环境保护部发布了《关于深入推进重点企业清洁生产的通知》(环发[2010]54号),通知要求依法公布应实施清洁生产审核的重点企业名单,积极指导督促重点企业开展清洁生产审核,强化对重点企业清洁生产审核的评估验收,及时发布重点企业清洁生产公告。

2010年9月3日、2010年12月8日和2011年7月19日国家环境保护部分别公告了第1批、第2批和第3批实施清洁生产审核并通过评估验收的重点企业名单,共计6439家。

总之,清洁生产在中国蕴藏着很大的市场潜力。随着市场竞争的加剧、经济发展质量的提高,我国企业开展清洁生产的积极性会越来越高,这也必将拉动需求市场的发展,预计在今后几年中,清洁生产将会在中国形成一个快速生长期,为进一步促进中国经济的良性增长和可持续发展作出积极的贡献。

11.3.2 清洁生产的概念和主要内容

1. 清洁生产的概念

1996年联合国环境规划署(United Nations Environment Program,UNEP)对清洁生产的定义见11.2节。

1994年,《中国21世纪议程》对清洁生产作出的定义是:"清洁生产是指既可满足人们的需要,又可合理使用自然资源和能源,并保护环境的生产方法和措施,其实质是一种物料和能源消费最小的人类活动的规划和管理,将废物减量化、资源化和无害化,或消灭于生产过程之中。"由此可见,清洁生产的概念不仅含有技术上的可行性,还包括经济上的可盈利性,体现了经济效益、环境效益和社会效益的统一。

2003年,《中华人民共和国清洁生产促进法》关于清洁生产的定义是:

"清洁生产是指不断采取改进设计、使用清洁的能源和原料、采用先进的工艺技术与设备、改善管理、综合利用等措施,从源头削减污染,提高资源利用效率,减少或者避免生产、服务和产品使用过程中污染物的产生和排放,以减轻或者消除对人类健康和环境的危害。"

以上诸定义虽然表述方式不同,但内涵是一致的。从清洁生产的定义可以看出,实施清洁生产体现了四个方面的原则:

(1) 减量化原则,即资源消耗最少、污染物产生和排放最小;

(2) 资源化原则,即"三废"最大限度地转化为产品;

(3) 再利用原则,即对生产和流通中产生的废弃物,作为再生资源充分回收利用;

(4) 无害化原则,尽最大可能减少有害原料的使用以及有害物质的产生和排放。

值得注意的是,清洁生产只是一个相对的概念,所谓清洁的工艺,清洁的产品,以至清洁的能源都是和现有的工艺、产品、能源比较而言的,因此,清洁生产是一个持续进步、创新的过程,而不是一个用某一特定标准衡量的目标。推行清洁生产,本身是一个不断完善的过程,随着社会经济发展和科学技术的进步,需要适时地提出新的目标,争取达到更高的水平。清洁生产不包括末端治理技术,如空气污染控制、废水处理、焚烧或者填埋。清洁生产的理念适用于第一、第二、第三产业的各类组织和企业。

2. 清洁生产的主要内容

清洁生产主要包括三方面的内容。

1) 清洁的能源

清洁的能源是指新能源的开发以及各种节能技术的开发利用、可再生能源的利用、常规能源的清洁利用如使用型煤、煤制气和水煤浆等洁净煤技术。

2) 清洁的生产过程

尽量少用和不用有毒有害的原料;采用无毒、无害的中间产品;选用少废、无废工艺和高效设备;尽量减少或消除生产过程中的各种危险性因素,如高温、高压、低温、低压、易燃、易爆、强噪声、强振动等;采用可靠和简单的生产操作和控制方法;对物料进行内部循环利用;完善生产管理,不断提高科学管理水平。

3) 清洁的产品

产品设计应考虑节约原材料和能源,少用昂贵和稀缺的原料;利用二次资源作原料。产品在使用过程中以及使用后不含危害人体健康和破坏生态环境的因素;产品的包装合理;产品使用后易于回收、重复使用和再生;使用寿命和使用功能合理。

清洁生产内容包含两个"全过程"控制:

(1) 产品的生命周期全过程控制。即从原材料加工、提炼到产品产出、产品使用直到报废处置的各个环节采取必要的措施,实现产品整个生命周期资源和能源消耗的最小化。

(2) 生产的全过程控制。即从产品开发、规划、设计、建设、生产到运营管理的全过程,采取措施,提高效率,防止生态破坏和污染的发生。

清洁生产的内容既体现于宏观层次上的总体污染预防战略之中,又体现于微观层次上的企业预防污染措施之中。在宏观上,清洁生产的提出和实施使污染预防的思想直接体现在行业的发展规划、工业布局、产业结构调整、工艺技术以及管理模式的完善等方面。如我国许多行业、部门提出严格限制和禁止能源消耗高、资源浪费大、污染严重的产业和产品发展,对污染重、质量低、消耗高的企业实行关、停、并、转等,都体现了清洁生产战略对宏观调控的重要影响。在微观上,清洁生产通过具体的手段措施达到生产全过程污染预防。如应用生命周期评价、清洁生产审核、环境管理体系、产品环境标志、产品生态设计、环境会计等各种工具,这些工具都要求在实施时必须深入组织生产、营销、财务和环保等各个环节。

11.3.3 清洁生产审核

1. 清洁生产审核的定义

根据国家发展和改革委员会、中华人民共和国环境保护部 2004 年 8 月 16 日发布的《清洁生产审核暂行办法》,清洁生产审核(cleaner production audit)的定义为:"本办法所称清洁生产审核，是指按照一定程序，对生产和服务过程进行调查和诊断，找出能耗高、物耗高、污染重的原因，提出减少有毒有害物料的使用、产生，降低能耗、物耗以及废物产生的方案，进而选定技术、经济及环境可行的清洁生产方案的过程。"

企业的清洁生产审核是一种对污染来源、废物产生原因及其整体解决方案的系统的分析和实施过程，旨在通过实行预防污染的分析和评估，寻找尽可能高效率利用资源(如：原辅材料、能源、水资源等)，减少或消除废物的产生和排放的方法，是企业实行清洁生产的重要前提和基础。持续的清洁生产审核活动会不断产生各种清洁生产的方案，有利于组织在生产和服务过程中逐步实施，从而使其环境绩效持续得到改进。

2. 清洁生产审核的工作程序

清洁生产审核的主要任务和总体思路是判明废物的产生部位(Where)、分析产生废物的原因(Why)、提出解决方案(How)。在实际运行中，可从8个方面(原、辅材料和能源、工艺技术、设备、过程控制、管理、员工、产品、废物)展开工作。

我国清洁生产审核的工作程序包括7个阶段、35个步骤。7个阶段为：策划和组织、预审核、审核、方案产生和筛选、可行性分析、方案实施、持续清洁生产。

1) 策划和组织

策划和组织是企业进行清洁生产审核的第一阶段。

通过宣传教育使企业的领导和职工对清洁生产有初步的、比较正确的认识。这一阶段的工作重点是取得企业高层领导的支持和参与、组建清洁生产审核小组、制定审核工作计划和宣传清洁生产思想。

(1) 领导的参与

清洁生产审核的关键是领导的支持及承诺。为了争取领导的支持及承诺，可以从法规要求、组织的目标或社会对组织的期望、高投入和高成本的末端控制、经济效益、消费者对组织的绿色产品的需求等几个方面做工作。

(2) 组建审核小组和制定工作计划

有权威的企业清洁生产审核小组是实施清洁生产审核的组织保证。

首先，推选组长。组长由企业主要领导人、厂长、经理直接兼任，或者由其任命一位具有丰富的生产、管理经验，掌握污染防治技术，了解审核工作程序的人员担任，必须授予其必要的权限，为他(她)能够在企业内顺利开展工作创造条件。

其次，选择审核小组成员。一般情况下，全日制成员由3～5人组成。小组成员应具备企业清洁生产审核知识，熟悉企业生产、工艺、环境保护、管理等情况。

审核小组成立后，制定出一个比较详细的工作计划，这样才能使审核工作有条不紊地进行。

(3) 宣传

运用电视、广播、厂内刊物、黑板报、各种会议等手段进行清洁生产的宣传教育。宣传的内容包括清洁生产的作用、如何开展清洁生产审核、克服障碍、各类清洁生产方案成效等。

2) 预审核

预审核(Pre-Assessment)的目的是在对企业生产的基本情况进行全面调查的基础上，通过定性和定量分析，确定清洁生产审核重点和企业清洁生产目标。这一阶段的工作重点是评价企业产污、排污状况，确定审核重点，并针对审核重点设置清洁生产目标。这一阶段的工作具体可以分为以下六个步骤,如图 11-1 所示。

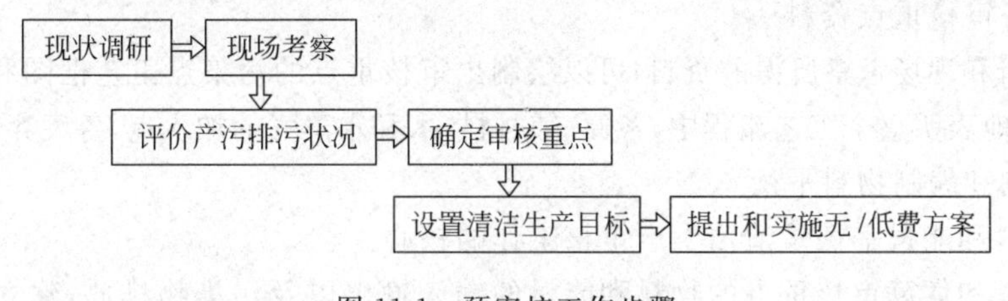

图 11-1 预审核工作步骤

(1) 现状调研和考察

在确定清洁生产审核的对象和目标前,应对企业的情况进行全面调查,为下一步现状考察做准备。

① 现状调研的内容包括:a. 企业概况;b. 企业的生产状况;c. 企业的环境保护状况;d. 企业的管理状况。

② 现场考察:有时收集的资料数据不能反映企业当前的运行情况,因此需要进一步进行现场考察,为确定审核对象提供准确可靠的依据。同时,通过现场考察,发现明显的无/低费清洁生产方案。

进行现场考察应在正常的生产条件下进行。重点考察的内容包括:a. 能耗、水耗、物耗大的部位;b. 污染物产生排放多、毒性大、处理处置难的部位;c. 操作困难、易引起生产波动的部位;d. 物料的进出口处;e. 设备陈旧、技术落后的部位;f. 事故多发处;g. 设备维护情况;h 实际的生产管理状况以及岗位责任制的执行情况。

(2) 确定审核重点

通过对现场考察与现状调研的分析,可以确定本轮的审核重点。

备选审核重点着眼于备选审核重点是否具有清洁生产潜力,特别是污染物产生排放超标严重的环节;物耗、能耗和水耗大的生产单元;生产效率低下,严重影响正常生产的环节等。

在分析、综合各审核重点的情况后,要对这些备选审核重点进行科学排序,从中确定本轮审核重点。一般一次选择一个审核重点。

常用的确定审核重点的方法是简单比较法及权重总和记分排序法。

(3) 设置清洁生产目标

设置清洁生产目标时,应考虑与企业经营目标和方针相一致。

清洁生产目标要定量化,具有灵活性、可操作性和激励作用。

(4) 提出和实施无/低费方案

企业存在一类只需少量投资或不投资、技术性不强,但很容易在短期内得到解决的问题,解决这个问题的方案称为无/低费方案。

通常可从下列几个方面找到无/低费方案线索:原料和能源、生产工艺和设备维护、产品、生产管理、废物的处理与循环利用。

3) 审核

该阶段的工作重点是实测输入输出物流,建立物料平衡,分析废物产生的原因,提出解决问题的思路。具体工作可以分为以下五个步骤，如图 11-2 所示。

(1) 准备审核重点资料

根据调研和现场考察所得的资料，可以绘制出审核重点的污染点工艺框图和工艺单元功能表，以清晰地表明整个工艺流程中，各原、辅材料，水和水蒸气的加入点，各废弃物的排放点。

(2) 实测和编制物料平衡

测算物料和能量平衡是清洁生产审核工作的核心。

实地测量和估算审核重点的物料和能量的输入输出以及污染物排放，建立物料和能量平衡，可准确判断审核重点的废物流，确定废物的数量、成分和去向，从而寻找审核重点的清洁生产机会。

(3) 分析废物产生原因

分析废物产生原因可从影响生产过程的 8 个方面(原、辅料和能源，技术工艺，设备，过程控制，产品，废物，管理和员工)进行分析。

4) 实施方案的产生和筛选

通过方案的产生、筛选、研制，为下一阶段的可行性分析提供足够的清洁生产方案。这一阶段的工作步骤如图 11-3 所示。

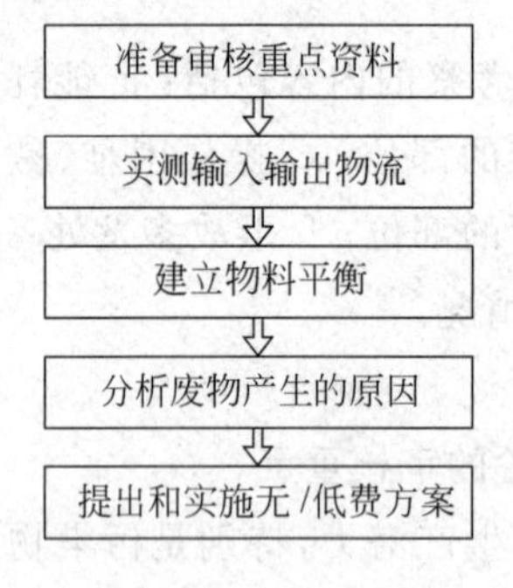

图 11-2 审核工作步骤

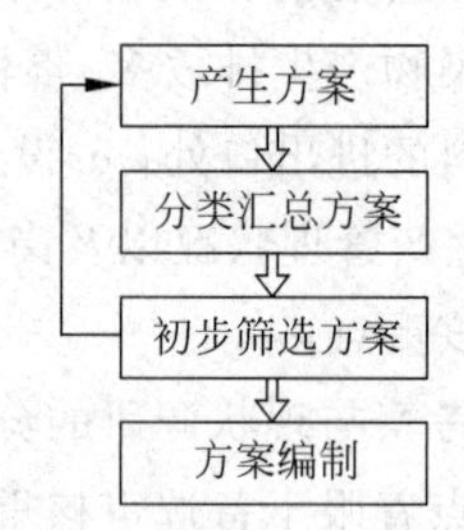

图 11-3 实施方案的产生和筛选

(1) 方案产生

清洁生产方案按其费用的多寡分为无费用、低费用、中费用和高费用方案四类。

选择清洁生产方案时，要有针对性，根据物料平衡结果和废弃物产生原因的分析结果选择方案：与国内外同行业先进技术水平类比寻找清洁生产机会；组织行业专家进行技术咨询，选取技术突破点。

(2) 汇总及筛选方案

对收集的清洁生产方案，应进行筛选，合并类似的方案，最后整合出优化拟采用的各类方案。

(3) 方案编制

清洁生产方案编制时，应遵循以下原则：系统性、综合性、闭合性、无害性、合理性。

在部分无/低费方案已实施的情况下，审核小组应编写清洁生产中期审核报告，总结前面四个阶段的工作，把审核工作以及已取得的成效向企业领导及全厂职工汇报。

5) 实施方案的可行性分析

对所筛选出来的中/高费清洁生产方案进行分析和评估，选择出最佳方案。分析和评估的原则是先进行技术评估，再进行环境评估，最后进行经济评估。只有通过了技术、环境评估的方案，方可进行经济评估。这一阶段的工作具体划分为以下五个步骤，如图 11-4 所示。

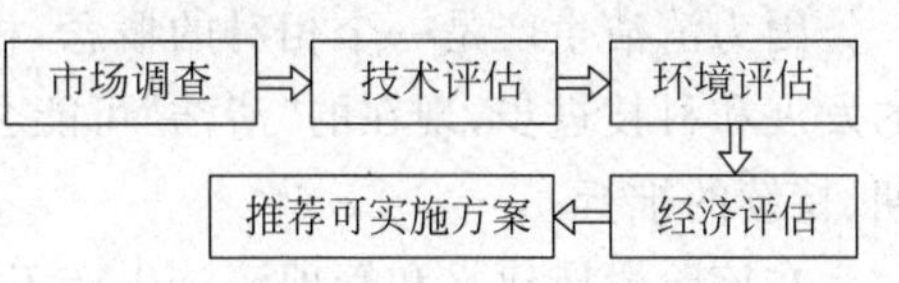

图 11-4 实施方案的可行性分析步骤

（1）市场调查

市场调查主要是调查同类产品的市场需求、价格等，并预测今后的发展趋势等。

（2）技术评估

技术评估是对审核重点筛选出来的中/高费方案技术的先进性、适用性、可操作性和可实施性等进行分析。

（3）环境评估

对技术评估可行的方案，方可进行环境评估。清洁生产方案应具有显著的环境效益，同时要强调在新方案实施后不会对环境产生新的破坏。

（4）经济评估

对技术评估和环境评估均可行的方案，再进行经济评估。

经济评估是从企业角度，按照国内现行市场价格，对清洁生产方案进行综合性的全面经济分析，将拟选方案的实施成本与可能取得的各种经济收益进行比较，计算出方案实施后在财务上的获利能力和清偿能力，并从中选出投资最少、经济效益最佳的方案，为投资决策提供科学依据。

6）清洁生产方案的实施

在总结前几个阶段已实施的清洁生产方案成果的基础上，统筹规划推荐方案的实施。并在实施后，及时地进行跟踪评价，为调整、制定下一轮的清洁生产行动积累资料，同时，又可以使企业领导和职工及时了解清洁生产给企业带来的效益，使他们更积极主动地参与到清洁生产的活动中来。这一阶段的工作具体可以细分为四个步骤，如图 11-5 所示。

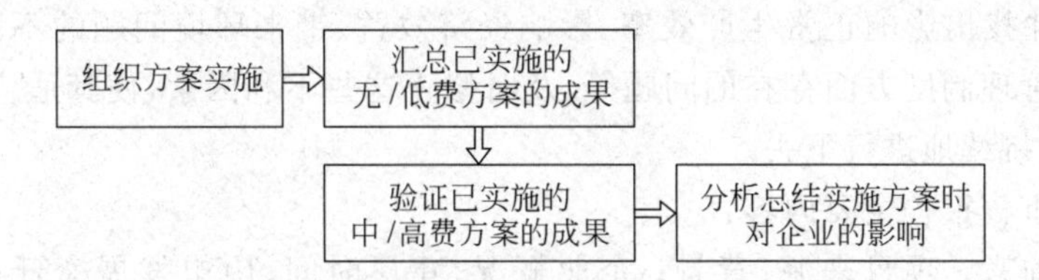

图 11-5 清洁生产方案的实施步骤

（1）组织方案实施

可行性分析后推荐的方案，主要是中/高费方案，需要一定的资金、设备和技术、工艺保证。对于该类方案在组织实施时，可以从以下几个方面着手：资金筹措、征地、厂房设备选型、配套公共设施和设备安装、人员培训、试车和验收。

（2）评价实施方案的效果

可通过调研、实测和计算对已实施的无/低费方案所取得的环境效益和经济效益进行评价。可通过技术、环境、经济和综合评价对已实施的中/高费方案所取得的成果进行汇总。总结已实施方案所取得的效果，分析实施方案对企业的影响，为继续推行清洁生产打好基础。

7）持续清洁生产

因为清洁生产是一个相对的概念，相对于现阶段的生产情况，也许是清洁的，随着社会的发展和科技进步，现在的“清洁”可能会变成“不清洁”。因此，持续清洁生产应在企业内长期、持续的推行。

在该阶段应建立和管理清洁生产工作的组织机构、建立促进实施清洁生产的管理制度、制定持续清洁生产计划以及编写本轮清洁生产审核报告。

这一阶段的工作具体可细分为以下四个步骤，如图 11-6 所示。

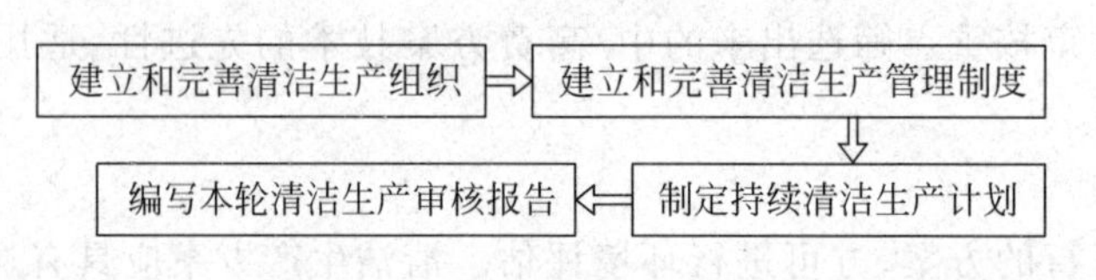

图 11-6　持续清洁生产工作步骤

（1）建立和完善清洁生产制度

在总结前面工作的基础上，进一步完善清洁生产组织。在建立完善清洁生产组织的同时，还应建立完善的管理制度，巩固清洁生产成效。

（2）制定持续清洁生产计划

一轮清洁生产不可能解决企业内存在的所有问题，企业应不断地开展清洁生产审核，不断地寻求新的清洁生产机会。通常两三年开展一轮审核，把上一轮没解决的问题，想办法解决。

8）编写清洁生产审核报告

清洁生产审核报告是审核完成后的总结文件及主要验收材料。

清洁生产审核报告应说明本轮清洁生产审核任务的由来和背景；说明清洁生产审核过程；总结归纳清洁生产已取得的成果和经验，特别是中/高费方案实施后，所取得的经济、环境效益；发现并找出影响正常生产效率、影响经济效益、带来环境问题的不利环节、组织机构操作规范及管理制度方面存在的问题等，及时修正这些不利因素，使其适应清洁生产的需要，将清洁生产持续地进行下去。

清洁生产审核报告主要内容：

第一章　前言。项目来源、背景；企业概况、建厂时间、历史发展变迁；主要产品、市场、产值利税；企业人员数目、人才结构、技术水平分布、文化水平分布。

第二章　审核准备。组织清洁生产审核领导小组、审核工作小组名单、审核工作计划、宣传教育内容和材料。

第三章　预审核。绘制组织总物流图；设备状况，主要生产设备技术水平和自动化控制水平（与国内外同行业比较）；组织管理模式和实际管理水平，组织机构图；环保概况，各车间“三废”产生、处理处置、排放情况、污染控制设施运行情况、环保管理情况等；主要产品产量、原辅材料消耗、水电气消耗等；确定的本次审核重点、清洁生产目标（节能、节水、降耗或削减废弃物）。

第四章　审核。带污染点工艺流程框图、工艺单元表和单元功能说明、物料平衡做法，按工艺单元给出的物料平衡图、水平衡图、能量平衡图等，各平衡结果分析。

第五章　实施方案的产生和筛选。清洁生产方案产生方法、筛选方法，清洁生产方案分类表。

第六章　实施方案的确定。清洁生产中/高费用方案简介，技术、经济和环境可行性评估，确定采用的中/高费用方案实施计划。

第七章　方案实施效益分析。各类清洁生产方案实施后的实际与预期经济效益、环境效益对比和分析，清洁生产目标完成情况和原因分析，清洁生产对组织综合素质的影响分析等。

第八章　持续清洁生产计划。清洁生产技术研究与开发计划、员工清洁生产再培训计划、下轮清洁生产审核初步计划等。

第九章　总结与建议。

11.4 循环经济简介

11.4.1 循环经济的产生和发展历程

1. 循环经济的产生

循环经济思想最早萌芽于环境保护运动思潮崛起的时代。

首先，从理论溯源上讲。经济学和生态学是当代的两个既密切关联又对立紧张的学科和领域。在世界范围内颇有影响的美国后现代思想家小约翰·科布(John B Cobb, Jr.)认为，经济学家和生态学家之间的争论乃是一种现代主义者和后现代主义者之间的争论。经济学和生态学之间的关系是人类今天面临的最重要问题。争论的实质是有关环境与发展的关系问题，并为彻底解决全球性问题提供最佳方案。生态学家们的思想虽然仍受到传统势力的挑战，但是他们的判断更接近于客观事实，即经济发展最重要的目标必须具有可持续性，否则当达到增长的极限时，整个人类将被卷入一场由可怕的破坏而导致的灾难之中。不管这场争论如何，“后现代的绿色经济思想 ”、“后现代的稳态经济思想”、“后现代的可持续发展经济理论”等思想的出现，都是循环经济理念的萌芽，它的目的在于寻求一个“既是可持续的，又是可生活的社会”。

在 20 世纪 60 年代，美国经济学家肯尼思·E. 鲍尔丁(Kenneth E. Boulding)提出了“宇宙飞船经济理论”，这是循环经济理论的雏形。鲍尔丁受当时发射的宇宙飞船的启发，用来分析地球经济的发展。他认为，宇宙飞船是一个孤立无援、与世隔绝的独立系统，靠不断消耗自身原存的资源存在，最终它将因资源耗尽而毁灭。唯一使之延长寿命的方法就是实现飞船内的资源循环，尽可能少地排出废物。同理，地球经济系统如同一艘宇宙飞船，尽管地球资源系统大得多，地球寿命也长得多，但是也只有实现对资源循环利用的循环经济，地球才能得以长存。显然，宇宙飞船经济理论具有很强的超前性，但当时并没有引起大家的足够重视。即使是到了人类社会开始大规模环境治理的 70 年代，循环经济的思想更多地还是先行者的一种超前性理念。当时，世界各国关心的仍然是污染物产生后如何治理以减少其危害，即所谓的末端治理。80 年代，人们才开始注意到要采用资源化的方式处理废弃物，但是对于是否应该从生产和消费的源头上防止污染产生，还没有统一的认识。

20 世纪 90 年代以后，特别是可持续发展理论形成后的近几年，源头预防和全过程控制代替末端治理开始成为各国环境与发展政策的真正主流。人们开始提出一系列体现循环经济思想的概念，如“零排放工厂”、“产品生命周期”、“为环境而设计”等。随着可持续发展理论的日益完善，人们逐渐认识到，当代资源环境问题日益严重的根源在于工业化运动以来高开采、低利用、高排放为特征的线性经济模式，为此提出了人类社会的未来应建立一种以物质闭环流动为特征的经济，即循环经济，从而实现环境保护与经济发展的双赢，真正体现“代内公平”和“代际公平”这一可持续发展的公平性原则。随着“生态经济效益”、“工业生态学”等理论的提出与实践，标志着循环经济理论初步形成。

2. 循环经济的发展历程

循环经济的发展经历了三个阶段：20 世纪 80 年代的微观企业试点阶段、90 年代的区域经济模式——生态工业园区阶段和 21 世纪初的循环型社会建设阶段。换言之，循环经济的发展趋势也正经历着由企业层面上的“小循环”到区域层面上“中循环”再到社会层面上的“大循环”的纵向过渡。

(1) 单个企业的早期响应阶段

在企业层面上，可以称之为循环经济的“小循环”。根据生态效率的原则，推行清洁生产，减少产品和服务中物料和能源的使用量，实现污染物排放的最小化。20 世纪 80 年代末，当时世界 500 强的杜邦公司，开始了循环经济理念的应用试点。公司的研究人员把循环经济“3R”原则发展成为与化工生产相结合的“3R 制造法”，即资源投入减量化(Reduce)、资源利用循环化(Recycle)和废物资源化(Reuse)，以少排放甚至“零排放”废物。他们通过放弃使用某些环境有害型的化学物质、减少某些化学物质的使用量，以及发明回收本公司副产品的新工艺等，到 1994 年已经使生产造成的塑料废物减少了 25%，空气污染物排放量减少了 70%。同时，他们在废塑料如废弃的牛奶盒和一次性塑料容器中回收化学物质，开发出了耐用的乙烯材料等新产品。

(2) 新型区域经济模式——生态工业园的实践阶段

在区域层面上，可以称之为循环经济的“中循环”。20 世纪 80 年代末到 90 年代初，一种循环经济化的工业区域——生态工业园区应运而生了。它是按照工业生态学的原理，通过企业或行业间的物质集成、能量集成和信息集成，形成企业或行业间的工业代谢和共生关系而建立的。特别是丹麦卡伦堡生态工业园在循环经济的生态型生产中脱颖而出，它通过企业间的废物和副产品交换，把火电厂、炼油厂、制药厂和石膏厂联结起来，形成生态循环链，不仅大大减少了废物的产生量和处理的费用，还减少了新原料的投入，形成了生产发展和环境保护的良性循环。

目前，生态工业园区已经成为循环经济的一个重要发展形态，作为许多国家工业园区改造的方向，也正在成为我国第三代工业园区的主要发展形态。

(3) 循环型社会建设阶段

在社会层面上，可以称之为循环经济的“大循环”。它通过全社会的废旧物资的再生利用，实现消费过程中和消费过程后物质和能量的循环。在该阶段，许多国家通常以循环经济立法的方式加以推进，最终实现建立循环型社会。

11.4.2　循环经济的定义和内涵

1. 循环经济的定义

目前，循环经济的理论研究正处于发展之中，还没有十分严格的关于循环经济的定义。一般而言，循环经济(Circular Economy 或 Recycle Economy)一词是对物质闭环流动型(Closing Material Cycle)经济的简称，是以物质、能量梯级和闭路循环使用为特征，在资源环境方面表现为资源高效利用，污染低排放，甚至污染“零排放”。

德国 1996 年出台的《循环经济和废物管理法》中，把循环经济定义为物质闭环流动型经济，明确企业生产者和产品交易者担负着维持循环经济发展的最主要责任。

我国《循环经济促进法》中将循环经济定义为：循环经济是指将资源节约和环境保护结合到生产、消费和废物管理等过程中所进行的减量化、再利用和资源化活动的总称。

减量化是指减少资源、能源使用和废物产生、排放、处理处置的数量及毒性、种类等活动。还包括资源综合开发，不可再生资源、能源和有毒有害物质的替代使用等活动。

再利用是在符合标准要求的前提下延长废旧物资或者物品生命周期的活动。

资源化是指通过收集处理、加工制造、回收和综合利用等方式，将废弃物质或者物品作为再生资源使用的活动。

在一般情况下，应当在综合考虑技术可行、经济合理和环境友好的条件下，按照减量化、再利用和资源化的先后次序，来发展循环经济。

从这个定义中可以看出，循环经济在经济运行形态上强调了“资源-产品-再生资源”的物质流动格局；在过程手段上，强调了减量化、再利用和资源化的活动。同时，定义强调了循环经济在经济学意义上的范畴，即循环经济依然是指社会物质资料的生产和再生产过程，只不过这些物质生产过程以及由它决定的交换、分配和消费过程要更多地、自觉地纳入资源节约和环境保护的因素。事实上，只有从经济角度而非单纯的环境管理角度，循环经济才能担负得起调整产业结构、增长方式和消费模式的重任。

循环经济倡导的是一种建立在物质不断循环利用基础上的经济发展模式，它要求把经济活动按照自然生态系统的模式，组织成一个物质反复循环流动的过程，使得整个经济系统以及生产和消费的过程基本上不产生或者只产生很少的废物。

简言之，循环经济是按照生态规律利用自然资源和环境容量，实现经济活动的生态化转向，它是实施可持续发展战略的必然选择和重要保证。

2. 循环经济的内涵

所谓循环经济，本质上是一种生态经济，它要求运用生态学规律来指导人类社会的经济活动。与传统经济相比，循环经济的不同之处在于：传统经济是一种“资源→产品→废物”单向流动的线性经济，其特征是高开采、低利用、高排放。在这种经济中，人们高强度地把地球上的物质和能源提取出来，然后又把污染物和废物毫无节制地排放到环境中去，对资源的利用是粗放的和一次性的，线性经济正是通过这种把部分资源持续不断地变成垃圾，以牺牲环境来换取经济的数量型增长的。与此不同，循环经济倡导的是一种与环境和谐的经济发展模式。它要求把经济活动组织成一个“资源→产品→再生资源→再生产品”的反馈式流程，其特征是低开采、高利用、低排放。所有物质和能源要能在这个不断进行的经济循环中得到合理和持久的利用，以把经济活动对自然环境的影响降低到尽可能小的程度。循环经济为工业化以来的传统经济转向可持续发展的经济提供了战略性的理论范式，从而从根本上消解长期以来环境与发展之间的尖锐冲突，循环经济和传统经济比较可见表11-1。

表11-1 循环经济和传统经济的比较

比较项目	传统经济	循环经济
运动方式	物质单向流动的开放性线性经济(资源→产品→废物)	循环型物质能量循环的环状经济(资源→产品→再生资源→再生产品)
对资源的利用状况	粗放型经营，一次性利用；高开采、低利用	资源循环利用，科学经营管理；低开采，高利用
废物排放及对环境影响	废物高排放；成本外部化，对环境不友好	废物零排放或低排放；对环境友好
追求目标	经济利益(产品利润最大化)	经济利益、环境利益与社会持续发展利益
经济增长方式	数量型增长	内涵型发展
环境治理方式	末端治理	预防为主，全过程控制
支持理论	政治经济学、福利经济学等传统经济理论	生态系统理论、工业生态学理论等
评价指标	第一经济指标(GDP、GNP、人均消费等)	绿色核算体系(绿色GDP等)

循环经济力求在经济发展中，遵循生态学规律，将清洁生产、资源综合利用、生态设计和可持续消费等融为一体，实现废物减量化、资源化和无害化，达到经济系统和自然生态系统的物质和谐循环，维护自然生态平衡。简要来说，循环经济就是把清洁生产和废物的综合利用融为一体的经济，它本质上是一种生态经济，要求运用生态学规律来指导人类社会的经济活动。只有尊重生态学原理的经济才是可持续发展的经济。

循环经济的发展模式表现为“两低两高”，即低消耗、低污染、高利用率和高循环率，使物质资源得到充分、合理的利用，把经济活动对自然环境的影响降低到尽可能小的程度，是符合可持续发展原则的经济发展模式，其内涵要求做到以下几点。

(1) 要符合生态效率

把经济效益、社会效益和环境效益统一起来，充分使物质循环利用，做到物尽其用，这是循环经济发展的战略目标之一。循环经济的前提和本质是清洁生产，这一论点的理论基础是生态效率。生态效率追求物质和能源利用效率的最大化和废物产量的最小化，正是体现了循环经济对经济社会生活的本质要求。

(2) 提高环境资源的配置效率

循环经济的根本之源就是保护日益稀缺的环境资源，提高环境资源的配置效率。它根据自然生态的有机循环原理，一方面通过将不同的工业企业、不同类别的产业之间形成类似于自然生态链的产业生态链，从而达到充分利用资源、减少废物产生、物质循环利用、消除环境破坏，达到提高经济发展规模和质量的目的。另一方面它通过两个或两个以上的生产体系或环节之间的系统耦合，使物质和能量多级利用、高效产出并持续利用。

(3) 要求产业发展的集群化和生态化

大量企业的集群使集群内的经济要素和资源的配置效率得以提高，达到效益的极大化。

由于产业的集群,容易在集群区域内形成有特殊的资源优势与产业优势和多类别的产业结构。这样才有可能形成核心的资源与核心的产业,成为生态工业产业链中的主导链,以此为基础,将其他类别的产业与之连接,组成生态工业网络系统。

但是,从内涵上讲,不能简单地把循环经济等同于再生利用,"再生利用"尚缺乏做到完全循环利用的技术,循环本质上是一种"递减式循环",而且通常需要消耗能源,况且许多产品和材料是无法进行再生利用的。因此,真正的"循环经济"应该力求减少进入生产和消费过程的物质量,从源头节约资源使用和减少污染物的排放,提高产品和服务的利用效率。

11.4.3　循环经济的技术特征及三大操作原则

1. 循环经济的技术特征

循环经济的技术体系以提高资源利用效率为基础,以资源的再生、循环利用和无害处理为手段,以经济社会可持续发展为目标,推进生态环境的保护。

循环经济是中国新型工业化的高级形式,主要有四大技术经济特征:

(1) 提高资源利用效率,减少生产过程的资源和能源消耗。这既是提高经济效益的重要基础,同时也是减少污染排放的重要前提。

(2) 延长和拓宽生产技术链,即将污染物尽可能地在生产企业内进行利用,以减少生产过程中污染物的排放。

(3) 对生产和生活用过的废旧产品进行全面回收,可以重复利用的废弃物通过技术处理成为二次资源无限次的循环利用。这将最大限度地减少初次资源的开采和利用,最大限度地节约利用不可再生的资源,最大限度地减少废弃物的排放。

(4) 对生产企业无法处理的废弃物进行集中回收和处理,扩大环保产业和资源再生产业,扩大就业,在全社会范围内实现循环经济。

2. 循环经济的三大操作原则

循环经济以"减量化(Reduce)、再利用(Reuse)、再循环(Recycle)"作为其操作准则,简称为"3R"原则。

(1) 减量化原则

减量化原则属于输入端方法,目的是减少进入生产和消费流程的物质量。换言之,人们必须学会预防废物的产生而不是产生后再去治理。在生产中,厂商可以通过减少每个产品的物质使用量、通过重新设计制造工艺来节约资源和减少污染物的排放。例如,对产品进行小型化设计和生产既可以节约资源,又可以减少污染物的排放,再如用光缆代替传统电缆,可以大幅度减少电话传输线对铜的使用,既节约了铜资源,又减少了铜污染。在消费中,人们可以通过选购包装少的、可循环利用的物品,购买耐用的高质量物品,来减少垃圾的产生量。

(2) 再利用原则

再利用原则属于过程性方法,目的是延长产品服务的时间;也就是说人们应尽可能多次地以多种方式使用人们生产和所购买的物品。如在生产中,制造商可以使用标准尺寸进行设计,使电子产品的许多元件可非常容易和便捷地更换,而不必更换整个产品。在生活中,人们在把一样物品扔掉之前,可以想一想家中、单位和其他人再利用它的可能性。通过再利用,人们可以防止物品过早地成为垃圾。

(3) 再循环原则

再循环原则即资源化原则，属于输出端方法，即把废弃物变成二次资源重新利用。资源化能够减少末端处理的废物量，减少末端处理如垃圾填埋场和焚烧场的压力，从而减少末端处理费用，既经济又环保。

需要指出的是"3R"原则在循环经济中的作用、地位并不是并列的。循环经济不是简单地通过循环利用实现废弃物资源化，而是强调在优先减少资源能源消耗和减少废物产生的基础上综合运用"3R"原则。循环经济的根本目标是要求在经济流程中系统地避免和减少废物，而废物再生利用只是减少废物最终处理量的方式之一。德国在1996年颁布的《循环经济与废物管理法》中明确规定：避免产生—循环利用—最终处置。首先，要减少源头污染物的产生量，因此产业界在生产阶段和消费者在使用阶段就要尽量避免各种废物的排放；其次，是对于源头不能削减又可利用的废弃物和经过消费者使用的包装废物、旧货等要加以回收利用，使它们回到经济循环中去；只有当避免产生和回收利用都不能实现时，才允许将最终废物(称为处理性废物)进行环境无害化的处置。以固体废弃物为例，循环经济要求的分层次目标是，通过预防减少废弃物的产生；尽可能多次使用各种物品；完成使用功能后，尽可能使废弃物资源化，如堆肥、做成再生产品等；对于无法减少、再使用、再循环或者堆肥的废物进行无害化处置，如焚烧或其他处理；最后剩下的废物在合格的填埋场予以填埋。

"3R"原则的优先顺序是，减量化—再利用—再循环(资源化)。减量化原则优于再使用原则，再使用原则优于再循环利用原则，本质上再使用原则和再循环利用原则都是为减量化原则服务的。

减量化原则是循环经济的第一原则，其主张从源头就应有意识地节约资源、提高单位产品的资源利用率，目的是减少进入生产和消费过程的物质流量、降低废弃物的产生量。因此，减量化是一种预防性措施，在"3R"原则中具有优先权，是节约资源和减少废弃物产生的最有效方法。

再使用原则优于再循环利用原则，它是循环经济的第二原则，属于过程性方法。依据再使用原则，生产企业在产品的设计和加工生产中应严格执行通用标准，以便于设备的维修和升级换代，从而延长其使用寿命；在消费中应鼓励消费者购买可重复使用的物品或将淘汰的旧物品返回旧货市场供他人使用。

再循环利用原则本质上是一种末端治理方式，它是循环经济的第三原则，属于终端控制方法。废物的再生利用虽然可以减少废弃物的最终处理量，但不一定能够减少经济活动中物质和能量的流动速度和强度。再循环利用主要有以下特点：①依据再循环利用原则，为减少废物的最终处理量，应对有回收利用价值的废弃物进行再加工，使其重新进入市场或生产过程，从而减少一次资源的投入量；②再循环利用是针对所产生废物采取的措施，仅是减少废物最终处理量的方法之一，它不属于预防措施而是事后解决问题的一种手段，在减量化和再使用均无法避免废物产生时，才采取废物再生利用措施；③有些废物无法直接回收利用，要通过加工处理使其变成不同类型的新产品才能重新利用。再生利用技术是实现废弃物资源化的处理技术，该技术处理废弃物也需要消耗水、电和化石能源等物质，所需的成本较高，同时在此过程中也会产生新的废弃物。

11.4.4　国内外循环经济发展概况

1. 循环经济在国际社会中的实践

循环经济是由传统经济转向生态经济的环境革命方式之一，国际社会对此很早就做出了积极的回应，发达国家更是走在循环经济的前列。西方发达国家正在把发展循环经济、建立循环型社会看作是实施可持续发展战略的重要途径和实现形式。目前，从单个企业层次、企业共生层次以及社会层面来看，循环经济在欧美、日本等发达国家已有较成功的实践。

单个企业的典型事例是杜邦公司和富士施乐公司，创造性地把"3R 原则"发展成为与化学工业实际相结合的"3R 制造法"，以达到少排放甚至零排放的环境保护目标。

企业共生层次最为典型的代表是丹麦卡伦堡工业园区。这个生态工业园区的主体企业是发电厂、炼油厂、制药厂、石膏板生产厂。这四个企业之间通过贸易方式利用对方生产过程中产生的废弃物和副产品，不仅减少了废物产生量和处理的费用，还取得了较好的经济效益，形成了经济发展与环境保护的良性循环。除了早期的丹麦卡伦堡，在美国、加拿大(哈利法克斯)、荷兰(鹿特丹)、奥地利(格拉兹)等地也出现了类似的工业园区。

社会层面上，通过全社会的废旧物资的再生利用，实现循环型社会。20 世纪 90 年代起以德国为龙头，发达国家垃圾处理从无害化到减量化和资源化。欧盟诸国以及美、日、澳、加等国先后按照资源闭路循环、避免废物产生的思想，重新制定废物管理法。国外许多国家通常是以循环经济立法的方式推进循环型社会的建设。

2. 循环经济在中国的发展

循环经济在我国的发展十分迅速。循环经济理念从 20 世纪 90 年代末引入我国至今，大致经历了两个主要阶段：

1) 研究探索阶段

从 20 世纪 90 年代末到 2002 年，循环经济在我国进入了研究探索阶段。人们从关注发达国家，如德国、日本循环经济模式开始，探索实现我国可持续发展的一条有效途径。于是，循环经济成为学术研究的前沿和热点。与发达国家大规模的立法推进实践的模式不同，我国最初主要侧重于理论研讨和试点探索。研究内容和进展主要涉及如下方面。

(1) 研究我国发展循环经济的重大意义及其与实施可持续发展战略的关系。学者们提出循环经济的兴起将必然昭示着人类经济、社会与文化全方位、多层次的变革，发展循环经济是实现可持续发展的关键。

(2) 发展循环经济理论体系，总结循环经济的概念、原则、层次，分析循环经济的理论基础。提出创新产业结构，即补充以维护和改善环境为目的的环境建设产业和以减少废物排放建立物质循环为目的的资源回收利用产业，并在此基础上构建新的产业体系等思想。

(3) 在技术专业领域开展了一些产品生命周期评价及生态材料的研究工作。

(4) 提出发展循环经济必须解决政策、立法、管理、制度、技术和观念上的诸多问题。并且对构建循环型社会，提高生态意识，倡导可持续生产和消费方式，深化政府环境管理体系和管理机制的调整提出了多种观点；在循环经济立法方面的研究也成为近几年的研究热点。

(5) 在实践方面国内开展了几个生态省、市和生态园区试点探索。如辽宁的生态省建设、贵阳的生态市试点、广西贵港糖业集团、天津泰达等企业集团的生态工业园建设等；对生态工业园区的规划设计和指标体系做了探索，提出培育生态产业园区孵化机制，制定生态产业园区的规划指南和技术导则的思想。

2）全面推动、实施阶段

我国循环经济发展十分迅速，2002 年以后，政府充分认识到，作为世界人口大国，又处于工业化的高速发展阶段的中国，资源环境问题已经成为制约其持续发展的瓶颈，形势十分严峻。在政府推动下，建设节约型社会、发展循环经济很快纳入政府议事日程，进入全面实施阶段。

首先是将循环经济作为政府决策目标和投资的重点领域，循环经济理念全面纳入经济社会发展总体规划和各分项规划中，且坚持节约优先的原则，以建设节约型社会为突破口向前推进。这个时期的循环经济发展倡导从企业清洁生产、建设生态产业园区和建设生态省、生态市等三个层面，以及从废物资源再生利用产业化等不同领域来运作，通过各个层次和领域的试点、示范建设，全面提升产业生态化水平，提高资源利用效率，加快循环经济体系建设。并且通过政府引导，广泛开展舆论宣传和示范活动，社会公众已经对循环经济逐步认同和拥护。

政府推进方面主要是编制系列规划，制定政策、法规，完善相关标准体系，落实各项措施，积极开展示范试点，加快培育发展循环经济的机制。思路是力争形成政策引导、经济激励、市场驱动、全民参与的新局面。

陆续出台了相关的法规和文件，如：《中华人民共和国清洁生产促进法》（2003 年 1 月 1 日起实施）、《中华人民共和国固体废物管理法修正案》（2005 年 4 月 1 日起实施）、《国务院关于加快发展循环经济的若干意见》（2005 年 7 月出台）、《中华人民共和国循环经济促进法》（2009 年 1 月 1 日起实施）、《中华人民共和国可再生能源法》（2010 年 4 月 1 日起实施）等，相关的优惠政策也在逐步实施，将循环经济和节约型社会建设的步骤推向实质阶段。

在科学研究方面，相关研究的学术领域更加广泛。政府、高校和科研院所相继成立了循环经济研究机构，从事关于政策机制的、法律法规的、相关技术的研究和开发，理论研究也与产业、政策、经济、法律等相关领域结合，走向学科交叉和深入发展的新阶段。

《国务院关于加快发展循环经济的若干意见》（国办 22 号文件）的出台，标志着我国循环经济由研究探索和理念倡导阶段正式进入了国家行动阶段。循环经济作为转变经济增长方式、进行资源节约型和环境友好型社会建设的重要途径，在我国第十一个社会经济五年规划和中共十七大会议中都得到了体现。这一阶段的特征是伴随着示范试点的深入开展，正式启动了战略、立法、政策的全方位研究、探索和制定工作。

22 号文件明确提出了 2010 年循环经济发展目标，要建立比较完善的发展循环经济的法律法规体系、政策支持体系、体制与技术创新体系和激励约束机制。资源利用效率大幅度提高，废物最终处置量明显减少，建成大批符合循环经济发展要求的典型企业。推进绿色消费，完善再生资源回收利用体系。建设一批符合循环经济发展要求的工业（农业）园区和资源节约型、环境友好型城市。针对上述目标，制定了相应的指标并量化，同时提出了发展循环经济的重点环节和重点工作。

（1）重点环节：一是资源开采环节要推广先进适用的开采技术、工艺和设备，提高采矿回收率、选矿和冶炼回收率，大力推进尾矿、废石综合利用，大力提高资源综合回收利用率。二是资源消耗环节要加强对冶金、有色、电力、煤炭、石化、化工、建材（筑）、轻工、纺织、农业等重点行业能源、原材料、水等资源消耗管理，努力降低消耗，提高资源利用率。三是废物产生环节要强化污染预防和全过程控制，推动不同行业合理延长产业链，加强对各类废物的循环利用，推进企业废物“零排放”；加快再生水利用设施建设以及城市垃圾、污泥减量化和资源化利用，降低废物最终处置量。四是再生资源产生环节要大力回收和循环利用各种废旧资源，支持废旧机电产品再制造；建立垃圾分类收集和分选系统，不断完善再生资源回收利用体系。五是消费环节要大力倡导有利于节约资源和保护环境的消费方式，鼓励使用能效标志产品、节能节水认证产品和环境标志产品、绿色标志食品和有机标志食品，减少过度包装和一次性用品的使用。政府机构要实行绿色采购。

(2) 重点工作：一是大力推行节能降耗，在生产、建设、流通和消费各领域节约资源，减少自然资源的消耗。二是全面推行清洁生产，从源头减少废物的产生，实现由末端治理向污染预防和生产全过程控制转变。三是大力开展资源综合利用，最大限度实现废物资源化和再生资源回收利用。四是大力发展环保产业，注重开发减量化、再利用和资源化的技术与装备，为资源高效利用、循环利用和减少废物排放提供技术保障。

为贯彻落实 22 号文件精神，出台了国家循环经济试点方案。第一批试点单位于 2005 年 10 月公布，选择确定了钢铁、有色、化工等 7 个重点行业的 42 家企业，再生资源回收利用等 4 个重点领域的 17 家单位，国家和省级开发区、重化工业集中地区和农业示范区等 13 个产业园区，资源型和资源匮乏型城市涉及东、中、西部和东北老工业基地的 10 个省市，作为第一批国家循环经济试点单位。第二批试点单位于 2007 年 11 月公布，确定了 96 家试点单位，包括 4 个省、12 个城市、20 个工业园区和 60 家企业，并提出了 7 点要求：切实加强组织领导；编制实施规划和方案；抓好方案的组织实施；加强重点项目的组织申报，做好项目前期工作；强化能源统计、计量等基础管理；加强督促验收；做好经验的总结和推广。

《中华人民共和国循环经济促进法》(简称《循环经济促进法》)旨在坚持经济和环境资源一体化的思想，既要涵盖资源节约、废物减量和循环利用等领域，又要突出重点，尽量减少与现有《清洁生产促进法》、《固体废物管理法修正案》、《节约能源法》等相关法律的冲突和重叠，充分体现循环经济促进法的综合性特征，使循环经济促进法真正成为推动我国循环经济发展的基本法。《循环经济促进法》的出台使得我国发展循环经济迈入了法制化和规范化的轨道。

总之，循环经济的建设和发展已经开始影响、渗透到人类社会生活的诸多方面。

当前形势下我国所面临的主要任务是加快循环经济体系建设；形成经济社会发展的综合决策机制，通过政策引导、立法推动、经济结构调整和市场机制建设，逐步形成循环经济的运营机制；加大科研投入，开展科技创新，突破技术瓶颈，从而攻克制约循环经济进一步发展的障碍；通过循环经济信息建设、广泛的宣传教育，鼓励和引导全民参与，各行业共同行动，把建设节约型社会、大力发展循环经济的行动推向深处。

11.4.5 国内循环经济案例

1. 辽宁中稻股份有限公司循环经济案例

辽宁中稻股份有限公司成立于 2006 年，位于辽宁省沈阳市沈北新区的农产品加工区内。该公司为国内最大的稻谷加工企业，年深加工稻谷的能力为 60 万 t，主要生产精制大米和米淀粉、米蛋白、米糠油、白炭黑等多种深加工产品。同时，该公司还以稻壳为燃料，进行发电和供热，保障企业满负荷运行时的动力供应。

其生产工艺流程见图 11-7。

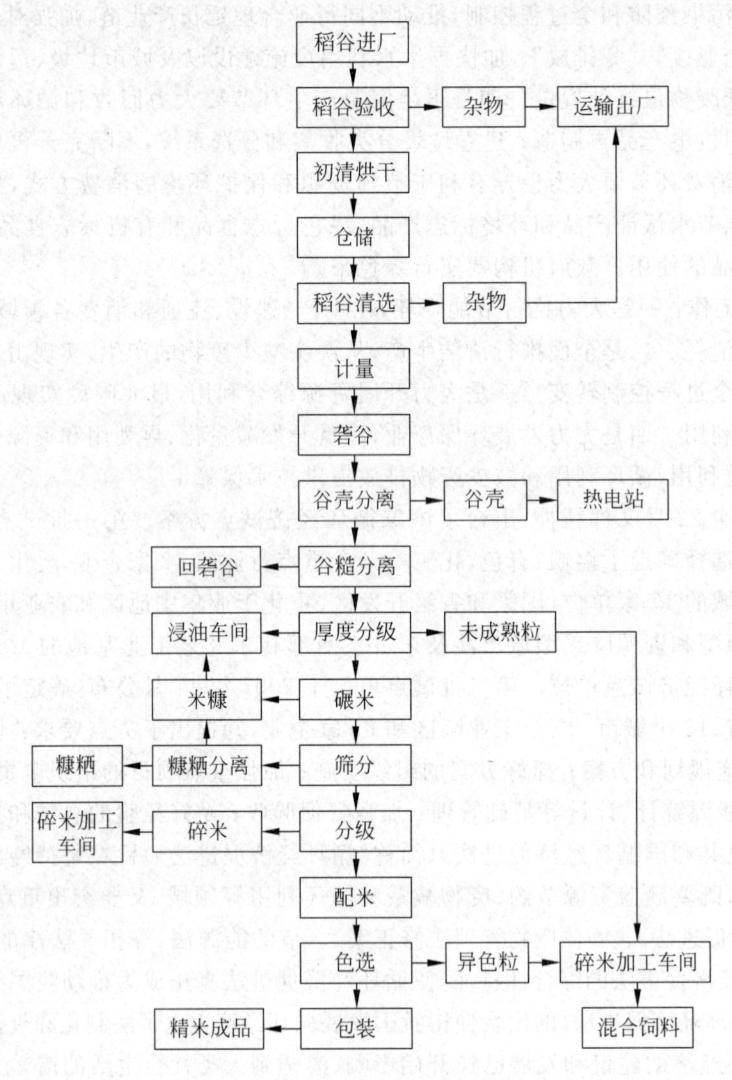

图 11-7 稻谷综合加工工艺流程

该公司采用的碎米深加工技术是国内外最新的科研成果，该工艺以生物工程技术为核心，有效分离并提取碎米中附加值较高并俏销市场的米蛋白、米淀粉等产品，延长了稻谷加工的产业链，增加了高附加值产品，使原料得以增值 5～8 倍。

米糠油是大米加工的副产品，本公司对米糠采用成型保鲜并举的预处理和对米糠物料膨化浸出、精炼等新技术新工艺，提炼精制米糠油。从米糠中提取油脂不仅延伸了稻谷加工产业链，提高了稻谷的加工深度和产品的附加值，增加了稻谷加工企业的经济效益，而且能够减少进口油脂数量，减少国家外汇支出，同时满足人们不断增加的高品质食用油的需求。

一吨稻谷加工可产生 180～220kg 稻壳，每吨稻壳可发电约 444 度。本公司采用我国自主知识产权的稻壳发电技术（南京连驰生物有限公司的气化反应炉系统），有效地解决了结焦及燃烧后的炭化稻壳处理和再利用问题，单台炉可供 1000kW 发电机的产气量。

利用稻壳做燃料产生热源和发电，既解决了企业的用热用电问题，又处理了稻壳固体废弃物，既经济又环保。用稻壳作为燃料进行热电联产，不仅可节约大量的煤炭资源，而且还可将稻米加工的废弃物变成可再生洁净能源，综合效益显著。

对稻壳燃烧发电后产生的稻壳灰，该公司采用国内高校的最新研究成果白炭黑生产技术，从其中提取白炭黑，工艺简捷、设备简单、经济合理，可使稻壳发电后产生的废弃物得到充分利用。每 2t 稻壳灰可提取 1t 白炭黑，且整个生产过程不会对环境造成污染。

白炭黑作为一种重要的化工原料有许多重要用途：如作为橡胶的填充剂，用作制造透明或不透明、浅色的鞋底，可以提高制品的耐磨性、耐撕裂强度和硬度；用作纺织、粮食加工器材的胶辊和胶带，可以大大提高抗张力和制品硬度及耐磨性能；白炭黑还可使纸张轻量化，适宜高速印刷，提高纸张的强度，改善油黑的渗透性；白炭黑加入聚氯乙烯中，用于生产高压电线，能改善绝缘性能，能使塑料压模制品易于脱模和成型；在各种塑料薄膜中加入白炭黑，可以改变薄膜的表面性能，使薄膜易于张口，不会粘结；白炭黑用作各种农药的乳液分散剂、颗粒剂时，能大量吸收杀虫剂农药后又缓慢释放出来，使杀虫时间长，效果好。用稻壳发电后产生的稻壳灰提取白炭黑，可将稻谷加工过程“吃干榨净”，资源得到最大限度的利用，环境得到最大限度的保护。

2. 贵港国家生态工业(制糖)示范园区

广西贵港国家生态工业(制糖)示范园区是国内典型的生态工业园。该园区以贵糖(集团)股份有限公司为核心，以蔗田、制糖等 6 个系统为框架，通过盘活、优化、提升、扩展等步骤，在编制《贵港国家生态工业(制糖)示范园建设规划纲要》的基础上，逐步完善了生态工业示范园区。

贵港国家生态工业(制糖)示范园区由以下 6 个系统组成：

(1) 蔗田系统：负责向园区生产提供高产、高糖、安全、稳定的甘蔗，保障园区制造系统有充足的原料供应。

(2) 制糖系统：通过制糖新工艺改造、低聚果糖技改，生产出普通精炼糖以及高附加值的有机糖、低聚果糖等产品。

(3) 酒精系统：通过能源酒精工程和酵母精工程，有效利用甘蔗制糖副产品——废糖蜜，生产出能源酒精和高附加值的酵母精等产品。

(4) 造纸系统：充分利用甘蔗制糖的副产品——蔗渣，生产出高质量的生活用纸及文化用纸和高附加值的 CMC(羧甲基纤维素钠)等产品。

(5) 热电联产系统：通过使用甘蔗制糖的副产品——蔗髓替代部分燃料煤，热电联产，供应生产所必需的电力和蒸汽，保障园区整个生产系统的动力供应。

(6) 环境综合处理系统：为园区制造系统提供环境服务，包括废气、废水的处理，生产水泥、轻钙、复合肥等副产品，并提供回用水以节约水资源。

这 6 个系统关系紧密，通过副产物、废弃物和能量的相互交换和衔接，形成了比较完整的工业生态网络。“甘蔗—制糖—酒精—造纸—热电—水泥—复合肥”这样一个多行业综合性的链网结构，使得行业之间优势互补，达到园区内资源的最佳配置、物质的循环流动、废弃物的有效利用，并将环境污染减少到最低水平，大大加强了园区整体抵御市场风险的能力。这种以生态工业思路发展制糖工业的做法，为中国制糖工业结构调整、解决行业结构性污染问题开辟了一条新路。

图 11-8 为贵港国家生态工业(制糖)示范园区总体框架。

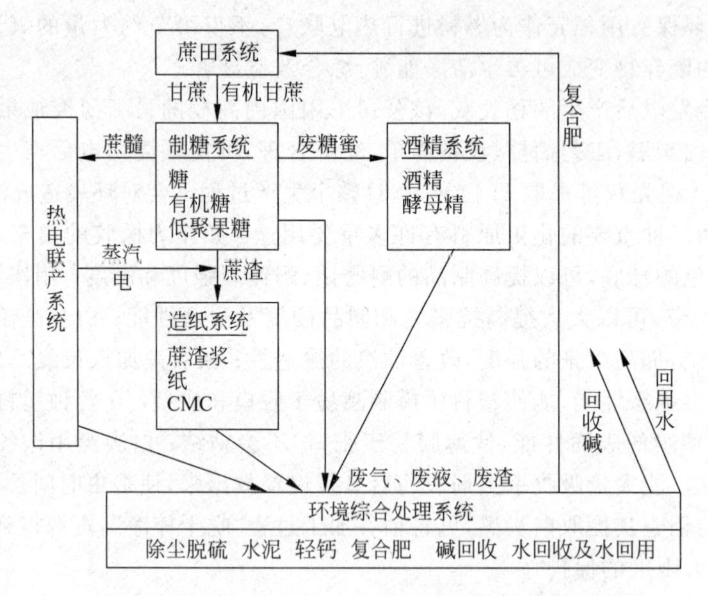

图 11-8 贵港国家生态工业(制糖)园区总体框架

3. 辽宁省循环经济试点建设概况

2001 年,辽宁省委、省政府作出决策要开展循环经济试点建设,2002 年,中华人民共和国环境保护部正式批复辽宁在全国率先开展循环经济试点工作。辽宁省循环经济试点工作紧紧围绕老工业基地振兴这一中心任务,注重借鉴学习国内外先进经验,坚持"政府主导、市场运作、法律法规、公众参与、重点突破、兼顾社会"的原则,加强组织协调,省及各市政府成立了循环经济试点工作领导小组,把试点工作内容纳入工作目标责任制,重点推进了循环经济型企业、生态工业园区,循环型社会和资源再生产业基地建设,全省循环经济试点工作取得了初步成效。

(1) 实施清洁生产审核,建立了一大批循环经济型企业

全省已有 480 多家重点污染企业开展了清洁生产审核,共实施 9420 多个项目,每年新增经济效益近 20 亿元,节水 1.67 亿 t,节电 1.85 亿 kW·h,减排二氧化硫、烟粉尘等污染物 18 万 t 多,在冶金、电力、煤炭和选矿等行业创建了 50 多家废水"零排放"企业;鞍钢已建成 40 多个循环经济项目,基本实现了高炉、焦炉和转炉煤气的"零排放",当年产生的冶金废渣全部实现回收利用,水资源循环利用率达到 91%。

(2) 开展废弃物综合利用,培育了新的经济增长点

①结合资源枯竭地区经济转型,开发利用矿山废弃资源,建设国家生态工业示范园。如抚矿集团以"一矿四厂一气"转产项目为主线,围绕油母页岩和煤矸石综合利用,大力发展接续产业和替代产业。已建成了年产 6000 万块的煤矸石烧结砖一期工程和年增产水泥 27 万 t 的页岩废渣水泥厂扩建工程;年产 59 万 t 油母页岩炼油扩建项目和页岩热电厂项目。②结合开发区整合提升,开展资源循环利用和能源梯级利用,提高区域经济运行质量。如大连开发区通过建设关键链接项目,构建和完善生态工业网链,启动实施了工业介质循环利用、废旧家电综合利用和中水回用等 9 个工业生态链接项目,已有 5 个项目建成投产,电镀工业园实现了废水"零排放"。③建设区域内企业间的关键链接项目。如葫芦岛市在金属冶

炼、石化、城市基础设施建设等方面实施了 15 个链接项目，综合利用近 50 万 t 固体废弃物、7 万 t CO_2 和 6500 多吨 SO_2，年新增经济效益 7000 多万元。④结合资源综合利用，大力发展资源再生产业。全省已建成朝阳华龙、铁岭新新等 30 多个煤矸石和粉煤灰综合利用项目，2003 年全省煤矸石和粉煤灰综合利用率达到 74%和 47%。

(3) 大力发展生态工业，实现环境与经济"双赢"

沈阳铁西新区通过对污染企业的搬迁和改造，实现产业重组和产品升级换代，优化城市布局，从源头解决环境污染问题。将 47 家重点企业构建成 9 条工业生态产业链和循环网络，开展物质循环利用和能量的梯级利用，工业废水 50%以上通过处理后回用，年减排固体废物 44 万 t。大连市以消除市中心污染源为突破口，对地处市内的能耗高、污染重、效益差的工业企业进行搬迁改造。除少数企业就地关闭外，大多数企业通过盘活土地，利用级差地价获得发展资金，提高了企业技术水平。城市环境的改善，提升了土地价值，为引进高新技术、调整产业结构和招商引资提供了良好的投资环境和条件。

(4) 发展循环型生态农业，促进了城乡发展的协调统一

全省已建成 63 个高标准"四位一体"现代农业示范园区和 3 万 hm^2 有机食品基地。盘锦市启动建设了太平农场、鼎翔公司、西安生态养殖场、石山种畜场四个生态农业示范园区。西安生态养殖场以生产和利用水生植物为核心，牧渔农相结合，实行四级净化、五步利用的复合生态模式，被联合国环境署命名为全球 500 佳之一。阜新市以双汇、大江等加工企业为龙头建立养殖业和有机农业、绿色农业发展链条，已建成千亩以上农业园区 15 个。全省还建成秸秆气化工程 39 处，促进了农村生态环境的改善。

(5) 以城市中水回用为重点，全面建设资源循环型社会

结合城市污水处理厂建设，开展城市中水回用，缓解水资源短缺危机。全省已建成 25 座城市污水处理厂，累计日处理能力达到 284.8 万 t，实际运行负荷达到 80%。鞍山西部第一、本溪第二、大连春柳河等 10 座污水处理厂共实现日回用中水 40 多万 t，主要用于工业、城市河道景观和绿化用水。鞍钢、抚顺石化等一批用水、排水大户开展中水回用，已使工业企业取水量减少了 24.5%。以沈阳和大连为重点，建成住宅小区、学校、宾馆等中水回用工程 110 多个，日回用中水 4 万多 t。

(6) 开展循环经济宣传教育，提高公众参与意识

编制了省、市循环经济发展方案。邀请中外专家为各级领导干部作循环经济的专题报告，结合省情剖析辽宁省开展循环经济建设对促进经济增长方式转变的推动作用。积极利用电视、报刊等多种媒体，广泛开展宣传，扩大公众参与力度。

辽宁省循环经济推行的是"3+1"模式，即大、中、小循环和资源再生产业。所谓的大循环，是在整个城市和社会层面，围绕城市中水回用和垃圾减量化、无害化和资源化，建设城市资源循环型社会；中循环，是在企业群落的区域层面，运用工业生态学和循环经济理念，提升区域经济运行质量；小循环，是在单个企业层面，大力推进清洁生产，建设循环经济示范企业；资源再生产业，是结合资源节约和综合利用，大力发展资源再生产业，建设资源节约型社会。

辽宁省的循环经济试点工作，在老工业基地调整改造、资源枯竭地区经济转型、经济开发区的整合提升和资源节约利用等方面已经取得了初步成效，而且发展势头良好，对全国尤其是东北发展循环经济，走新型工业化道路具有重要的示范作用。

11.5 ISO 14000 环境管理系列标准简介

11.5.1 ISO 14000 环境管理系列标准概述

ISO 14000 是国际标准化组织(ISO)从 1993 年开始制定的系列环境管理国际标准的总称,ISO 中央秘书处为 TC/207 环境管理技术委员会预留了 100 个标准号,即 ISO 14000～ISO 14100,统称 ISO 14000 系列标准。它同以往各国自定的环境排放标准和产品的技术标准等不同,是一个国际性标准,对全世界工业、商业、政府等所有组织改善环境管理行为具有统一标准的功能。它由环境管理体系(EMS)、环境审核(EA)、环境标志(EL)、环境行为评价(EPE)、生命周期评估(LCA)、术语和定义(T&D)、产品标准中的环境指标(EAPS)等 7 个部分组成(见表 11-2)。

表 11-2 ISO 14000 标准系列一览表

名　称	标 准 号
环境管理体系(EMS)	14001—14009
环境审核(EA)	14010—14019
环境标志(EL)	14020—14029
环境行为评价(EPE)	14030—14039
生命周期评估(LCA)	14040—14049
术语和定义(T&D)	14050—14059
产品标准中的环境指标(EAPS)	14060
备用	14061—14100

从 1995 年 6 月起,ISO 14000 系列标准已陆续正式颁布了 ISO 14001 环境管理体系——规范及使用指南规范；ISO 14004 环境管理体系——原理、系统和支援技术通用指南；ISO 14010 环境审核指南——通用原则；ISO 14011 环境审核指南——审核程序—环境管理体系审核；ISO 14012 环境审核指南——环境审核员资格要求。

我国 1997 年 4 月 1 日由国家技术监督局将已公布的五项国际标准 ISO 14001、ISO 14004、ISO 14010、ISO 14011、ISO 14012 等同于国家标准 GB/T 24001、GB/T 24004、GB/T 24010、GB/T 24011 和 GB/T 24012 正式发布。

在已公布的 5 个标准中,ISO 14001 是系列标准的核心和基础标准,其余的标准为 ISO 14001 提供了技术支持,为环境审核,特别是环境管理体系的审核提供了标准化、规范化程序,对环境审核员提出了具体要求,使环境审核系统化、规范化,并具有客观性和公正性。

这五个标准及其简介如下：

(1) ISO 14001(GB/T 24001—1996)环境管理体系——规范及使用指南规范。该标准规定了对环境管理体系的要求,描述了对一个组织的环境管理体系进行认证/注册和(或)自我声明可以进行客观审核的要求。通过实施这个标准确信相关组织已建立了完善的环境管理体系。

(2) ISO 14004(GB/T 24004—1996)环境管理体系——原理、体系和支撑技术通用指南。该标准对环境管理体系要素进行阐述，向组织提供了建立、改进或保持有效环境管理体系的建议，是指导企业建立和完善环境管理体系的工具和教科书。

(3) ISO 14010(GB/T 24010—1996)环境审核指南——通用原则。该标准规定了环境审核的通用原则，包括了有关环境审核及相关的术语和定义。任何组织、审核员和委托方为验证与帮助改进环境绩效而进行的环境审核活动都应满足本指南推荐的做法。

(4) ISO 14011(GB/T 24011—1996)环境审核指南——审核程序—环境管理体系审核。该标准规定了策划和实施环境管理体系审核的程序，以判定是否符合环境管理体系的审核准则，包括环境管理体系审核的目的、作用和职责，审核的步骤及审核报告的编制等内容。

(5) ISO 14012(GB/T 24012—1996)环境管理审核指南——环境管理审核员的资格要求。该标准提出了对环境审核员和审核组长的资格要求，适用于内部和外部审核员，包括对他们的教育、工作经历、培训、素质和能力，以及如何保持能力和道德规范都作了规定。

这一系列标准是以 ISO 14001 为核心，针对组织的产品、服务活动逐渐展开，形成全面、完整的评价方法。它包括了环境管理体系、环境审核、环境标志、生命周期评估等国际环境管理领域内的许多焦点问题。标准强调污染预防、持续改进和系统化、程序化的管理。不仅适用于企业，同时也可适用于事业单位、商行、政府机构、民间机构等任何类型的组织。可以说，这一系列标准向各国及组织的环境管理部门提供了一整套实现科学管理体系，体现了市场条件下环境管理的思想和方法。

11.5.2 ISO 14000 环境管理系列标准的分类

1. 按性质划分

ISO 14000 作为一个多标准组合系统，按标准性质可分为三类：

(1) 基础标准——术语标准。制定环境管理方面的术语与定义。

(2) 基本标准——环境管理体系、规范、原理、应用指南。

包括 ISO 14001～ISO 14009 环境管理体系标准，是 ISO 14000 系列标准中最为重要的部分。它要求组织在其内部建立并保持一个符合标准的环境管理体系，通过有计划地评审和持续改进的循环，保持体系的不断完善和提高。通过环境管理体系标准的实施，帮助组织建立对自身环境行为的约束机制，促进组织环境管理能力和水平不断提高，从而实现组织与社会的经济效益与环境效益的统一。

(3) 支持技术类标准(工具)，包括：环境审核、环境标志、环境行为评价、生命周期评价。

① 环境审核(ISO 14010～ISO 14019)。作为体系思想的体现，环境审核着重于"检查"，为组织自身和第三方认证机构提供一套监测和审计组织环境管理的标准化方法和程序，一方面使组织了解掌握自身环境管理现状，为改进环境管理活动提供依据，另一方面是组织向外界展示其环境管理活动对标准符合程度的证明。

② 环境标志(ISO 14020～ISO 14029)。实施环境标志标准，目的是确认组织的环境表现，促进组织建立环境管理体系的自觉性；通过标志图形、说明标签等形式，向市场展示标志产品与非标志产品环境表现的差别，向消费者推荐有利于保护环境的产品，提高消费者的环境意识，同时也给组织造成强大的市场压力和社会压力，达到影响组织环境决策的目的。

③ 环境行为评价(ISO 14030～ISO 14039)。这一标准不是污染物排放标准,而是通过组织的“环境行为指数”,表达对组织现场环境特性、某项等级活动、某个产品生命周期等综合环境影响的评价结果。它是对组织环境行为和影响进行评估的一套系统管理手段。这套标准不仅可以评价组织在某一时间、地点的环境行为,而且可以对其环境行为的长期发展趋势进行评价,指导组织选择预防污染、节约资源和能源的管理方案以及更为环保的产品。

④ 生命周期评价(ISO 14040～ISO 14049)。这一标准是从产品开发设计、加工制造、流通、使用、报废处理到再生利用的全过程的产品生命周期评定,从根本上解决了环境污染和资源能源浪费问题。这种评价越出了组织的地理边界,包括了组织产品在社会上流通的全过程,从而发展了环境评价的完整性。

2. 按功能划分

如按标准的功能划分,可以分为两类:

(1) 评价组织。包括:①环境管理体系;②环境行为评价;③环境审核。

(2) 评价产品。包括:①生命周期评价;②环境标志;③产品标准中的环境指标。

3. 按运行过程划分

按环境管理体系的运行过程划分,可分为五个部分:

(1) 环境方针。表达了组织在环境管理上的总体原则和意向,是环境管理体系运行的主导,其他要素所进行的活动都是直接或间接地为实现环境方针服务的。它所解决的问题是:为什么要做?目的是什么?

(2) 环境策划。环境策划是组织对其环境管理活动的规划工作,包括确定组织的活动、产品或服务中所包含的环境因素;确定组织所应遵守的法律、法规和其他要求;根据环境方针制定环境目标和指标,规定有关职能和层次的职责,以及实现目标和指标的方法和时间表。它所解决的问题是:要做什么?

(3) 实施运行。这是将上面策划工作付诸实行并进而予以实现的过程,包括规定环境管理所需的组织结构和职责,相应的权限和资源;对员工进行有关环境的教育与培训,环境意识和有关能力的培养;建立环境管理中所需的内、外部信息交流机制,有效地进行信息交流;制定环境管理体系运行中所需制定的各种文件;对文件的管理,包括文件的标识、保管、修订、审批、撤销、保密等方面的活动;对组织运行中涉及的环境因素,尤其是重要环境因素的运行活动的控制;确定组织活动可能发生的事故,制定应急措施,并在紧急情况发生时及时作出响应。它所解决的问题是:怎么做?

(4) 检查和纠正措施。在实施环境管理体系的过程中,要经常地对体系的运行情况和环境表现进行检查,以确定体系是否得到正确有效的实施。其环境方针、目标和指标的要求是否得到满足。如发现不符合,应考虑采取适当的纠正措施。它所解决的问题是:所做的对吗?

(5) 管理评审。是组织的最高管理者对环境管理体系的适宜性、充分性和有效性的评价,包括对体系的改进。它所解决的问题是:在做对的工作吗?

经过五个部分的运行,体系完成了一个循环过程,通过修正,又进入下一个更高层次的循环。整个体系并不是一系列功能模块的搭接,而是相互联系的一个整体,充分体现了全局观念、协作观念、动态适应观念。

11.5.3 ISO 14000 环境管理系列标准的特点

ISO 14000 环境管理系列标准，同以往的环境排放标准和产品技术标准有很大不同，具有如下特点：

（1）以市场驱动为前提。近年来，世界各国公众环境意识不断提高，对环境问题的关注也达到了史无前例的高度，"绿色消费"浪潮促使企业在选择产品开发方向时越来越多地考虑人们消费观念中的环境原则。由于环境污染中相当大的一部分是由于管理不善造成的，而强调管理，正是解决环境问题的重要手段和措施，因此促进了企业开始全面改进环境管理工作。ISO 14000 系列标准一方面满足了各类组织提高环境管理水平的需要，另一方面为公众提供一种衡量组织活动、产品、服务中所含有的环境信息的工具。

（2）强调污染预防。ISO 14000 系列标准体现了国际环境保护领域由"末端治理"到"污染预防"的发展趋势。环境管理体系强调对组织的产品、活动、服务中具有或可能具有潜在影响环境的因素加以管理，建立严格的操作控制程序，保证企业环境目标的实现。生命周期分析和环境表现（行为）评价将环境方面的考虑纳入产品的最初设计阶段和企业活动的策划过程，为决策提供支持，预防环境污染的发生。这种预防措施更彻底有效、更能对产品发挥影响力，从而带动相关产品和行业的改进、提高。

（3）可操作性强。ISO 14000 系列标准体现了可持续发展战略思想，将先进的环境管理经验加以提炼浓缩，转化为标准化、可操作的管理工具和手段。例如，已颁行的环境管理体系标准，不仅提供了对体系的全面要求，还提供了建立体系的步骤、方法和指南。标准中没有绝对量和具体的技术要求，使得各类组织能够根据自身情况适度运用。

（4）标准的广泛适用性。ISO 14000 系列标准应用领域广泛，涵盖了企业的各个管理层次，生命周期评价方法可以用于产品及包装的设计开发，绿色产品的优选；环境表现（行为）评价可以用于企业决策，以选择有利于环境和市场风险更小的方案；环境标志则起到了改善企业公共关系，树立企业环境形象，促进市场开发的作用；而环境管理体系标准则进入企业的深层管理，直接作用于现场操作与控制，明确员工的职责与分工，全面提高其环境意识。因此，ISO 14000 系列标准实际上构成了整个企业的环境管理构架。该体系适用于任何类型、规模，以及各种地理、文化和社会条件下的组织。各类组织都可以按标准所要求的内容建立并实施环境管理体系，也可向认证机构申请认证。

（5）强调自愿性原则。ISO 14000 系列标准的应用基于自愿原则。国际标准只能转化为各国国家标准而不等同于各国法律法规，不可能要求组织强制实施，因而也不会增加或改变一个组织的法律责任。组织可根据自己的经济、技术等条件选择采用。

11.5.4 实施 ISO 14000 环境管理标准的意义

对一个组织而言，实施 ISO 14001 标准就是将环境管理工作按照标准的要求系统化、程序化和文件化，并纳入整体管理体系的过程，是一个使环境目标与其他目标（如经营目标）相协调一致的过程。对于企业来说，广泛开展 ISO 14000 认证工作对自身发展的意义如下。

（1）实施 ISO 14000 系列标准有利于实现经济增长方式从粗放型向集约型的转变。该标准要求企业从产品开发、设计、制造、流通（包装、运输）、使用、报废处理到再利用的全过程的环境管理与控制,使产品从"摇篮到坟墓"的全流程都符合环境保护的要求,以最小的投入取得最大的环境效益和经济效益。

(2) 实施 ISO 14000 系列标准有利于加强政府对企业环境管理的指导,提高企业的环境管理水平。实施 ISO 14000,首先要求企业对遵守国家法律、法规、标准和其他相关要求做出承诺,并实行对污染预防的持续改进。ISO 14000 环境管理体系是一个非常科学的管理体系,体系的建立和推行,能使企业的环境管理得到明显的改善,产生环境绩效。同时,企业的环境管理的组织与控制能力都将有很大的提高。另外,ISO 14000 标准所规定的要求符合现代管理的组织理论、管理过程理论和管理效率理论,体系实施后,职能分配制度、培训制度、信息沟通制度、应变能力、检查评价及监督制度等都将有明显的改进。所以 ISO 14000 标准的认证不仅对企业的环境管理,还对其他管理也有明显的促进作用。

(3) 实施 ISO 14000 系列标准有利于提高企业形象和市场份额,获得竞争优势,促进贸易发展。企业建立 ISO 14000 环境管理体系,能带来环境绩效的改变,在公众的心目中形成良好的形象,使企业及产品的感知和认同度提高,同时,企业形象和品牌形象也会有很大的提高。随着全球环境意识的日益高涨,"绿色产品"、"绿色产业"优先占领市场,从而获得较高的竞争力,提高了企业形象,取得了显著的经济效益。企业获得了 ISO 14000 的认证,就如同获得了一张打入国际市场的"绿色通行证",从而避开发达国家设置的"绿色贸易壁垒"。

(4) 实施 ISO 14000 系列标准有利于节能降耗、提高资源利用率、减少污染物的产生与排放量。ISO 14000 标准要求企业对污染预防和环境行为的持续改进作出承诺,并对重大的环境因素制定出具体可行的环境目标和指标,通过环境管理方案加以实施。按照 ISO 14000 的要求,企业可以按照自身的情况,逐步实现能源消耗的减少和废弃物的再生利用,既减少了资源消耗,减轻了污染,又降低了生产经营成本。

(5) 实施 ISO 14000 系列标准有利于减少环境风险和各项环境费用(投资、运行费、赔罚款、排污费等)的支出,从而达到企业的环境效益与经济效益的协调发展,为实现可持续发展战略创造了条件。

(6) 实施 ISO 14000 系列标准有利于提高企业自主守法的意识,ISO 14000 标准要求企业作出遵守环境法律法规的承诺,同时要求企业判定出其活动中会对环境有重大影响的因素并对其实行运行控制措施,减轻企业活动对环境的压力。因此,通过推广实施 ISO 14000,可使企业提高自主守法意识,变被动守法为主动守法,促进我国环境法律法规和管理制度的执行。

(7) 实施 ISO 14000 系列标准还有利于改善企业与社会的公共关系。例如由于减少了噪声、粉尘等污染,势必减少对周围社区的环境影响,从而改善社区公共关系。

总之,建立环境管理体系强调以污染预防为主,强调与法律、法规和标准的符合性,强调满足相关方面的需求,强调全过程控制,有针对性地改善组织的环境行为,以期达到对环境的持续改进,切实做到经济发展与环境保护同步进行,走可持续发展的道路。

11.6 产品的绿色设计和环境标志

11.6.1 产品的绿色设计

1. 产品绿色设计的概念

产品的绿色设计,也称生态设计或生命周期设计或环境设计,它是一种以环境资源为核心概念的设计过程。产品绿色设计是指将环境因素纳入产品设计之中，在产品生命周期的每一个环节都考虑其可能产生的环境负荷，并通过改进设计使产品的环境影响降低到最小程度。

产品绿色设计从保护环境角度考虑，能减少资源消耗，可以真正地从源头开始实现污染预防，构筑新的生产和消费系统。从商业角度考虑，可以降低企业的生产成本、减少企业潜在的环境风险，提高企业的环境形象和商业竞争能力。

2. 产品绿色设计的原则

传统的产品设计主要考虑的因素有：市场消费需求、产品质量、成本、制造技术的可行性等，很少考虑节省能源、资源再生利用以及对生态环境的影响。它没有将生态因素作为产品开发的一个重要指标，因此制造出来的产品使用过后，对废弃物没有有效的管理、处置及再生利用的方法，从而造成严重的资源浪费和环境污染。而产品绿色设计要求在产品及其生命周期全过程的设计中，充分考虑对资源和环境的影响，在考虑产品的功能、质量、开发周期和成本的同时，优化各有关设计因素，实现可拆卸性、可回收性、可维护性、可再用性等环境设计目标，使产品及其制造过程对环境的总体影响减到最小，资源利用效率最高。

产品绿色设计的实施要考虑从原材料选择、设计、生产、营销、售后服务到最终处置的全过程，是一个系统化和整体化的统一过程。在进行绿色设计时，应遵守以下的原则。

1) 选择环境影响小的材料

选择环境影响小的材料包括：

(1) 清洁的材料。在生产、使用和最终处置过程中，选择产生有害废物少的材料。

(2) 可更新的材料。尽可能少用或不用诸如化石燃料、矿产资源如铜等不可更新的材料。

(3) 耗能较低的材料。选择在提炼和生产过程中耗能较少的原料，这就要求尽量减少对能源密集型金属的使用。

(4) 可再循环的材料。指在产品使用过后可以被再次使用的材料，这类材料的使用可以减少对初级原材料的使用，节省能源和资源(如钢铁、铜等)，但需要建立完善的回收机制。

2) 减少材料的使用量

产品设计尽可能减少原材料的使用量，从而实现节约资源，并减少运输和储备的空间，减轻由于运输而带来的环境压力，如产品的折叠设计可以减少对包装物的使用及减少用于运输和储藏的空间。

3) 生产技术的最优化

绿色设计要求生产技术的实施尽可能减少对环境的影响，包括减少辅助材料的使用和能源的消费，将废物产生量控制在最小值。通过清洁生产技术的实施，改进生产过程，不仅实现公司内部生产技术的最优化，还应要求供应商一同参与，共同改善整个供应链的环境绩效。生产技术的最优化可以通过以下方式实现：

(1) 选择替换技术。选择需要较少有害添加剂和辅助原料的清洁技术或选择产生较少排放物的技术以及能最有效利用原材料的技术。

(2) 减少生产步骤。通过技术上的改进减少不必要的生产工序，如采用不需另行表面处理的材料和可以集成多种功能的元件等。

(3) 选择能耗小和消费清洁能源的技术。如鼓励生产部门使用包括天然气、风能、太阳能和水电等可更新的能源及采用提高设备能源效率的技术等。

(4) 减少废物的生成。通过改进设计及实现公司内部循环使用生产废弃物等方法来实现。

(5) 生产过程的整体优化。包括通过生产过程的改进，使废物在特定的区域形成，从而有利于废物的控制和处置以及清洁工作的进行；加强公司的内部管理，建立完善的循环生产系统，提高材料的利用效率。

4) 营销系统的优化

这一战略追求的是确保产品以更有效的方式从工厂输送到零售商和用户手中，这往往与包装、运输和后勤系统有关。具体措施如下：

(1) 采用更少的、更清洁的和可再使用的包装，以减少包装废物的生成，节约包装材料的使用和减轻运输的压力。如建立有效的包装回收机制和减少 PVC 包装物的使用，以及在保证包装质量的同时，尽可能减少包装物的重量和尺寸等。

(2) 采用能源消耗少、环境污染小的运输模式。由于陆地运输环境影响大于水上运输，汽车运输环境影响大于火车运输，而飞机运输环境影响是最大的，因此，在可能的情况下，尽量选择对环境影响小的运输方式。

(3) 采用可以更有效利用能源的后勤系统，包括要求采购部尽可能在本地寻找供应商，以避免长途运输的环境影响；提高营销渠道的效率，尽可能同时大批量出货，以避免单件小批量运输；采用标准运输包装，提高运输效率。

5) 减少消费过程的环境影响

产品最终是用来使用的，应该通过生态设计的实施尽可能减少产品在使用过程中造成的环境影响。具体措施如下：

(1) 降低产品使用过程的能源消费。如使用耗能最低的元件、设置自动关闭电源的装置、保证定时装置的稳定性、减轻需要移动产品的重量以减少为此付出的能源消费等。

(2) 使用清洁能源。设计产品以风能、太阳能、地热能、天然气、低硫煤、水利发电等清洁能源为驱动，减少环境污染物的排放。

(3) 减少易耗品的使用。许多产品的使用过程需消耗大量的易耗品，应该通过设计上的改进以减少这类易耗品的消耗。

(4) 使用清洁的易耗品。通过设计上的改进，使消费清洁的易耗品成为可能，并确保这类易耗品对环境的影响尽可能小。

(5) 减少资源的损耗和废物的产生。产品设计应使用户更为有效地使用产品和减少废物的产生，包括通过清晰的指令说明和正确的设计，避免客户对产品的误用，鼓励设计不需要使用辅助材料的产品以及具有环境友好型特征的产品。

6) 延长产品生命周期

产品生命周期的延长是生态设计原则中最重要的一个内容，因为通过产品生命周期的延长，可以使用户推迟购买新产品，避免产品过早地进入处置阶段，提高产品的利用效率，减缓资源枯竭的速度。具体措施如下：

(1) 提高产品的可靠性和耐久性。可以通过完美的设计、高质量材料的选择和生产过程严格控制的一体化实现。

(2) 便于修复和维护。可以通过设计和生产工艺上的改进减少维护或使维护及维修更容易实现，此外建立完善的售后服务体系和对易损部件的清晰标注也是必要的。

(3) 采用标准的模式化产品结构。通过设计努力使产品的标准化程度增加，在部分部件被淘汰时，可以通过及时更新而延长整个产品的生命周期，如计算机主机板的插槽设计结构使计算机的升级换代成为可能。

7）产品处置系统的优化

产品在被用户消费使用后，就会进入处置阶段。产品处置系统的优化原则指的是再利用有价值的产品元部件和保证正确的废物处理。这要求在设计阶段就考虑使用环境影响小的原材料，以减少有害废物的排放，并设计适当的处置系统以实现安全焚烧和填埋处理。具体措施如下：

(1) 产品的再利用。要求产品作为一个整体尽可能保持原有性能，并建立相应的回收和再循环系统，以发挥产品的功能或为产品找到新的用途。

(2) 再制造和再更新。不适当的处置会浪费本来具有使用价值的元部件，通过再制造和再更新可以使这些元部件继续发挥原有的作用或为其找到新的用途，这要求设计过程中注意应用标准元部件和易拆卸的连接方式。

(3) 材料的再循环。由于投资小，见效快，再循环已成为一个常用原则。设计上的改进可以增加可再循环材料的使用比例，从而减少最终进入废物处置阶段材料的数量，节省废物处置成本，并通过销售或利用可再循环材料带来经济效益。

(4) 安全焚烧。当无法进行再利用和再循环时，可以采取安全焚烧的方法获取能量，但应通过焚烧设计上的改进减少最终进入环境的有害废物数量。

(5) 废物填埋处理。只有在以上原则都无法应用的情况之下，才能采用这一原则，并注意处置的正确方式，应避免有害废物的渗透威胁地下水和土壤，同时进入这一阶段的材料比率应为最低。

3. 产品绿色设计案例

(1) 中国办公家具

哈尔滨四达家具实业公司为了降低四达公司产品对环境的影响，参照一个在隔断方面有突出作用的办公室装备系统，最终设计出一种经济实用、易于生产和市场竞争力强的办公室家具系统。

与具有同类功能的产品相比，其质量减轻 46%，生产能耗降低 67%，脲醛树脂使用量减少 36%。

办公室布局更灵活、效率更高，而且隔墙半透明，白天可传播光线，具有吸音特性。

(2) 哥斯达黎加的高能效照明系统

中美洲的高效照明系统是 SYLVANIA 公司开发的。该公司开展该项目的目的就是要在降低生产成本、保证产品使用功能的基础上，降低其产品的环境影响，具体表现为降低产品生产和使用的能耗，减少资源的消耗和环境的污染。

与同类产品相比，其产品质量减轻 42%，能耗降低 65%，汞含量降低 50%，涂料用量减少 40%，铜用量减少 65%，体积减少 65%。

这种绿色设计所生产的环境友好的产品和低成本及良好的使用功能获得了很好的营销机会（环境营销）和中美洲广阔的市场。

(3) 施乐公司绿色产品设计

施乐公司在 20 世纪 70 年代即开始实施绿色产品开发战略，该公司非常关注行业的环境标准，在对其产品进行生命周期环境影响评价的基础上，从产品入手，开展“绿色标志”产品设计。其产品零部件的设计均采用标准化，以便于重复利用；很多的零部件都设计呈咬合或丝扣连接，而不是焊接或胶合，以便于维修和再制造；不仅如此，该公司还从客户手中全面回收已不能再使用的设备和零部件，并以各种方式进行再利用；该公司还在全行业首先采用综合性的节能技术及双面复印技术，实现了节能、节约原材料、减少污染物排放、增加经济效益的目的。

(4) 日本产品的绿色设计

日本资生堂生产的香波和护发素主要由天然材料构成，提高了其产品的生物降解性和环境友好性，其包装容器首先全面废止了聚乙烯类，并积极采用再生铝、再生聚丙烯、再生玻璃等高达 70%的再生材料，还开展了提高金属等可再生利用的易拆卸设计。

日本索尼公司生产的绿色灰色信封全部采用旧杂志纸制作，这种再生纸的生产过程比木浆生产工艺简单，不用脱墨、漂白，废水的污染程度仅为木浆生产高级白纸的 1/10，而且能耗低，具有明显的环境效益和经济效益。

11.6.2 产品的环境标志

1. 环境标志的概念

环境标志(又叫绿色标志)是由政府的环境管理部门依据有关的环境法律、环境标准和规定，向某些商品颁发的一种特殊标志，这种标志是一种贴在产品上的图形，它证明该产品不仅质量上符合环境标准，而且其设计、生产、使用和处理等全过程也符合规定的环境保护要求，对生态无害，有利于产品的回收和再利用。它是一种环保产品的证明性商标，受法律保护，是经过严格检查、检测与综合评定，并由国家专门委员会批准使用的标志。

2. 环境标志发展简介

1) 国外环境标志进展

绿色产品的概念是 20 世纪 70 年代在美国政府起草的环境污染法规中首次提出的，但真正的绿色产品首先诞生于联邦德国。1987 年该国实施一项被称为“蓝色天使”的计划，对在生产和使用过程中都符合环保要求、且对生态环境和人体健康无损害的商品，由环境标志委员会授予绿色标志，这就是第一代绿色标志。

国外对于环境标志有多种称呼，而且每个国家都有各自不同的环境标志图。例如：德国的“蓝色天使”、北欧的“白天鹅”、美国的“绿色印章”、加拿大的“环境选择”、日本的“生态标签”等，国际标准化组织将其统称为环境标志(图 11-9～图 11-14)。只有经过严格认证，获得绿色标志(或称环境标志)的产品才是绿色产品。

图 11-9 德国的环境标志

图 11-10 北欧的环境标志

图 11-11　美国的环境标志

图 11-12　加拿大的环境标志

图 11-13　日本的环境标志

图 11-14　中国的环境标志

目前,德国绿色标志产品已达 7500 多种,占其全国商品的 30%。继 1987 年德国之后,日本、美国、加拿大等 30 多个国家和地区也相继建立自己的绿色标志认证制度,以保证消费者自识别产品的环保性质,同时鼓励厂商生产低污染的绿色产品。

2）中国环境标志进展

中国国家环保局于 1993 年 7 月 23 日向国家技术监督局申请授权国家环保局组建"中国环境标志产品认证委员会",1993 年 8 月中国推出了自己的环境标志图形(图 11-14)——十环标志,其中心由青山、绿水和太阳所组成,代表了人类所赖以生存的自然环境；外围是 10 个紧扣的环,代表公众参与,共同保护环境。而 10 个紧扣的"环"正好与环境的"环"字同字,整个标志寓意着全民联合起来,共同保护人类赖以生存的家园。

1994 年 5 月 17 日成立中国环境标志产品认证委员会,标志着中国环境标志产品认证工作的正式开始。它是由中华人民共和国环境保护部、国家质检总局等 11 个部委的代表和知名专家组成的国家最高规格的认证委员会,其常设机构为认证委员会秘书处,代表国家对绿色产品进行权威认证。2003 年,中华人民共和国环境保护部将环境认证资源进行整合,中国环境标志产品认证委员会秘书处与中国环境管理体系认证机构认可委员会(简称环认委)、中国认证人员国家注册委员会环境管理专业委员会(简称环注委)、中国环科院环境管理体系认证中心共同组成中环联合认证中心(中华人民共和国环境保护部环境认证中心),形成以生命周期评价为基础,一手抓体系、一手抓产品的新的认证平台。

中国环境标志立足于整体推进 ISO 14000 国际环境管理标准,把生命周期评价的理论和方法、环境管理的现代意识和清洁生产技术融入产品环境标志认证，推动环境友好产品发展，坚持以人为本的现代理念，开拓生态工业和循环经济。

中国环境标志要求认证企业建立融 ISO 9000、ISO 14000 和产品认证为一体的保障体系。同时，对认证企业实施严格的年检制度，确保认证产品持续达标，保护消费者利益，维护环境标志认证的权威性和公正性。

1994—2003 年，我国已颁布了包括纺织、汽车、建材、轻工等 51 个大类产品的环境标志标准，共有 680 多家企业的 8600 多种产品通过认证，获得环境标志，形成了 600 亿元产值的环境标志产品群体，我国的环境标志已成为公认的绿色产品权威认证标志，为提高人们的环境意识、促进我国可持续消费做出了卓越贡献。我国加入 WTO 以后，绿色壁垒将成为我国对外贸易中的新问题，环境标志必将成为提高我国产品市场竞争力、打入国际市场的重要手段。

3. 环境标志产品范围

环境标志产品是以保护环境为宗旨的产品。从理论上讲，凡是对环境造成污染或危害，但采取一定措施即可减少这种污染或危害的产品，均可以成为环境标志的对象。由于食品和药品更多地与人体健康相联系，因此国外在实施环境标志制度时，一般不包括食品和药品。

根据产品环境行为的不同，环境标志产品可分为以下几种类型：

(1) 节能、节水、低耗型产品。

(2) 可再生、可回用、可回收产品。

(3) 清洁工艺产品。

(4) 可生物降解产品。

4. 环境标志的作用

实行环境标志所起到的作用主要体现在 3 个方面。

(1) 通过市场调节，增加企业效益

环境标志不是靠法律的强制手段或行政命令使企业承担环境义务，而是通过市场使企业自觉地把它的经济效益和环境效益紧紧地联系在一起，对产品“从摇篮到坟墓”的全过程进行控制，因为没有环境标志的产品将很难在市场上销售，而没有市场，企业获利将是无本之源。所以企业为了生存，会主动采用无废少废、节能节水的新技术、新工艺和新设备，生产绿色产品，获得环境标志。同时因为每 3～5 年环境标志都要重新进行认证，这样也促使企业及时调整产品的结构，以消除或减少生产对生态环境的破坏，节约能源和不可再生的资源，使更多的产品获得环境标志认证。例如，我国青岛海尔冰箱厂 1988 年就开始吸收国外的先进技术，1990 年 9 月推出了削减 50％氟利昂的电冰箱，同年 11 月获“欧洲环境标志”，仅销往德国的该类电冰箱就达 5 万多台，在数量上居亚洲国家之首。1995 年广东科龙公司为保护臭氧层，生产出了无氟绿色电冰箱，获得美国环境标志的认证，使得无氟电冰箱在美国的销量大大增加，提高了企业创汇的能力。

(2) 在消费者和生产者之间构建诚信保证平台，提高消费者的环境保护意识，推动可持续消费

环境标志产品是经过独立第三方认证的产品，表明产品是在一定的标准指导下生产，其质量符合相应的要求。因此，环境标志的使用能够在生产者和消费者之间建立起产品质量和环境保护的诚信关系，为实现消费者通过产品消费支持环境保护的意愿提供了有效途径，

同时也有利于提高广大消费者的环境意识。前联邦德国曾进行一次对 7500 个家庭的抽样调查,结果发现,78.9%的家庭都知道什么是绿色产品,并且对绿色产品表现出强烈的购买兴趣。美国的一项调查也发现,即使多花费 5%也乐于购买绿色产品的人占 80%,多花费 15%也乐于购买绿色产品的人占 50%。因此可以看出,消费者通过选购、处置带有环境标志商品的日常活动,将会提高消费者的环境意识,同时消费者也参与了环境保护的活动。

(3) 打破绿色壁垒,促进产品国际贸易

有环境标志的产品在市场上取得的较好经济效益,与公众的购买倾向是密不可分的,也就是说,环境因素将成为衡量产品销路的一个重要因素。通过市场供需原理,企业会尽一切力量满足消费者的需求,通过增加销售量而获得更多的利润。在当今竞争激烈的国际贸易市场上,环境标志就像一张"绿色通行证",在已实行环境标志的一些国家,无环境标志实际上已成为一种非正式的贸易壁垒。这些国家把它当作贸易保护的有力武器,他们严格限制非环境标志产品进口。可以说谁拥有清洁产品,谁就拥有市场。实行环境标志有利于各国参与世界经济大循环,增强本国产品在国际市场上的竞争力。也可以根据国际惯例,限制别国不符合本国环境保护要求的商品进入国内市场,从而保护本国利益。

5. 中国实施环境标志的策略

环境标志的产生与发展,依赖于公众的环境保护意识,没有消费者选购环境标志产品,环境标志工作就无法开展。由于环境标志产品在生产过程中,除考虑产品的一般特性外,还要考虑产品环境因素,增加研究工作和技术的投入,因此其生产不能完全做到遵循成本最低原则。在目前情况下,环境标志产品的价格会比普通产品价格高。当前在我国公众整体的环保意识较差,购买倾向以产品价格为主要选择因素的情况下,企业在选择环境标志产品种类时,应充分考虑到我国公众的环境意识水平,既要使标志产品有较好的环境性能,又能吸引消费者购买,保持其强劲的市场竞争力。

我国实施环境标志的策略如下:

(1) 有步骤、分阶段、逐步扩大环境标志产品实施范围

任何产品都有环境行为,不论它是在设计、生产、使用中,还是在处理、处置中,都会或多或少地与环境发生关系。根据标志产品"全过程控制"的原则,所有具有环境行为的产品都可以进行环境标志产品认证,所以从理论上讲,所有产品都可以纳入环境标志产品的范围。

现阶段我国主要适宜在低毒污染类、低排放类、可回收利用类、节能节水类、可生物降解类产品中开展标志工作。除此之外,对于在广告上涉及老年、妇女和儿童特殊保健作用又与环境行为有关的产品,为区别真伪,也将其列入环境标志的工作范围。

(2) 企业自愿申请标志产品认证

环境标志是"软的市场手段",应该是一种自愿性行为。由于目前标志产品在消费者心目中还远远没有达到足够高的地位,因此,强制性认证必将受到企业的抵制,但随着社会的进步、公众环保意识的提高,环境标志完全有可能与产品质量保证、卫生保证、安全保证一样,成为产品进入市场的必要前提和准入标准。

环境标志不同于以往的排污收费、超标处罚等环境管理手段,它将环境保护与市场经济结合起来,由企业自愿申请,可以调动企业参与环境保护的积极性,使企业由以往的被动治理,转变为主动防治,鼓励了环境行为优良的产品及其企业的发展。

(3) 标志产品应体现出导向作用

标志产品是同类产品中环境性能优越的产品,从体现导向作用出发,标志产品的数量应有一个适当的比例。控制标志产品的比例,主要依靠控制标志产品技术指标的难易程度,国外又称其为标准阈值。从市场的角度考虑,较低的标准阈值会使大多数产品达到要求,则标志产品的声誉以及对消费者、制造商的吸引力将受到损害;同样,具有较高的标准阈值,意味着标志产品只能占有较小市场份额。

(4) 在出口产品中开展标志工作

在出口产品中开展标志工作,是我国环境标志工作的重要方向。当前,公众整体环保意识较差,是我国现阶段实施环境标志的一个最大的制约因素;另一方面,环境标志在很多国家,被当作贸易保护的一个有力武器,许多国家严禁无环境标志的产品进口,环境标志成为国际贸易市场中的一张“绿色通行证”。因此,在出口商品中实施环境标志,对于增强产品竞争力、打破贸易保护壁垒以及扩大我国环境标志的国际影响,有着十分现实的意义。

(5) 标志产品的种类尽可能与国外产品一致

国外环境标志工作已有十几年的历史,其中积累了不少经验。有选择地从国外标志产品中提出适合我国的种类,是我国开展标志工作的一条捷径,有利于与国际环境标志工作接轨,有利于我国与其他国家标志工作的经验交流,有利于国际贸易发展。

复习与思考

1. 什么是政府产业环境管理?它有哪些特征和作用?
2. 简述政府对企业进行环境管理的主要途径和方法。
3. 简述政府对行业进行环境管理的主要途径和方法。
4. 什么是企业环境管理?它有哪些特征和作用?
5. 简述企业环境管理的主要途径和方法。
6. 什么是清洁生产?它包括哪些主要内容?
7. 什么是清洁生产审核?清洁生产审核的工作程序分为哪几个阶段?各个阶段的主要工作内容和工作重点是什么?
8. 如何理解循环经济的概念和内涵?
9. 循环经济的技术特征和三大操作原则是什么?
10. 什么是ISO 14000环境管理标准?为什么说环境管理体系模式是一个持续改进的过程?
11. 什么是生态设计?进行生态设计应遵循哪些原则?
12. 何谓环境标志?环境标志的作用是什么?
13. 中国环境标志的实施策略是怎样的?

第12章

自然资源环境管理

自然资源的开发利用是人类社会生存发展的物质基础，也是人类社会与自然环境之间物质流动的起点。当今世界上的许多环境问题都与自然资源的不合理开发利用密切相关。因此，对自然资源开发利用过程进行环境管理，是环境管理的重要内容。

自然资源在环境社会系统及其物质流中具有极其特殊的地位与作用，其重要性体现在以下两个方面：

首先，自然资源是自然环境子系统中不可缺少的部分，同时又是人类社会子系统得以运行的不可缺少的要素，因此它是自然环境系统和人类社会系统之间的一个十分重要的界面。作为自然环境的一部分，自然资源如山、水、森林、矿藏等是组成自然环境的基本骨架。而作为人类社会经济活动的原材料，自然资源又是劳动的对象，是形成物质财富的源泉，是人类社会生存发展须臾不可或缺的物质。

其次，自然资源是人类社会活动最剧烈的地方，也是作用于自然环境最强烈的地方。因为人们为了使自己的生存获得更大的保障，就要不断地开发自然资源。在工业文明的时代，一个国家开发自然资源的能力，几乎已不受怀疑地成了“国力强弱”和“发达与否”的唯一标尺。人类沿着这个方向努力了两三百年，结果导致了自然环境的严重恶化和毁坏。

由上所述可见，自然资源是人类社会系统和自然环境系统相互作用、相互冲突最严重的地方。因此，处理好自然资源的开发和保护的关系是处理好“人与环境”关系最关键的问题，是关系到人类社会持久、幸福生存的大问题，当然也是环境管理的核心内容。

12.1 自然资源概述

12.1.1 自然资源的定义

自然资源也称资源。根据联合国环境规划署的定义，自然资源是指在一定时间条件下，能够产生经济价值以提高人类当前和未来福利的自然环境因素的总和，如土地、水、森林、草原、矿物、海洋、野生动植物、阳光、空气等。

自然资源的概念和范畴不是一成不变的，随着社会生产的发展和科学技术水平的提高，过去被视为不能利用的自然环境要素，将来可能变为有一定经济利用价值的自然资源。

12.1.2 自然资源的分类

按照不同的目的和要求，可将自然资源进行多种分类。但目前大多按照自然资源的有限性，将自然资源分为有限自然资源和无限自然资源，如图 12-1 所示。

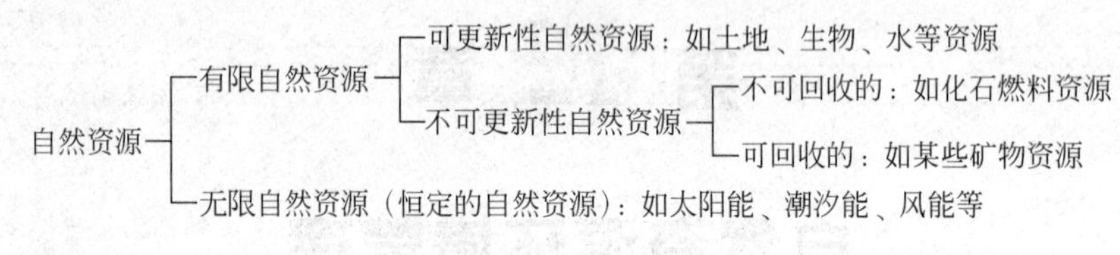

图 12 1　自然资源分类

（1）有限自然资源

有限自然资源又称耗竭性资源。这类资源是在地球演化过程中的特定阶段形成的，质与量都有限定，空间分布不均。有限资源按其能否更新又可分为可更新资源和不可更新资源两大类。

① 可更新资源又称可再生资源。这类资源主要是指那些被人类开发利用后，能够依靠生态系统自身的运行力量得到恢复或再生的资源，如生物资源、土地资源、水资源等。只要其消耗速度不大于它们的恢复速度，借助自然循环或生物的生长、繁殖，这些资源从理论上讲是可以被人类永续利用的。但各种可更新资源的恢复速度不尽相同，如岩石自然风化形成 1cm 厚的土壤层需要 300～600 年，森林的恢复一般需要数十年至百余年。因此不合理的开发利用，也会使这些可更新的资源变成不可更新资源，甚至耗竭。

② 不可更新资源又称不可再生资源。这类资源是在漫长的地球演化过程中形成的，它们的储量是固定的。被人类开发利用后，会逐渐减少以至枯竭，一旦被用尽，就无法再补充，如各种金属矿物、非金属矿物、化石燃料等。这些矿物都是由古代生物或非生物经过漫长的地质年代形成的，因而它的储量是固定的，在开发利用中，只能不断地减少，无法持续利用。

（2）无限自然资源

无限自然资源又称为恒定的自然资源或非耗竭性资源。这类资源随着地球形成及其运动而存在，基本上是持续稳定产生的，几乎不受人类活动的影响，也不会因人类利用而枯竭，如太阳能、风能、潮汐能等。

12.1.3　自然资源的属性

（1）有限性

有限性是自然资源最本质的特征。大多数资源在数量上都是有限的。资源的有限性在矿产资源中尤其明显，任何一种矿物的形成不仅需要有特定的地质条件，还必须经过千百万年甚至上亿年漫长的物理、化学、生物作用过程，因此，相对于人类而言是不可再生的，消耗一点就少一点。其他的可再生资源如动物、植物，由于受自身遗传因素的制约，其再生能力是有限的，过度利用将会使其稳定的结构破坏而丧失再生能力，成为非可再生资源。

资源的有限性要求人类在开发利用自然资源时必须从长计议，珍惜一切自然资源，注意合理开发利用与保护，绝不能只顾眼前利益，掠夺式开发资源，甚至肆意破坏资源。

（2）区域性

区域性是指资源分布的不平衡，数量或质量上存在着显著的地域差异，并有其特殊分布规律。自然资源的地域分布受太阳辐射、大气环流、地质构造和地表形态结构等因素的影响，其种类特性、数量多寡、质量优劣都具有明显的区域差异。由于影响自然资源地域分布的因素是恒定的，在一定条件下必定会形成和分布着相应的自然资源区域，所以自然资源的区域分布也有一定的规律性。例如，我国的天然气、煤和石油等资源主要分布在北方，而南方则蕴藏丰富的水资源。

自然资源区域性的差异制约着经济的布局、规模和发展。例如，矿产资源状况（矿产种类、数量、质量、结构等）对采矿业、冶炼业、机械制造业、石油化工业等都会有显著影响。而生物资源状况（种类、品种、数量、质量）对种植业、养殖业和轻、纺工业等有很大的制约作用。

因此，在自然资源开发过程中，应该按照自然资源区域性的特点和当地的经济条件，对资源的分布、数量、质量等情况进行全面调查和评价，因地制宜地安排各业生产，扬长避短，有效发挥区域自然资源优势，使资源优势成为经济优势。

(3) 整体性

整体性是指每个地区的自然资源要素存在着生态上的联系，形成一个整体，触动其中一个要素，可能引起一连串的连锁反应，从而影响整个自然资源系统的变化。这种整体性在再生资源中表现得尤其突出。例如，森林资源除经济效益外，还具有涵养水分、保持水土等生态效益，如果森林资源遭到破坏，不仅会导致河流含沙量的增加，引起洪水泛滥，而且会使土壤肥力下降；土壤肥力的下降，又进一步促使植被退化，甚至沙漠化，从而又使动物和微生物大量减少。相反，如果在沙漠地区通过种草种树慢慢恢复茂密的植被，水土将得到保持，动物和微生物将集结繁衍，土壤肥力将会逐步提高，从而促进植被进一步优化及各种生物进入良性循环。

由于自然资源具有整体性的特点，因此对自然资源的开发利用必须持整体的观点，应统筹规划、合理安排，以保持生态系统的平衡。否则将顾此失彼，不仅使生态与环境遭到破坏，经济也难以得到发展。

(4) 多用性

多用性是指任何一种自然资源都有多种用途，如土地资源既可用于农业，也可以用于工业、交通、旅游以及改善居民生活环境等。森林资源既可以提供木材和各种林产品，又作为自然生态环境的一部分，具有涵养水源、调节气候、保护野生动植物等功能，还能为旅游提供必要的场地。

自然资源的多用性只是为人类利用资源提供了不同用途的可能性，具体采取何种方式进行利用则是由社会、经济、科学技术以及环境保护等诸多因素决定的。

资源的多用性要求人们在对资源进行开发利用时，必须根据其可供利用的广度和深度，从经济效益，生态效益、社会效益等各方面进行综合研究，从而制定出最优方案实施开发利用，以做到物尽其用，取得最佳效益。

12.2　土地资源的保护与管理

12.2.1　土地资源的概念与特点

1. 土地及土地资源的概念

土地是构成自然环境的最重要要素之一，是人类赖以生存和发展的场所，是人类社会生产活动中最基础的生产资料，是一种重要的自然资源。

人们对土地的认识随着历史的发展而不断深化。不同的学科基于不同的目的和角度，形成了不同的土地概念。

广义的土地概念，是指地球表面陆地和陆内水域，不包括海洋。它是由大气、地貌、岩石、土壤、水文、地质、动植物等要素组成的综合体。

狭义的土地概念，是指地球表面陆地部分，不包括水域，它由土壤、岩石及其风化碎屑堆积组成。

土地资源是指地球表层土地中，现在和可预见的将来，能在一定条件下产生经济价值的部分。从发展的观点看，一些难以利用的土地，随着科学技术的发展，将会陆续得到利用，在这个意义上，土地资源与土地是同义语。

2. 土地资源的特性

土地资源是在自然力作用下形成和存在的，人类一般不能生产土地，只能利用土地，影响土地的质量和发展方向。

土地资源占据着一定的空间，存在于一定的地域，并与其周围的其他环境要素相互联系，具有明显的地域性。

土地资源作为人类生产、生活的物质基础，基本生产资源和环境条件，其基本用途和功能不能用其他任何自然资源来替代。

地球在形成和发展过程中，决定了现代全世界的土地面积。一般来说，土地资源的总量是个常量。

土地资源在人类开发利用过程中，其状态和价值具有一定程度的可塑性，可以被提升，也可能下降。

3. 土地资源的功能与作用

人类离不开土地。土地资源具备供所有动植物滋生繁衍的营养力，可借以生产出人类生存所必须的生活资料；土地资源是人类生产、生活活动的场所，是人类社会安身立命的载体。

土地资源为人类社会进行物质生产提供了大量的生产资料。土地本身就是农、林、牧、副、渔业的最基本的生产资料，同时也为人类生产金属材料、建筑材料、动力资源等提供生产资料；一些土地资源类型、自然和人文景观奇特，为人类提供了赏心悦目、陶冶情操的景观。

4. 我国土地资源的特点

我国地域辽阔，总面积达960万km^2，占世界陆地面积的6.4%，仅次于俄罗斯和加拿大，居世界第三位。概括起来我国土地资源有以下几个特点。

(1) 土地资源绝对量多，人均占有量少

我国土地总面积居世界第三位，但我国人口众多，人均占有的土地资源数量很少。根据联合国粮农组织的资料，我国人均占有土地只有1.01公顷，仅为世界人均占有量的1/3。

(2) 土地类型复杂多样

我国的土地，从平均海拔50m以下的东部平原，到海拔4000m以上的西部高原，形成平原、盆地、丘陵、山地等错综复杂的地貌类型。从水热条件看，我国的土地，南北距离长达5000km，跨越49个纬度，经历了从热带、亚热带到温带的热量变化；我国的土地东西距离长达5200km，跨越了62个经度，经历了从湿润、半湿润、半干旱的干湿度变化。在这个广阔的范围内，不同的水热条件和复杂的地质、地貌条件，形成了复杂多样的土地类型。

(3) 山地多，平原少

我国属多山国家，山地面积(包括丘陵、高原)占土地总面积的 69.23%，平原盆地约占土地总面积的 30.73%。山地坡度大，土层薄，如利用不当，则自然资源和生态环境易遭到破坏。

(4) 农用土地资源比重小，分布不平衡

我国土地面积很大，但可以被农林牧副各业和城乡建设利用的土地仅占土地总面积的 70%，且分布极不平衡。

(5) 后备耕地资源不足

我国现有耕地面积占全国土地总面积的 10.4%，人均占有耕地的面积只有世界人均耕地面积的 1/4。在未利用的土地中，难利用的占 87%，主要是戈壁、沙漠和裸露石砾地，仅有 0.33 亿 hm^2 宜农荒地，能作为农田的不足 0.2 亿 hm^2，按 60%的垦殖率计算，可净增耕地 0.12 亿～0.14 亿 hm^2。所以，我国后备耕地资源很少。

(6) 人口与耕地的矛盾十分突出

我国现有耕地面积约 $1\times10^8 hm^2$，为世界总耕地面积的 7%。我国用占世界 7%的耕地养活着占世界 22%的人口，人口与耕地的矛盾相当突出。随着我国人口的增长，人口与耕地的矛盾将更加尖锐。据估计，21 世纪中叶，我国人均耕地将减少到国际公认的警戒线 $0.05hm^2$。

12.2.2 土地资源开发利用中的环境问题

开发利用土地资源造成的环境问题，主要是生态破坏和环境污染，其表现是土地资源生物或经济产量的下降或丧失。这一环境问题也称为土地资源的退化，是全球重要的环境问题之一。土地退化的最终结果，除了造成贫困外，还可能对区域和全球性安全构成威胁。据联合国环境规划署估计，全球有 100 多个国家和地区的 $36\times10^8 hm^2$ 土地资源受到土地退化的影响，由此造成的直接损失达 423 亿美元，而间接经济损失是直接经济损失的 2～3 倍，甚至 10 倍。

我国是全世界土地退化比较严重的国家之一，主要表现在如下几个方面。

1. 水土流失

过度的樵采、放牧，甚至毁林、毁草开荒，破坏了植被，造成了水土流失。另外，由于在工矿、交通、城建及其他大型工程建设中不注意水土保持，也是使水土流失加重的主要原因之一。

2005 年 7 月—2008 年 11 月，水利部、中国科学院和中国工程院联合开展的“中国水土流失与生态安全综合科学考察”取得的数据表明：全国现有土壤侵蚀面积达到 357 万 km^2，占国土面积的 37.2%。水土流失不仅广泛发生在农村，而且发生在城镇和工矿区，几乎每个流域、每个省份都有。从我国东、中、西三大区域分布来看，东部地区水土流失面积 9.1 万 km^2，占全国的 2.6%；中部地区 51.15 万 km^2，占全国的 14.3%；西部地区 296.65 万 km^2，占全国的 83.1%。

水土流失对我国经济发展的影响是深远的。因水土流失全国每年丧失的表土达 $50\times10^8 t$，其中耕地表土流失 $33\times10^8 t$。因水土流失引起的土地生物或经济产量明显下降或丧失的土壤资源约 $37.8\times10^4 km^2$。

水土流失使土地资源的生产力迅速下降。据研究，无明显侵蚀的红壤分别为遭到强度侵蚀和剧烈侵蚀的红壤中所含的有机质总量的4倍和18倍，全氮含量为39倍和40倍，全磷含量为4.6倍和16.7倍。

水土流失后，地表径流将冲走大量泥沙，并在河流、湖泊、水库淤积，使河床抬高，并使一些河流缩短通航里程，一些水库库容减少，导致泥石流和滑坡，严重影响下游人民群众的生产和生活。如全国水土流失最严重的陕北高原，水库库容的平均寿命只有4年；长江三峡库区年入库泥沙达4000万t，对三峡工程构成了严重的威胁；长江流域洪湖地区洞庭湖等淤塞严重，湖面不断缩小，调节能力越来越差。

2. 土地沙化

土地沙化是指地表在失去植被覆盖后，在干旱和多风的条件下，出现风沙活动和类似沙漠景观的现象。据国家林业局第二次沙化土地监测结果显示，截至2005年底，我国沙化土地面积达174.3万km^2，占国土面积的18%，涉及全国30个省(区、市)841个县(旗)。土地一旦沙化，其发展速度迅速加快。土地沙化后的生产力将急速下降甚至完全丧失。

土地沙化有自然的和人为的双重因素。但人为活动是土壤沙化的主导因素。这是因为：①人类经济的发展使水资源进一步萎缩，绿洲的开发、水库的修建，使干旱地区断尾河进一步缩短、湖泊萎缩，加剧了土壤的干旱化，促进了土壤的可风蚀性；②农垦和过度放牧，使干旱、半干旱地区植被覆盖率大大降低。

土地沙化对经济建设和生态环境危害极大。首先，土地沙化使大面积土壤失去农、牧生产能力，使有限的土地资源面临更为严重的挑战。其次，使大气环境恶化，由于土地大面积沙化，使风挟带大量沙尘在近地面大气中运移，极易形成沙尘暴甚至黑风暴。例如，呼伦贝尔草原在1974年5月出现近代期间前所未有的沙尘暴，狂风挟带巨量尘土形成“火墙”，风速达14～19m/s，持续8小时，鄂尔多斯每年沙尘暴日数有15～27天，往往在干旱的春、秋季，土地沙化使周边地区尘土飞扬，20世纪70年代以来，我国新疆也发生过多次黑风暴。

3. 土地盐渍化

盐渍化指土地中易溶盐分含量增高，并且超过作物的耐盐限度时，作物不能生长，土地丧失了生产力的现象。由于不恰当的利用活动，使潜在盐渍化土壤中盐分趋向于表层积聚的过程，称土地次生盐渍化。据有关学者研究，引起土地次生盐渍化的原因是：①由于发展引水自流灌溉，导致地下水位上升超过其临界深度，从而使地下水和土体中的盐分随土壤毛管水流通过地面蒸发耗损而聚于表土；②利用地面或地下矿化水(尤其是矿化度大于3g/L时)进行灌溉，而又不采取调节土壤水盐运动的措施，导致灌溉水中的盐分积累于耕层中；③在开垦利用心底土具有积盐层土壤的过程中，过量灌溉下渗水流的蒸发耗损使盐分聚于土壤表层。

土地次生盐渍化问题是干旱、半干旱气候带土地垦殖中的老问题。据联合国粮农组织(FAO)和联合国环境规划署(UNEP)估计，全世界约有50%的耕地因灌溉不当，受水渍和盐渍的危害，每年有数百万公顷灌溉地废弃。我国土地盐渍化主要发生在华北黄淮海平原、宁夏、内蒙古的引黄灌区，黑、吉两省西部，辽宁西部内蒙古东部的灌溉农田。我国现有盐渍化土地$81.8\times10^4km^2$，其中次生盐渍化的土地面积达$6.33\times10^4km^2$。

4. 土壤污染

随着工业化和城市化的进展，特别是乡镇工业的发展，大量的“三废”物质通过大气、水和固体废物的形式进入土壤。同时由于农业生产技术的发展，人为地使用化肥和农药以及污水灌溉等,使土壤污染日益加重。最新资料表明,我国每年农药的施用量达 50 万～60 万 t,而农药的有效利用率仅为 20%～30%,全国至少有 1300 万～1600 万 hm^2 的耕地受到了农药的污染。目前我国受重金属污染的耕地多达 2000 万 hm^2 以上,每年生产重金属污染的粮食多达 1200 万 t。

5. 非农业用地逐年扩大,耕地面积不断减少

城镇建设、住房建设及交通建设等都要占用大量的土地资源。我国城市建设数量在 1978—1998 年的 20 年间,由原来不足 200 个增加到 600 多个,增加了 475 个。上海郊区被占耕地达 7.33 万 hm^2,相当于上海、宝山、川沙三县耕地面积的总和。据中国国土资源部的最新报告统计,"十五"期间,全国耕地面积净减少 616.31 万 hm^2(9240 万亩),由 2000 年 10 月底的 1.28 亿 hm^2(19.24 亿亩)减至 2005 年 10 月底的 1.21 亿 hm^2(18.31 亿亩),年均净减少耕地 123.26 万 hm^2(1848 万亩)。随着经济和城市化的发展以及人口的增长,耕地总量和人均量还将进一步下降。据初步预测,到 2050 年,我国非农业建设用地将比现在增加 0.23 亿 hm^2,其中需要占用耕地约 0.13 亿 hm^2。另外,煤炭开采,每年破坏土地 1.2 万～2 万 hm^2,砖瓦生产每年破坏耕地近 1 万 hm^2。

12.2.3 土地资源环境管理的基本途径和方法

1. 土地资源环境管理的原则

根据我国严峻的土地资源形势,我国必须十分珍惜土地资源,合理利用土地资源,精心保护土地资源,并在利用中不断提高土地资源的质量。为此,应明确利用和保护土地资源的原则,制定土地资源管理办法和当前应采取的对策。这些原则主要为:

(1) 以提高土地资源利用率为目标,全面规划,合理安排。在规划时要特别严格控制城乡建设用地的规模,注意土地使用的集约化程度和规模效益,保证农、林、牧等基本用地不被挤占。

(2) 以提高土地资源的质量为目标,合理调配土地利用的方向、内容和方式,保护和改善生态环境,保障土地的可持续利用。严禁过度的不合理的开发活动,防止土地退化,包括水土流失、沙漠化、盐碱化等各种形式的退化。

(3) 以防止土壤和水体的污染、破坏为目标,综合运用政策的、经济的和技术等手段,严格控制各种形态污染物向地下、地表水体转移及向地上作物转移。

(4) 以实现粮食基本自给、保持农村社会稳定为目标,守住 18 亿亩耕地红线,占用耕地与开发复垦耕地相平衡,从而保障中国粮食安全有基本的资源基础。

2. 开展土地利用现状调查和评价

土地利用现状调查的内容主要有:①土地利用状况调查。国家土地利用总体规划根据土地用途,将土地分为农用地、建设用地和未利用地。农用地是指直接用于农业生产的土地,包括耕地、林地、草地、农田水利用地、养殖水面等;建设用地是指建造建筑物、构筑物的土地,包括城乡住宅和公共设施用地、工矿用地、交通水利设施用地、旅游用地、军事设施用地等;未利用地是指农用地和建设用地以外的土地。②土地利用率和土地利用效率分析。所谓土地利用率指已利用的土地面积与土地总面积之比;土地利用效率指单位用地面积所产出的产值或利税或功效。

土地利用评价的要点有：①明确评价的目的。在实际工作中，土地利用评价的目的可以有很大的不同。比如有的可以为制定土地利用规划服务；有的是为确定土地税赋和防止流失使用；有的为地基工作提供基础资料。由于目的不同，相应的评价原则与方法也不相同。②确定土地利用评价的原则。③选择土地利用评价的技术方法。

3. 制定在不同层次上科学、合理的土地利用规划体系

这里所说的层次和体系指在国家、省(自治区、直辖市)、县(区)、镇(乡)、村等不同级别上分别从宏观、中观和微观上制定出各类土地的使用安排。

各级人民政府应当依据国民经济和社会发展规划、国土整治和资源环境保护的要求、土地供给能力以及各项建设对土地的需求，组织编制土地利用总体规划和土地利用年度计划。下级土地利用总体规划应当依据上一级土地利用总体规划编制。省、自治区、直辖市人民政府编制的土地利用总体规划，应当确保本行政区域内耕地总量不减少。同时各级人民政府应当加强土地利用计划管理，实行建设用地总量控制。

制定土地利用规划的关键在于妥善处理好不同部门、不同项目在土地利用要求上的矛盾。这里要协调的有国家的利益(包括眼前的和长远的)、部门或地区的利益、企业单位的利益和公众(特别是农民)的利益。

4. 制定合理、有效的土地利用和管理保护的政策体系、运作机制和相应的制度体系

这里提到的政策、机制、制度三者是相辅相成有机联系的一个整体，其中政策是核心和灵魂。土地利用合理与否的标志在于：一是土地利用的总效益、总效率是否高。二是土地利用的效益能否持续，即是否能在用好地的同时做到养好地。这就是说土地利用政策的方向必须正确。

一个好的土地利用政策能够调动各种开发利用土地资源主体的积极性，引导并激励他们自觉执行政策。因此土地利用政策要能恰当地协调政府部门、企业和公众三者的利益关系，其中特别要注意巧妙地运用经济、法律手段，保护公众尤其是广大农民的经济利益。因此多项政策必须构成一个完备的体系。

5. 制定、完善并有效推行保障土地资源合理利用的法律、法规体系

逐步完善和真正严格执行《中华人民共和国土地管理法》、《中华人民共和国环境保护法》等有关土地资源保护的法律和法规，依法保护土地资源，使土地管理纳入法制的轨道。县级以上人民政府土地行政主管部门对违反土地管理法律、法规的行为要进行监督检查，在监督检查工作中发现土地违法行为构成犯罪的，应当将案件移送有关机关，依法追究刑事责任；尚不构成犯罪的，应当依法给予行政处罚。

12.3 水资源的保护与管理

12.3.1 水资源的概念与特点

1. 水资源的概念

水是人类维系生命的基本物质，是工农业生产和城市发展不可缺少的重要资源。

地球上水的总量约有 $14\times10^8 km^3$，其中约有 97.3%的水是海水，淡水不及总量的 3%。

其中还有约 3/4 以冰川、冰帽的形式存在于南北极地区，人类很难使用。与人类关系最密切又较易开发利用的淡水储量约为 $400\times10^4 km^3$，仅占地球上总水量的 0.3%。

水资源是指在目前技术和经济条件下，比较容易被人类直接或间接开发利用的那部分淡水，主要包括河川、湖泊、地下水和土壤水等。

这里需要说明的是，土壤水虽然不能直接用于工业、城镇供水，但它是植物生长必不可少的，所以土壤水属于水资源范畴。至于大气降水，它是径流、地下水和土壤水形成的最主要，甚至唯一的补给来源。

直到 20 世纪 20 年代，人类才认识到水资源并非是用之不竭，取之不尽的。随着人口增长和经济的发展，对水资源的需求与日俱增，人类社会正面临水资源短缺的严重挑战。据联合国统计，全世界有 100 多个国家缺水，严重缺水的国家已达 40 多个。水资源不足已成为许多国家制约经济增长和社会进步的障碍因素。

2. 水资源的特点

(1) 循环再生性与总量有限性。水资源属可再生资源，在再生过程中通过形态的变换显示出它的循环特性。在循环过程中，由于要受到太阳辐射、地表下垫面、人类活动等条件的作用，因此每年更新的水量是有限的。这里需注意的是，虽然水资源具有可循环再生的特性，但这是从全球范围水资源的总体而言的。至于对一个具体的水体，如一个湖泊、一条河流，它完全可能干涸而不能再生。因此在开发利用水资源过程中，一定要注意不能破坏自然环境的水资源再生能力。

(2) 时空分布的不均匀性。由于水资源的主要补给来源是大气降水、地表径流和地下径流，它们都具有随机性和周期性(其年内与年际变化都很大)，它们在地区分布和季节分布上又很不均衡。

(3) 功能的广泛性和不可替代性。水资源既是生活资料又是生产资料，更是生态系统正常维持的需要，其功能在人类社会的生存发展中发挥了广泛而又重要的作用，如保证人畜饮用、农业灌溉、工业生产使用、养鱼、航运、水力发电等。水资源这些作用和综合效益是其他任何自然资源无法替代的。不认识到这一点，就不能算是真正认识了水资源的重要性。

(4) 利弊两重性。由于降水和径流的地区分布不平衡和时空分配不均匀，往往会出现洪涝、旱碱等自然灾害。如果开发利用不当，也会引起人为灾害，例如，垮坝、水土流失、次生盐渍化、水质污染、地下水枯竭、地面沉降、诱发地震等。这说明水资源具有明显的利弊两重性。

3. 我国水资源的分布及特点

(1) 总量多、人均占有量少，属贫水国家

中国陆地水资源总量为 $2.8\times10^{12} m^3$，列世界第 6 位。多年平均降水量为 648mm，年平均径流量为 $2.7\times10^{12} m^3$，地下水补给总量约 $0.8\times10^{12} m^3$，地表水和地下水相互转化和重复水量约 $0.7\times10^4 m^3$。但由于中国人口多，故人均占有量只有 $2632m^3$，约为世界平均占有量的 1/4，位居世界第 110 位，已经被联合国列为 13 个贫水国家之一。

(2) 地区分配不均，水土资源组配不平衡

总体上来说，我国陆地水资源的地区分布是东南多、西北少，由东南向西北逐渐递减，不同地区水资源量差别很大。

我国的水土资源的组配是很不平衡的。平均每公顷耕地的径流量为 $2.8\times10^4 m^3$。长江流域为全国平均值的1.4倍；珠江流域为全国平均值的2.4倍；淮河、黄河流域只有全国平均值的20%；辽河流域为全国平均值的29.8%；海河、滦河流域为全国平均值的13.4%；长江流域及其以南地区，水资源总量占全国的81%，而耕地只占全国的36%。黄河、淮河、海河流域，水资源总量仅占全国的7.5%，而耕地却占全国的36.5%。

我国地下水的分布也是南方多，北方少。占全国国土50%的北方，地下水只占全国的31%。晋、冀、鲁、豫4省，耕地面积占全国的25%，而地下水只占全国的10%。从而形成了南方地表水多，地下水也多；北方地表水少，地下水也少的极不均衡的分布状况。

(3) 年内分配不均、年际变化很大

我国的降水受季风气候的影响，故径流量的年内分配不均。长江以南地区3～6月(或4～7月)的降水量约占全年降水量的60%；而长江以北地区6～9月的降水量，常占全年降水量的80%，秋冬春则缺雪少雨。

我国降水的年际变化很大。多雨年份与少雨年份往往相差数倍。由于降水过分集中，造成雨期大量弃水，非雨期水量缺乏，总水量不能充分利用。由于降水年内分配不均，年际变化很大，我国的主要江河都出现过连续枯水年和连续丰水年。在雨季和丰水年，大量的水资源不仅不能充分利用，白白地注入海洋，而且造成许多洪涝灾害。旱季或少雨年，缺水问题又十分突出，水资源不仅不能满足农业灌溉和工业生产的需要，甚至某些地方人畜用水也发生困难。

(4) 部分河流含沙量大

我国平均每年被河流带走的泥沙约 $35\times10^8 t$，年平均输沙量大于 $1000\times10^4 t$ 的河流有115条。其中黄河年径流量为 $543\times10^8 m^3$，平均含沙量为 $37.6 kg/m^3$，多年平均年输沙量为 $16\times10^8 t$，居世界诸大河之冠。水的含沙量大会造成河道淤塞、河床坡降变缓、水库淤积等一系列问题，同时，由于泥沙能吸附其他污染物，故增大了开发利用这部分水资源的难度。

(5) 水能资源丰富

我国的山地面积广大，地势梯级明显，尤其在西南地区，大多数河流落差较大，水量丰富，所以我国是一个水能资源蕴藏量特别丰富的国家。我国水能资源理论蕴藏量约为6.8亿kW·h，占世界水能资源理论蕴藏量的13.4%，为亚洲的75%，居世界首位。已探明可开发的水能资源约为3.8亿kW·h，为理论蕴藏量的60%。我国能够开发的、装机容量在1万kW·h以上的水能发电站共有1900余座，装机容量可达3.57亿kW·h，年发电量为1.82万亿kW·h，可替代年燃煤10多亿吨的火力发电站。

12.3.2 水资源开发利用中的环境问题

水资源开发利用中的环境问题，是指水量、水质、水能发生了变化，导致水资源功能的衰减、损坏以至丧失。我国水资源开发利用中的环境问题主要表现在：

(1) 水资源供需矛盾突出

据住房与城乡建设部2006年公布的数据，全国668座城市中，有400多座城市供水不足，110座城市严重缺水；在32个百万人口以上的特大城市中，有30个城市长期受缺水困扰。北京、天津、青岛、大连等城市缺水最为严重；地处水乡的上海、苏州、无锡等城市出现水质型缺水。目前，中国城市的年缺少水量已远远超过60亿 m^3。

中国是农业大国，农业用水占全国用水总量的 2/3 左右。目前，全国有效灌溉面积约为 0.481 亿 hm^2，约占全国耕地面积的 51.2%，近一半的耕地得不到灌溉，其中位于北方的无灌溉地约占 72%。河北、山东和河南缺水最为严重；西北地区缺水也很严重，而且区域内大部分为黄土高原，人烟稀少，改善灌溉系统的难度较大。

(2) 用水浪费严重加剧水资源短缺

我国工农业生产中水资源浪费严重。农业灌溉工程不配套，大部分灌区渠道没有防渗措施，渠道漏失率为 30%～50%，有的甚至更高；部分农田采用漫灌方法，因渠道跑水和田地渗漏，实际灌溉有效率为 20%～40%，南方地区更低。而国外农田灌溉的水分利用率多在 70%～80%。

在工业生产中用水浪费也十分惊人，由于技术设备和生产工艺落后，我国工业万元产值耗水比发达国家多数倍。工业耗水过高，不仅浪费水资源，同时增大了污水排放量和水体污染负荷。在城市用水中，由于卫生设备和输水管道的跑、冒、滴、漏等现象严重，也浪费大量的水资源。

(3) 水资源质量不断下降，污染比较严重

多年来，我国水资源质量不断下降，水环境持续恶化，由于污染所导致的缺水和事故不断发生，不仅使工厂停产、农业减产甚至绝收，而且造成了不良的社会影响和较大的经济损失，严重地威胁了社会的可持续发展，威胁了人民群众的生存。从地表水资源质量现状来看，我国有 50%的河流、90%的城市水域受到不同程度的污染。地下水资源质量也面临巨大压力，根据水利部的调研结果，我国北方五省区和海河流域地下水资源，无论是农村(包括牧区)还是城市，浅层水或深层水均遭到不同程度的污染，局部地区(主要是城市周围、排污河两侧及污水灌区)和部分城市的地下水污染比较严重，污染呈上升趋势。

水污染使水体丧失或降低了其使用功能，造成了水质性缺水，更加剧了水资源的不足。

(4) 盲目开采地下水造成地面下沉

目前，由于地下水的开发利用缺乏规范管理，所以开采严重超量，出现水位持续下降、漏斗面积不断扩大和城市地下水普遍污染等问题。据统计，一些地区超量开采，形成大面积水位降落漏斗，地下水中心水位累计下降 10～30m。由于地下水位下降，十几个城市发生地面下沉，在华北地区形成了全世界最大的漏斗区，且沉降范围仍在不断扩展。沿海地区由于过量开采地下水，破坏了淡水与咸水的平衡，引起海水入侵地下淡水层，加速了地下水的污染。

(5) 河湖容量减少，环境功能下降

我国是一个多湖的国家，长期以来，由于片面强调增加粮食产量，在许多地区过分围垦湖泽，排水造田，结果使许多天然小型湖泊从地面消失。号称“千湖之省”的湖北省，1949 年有大小湖泊 1066 个，2004 年只剩下 326 个。据不完全统计，近 40 年来，由于围湖造田，我国的湖面减少了 133.3 万 hm^2 以上，损失淡水资源 350 亿 m^3。许多历史上著名的大湖，也出现了湖面萎缩、湖容减少的情况。中外闻名的“八百里洞庭”，30 年内被围垦掉 3/5 的水面，湖容减少 115 亿 m^3。鄱阳湖 20 年内被垦掉一半水面，湖容减少 67 亿 m^3。围湖造田不仅损失了淡水资源，减弱了湖泊蓄水防洪的能力，也减少了湖泊的自净能力，破坏了湖泊的生态功能，从而造成湖区气候恶化，水产资源和生态平衡遭到破坏，进而影响到湖区多种经营的发展。

此外，由于水土流失，大量泥沙沉积使水库淤积、河床抬高，甚至某些河段已发展成地上河，严重影响了河湖蓄水排洪纳污的能力以及发电、航运、养殖和旅游等功能的开发利用。

12.3.3 水资源环境管理的途径和方法

水是生命之源、生产之要、生态之基，人多水少、水资源时空分布不均、水资源短缺、水污染严重、水生态环境恶化是我国的基本国情和水情，严重地制约了我国经济社会的可持续发展，因此，必须加强水资源的保护与管理。

1. 水资源环境管理的指导思想和基本原则

(1) 指导思想

以水资源配置、节约和保护为重点，强化用水需求和用水过程管理，通过健全法规制度、落实责任、提高能力、强化监管，严格控制用水总量，全面提高用水效率，严格控制入河湖排污总量，加快节水型社会建设，促进水资源可持续利用和经济发展方式转变，推动经济社会发展与水资源水环境承载能力相协调，保障经济社会长期平稳较快发展。

(2) 基本原则

坚持以人为本，着力解决人民群众最关心、最直接、最现实的水资源问题，保障饮水安全、供水安全和生态安全；坚持人水和谐，尊重自然规律和经济社会发展规律，处理好水资源开发与保护关系，以水定需、量水而行、因水制宜；坚持统筹兼顾，协调好生活、生产和生态用水，协调好上下游、左右岸、干支流、地表水和地下水关系；坚持改革创新，完善水资源管理体制和机制，改进管理方式和方法；健全水资源保护利用的政策法规，严格执法；坚持开源与节流相结合、节流优先和污水处理再利用的原则。

2. 加强法制，强化水资源管理

2002 年 8 月 29 日，九届全国人大常委会第 29 次会议最终审议通过了《中华人民共和国水法(修正案)》(简称新《水法》)，新《水法》于 2002 年 10 月 1 日起施行。与原《水法》相比，新《水法》有了许多重大的变化：

新《水法》确立了所有权与使用权分离；确立了对水资源依法实行取水许可制度和有偿使用制度、国家对用水实行总量控制和定额管理相结合的制度；确立了对水资源实行流域管理与行政区域管理相结合的管理体制；统一管理与分部门管理相结合，监督管理与具体管理相分离的新型管理体制；明确了流域规划与区域规划的法律地位。

2012 年 3 月，结合我国水资源日益短缺的严峻形势，国务院又发布了《关于实行最严格的水资源管理制度的意见》，其主要内容可概括为：确定“三条红线”：①水资源开发利用控制红线，即到 2030 年全国用水总量控制在 7000 亿 m^3 以内；②用水效率控制红线，即到 2030 年用水效率达到或接近世界先进水平，万元工业增加值用水量(以 2000 年不变价计，下同)降低到 $40m^3$ 以下，农田灌溉水有效利用系数提高到 0.6 以上；③水功能区限制纳污红线，即到 2030 年主要污染物入河湖总量控制在水功能区纳污能力范围之内，水功能区水质达标率提高到 95%以上。

为实现“三条红线”的目标，提出了四项水资源管理制度：①用水总量控制制度；②用水效率控制制度；③水功能区限制纳污制度；④水资源管理责任和考核制度及其相应的实施办法。

因此，要按照新《水法》和国务院《关于实行最严格的水资源管理制度的意见》要求，切实加强水资源管理，加强执法，加强责任考核，依法管理水资源是水资源保护的关键。

3. 制定科学合理的水资源开发利用规划

开发、利用、节约、保护水资源和防治水害，应当按照流域、区域统一制定规划。规划分为流域规划和区域规划。流域规划包括流域综合规划和流域专业规划；区域规划包括区域综合规划和区域专业规划。

所谓的综合规划，是指根据经济社会发展需要和水资源开发利用现状编制的开发、利用、节约、保护水资源和防治水害的总体部署。所谓的专业规划，是指防洪、治涝、灌溉、航运、供水、水力发电、渔业、水资源保护、水土保持、防沙治沙、节约用水等规划。流域范围内的区域规划应当服从流域规划，专业规划应当服从综合规划。制定规划时，必须进行水资源综合科学考察和调查评价。

4. 认真开展宣传教育工作，树立全民保护水资源和节约用水的意识

水资源属于可更新资源，可以循环利用，但是在一定的时间和空间内都有数量的限制。

目前，我国的总缺水量为 300 亿～400 亿 m^3。2030 年全国总需水量将近 10000 亿 m^3，全国将缺水 4000 亿～4500 亿 m^3，到 2050 年全国将缺水 6000 亿～7000 亿 m^3。

在我国人口众多的情况下，提高全社会保护水资源、节约用水的意识和守法的自觉性，建立一个节水型社会，是实现水资源可持续开发利用的重要手段之一。因此，要广泛深入开展基本水情宣传教育，强化社会舆论监督，进一步增强全社会水忧患意识和水资源节约保护意识，形成节约用水、合理用水的良好风尚。

开展全面节水运动：工业方面主要通过改进生产工艺、调整产品结构、推行清洁生产，降低水耗，提高循环用水率；以及适当提高水价，以经济手段限制耗水大的行业和项目发展等措施节水。农业灌溉是我国最大的用水户，农业方面节水主要通过改进地面灌溉系统，采取渠道防渗或管道输送(可减少 50%～70%水的损失)；制定节水灌溉制度、实行定额、定户管理；及推广先进农灌技术如滴灌、雾灌和喷灌等措施节水。生活方面则通过强制推行节水卫生器具，控制城市生活用水的浪费；加强城市用水输水管道的维护工作，防止跑、冒、滴、漏等现象发生等措施节水。

5. 实行水污染物总量控制，推行许可证制度，实现水量与水质并重管理

水资源保护包含水质和水量两个方面，二者相互联系和制约。水资源的总量减少或质量降低，都必然会影响到水资源的开发利用，而且对人民的身心健康和自然生态环境造成危害。

大量的废水未经处理，直接排入水环境系统，严重污染了水质，降低了水资源的可利用度，加剧了水环境资源供需矛盾。因此必须采取措施综合防治水污染，恢复水质，解决水质性缺水问题。对此，在三次产业中应大力推广清洁生产，将水污染防治工作从末端处理逐步走向全过程管理，同时应加强集中式污水处理厂、污水处理站建设，全面实行排放水污染物总量控制，推行许可证制度；还要大力开展水循环利用系统和中水回用系统建设，使水资源能得到梯次利用和循环利用。要不断完善和加强水环境监测监督管理工作，实现水量与水质并重管理。

6. 加强水利工程建设,积极开发新水源

由于水资源具有时空分布不均衡的特点,必须加强水利工程的建设,如修建水库以解决水资源年际变化大、年内分配不均的情况,使水资源得以保存和均衡利用。跨流域调水则是调节水资源在地区分布上的不均衡性的一个重要途径。我国实施的具有全局意义的"南水北调"工程,是把长江流域一部分水量由东、中、西三条线路,从南向北调入淮河、黄河、海河,把长江、淮、黄、海河流域联成一个统一的水利系统,以解决西北、华北地区的缺水问题。但水利工程往往会破坏一个地区原有的生态平衡,因此要做好生态环境影响的评价工作,以避免和减少不可挽回的损失。

此外,还应积极进行新水源的开发研究工作,如海水淡化、抑制水面蒸发、雨水收集和污水资源化循环利用等。

7. 加强水面保护与开发,促进水资源的综合利用

开发利用水资源必须综合考虑,去害兴利,在满足工农业生产用水和生活用水外,还应充分认识到水资源在水产养殖、旅游、航运等方面的巨大使用价值以及在改善生态环境中的重要意义,使水利建设与各方面的建设密切结合、与社会经济环境协调发展,尽可能做到一水多用,以最少的投资取得最大的效益。

水面资源(特别是湖泊)是旅游资源的重要组成部分。在我国已公布的国家级风景名胜区中,有很多都属于湖泊类风景名胜区。搞好湖泊旅游资源开发,不仅能提高经济效益,还能带动其他相关产业的发展。

水面(特别是较大水面)的存在,对于调节空气温湿度、改善小气候、净化水质、防止洪涝灾害、维持水生态平衡等都具有重要的意义,是改善生态环境质量的重要措施之一。

12.4 矿产资源的保护与管理

矿产资源主要指埋藏于地下或分布于地表的、由地质作用所形成的有用矿物或元素,其含量达到具有工业利用价值的矿产。矿产资源可分为金属和非金属两大类。金属按其特性和用途又可分为铁、锰、铬、钨等黑色金属,铜、铅、锌等有色金属,铝、镁等轻金属,金、银、铂等贵金属,铀、镭等放射性元素和锂、铍、铌、钽等稀有、稀土金属;非金属主要是煤、石油、天然气等燃料原料(矿物能源),磷、硫、盐、碱等化工原料,金刚石、石棉、云母等工业矿物和花岗岩、大理石、石灰石等建筑材料。

12.4.1 矿产资源的特点

矿产资源主要有3个特点:

(1) 不可更新性。矿产资源属不可更新资源,是亿万年的地质作用形成的,在循环过程中不能恢复和更新,但有些可回收重新利用,如铜、铁、石棉、云母、矿物肥料等;而另一些属于物质转化的自然资源,如石油、煤、天然气等则完全不能重复利用。因此在开发利用矿产资源过程中,一定要注意矿产资源不可更新性,节约使用。

(2) 空间分布的不均匀性。矿产资源空间分布的不均衡是其自然属性的体现,是地球演化过程中自然地质作用的结果,它们都具有随机性和周期性,表现为在地区分布上很不均

衡，因此在开发利用矿产资源时必须因地制宜，发挥区域资源优势。

(3) 功能的广泛性和不可替代性。矿产资源是人类社会赖以生存和发展的不可缺少的物质基础，据统计，当今世界 95%以上的能源和 80%以上的工业原料都取自矿产资源。所以很多国家都将矿产资源视为重要的国土资源，当作衡量国家综合国力的一个重要指标。

1. 世界矿产资源的分布及特点

目前世界已知的矿产有 1600 多种，其中 80 多种应用较广泛。

世界上的矿产资源的分布和开采主要在发展中国家，而消费量最多的是发达国家。

石油资源各地区储量及其所占世界份额差别很大。人口不足世界 3%、仅占全球陆地面积 4.21%的中东地区石油储量为 925 亿 t，占世界储量的 65%。

煤炭资源空间分布较为普遍。主要分布在三大地带：世界最大煤带是在亚欧大陆中部，从我国华北向西经新疆、横贯中亚和欧洲大陆，直到英国；北美大陆的美国和加拿大；南半球的澳大利亚和南非。

铁矿主要分布在俄罗斯、中国、巴西、澳大利亚、加拿大、印度等国。欧洲有库尔斯克铁矿(俄罗斯)、洛林铁矿(法国)、基律纳铁矿(瑞典)和英国奔宁山脉附近的铁矿；美国的铁矿主要分布在五大湖西部；印度的铁矿主要集中在德干高原的东北部。

其他矿产资源中，铝土矿主要分布在南美、非洲和亚太地区；铜矿分布较普遍，但主要集中在南美和北美的东环太平洋矿带上；世界主要产金国有南非、俄罗斯、加拿大、美国、澳大利亚、中国、巴西、巴布亚新几内亚、印度尼西亚等国家。

2. 我国矿产资源的分布及特点

1) 矿产资源总量丰富，品种齐全，但人均占有量少

我国矿产资源总量居世界第二位。我国已发现了 171 种矿产，查明有资源储量的矿产 159 种，已发现矿床、矿点 20 多万处，其中有查明资源储量的矿产地 1.8 万余处。煤、稀土、钨、锡、钽、钒、锑、菱镁矿、钛、萤石、重晶石、石墨、膨润土、滑石、芒硝、石膏等 20 多种矿产，无论在数量上或质量上都具有明显的优势，有较强的国际竞争能力。但是我国人均矿产资源拥有量少，仅为世界人均的 58%，列世界第 53 位，个别矿种甚至居世界百位之后。

2) 大多矿产资源质量差，贫矿多、富矿少，可露天开采的矿山少

与国外主要矿产资源国相比，中国矿产资源的质量很不理想。从总体上讲，中国大宗矿产，特别是短缺矿产的质量较差，在国际市场中竞争力较弱，制约其开发利用。

我国有相当一部分矿产，贫矿多，如铁矿石，储量有近 500 亿 t，但含铁大于 55%的富铁矿仅有 10 亿 t，占 2%；铜矿储量中含铜量大于 1%的仅占 1/3；磷矿中 $P_2O_5 > 30\%$的富矿仅占 7%，硫铁矿富矿(含 $S > 35\%$)仅占 9%；铝土矿储量中的铝硅比大于 7 的仅占 17%。

此外适于大规模露天开采的矿山少，如可露采的煤约占 14%，铜、铝等矿露采比例更小；有些铁矿大矿，虽可露采，但因埋藏较深，剥采比大，采矿成本增大。

3) 一些重要矿产短缺或探明储量不足，能源矿产结构性矛盾突出

中国石油、天然气、铁矿、锰矿、铬铁矿、铜矿、铝土矿、钾盐等重要矿产短缺或探明储量不足，这些重要矿产的消费对国外资源的依赖程度比较大，2006 年中国石油消费对进口的依赖程度已经达到 47.3%。

2005年中国一次能源消费结构中，煤炭占68.7%，石油占21.2%，天然气占2.8%，水电占7.3%。煤炭消费所占比例过大，能源效率低，是我国大气环境污染的主要元凶。

4) 多数矿产矿石组分复杂、单一组分少

我国铁矿有三分之一，铜矿有四分之一，伴生有多种其他有益组分，如攀枝花铁矿中伴生有钒、钛、铬、镓、锰等十三种矿产；甘肃金川的镍矿，伴生有铜、铂族、金、银、硒等16种元素；这一方面说明我国矿产资源综合利用大有可为，另一方面也增加了选矿和冶炼的难度。另外有一些矿，如磷、铁、锰矿都是一些颗粒细小的胶磷矿、红铁矿、碳酸锰矿石，选矿分离难度高，也使有些矿山长期得不到开发利用。

5) 小矿多，大矿少，地理分布不均衡

在探明储量的16174处矿产地中，大型矿床占11 %，中型矿床占19%，小型矿床则占70%。如：我国铁矿有1942处，大矿仅95个，占4.9%，其余均为小矿。煤矿产地中，绝大部分也为小矿。

由于各地区地质构造特征不同，我国矿产资源分布不均衡，已探明储量的矿产大部分集中在中部地带。如煤的57%集中于山西、内蒙；而江南九省仅占1.2%；磷矿储量的70%以上集中于西南、中南五省；云母、石棉、钾盐稀有金属主要分布于西部地区；这种地理分布不均衡，造成了交通运输的紧张，增加了运输费用。

6) 矿产资源自给程度较高

据对60种矿物产品统计(表12-1)，自给有余可出口的有36种，占60%；基本自给的(有小量进出口的)为15种，占25%；不能自给的(需要进口的)或短缺的有9种，占15%，其自给率可达85%。

表12-1 主要矿产品自给及进出口情况

分类 \ 矿种	自给程度		
	自给有余可以出口的	基本自给有进、有出的	短缺或近期需要进口的
黑色金属	钒、钛		铁、铬、锰
有色金属	钨、锡、钼、铋、锑、汞	铅、锌、钴、镍、镁、镉、铝	铜
贵金属		金、银	铂(族)
能源矿产	煤	石油、天然气	铀
稀土、稀有金属	稀土、铍、锂、锶	镓	
非金属	滑石、石墨、重晶石、叶蜡石、萤石、石膏、花岗岩、大理石、板石、盐、膨润土、石棉、长石、刚玉、蛭石、浮石、焦宝石、麦饭石、硅灰石、石灰岩、芒硝、方解石、硅石	硫、磷、硼	天然碱、金刚石
合计	36	15	9
所占比例/%	60	25	15

但从铁、锰、铜、铅、锌、铝、煤、石油 8 种用量最多的大宗矿产来分析，仅有煤、铅、锌、铝能够自给，其余 4 种有的自给率仅达 50%，从这个意义上来说我国主要矿产资源自给程度还存在一定局限性。

12.4.2　矿产资源开发利用中的环境问题

1. 资源总回收率低，综合利用差

目前我国金属矿山采选回收率平均比国际水平低 10%～20%。约有 2/3 具有共生、伴生有用组分的矿山未开展综合利用，在已开展综合利用的矿山中，资源综合利用率仅为 20%，尾矿利用率仅达 10%。

2. 乱采滥挖，环境保护差

(1) 植被破坏、水土流失、生态环境恶化

由于大量的采矿活动及开采后的复垦还田程度低，使很多矿区的生态环境遭到严重破坏。许多地方矿石私挖滥采，造成水土严重流失，特别典型的是南方离子型稀土矿床，漫山遍野地露天挖矿，使山体植被与含有植物养分的腐殖土层及红色粘土层被大量剥光，原有的生态已严重失衡。

(2) 工业固体废弃物成灾

矿产资源的开发利用过程中所产生的废石主要有煤矸石、冶炼渣、粉煤灰、炉渣、选矿生产中产生的尾矿等。现仅全国金属矿山堆存的尾矿就达到了 50 亿 t。煤矿生产的矸石量约占产量的 10%，每年新产生矸石约 1 亿 t。绝大多数小矿山没有排石场和尾矿库，废石和尾砂随意排放，不仅占用土地，还造成水土流失，堵塞河道和形成泥石流。

(3) 水污染比较严重

一方面，矿山开采过程中对水源的破坏比较严重，由于矿山地下开采的疏干排水导致区域地下水位下降，出现大面积疏干漏斗，使地表水和地下水动态平衡遭到破坏，以致水源枯竭或者河流断流。另一方面，矿山企业和选矿厂在生产过程中产生了大量的含有有毒污染物的废水，如有色金属选矿厂中排放的废水就含有重金属离子，对矿区周围的河流、湖泊、地下水和农田造成的危害极大。

3. 矿产资源二次利用率低，原材料消耗大

国外发达国家已将废旧金属回收利用作为一项重要再生资源。如 1988 年美国再生铜和矿山铜比例约为各 50%，而我国再生铜仅占 20%。据统计，我国每年丢弃的可再生利用的废旧资源，折合人民币 250 亿元。

4. 深加工技术水平不高

我国不少矿产品由于深加工技术水平低，因此，在国际矿产品贸易中，主要出口原矿和初级产品，经济效益低下，如滑石、出口初级品块矿，每吨仅 45 美元，而在国外精加工后成为无菌滑石粉，为每千克 50 美元，价格相差 1000 倍。此外，优质矿没有优质优用，如山西优质炼焦煤，年产 5199 万 t，大量用于动力煤和燃料煤，损失巨大。

12.4.3　矿产资源环境管理的原则和方法

根据对中国矿情和我国矿产资源开发利用中存在的问题的辩证分析，从实际出发，在矿

产资源开发利用中应遵循以下原则与方法。

1. 依法加强矿产资源开发的管理

新中国成立以来,我国一直致力于加强矿产资源立法的建设,通过了一系列法律和法规,1982 年,国务院发布《中华人民共和国对外合作开采海洋石油资源条例》,1984 年 10 月发布了《中华人民共和国资源税条例》,1986 年 3 月全国人大通过了《中华人民共和国矿产资源法》,1994 年,国务院发布了《矿产资源补偿税征收管理规定》,1996 年 8 月,全国人大通过并颁布了《全国人民代表大会常务委员会关于修改〈中华人民共和国矿产资源法〉的决定》,但是这些法律和法规还不完善,在新的历史时期,应该加快推进资源保护的法律制度建设,重点是矿产资源规划制度、矿产开发监督管理制度、地质环境保护制度建设等。从法规制度入手,依法保护和管理矿产资源。

各级政府及有关资源管理部门应依法加强矿山开采过程中的生态环境恢复治理的管理。对矿产资源的勘查、开发实行统一规划,合理布局,综合勘查,合理开采和综合利用,严格勘查、开采审批登记,坚持"在保护中开发、在开发中保护"的原则,强化人们的矿区生态保护意识。整顿矿业秩序,坚决制止乱采滥挖、破坏资源和生态环境的行为,取缔无证开采,关闭开采规模小、资源利用率低、企业效益差的矿点,逐步使矿产资源开发活动纳入法制化轨道。

2. 运用经济手段保护矿产资源

一是按照"谁受益谁补偿",谁破坏谁恢复的原则,开采矿产资源必须向国家缴纳矿产资源补偿费,并进行土地复垦和恢复植被;二是按照污染者付费的原则征收开采矿产过程中排放污染物的排污费,促进提高对矿山"三废"的综合开发利用水平,努力做到矿山尾矿、废石、矸石,以及废水和废气的"资源化"和对周围环境的无害化,鼓励推广矿产资源开发废弃物最小量化和清洁生产技术;三是制定和实施矿山资源开发生态环境补偿收费,以及土地复垦保证金制度,减少矿产资源开发的生态代价。

3. 对矿产资源开发进行全过程环境管理

新建矿山及矿区,应严格执行矿山地质环境影响评价和建设项目环境影响评价及"三同时"制度,先评价,后建设。而且防治污染和生态破坏及资源浪费的措施应与主体工程同时设计、同时施工、同时投入运营。对不符合规划要求的新建矿山一律不予审批,从根本上消除矿产资源开发利用过程中的生态环境影响问题,并要进行生态环境质量跟踪监测。

4. 开源与节流并重,加强矿产资源的综合利用

矿产资源是不可更新的自然资源,为保证经济、社会持续发展,一方面要寻找替代资源(以可更新资源替代不可更新资源),并加强勘查工作,发现探明新储量;另一方面要节约利用矿产资源,提高矿产资源利用效率。要加强矿产资源的综合利用或回收利用,积极发展矿产品深加工业,大力发展矿山环保产业,提高矿产资源开发利用的科学技术水平。要逐步实行改革强制化技术改造和技术革新政策,更新矿山设备和生产工艺,实施清洁生产,降低能耗,减少废弃物的排放,提高矿产资源开发利用的综合效益。

12.5　森林资源的保护与管理

12.5.1　森林资源的概念与特点

1. 森林资源的概念

根据《中华人民共和国森林法实施条例》(2000 年 1 月 29 日),森林资源包括森林、林木、林地以及依托森林、林木、林地生存的野生动物、植物和微生物。森林,包括乔木林和竹林。林木,包括树木和竹子。林地,包括郁闭度 0.2 以上的乔木林地以及竹林地、灌木林地、疏林地、采伐迹地、火烧迹地、未成林造林地、苗圃地和县级以上人民政府规划的宜林地。

森林分为以下五类。

(1) 防护林:以防护为主要目的的森林、林木和灌木丛,包括水源涵养林,水土保持林,防风固沙林,农田、牧场防护林,护岸林,护路林;

(2) 用材林:以生产木材为主要目的的森林和林木,包括以生产竹材为主要目的的竹林;

(3) 经济林:以生产果品、食用油料、饮料、调料、工业原料和药材等为主要目的的林木;

(4) 薪炭林:以生产燃料为主要目的的林木;

(5) 特种用途林:以国防、环境保护、科学实验等为主要目的的森林和林木,包括国防林、实验林、母树林、环境保护林、风景林、名胜古迹和革命纪念地的林木、自然保护区的森林。

森林是陆地生态系统的主体和自然界功能最完善的资源库、基因库、蓄水库。它不仅能提供大量的林木资源,而且还具有涵养水源,保持水土,调节气候,保护农田,减免水、旱、风、沙等自然灾害,净化空气,防治污染,庇护野生动植物,吸收二氧化碳,美化环境及生态旅游等多种功能和效益。

森林是可耗竭的再生性自然资源,只要合理利用就能自然更新,永续利用。反之,就会耗竭。由于森林再生产是生物的自然再生产,生长的时间长达几十年甚至更长的时间。因此必须在保护生态平衡的前提下进行木材和其他林副产品以及野生动植物资源的繁育和利用,只有这样才能充分发挥森林资源的多种功能,才能做到越用越好,“青山常在,绿水长流”。

2. 森林资源的特点

(1) 空间分布广,生物生产力高。森林约占地球陆地面积的 22%,森林的第一净生产力较陆地任何其他生态系统都高,比如热带雨林年产生物量就达 $500t/hm^2$。从陆地生物总量来看,整个陆地生态系统中的总重量为 $1.8\times10^{12}t$,其中森林生物总量即达 $1.6\times10^{12}t$,占整个陆地生物总量的 90%左右。

(2) 结构复杂,多样性高。森林内既包括有生命的物质,如动物、植物及微生物等,也包含无生命的物质,如光、水、热、土壤等,它们相互依存,共同作用,形成了不同层次的生物结构和多种多样的森林生态系统类型。

(3) 再生能力强。森林资源不但具有种子更新能力,而且还可进行无性系繁殖,实施人工更新或天然更新。同时,森林具有很强的生物竞争力,在一定条件下能自行恢复在植被中的优势地位。

3．我国森林资源的特点

与世界发达国家相比，我国森林资源的特点如下。

（1）自然条件好，树种丰富

我国地域幅员辽阔，地形条件、气候条件多种多样，适合多种植物生长，故我国森林树种特别丰富。在我国广袤的林区和众多的森林公园里，具有丰富的动植物区系，分布着高等植物32000种，其中特有珍稀野生动物就达10000余种，林间栖息着特有野生动物100余种。种类的丰富程度仅次于马来西亚和巴西。另外，我国是木本植物最为丰富的国家之一，共有115科、302属、7000多种；世界上95%以上的木本植物属在我国都有代表种分布。还有，在我国的森林中，属于本土特有种的植物共有3科、196属、1000多种。因此，从物种总数和生物特有性的角度，我国被列为世界上12个“生物高度多样性”的国家之一。

（2）森林资源绝对数量大，相对数量小，覆盖率低

我国森林资源从总量上看比较丰富，有林地面积和蓄积量均居世界第七位。但是，从人均占有量和森林覆盖率看，我国则属于少林国家之一，人均有林面积0.13hm^2，相当于世界人均面积的1/5，人均木材蓄积量9.05m^3，为世界人均蓄积量72m^3的1/8。2002年，全国森林覆盖率为16.55%，约为世界平均数的61%，与林业发达国家相比差距更大，如芬兰、日本、朝鲜、美国森林覆盖率分别为69%、66%、74%、33%。森林学家认为，一个国家要保障健康的生态系统，森林覆盖率必须超过20%。可见，森林稀少是我国生态环境恶化、自然灾害频繁的重要原因之一。

（3）森林资源分布不均

我国森林资源主要集中于东北和西南两区，其有林地面积和木材蓄积量分别占全国总数的50%和72%。中原10省市森林稀少，林地面积和蓄积量仅占全国的9.3%和2.8%。西北的宁、甘、青、新四省区及内蒙古中西部和西藏中西部广大地区，更是缺林少树，各省区的森林覆盖率均在5%以下。

（4）森林资源结构不理想

从林种结构看，在我国森林总面积中，用材林占林地面积的比重高达74.0%，防护林和经济林仅占8.8%和10.0%。用材林比重过大，防护林和经济林比重偏低，不利于发挥森林的生态效益和提高总体经济效益。从林龄结构上看，比较合理的林龄结构其幼、中、成熟林的面积和蓄积比例大体上应分别为3∶4∶3和1∶3∶6，只有这样才能实现采伐量等于生长量的永续利用模式。就全国整体而言，林龄结构基本是合理的，但在地区分布上不够理想。

（5）林地生产力低

林业用地利用率低，残次林多，疏林地比重高是我国林地生产力低的主要原因。1996年全国有林地面积仅占林业用地的48.9%，有的省份甚至低于30%，远低于世界平均水平，更低于林业发达国家的水平。如日本有林地面积占林业用地的76.2%、瑞典89%、芬兰几乎全部林业用地都覆盖着森林。我国森林的单位面积蓄积量和生长率低，平均每公顷蓄积量90m^3，为世界平均数的81%；林地生长率为2.9%，每公顷年生长量仅2.4m^3，也低于世界林业发达国家水平。

12.5.2　森林资源开发利用中的环境问题

就我国而言，长期以来存在着的毁林开荒、森林火灾、更新跟不上采伐以及森林病虫害等问题，使得我国森林资源不断遭到破坏，出现森林覆盖率下降、森林生物生产力锐减、生物多样性减少，以及森林生态系统日益脆弱、退化的现象，并在更大范围内引发出更多、更复杂的环境问题。

从 2000 年开始，我国实施了以“天然林保护”、“退耕还林”为代表的中国林业发展的六大生态工程，开始了传统森林工业向生态林业的战略性转变，我国森林资源得到了有效保护，森林资源开发利用引发的环境问题正在明显减少，总体形势在向好的方向发展。

从世界范围来看，森林因其独有的经济与生态的双重属性，大多存在与我国类似的现象与环境问题，大致可以概括为以下几个方面。

1. 导致涵养水源能力下降，引发洪水灾害

印度和尼泊尔的森林破坏，很可能就是印度和孟加拉国近年来洪水泛滥成灾的主要原因。现在印度每年防治洪水的费用就高达 1.4 亿～7.5 亿美元。1988 年 5～9 月，孟加拉国遇到百年来最大的一次洪水，淹没了 2/3 的国土，死亡 1842 人，50 万人感染疾病；同年 8 月，非洲多数国家遭到水灾，苏丹喀土穆地区有 200 万人受害；11 月底，泰国南部又暴雨成灾，淹死数百人。1998 年我国长江流域发生了继 1954 年以来的又一次流域性大洪水，多个水文站出现了超历史记录的洪水位。据不完全统计，受灾人口超过一亿人，受灾农作物 1000 多万公顷，死亡 1800 多人，倒塌房屋 430 多万间，经济损失达 1500 多亿元。这些突发的灾难，虽有其特定的气候因素和地理条件，但科学家们一致认为，最直接的因素是森林被大规模破坏所致。

2. 引发水土流失，导致土地沙化

由于森林的破坏，每年有大量的肥沃土壤流失。哥伦比亚每年损失土壤 4×10^8 t，埃塞俄比亚每年损失土壤 10×10^8 t；印度每年损失土壤 60×10^8 t；我国每年表土流失量达 50×10^8 t。近年来，我国长江上游森林的大量砍伐使长江干流和支流含沙量迅速增加。据长江宜昌站的资料统计，近几年来长江的平均含沙量由过去的 1.16kg/m^3，增加到 1.47kg/m^3，年输沙量由 5.2×10^8 t 增加到 6.6×10^8 t，增加了 27%。

水土流失加速了土地沙漠化的进程。目前世界上平均每分钟就有 10hm^2 土地变成沙漠。

3. 导致调节能力下降，引发气候异常

空气中二氧化碳的增加，虽然主要是人类大量使用化石燃料的结果，但森林的破坏降低了自然界吸收二氧化碳的能力，也是加剧温室效应的一个重要原因。比如 1hm^2 的阔叶林每天就能吸收 1000kgCO_2，产生 730kgO_2。另外，森林资源的破坏，还降低了森林生态系统调节水分、热量的能力，致使有些地区缺雨少水，有些地区连年干旱，严重影响人类的生产、生活。

4. 野生动植物的栖息地丧失，生物多样性锐减

森林是许多野生动植物的栖息地，保护森林就保护了生物物种的家园，也就保护了生物多样性。当前森林的破坏已使得动植物失去了栖息繁衍的场所，使很多野生动植物数量大大减少，甚至濒临灭绝。

5. 人工林问题突出

以我国为例，人工林树种单一，杉木、马尾松、杨树等3个树种面积所占比例达59.41%，人工林每公顷木材蓄积量为46.59m^3，只相当于林分平均水平的55%。

由于人工林生物区系过分贫乏，对一些病虫缺乏制约机制，成为病虫的主要进攻对象。目前，全国松毛虫发生面积年均约330万hm^2，约占全国森林害虫总面积的一半。

我国杉木及落叶松人工林中还普遍发生地力衰退现象，尤以杉木林最为严重。杉木林土壤养分含量随连栽代数增加而明显下降，二代比一代下降10%～20%，三代比一代下降40%～50%，从而导致人工林产量逐代下降。

人工林生态系统由于树种单一、结构简单，因而生态系统较为脆弱，不能充分发挥森林的功能，致使综合效益不高。

6. 森林资源管理基础薄弱，监测体系不健全

以我国为例，森林资源管理、监测等工作的装备手段落后，全国80%以上的县级森林资源管理部门没有执法交通工具、现代通信和办公设备。监测力量分散、效率不高、共享性差，没有建立统一的国家森林资源监测中心和信息管理系统，难以形成综合监测能力，这种状况已严重不适应新时期森林资源发展和保护管理的要求。

12.5.3 森林资源环境管理的原则与方法

森林资源是林业赖以生存的基础，也是环境保护天然屏障，是维护生态平衡、国民经济和社会可持续发展的重要物质保障。随着林业建设由木材生产为主转向以生态建设为主，森林资源管理工作就成为现代林业工作基本核心。

1. 森林资源保护利用的原则

(1) 生态功能与经济功能相结合的原则。森林既有生态功能，又有经济功能，它在向社会提供以林木为主的物质产品的同时，也向社会提供良好的环境服务。在原理上，森林的这两个功能应是统一的，但在实际生活中二者又常常是矛盾的。针对这一特殊情况，森林资源保护和利用的原则必须是将上述两个功能结合起来。

(2) 行政手段与市场运作手段相结合的原则。森林是自然环境系统的要素和生态屏障，保护森林资源的生态功能是全民的利益，因此政府有责任用行政手段来限制对森林资源的破坏性利用。另一方面，森林又是社会经济系统的重要生产要素，是人们生产、生活所必不可少的原材料，是形成国家财富的一个重要组成部分，它必须按市场经济规律运作才能获得应有的经济效益。因此，森林资源保护、利用的原则必须是行政手段与市场手段的结合。

(3) 坚持“生态优先、采育平衡、多种经营、综合利用”，尊重自然规律和经济规律的原则。

2. 改革林业经营与管理的机制

由于森林资源的破坏往往是由于利用不当造成的，因此，森林资源的利用和保护是密不可分的，为了保护森林资源必须改革林业的经营管理机制。

个体承包制的实施使森林资源的利用和保护发生了可喜的变化，但随着改革的不断深

入，那种千家万户使用权分散的做法与山地开发需要适度规模经营发生了矛盾，因此还需要进一步改革完善。通过租赁、兑换等形式使森林资源经营权重组，可能是一个值得探索的新做法。另外，在山区实行山林经营股份合作制，把山林所有权与经营权分离，引导林农形成利益风险共同体，走集约化经营的道路，不但可以开辟多种融资渠道，减少保护森林对国家财政的压力，而且可以融利用和保护为一体。其具体实现方式可根据山脉水系，以现有大片林区和林业重点县为基础，以分散的国有林场和乡村林场为依托，实行国家与集体、集体与集体、集体与个人的横向联合。集体投山、农户投劳、部门投资、国家补助、林业科研单位出技术，形成宏大的社会系统工程。与此同时，还可以通过创办山地开发型实体，进一步改革行政管理体制，有效地转变机关工作职能。

3. 制定林业发展长远规划

林业发展长远规划应当包括下列内容：

①林业发展目标；②林种比例；③林地保护利用规划；④植树造林规划。

地方各级林业发展长远规划由县级以上地方人民政府林业主管部门会同其他有关部门编制，报本级人民政府批准后施行。下级林业发展长远规划应当根据上一级林业发展长远规划编制。全国林业发展长远规划由国务院林业主管部门会同其他有关部门编制，报国务院批准后施行。制定规划时，必须以现有的森林资源为基础，以保护生态环境和促进经济的可持续发展为总目标，并与土地利用总体规划、水土保持规划、城市规划、村庄和集镇规划相协调。

4. 禁止采伐天然林，保护生态环境

实行天然林保护政策，全面停止采伐天然林；积极筹措资金、落实好财政补助政策，大力发展多种经营，拓展新的接续产业，逐步走上“不砍树也能富”的路子。通过落实封育管护、退耕还林等有关政策和措施，调动各方的积极性，保护生态环境，要坚持“谁退耕、谁还林；谁经营、谁得利”和“50 年不变”的原则，对毁林开垦地和超坡耕种地实行还林。

5. 加强林区建设，大力营造防护林，积极发展经济林和薪炭林

(1) 提高林地利用率，扩大森林面积和资源蓄积量。尽管林区可采森林蓄积量在减少，但目前主要林区发展林业生产尚有很大潜力可挖。我国东北、内蒙古、西南和西北四大国有林区有林地面积只占林业用地的 41.5%，约有宜林荒地 4200 万 hm^2，通过改造可由低产幼林变为高产林的疏林地和灌木林地还有 2540hm^2。因此，开发宜林荒地，扩大森林面积，积极抚育中幼林，改造低产林，缩短林木生长周期，是实现森林资源永续利用的主要措施之一。

(2) 及时更新造林，做到采伐量不超过生长量和年采伐限额，当年采伐，当年更新。

(3) 积极开展多种经营，大力发展木材加工与综合利用。据估算，国有林区每年生产木材的剩余物资约有 1000 万 m^3，这些剩余物可用于人造板和造纸生产。因此，大力发展木材综合加工利用不仅对减少森林资源消耗具有重要意义，而且对缓解木材供需矛盾，提高企业经济效益也具有重要作用。

(4) 充分利用优越的自然条件，发展速生丰产用材林。我国地域辽阔，速生树种多，自然条件优越，特别是我国南方雨水充足，气温较高，宜林地资源丰富。

(5) 加速防护林体系建设，建立稳固的森林生态屏障体系，可提高森林改善自然环境和维护生态平衡的作用。建设防护林体系，必须遵循生态与经济相结合的原则，在保护、培育好现有防护林的基础上，通过现有林区林种规划，增加林种，调整布局，加大防护林比重。选择好搭配树种，调整树种比例，实行乔灌草结合，提高防护林的质量。

(6) 由于薪炭林比重偏低，难以满足需求，人们必然要向其他林种索取而毁坏森林。因此，发展薪炭林不仅是满足广大农村燃料的需要，还可提高森林覆盖率，对维护生态平衡起到一定的作用。

6. 利用森林景观优势，发展森林旅游

在当今社会，越来越多的人向往大自然，希望到大森林、大自然中，去调节精神、消除疲劳、探奇览胜、丰富生活，达到增进身心健康、愉悦精神的目的。因此森林旅游已成为世界各国旅游业发展的一个热点，同时也给森林资源的利用与保护提供了一个良好的契机。

自美国1872年建立起世界上第一个国家森林公园后，各国相继建立起自己的森林公园。澳大利亚是世界上森林公园最多、面积最大的国家之一，森林公园总面积达$1673\times10^4 hm^2$。泰国建立自然保护区265个，其中大部分都开展森林旅游业务。日本建立的森林公园占全国森林面积的15%，每年有8亿人次涌向森林公园。走向大森林，观赏大自然，已成为这些国家旅游活动的重要内容。

我国是有5000年历史的文明古国，有众多名山大川和丰富的森林景观。我国五岳历史悠久，闻名于世。在这些名山保留的文物古迹中，留下了历代帝王、文人墨客的优秀诗篇与碑刻。一般名山的森林资源都保护得较好，一座名山就是一片林海。森林中奇峰怪石、奇花异草荟萃，是林业、地质、水文、天文、地理、生物等科学家考察的好地方，同时也是摄影家、文学家、画家、艺术家汲取艺术营养的园地。这些自然和人文景观为我国发展森林旅游提供了良好的条件。

发展森林旅游业在满足人类回归自然要求的同时，也带来可观的经济收益。我国湖南张家界、九寨沟等国家森林公园，发展前景极为广阔。森林旅游业的发展还将带动商业、酒店、旅馆、食品加工及运输业的发展。

森林旅游在促进当地经济发展的同时，也为森林资源的保护与利用筹集了资金，为森林利用补偿机制的建立提供了保证。森林旅游业可以把森林资源的利用与保护有机地结合起来，寓管理于利用，既发挥了森林的生态、景观作用，又可以利用旅游收益来加强管理，增加投入，更好地保护和更新森林资源。

7. 严格落实责任，规范执法人员的行为

要严格按照《关于违反森林资源管理规定造成森林资源破坏的责任追究制度的规定》和《关于破坏森林资源重大行政案件报告制度的规定》的要求，规范森林资源管理人员及公安人员的行为，严格依法管理森林资源，依法打击破坏森林资源行为，特别是在森林破坏案件中管理不到位、打击避重就轻、单位违法犯罪严重的情况下，要尽快建立责任追究制度。

8. 完善森林资源的监测、监察体系

森林资源的监测与监察工作是科学有效地进行森林资源资产管理的基础。为适应我国林业建设发展的需要，全面有效地进行森林资源管理，必须利用现代的信息采集技术和地理信息系统应用技术，完善森林资源监测体系，实现森林资源全面动态监测，及时准确地掌握森林资源消长情况和森林生态环境变化的情况及森林病虫害的测报情况，定期发布长期、中期、短期森林病虫害预报，并及时提出防治方案。

复习与思考

1. 什么是自然资源？自然资源有哪些属性？

2. 什么是土地资源？土地资源有哪些特性？

3. 土地资源开发利用中存在哪些环境问题？

4. 进行土地资源环境管理应遵循哪些原则？采取哪些途径和方法？

5. 什么是水资源？我国水资源有哪些特点？

6. 针对我国水资源开发利用中的环境问题，进行水资源环境管理应遵循哪些原则？采取哪些途径和方法？

7. 什么是矿产资源？简述我国矿产资源的分布及其特点。

8. 针对我国矿产资源开发利用中的环境问题，如何进行矿产资源的保护与管理？

9. 什么是森林资源？我国森林资源有哪些特点？

10. 我国森林资源开发利用中存在哪些环境问题？如何进行森林资源的保护与管理？

参考文献

[1] 鲍建国，周发武.清洁生产实用教程[M].北京：中国环境科学出版社，2010.

[2] 白志鹏.环境管理学[M].北京：化学工业出版社，2007.

[3] 程声通.水污染防治规划原理与方法[M].北京：化学工业出版社，2010.

[4] 陈长安，张丽，张惠芬.水环境承载力的研究进展[J].资源环境与发展，2008，4：19-23.

[5] 程炜，等.基于控制单元的流域水污染控制与管理——以京杭运河苏南段为例[J].环境科技，2009，23(1)：70-74.

[6] 陈红喜.环境经济学[M].北京：化学工业出版社，2006.

[7] 崔兆杰，张凯.循环经济理论与方法[M].北京：科学出版社，2008.

[8] 段世昕.循环经济的发展取向探索[A].中国环境科学学会学术年会论文集[C].北京：中国环境科学出版社，2009，128-132.

[9] 丁忠浩.环境规划与管理[M].北京：机械工业出版社，2007.

[10] 冯彬.农村环境管理存在的问题及对策[J].污染防治技术，2008，21(5)：116-118.

[11] 中华人民共和国环境保护部环境规划院.水环境功能区划分技术导则[S].北京：中华人民共和国环境保护部，2001.

[12] 中华人民共和国环境保护部.中国地表水环境功能区划[S].北京：中华人民共和国环境保护部，2002.

[13] 关红媛，陈喜玲.谈谈城市的生态规划[J].民营科技，2010，(11)：294-295.

[14] 郭怀成，尚金城，张天柱.环境规划学[M].北京：高等教育出版社，2009.

[15] 郭显锋，张新力，方平.清洁生产审核指南[M].北京：中国环境科学出版社，2007.

[16] 中华人民共和国环境保护部科技标准司.清洁生产审计培训教材[M].北京：中国环境科学出版社，2009.

[17] 黄敏.如何实现城市的生态规划[J].科技创新导报，2011，10：130-131.

[18] 黄艺，蔡佳亮，郑维爽，等.流域水生态功能分区以及区划方法的研究进展[J].生态学杂志，2009，28(3)：542-548.

[19] 何京玲.循环经济的系统特征[J].科技创业，2007，10：156-157.

[20] 贾风姿.中国农村环境问题的成因透析[J].辽宁大学学报(哲学社会科学版)，2010，38(3)：17-21.

[21] 江新英，季莹.产品生态设计理论与实践的国际研究综述[J].绿色经济，2006(2)：77-80.

[22] 刘康，等.生态规划——理论、方法与应用[M].北京：化学工业出版社，2004.

[23] 刘琨，李永峰.环境规划与管理[M].哈尔滨：哈尔滨工业大学出版社，2011.

[24] 孟伟庆.环境管理与规划[M].北京：化学工业出版社，2011.

[25] 孟伟，苏一兵，郑丙辉.中国流域水污染现状与控制策略的探讨[J].中国水利水电科学研究院学报，2004，2(4)：242-246.

[26] 孟伟，张楠，张远，等.流域水质目标管理技术研究(Ⅰ)——控制单元的总量控制技术[J].环境科学研究，2007，20(4)：1-8.

[27] 孟伟，王海燕，王业耀.流域水质目标管理技术研究(Ⅳ)——控制单元的水污染物排放限值与削减技术评估[J].环境科学研究，2008，21(2)：1-9.

[28] 孟伟，张远，郑丙辉.水生态区划方法及其在中国的应用前景[J].水科学进展，2007，18(2)：293-300.

[29] 孟伟，张远，郑丙辉.辽河流域水生态分区研究[J].环境科学学报，2007，27(6)：911-918.

[30] 欧阳志云，王如松.区域生态规划理论与方法[M].北京：化学工业出版社，2005.

[31] 钱易，等.环境保护与可持续发展[M].2版.北京：高等教育出版社，2010.

[32] 钱易.清洁生产与循环经济——概念、方法与案例[M].北京：清华大学出版社，2006.

[33] 曲向荣.环境学概论[M].北京：北京大学出版社，2009.
[34] 曲向荣.环境工程概论[M].北京：机械工业出版社，2011.
[35] 曲向荣.循环经济[M].北京：机械工业出版社，2012.
[36] 曲向荣.实现循环经济的重要途径——生态工业园区建设[A].中国环境科学学会学术年会论文集[C].北京：中国环境科学出版社，2004，110-114.
[37] 曲向荣.沈阳市创建生态示范市水环境质量达标对策研究[A].中国环境科学学会学术年会集[C].北京：中国环境科学出版社，2009，216-219.
[38] 曲向荣.污染土壤植物修复技术及尚待解决的问题[J].环境保护，2008，6B：45-47.
[39] 曲向荣.污染土壤修复标准制定的构想[J].环境保护，2009，10B：47-49.
[40] 沈金生.循环经济特征新探[J].经济问题，2006，12：24-26.
[41] 宋国君，等.国家级流域水环境保护总体规划一般模式研究[J].环境污染与防治，2009，31(12)：64-68.
[42] 尚金城.环境规划与管理[M].北京：科学出版社，2005.
[43] 覃成林，管华.环境经济学[M].北京：科学出版社，2004.
[44] 王信.借鉴国外经验，大力推广循环经济[J].生态经济，2006，5：45-47.
[45] 王庆斌.产品生态设计理念与方法[J].郑州轻工业学院学报：社会科学版，2005(6)：69-71.
[46] 王和文.论环境资源的商品性及改善环境质量的经济手段[J].湖南商学院学报，2001，8(6)：62-63.
[47] 邢立文.浅谈落实科学发展观持续推进企业循环经济及节能减排[A].中国环境科学学会学术年会论文集[C].北京：中国环境科学出版社，2009，46-48.
[48] 叶文虎，张勇. 环境管理学[M].2版.北京：高等教育出版社，2006.
[49] 姚建.环境规划与管理[M].北京：化学工业出版社，2009.
[50] 杨志峰. 城市生态规划学[M]. 北京：北京师范大学出版社，2008.
[51] 阳平坚，郭怀成，周丰，等.水功能区划的问题识别及相应对策[J].中国环境科学，2007，27(3)：419-422.
[52] 张承中. 环境规划与管理[M]. 北京：高等教育出版社，2007.
[53] 张象枢. 环境经济学[M].北京：中国环境科学出版社，2001.
[54] 周丰，刘永，黄凯，郭怀成，阳平坚.流域水环境功能区划及其关键问题[J].水科学进展，2007，22(3)：216-222.
[55] 郑卫民，吕文明，等. 城市生态规划导论[M]. 长沙：湖南科学技术出版社，2005.
[56] 中华人民共和国水利部. 水功能区划技术大纲[S].北京：中华人民共和国水利部，2000.
[57] 中华人民共和国水利部. 中国水功能区划(试行)[S].北京：中华人民共和国水利部，2002.
[58] 浙江省水利厅、浙江省环保局.浙江省水功能区、水功能区划方案[R].2011.
[59] 张玉清.河流功能区水污染物容量总量控制的原理和方法[M].北京：中国环境科学出版社，2004.
[60] 张璐，曹伟.中国农村环境问题的原因分析与法律及相关对策研究[J].社科纵横，2009，24(5)：77-83.